Erwin Riedel, Christoph Janiak
**Übungsbuch**
Allgemeine und Anorganische Chemie
4. Auflage

# Weitere empfehlenswerte Titel

*Anorganische Chemie*
Erwin Riedel, Christoph Janiak, 2022
ISBN 978-3-11-069604-2, e-ISBN (PDF) 978-3-11-069444-4,
e-ISBN (EPUB) 978-3-11-069458-1

*Riedel Moderne Anorganische Chemie*
Hans-Jürgen Meyer (Ed.), 2018
ISBN 978-3-11-044160-4, e-ISBN (PDF) 978-3-11-044163-5,
e-ISBN (EPUB) 978-3-11-043328-9

*Anorganische Chemie*
*Prinzipien von Struktur und Reaktivität*
Ralf Steudel (Ed.), 2014
ISBN 978-3-11-030433-6, e-ISBN (PDF) 978-3-11-030795-5,
e-ISBN (EPUB) 978-3-11-037400-1

*Massanalyse*
*Titrationen mit chemischen und physikalischen Indikationen*
Gerhart Jander, Karl-Friedrich Jahr, 2017
ISBN 978-3-11-041578-0, e-ISBN (PDF) 978-3-11-041579-7,
e-ISBN (EPUB) 978-3-11-042616-8

*Chemie der Nichtmetalle*
*Synthesen – Strukturen – Bindung – Verwendung*
Ralf Steudel, 2013
ISBN 978-3-11-030439-8, e-ISBN (PDF) 978-3-11-030797-9

*Rechentafeln für die Chemische Analytik*
*Basiswissen für die Analytische Chemie*
Friedrich W. Küster, Alfred Thiel, 2011
ISBN 978-3-11-022962-2, e-ISBN (PDF) 978-3-11-022963-9

# Erwin Riedel, Christoph Janiak
# Übungsbuch

Allgemeine und Anorganische Chemie

4. Auflage

DE GRUYTER

**Autoren**

Professor (em.) Dr. Erwin Riedel
Institut für Anorganische und
Analytische Chemie
Technische Universität Berlin
Straße des 17. Juni 135
10632 Berlin

Professor Dr. Christoph Janiak
Institut für Anorganische Chemie
und Strukturchemie
Heinrich-Heine Universität Düsseldorf
Universitätsstraße 1
40225 Düsseldorf
janiak@uni-duesseldorf.de

ISBN 978-3-11-070105-0
e-ISBN (PDF) 978-3-11-070106-7
e-ISBN (EPUB) 978-3-11-070115-9

**Library of Congress Control Number: 2022944921**

**Bibliografische Information der Deutschen Nationalbibliothek**
Die Deutsche Nationalbibliothek verzeichnet diese Publikation in der Deutschen
Nationalbibliografie; detaillierte bibliografische Daten sind im Internet
über http://dnb.dnb.de abrufbar.

© 2023 Walter de Gruyter GmbH, Berlin/Boston
Einbandabbildung: Das Umschlagbild zeigt eine künstlerische Interpretation von chemischen
Sachverhalten, die der Allgemeinen und Anorganischen Chemie zuzurechnen sind. Statt
eines Reaktionspfeils wurde dabei in den chemischen Gleichungen das nicht ganz korrekte
Gleichheitszeichen verwendet. Die chemischen Gleichungen „$H_2 + O_2 \rightarrow H_2O$", „$H_2 + N_2 \rightarrow 2\,NH_3$"
sind nicht stöchiometrisch richtig gestellt. Bei der Gleichung „$H_2O \rightarrow 4\,H_3PO_4$" ist
der Ausgangsstoff $P_4O_{10}$ und die 6 vor $H_2O$ verdeckt bzw. weggeschnitten.
pepifoto / iStock / Getty Images Plus
Satz: Meta Systems Publishing & Printservices GmbH, Wustermark
Druck und Bindung: CPI books GmbH, Leck

www.degruyter.com

# Vorwort zur 4. Auflage

Dieses Übungsbuch soll die Lehrbücher von Riedel/Janiak *Anorganische Chemie* und von Riedel/Meyer *Allgemeine und Anorganische Chemie* ergänzen. Zur Erarbeitung eines Stoffes aus Lehrbüchern ist es notwendig, diesen durch Üben zu vertiefen und zu festigen. Erst das selbständige Lösen von Problemen gibt die Sicherheit, den Stoff verstanden und ein Lernziel erreicht zu haben.

In vielen Lehrbüchern werden zu den Aufgaben nur die Ergebnisse angegeben. In diesem Übungsbuch wird nicht nur das richtige Ergebnis einer Aufgabe, sondern auch der Lösungsweg beschrieben.

Die Aufgaben umfassen fünf Kapitel: Atombau, chemische Bindung, chemische Reaktion, Elementchemie und Koordinationschemie. Die meisten der über 580 Aufgaben behandeln Grundlagen der allgemeinen und anorganischen Chemie. In Bereichen, die für manche Studiengänge nicht erforderlich sind, können sowohl einzelne Fragen als auch Abschnitte übersprungen werden.

Anders als in unseren Lehrbüchern haben wir die physikalischen Größen nicht kursiv gesetzt und für Konzentrationen eines Stoffes die eckigen Klammern [...] anstatt *c* verwendet. Die eckigen Klammern sind auch Symbole für Komplexe und haben dann in der Koordinationschemie eine doppelte Bedeutung.

Das Lernen soll mit Hilfe von Aufgaben und Lösungen erfolgen. Diese Lernform regt zur aktiven Arbeit auch in großen Gruppen an und ermöglicht ein individuelles Lerntempo bei Seminararbeit. Sie können feststellen, ob Probleme erkannt worden sind und schließlich selbständig gelöst werden können.

Wir haben versucht, den Stoff in den umfangreichen ersten drei Kapiteln der allgemeinen Chemie systematisch aufzubauen. Daher sollten zumindest die einzelnen Unterkapitel in „Atombau", „chemischer Bindung" und „chemischer Reaktion" im Zusammenhang durchgearbeitet werden.

Eine Grau-Unterlegung kennzeichnet wichtige Sachverhalte.

Gegenüber der 3. Auflage wurden in allen Kapiteln Aufgaben ergänzt, und die Antworten teilweise weiter ausgeführt.

Berlin und Düsseldorf, Juni 2022

Erwin Riedel
Christoph Janiak

https://doi.org/10.1515/9783110701067-201

# Inhalt

## Fragen

# Lösungen

# Fragen

# 1. Atombau

## Atomkern und Atomeigenschaften

### Atombausteine · Ordnungszahl · Elementbegriff · Isotope · Atommasse

**1.1** Atomgröße: Geben Sie die Größenordnung der Atomdurchmesser in m an.

**1.2** Aus welchen Elementarteilchen sind Atome aufgebaut?

**1.3** Was bedeutet der Begriff elektrisches Elementarquantum?

**1.4** Welchen Wert hat die Elementarladung und welche elektrische Ladung besitzen die Atombausteine?

| Elementarteilchen | Proton | Neutron | Elektron |
|---|---|---|---|
| Elektrische Ladung | | | |

**1.5** In welchem ungefähren Verhältnis stehen die Massen von Protonen, Neutronen und Elektronen zueinander und wodurch wird die Masse eines Atoms bestimmt?

**1.6** Ein Atom besteht aus einem sehr kleinen Atomkern und einer voluminösen Hülle.
a) Aus welchen Elementarteilchen bestehen Kern und Hülle?
b) Hätte ein Atom einen Durchmesser von 1 m, wie groß wäre dann der Atomkern?

**1.7** Wie ermittelt man aus der Protonenzahl und der Neutronenzahl eines Atoms
a) die Ordnungszahl Z,                 b) die Nukleonenzahl?

**1.8** Wie viele Protonen, Neutronen und Elektronen besitzt ein (neutrales) Atom mit der Ordnungszahl $Z = 3$ und der Nukleonenzahl 7?

**1.9** Haben alle Atome des Elements Wasserstoff dieselbe
a) Elektronenzahl,          b) Nukleonenzahl,          c) Neutronenzahl,
d) Kernladungszahl,          e) Protonenzahl,          f) Ordnungszahl?

**1.10** Definieren Sie den Elementbegriff unter Berücksichtigung des Atombaus. Was ist bei allen Atomen eines Elements gleich?

https://doi.org/10.1515/9783110701067-001

**1.11** Wie viele Elemente kennt man zur Zeit?

**1.12** Was versteht man unter einem Nuklid?

**1.13** a) Der Atomkern eines Heliumisotops enthält 2 Protonen und 1 Neutron, der Kern einen Schwefelisotops 16 Protonen und 18 Neutronen. Welche symbolischen Schreibweisen sind dafür richtig?

b) Wie viele Neutronen, Protonen und welche Nukleonenzahl hat das Nuklid $^{13}_{6}C$?

c) Wie viele Neutronen, Protonen und welche Nukleonenzahl hat das Nuklid $^{238}_{92}U$?

d) Füllen Sie die freien Felder unter Hinzunahme eines Periodensystems aus:[a]

| | | | |
|---|---|---|---|
| $^{40}$Ar | Z = 18 | N = 22 | A = 40 |
| $^{127}$I | | | |
| Si | | | 29 |
| Cs | | 82 | |

[a] Z = Kernladungszahl, N = Neutronenzahl, A = Nukleonenzahl

**1.14** a) Was sind Isotope?

b) Was sind Reinelemente?

**1.15** Können Atome verschiedener Elemente dieselbe Nukleonenzahl haben?

**1.16** Suchen Sie aus den folgenden Nukliden Isotope und Isobare heraus:
$^{12}_{6}C$, $^{13}_{6}C$, $^{14}_{7}N$, $^{14}_{6}C$, $^{3}_{1}H$, $^{3}_{2}He$, $^{1}_{1}H$

**1.17** a) Wie ist die Atommasseneinheit definiert?

b) Ein Element hat die Ordnungszahl 15 und seine Nuklide haben eine ungefähre Masse von 31 u. Um welches Element handelt es sich; wie groß sind Nukleonen-, Neutronen- und Elektronenzahl (letztere im neutralen Atom)?

**1.18** Sind Nukleonenzahl und Masse in der Einheit u eines Nuklids identische Zahlen?

**1.19** Berechnen Sie aus den Isotopenmassen die mittlere Atommasse von Brom.

| Isotop | Häufigkeit | Isotopenmasse |
|---|---|---|
| $^{79}$Br | 50,5% | 78,92 u |
| $^{81}$Br | 49,5% | 80,92 u |

## Kernreaktionen

**1.20**  Wie entsteht Radioaktivität?

**1.21**  a) Woraus bestehen α-Strahlung, β-Strahlung und γ-Strahlung?

b) Welche Strahlung hat die größte und welche die kleinste Durchdringungsfähigkeit?

**1.22**  a) Ab welcher Ordnungszahl sind die schweren Kerne α-Strahler?

b) Die Nuklide $^{222}_{86}\text{Rn}$ und $^{230}_{90}\text{Th}$ geben einen α-Zerfall. Was sind dann die direkten Tochternuklide?

**1.23**  Formulieren Sie den Kernprozess, bei dem β-Strahlung entsteht.

**1.24**  a) Erklären Sie den Begriff Halbwertzeit beim radioaktiven Zerfall.

b) In welchem Zeitbereich liegen die Halbwertzeiten?

c) Wie viele Halbwertzeiten muss man mindestens warten, damit die ursprüngliche Radioaktivität einer Substanz auf weniger als 1/10 fällt?

d) Im dargestellten Diagramm ist die Anzahl $N$ der noch nicht zerfallenen Atomkerne eines radioaktiven Präparates logarithmisch gegen die Zeit $t$ aufgetragen.

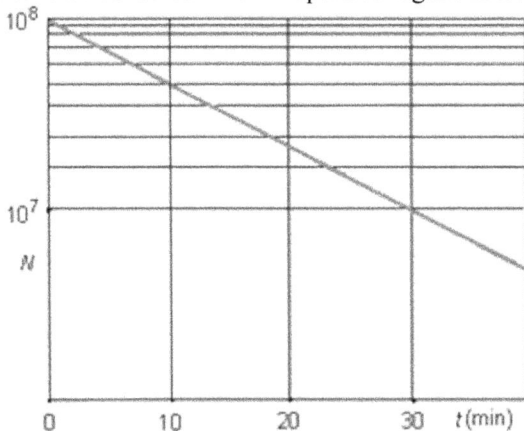

Wie groß ist in etwa die Halbwertzeit?

**1.25**   a) Eine $^{57}$Co-Probe hat eine Aktivität von 925 MBq ($t_{1/2}$ = 207 d).

Was bedeuten die Zahlenangaben? Wie hoch ist die Aktivität der Probe nach 2 Jahren?

b) Das Isotop $^{131}$I, was zur Schilddrüsenfunktionsprüfung verwendet wird, hat eine Halbwertszeit von 8 Tagen, und die Anfangsaktivität der Probe beträgt 60 MBq. Nach wie viel Tagen ist die Aktivität auf 7,5 MBq abgesunken?

**1.26**   Ergänzen Sie die Kernreaktionsgleichungen.

$$^{226}_{88}\text{Ra} \rightarrow \,^{222}_{86}\text{Rn} + \square$$

$$^{40}_{19}\text{K} \rightarrow \,^{0}_{-1}\text{e} + \square$$

$$^{14}_{7}\text{N} + \,^{4}_{2}\text{He} \rightarrow \,^{1}_{1}\text{H} + \square$$

$$^{14}_{7}\text{N} + \,^{\square}_{0}\square \rightarrow \,^{\square}_{\square}\text{C} + \,^{1}_{\square}\square$$

**1.27**   a) Wieso kann man mit radioaktiven Nukliden Altersbestimmungen durchführen?

b) Welche Methoden kennen Sie?

**1.28**   Masse und Energie sind äquivalent. Dies beschreibt das berühmte Gesetz von Einstein. Schreiben Sie es auf.

**1.29**   Was ist der Massendefekt?

**1.30**   Bei der Kernspaltung von $^{235}$U mit Neutronen

$$^{235}_{\square}\text{U} + \,^{1}_{0}\text{n} \rightarrow \,^{92}_{\square}\text{Kr} + \,^{\square}_{56}\text{Ba} + 2\,^{1}_{0}\text{n}$$

wird eine riesige Energie frei, etwa 200 MeV. Was ist dafür die Ursache? Ergänzen Sie die Leerfelder in der Kernreaktionsgleichung.

**1.31**   Welche in der Natur vorkommenden Nuklide geben mit langsamen Neutronen eine Kernspaltung?

**1.32**   a) Wie entsteht bei der Uranspaltung eine ungesteuerte Kettenreaktion?

b) Was ist ihre mögliche „Verwendung"?

**1.33**   Kernenergie kann auch durch Verschmelzung sehr leichter Kerne erzeugt werden. Wo findet die Fusion von Protonen zu Heliumkernen statt?

# Struktur der Elektronenhülle

## Energiezustände im Wasserstoffatom · Spektren

**1.34**  Die Energiezustände des Elektrons im Wasserstoffatom sind im SI durch die Beziehung

$$E = -\frac{1}{n^2} \frac{m\,e^4}{8\,\varepsilon_o^2\,h^2}$$

gegeben. m, e, $\varepsilon_o$ und h sind Konstanten: m = Masse des Elektrons, e = Elementarladung, $\varepsilon_o$ = Feldkonstante des Vakuums, h = Planck'sches Wirkungsquantum.

a) Welche Zahlenwerte kann die in der Beziehung

$$E = -\frac{1}{n^2} \; const.$$

auftretende dimensionslose Zahl n annehmen?

b) Wie nennt man n?

c) Was drückt das negative Vorzeichen aus?

**1.35**  Was versteht man unter Grundzustand?

**1.36**  Was versteht man unter angeregtem Zustand?

**1.37**  Geben Sie mögliche Hauptquantenzahlen für einen angeregten Elektronenzustand des Wasserstoffatoms an.

**1.38**  Zeichnen Sie in das gegebene Diagramm die Folge der möglichen Energiezustände im Wasserstoffatom ein. $E_1$ ist die Energie im Grundzustand.

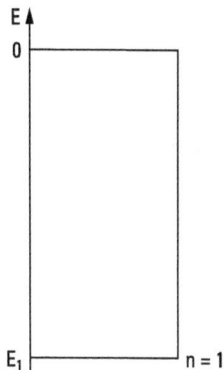

**1.39**  Einem Wasserstoffatom im Grundzustand wird

a) der Energiebetrag E',

b) der Energiebetrag E" zugeführt.

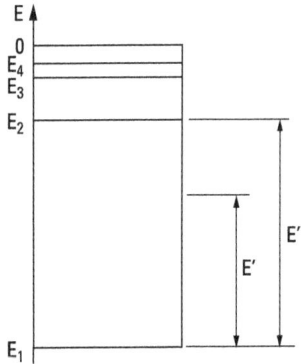

Warum wird das Wasserstoffatom nur im Fall b) angeregt?

**1.40**  Was geschieht mit dem Elektron des Wasserstoffatoms, wenn man eine Energie größer als $E_1$ zuführt?

**1.41**  Was versteht man unter einem Lichtquant (Photon)?

**1.42**  Die Abhängigkeit der Energie der Photonen von der Wellenlänge der elektromagnetischen Strahlung wird durch die Planck-Einstein Gleichung beschrieben. Wie lautet diese Gleichung?

**1.43**  Im Wasserstoffatom gehe das Elektron vom Energiezustand $E_3$ in den Energiezustand $E_2$ über. Dabei wird die Energie als Photon abgegeben. Berechnen Sie mit Hilfe der Planck-Einstein Gleichung die Wellenlänge des ausgestrahlten Lichts.

$E_1 = -13,6\ eV$        $h = 6,6 \cdot 10^{-34}\ Js$            $c = 3 \cdot 10^8\ ms^{-1}$

$1\ eV = 1,6 \cdot 10^{-19}\ J$

**1.44**  Beim Übergang eines Elektrons von einem angeregten Zustand in den Grundzustand wird Licht der Wellenlänge $\lambda = 121\ nm$ ausgestrahlt. Wie groß ist die Energiedifferenz der beiden Zustände?

**1.45**  a) Warum liefern lichtaussendende Atome ein Linienspektrum und nicht ein kontinuierliches Spektrum?

b) Warum ist das Linienspektrum für ein chemisches Element charakteristisch?

## Quantenzahlen · Orbitale

**1.46** Der Zustand eines Elektrons im Atom wird nicht allein durch die Quantenzahl n beschrieben.

Welche Quantenzahlen sind insgesamt zur Beschreibung des Zustands eines Elektrons im Atom notwendig?

**1.47** Was versteht man unter der Elektronenschale eines Atoms?

**1.48** Wie groß ist die Hauptquantenzahl für die Elektronen der N-Schale?

**1.49** a) Welche Werte kann die Nebenquantenzahl $l$ annehmen, wenn die Hauptquantenzahl n = 4 ist?

b) Welche Werte kann n annehmen, wenn $l = 2$ ist?

**1.50** a) Welchen Buchstaben benutzt man zur Beschreibung von Elektronenzuständen mit der Nebenquantenzahl
$l = 0$ und welchen für $l = 2$ ?

b) Welchen Zahlenwert hat $l$ für einen p-Zustand, welchen für einen f-Zustand?

**1.51** Die Elektronenzustände einer Schale mit gleicher Nebenquantenzahl bezeichnet man als Unterschale.

a) Geben Sie Haupt- und Nebenquantenzahl für die p-Unterschale der M-Schale an.

b) Bei welchen Schalen gibt es keine d-Unterschale?

c) Zu welchen Schalen gehören jeweils die Atomorbitale: 2s, 3d, 7p, 4f?

**1.52** Die Zahl der Elektronenzustände einer Unterschale ist durch die magnetische Quantenzahl $m_l$ und die Spinquantenzahl $m_s$ festgelegt.

Welche Werte kann $m_l$ annehmen, wenn $l = 2$ ist?

**1.53** Bei welchen Haupt- und Nebenquantenzahlen kann ein Elektronenzustand mit $m_l = +3$ nicht auftreten?

**1.54** Welche Werte kann die Spinquantenzahl $m_s$ annehmen?

**1.55** Wie viele Elektronenzustände besitzt eine p-Unterschale?

**1.56** Welche Unterschalen besitzen genau 10 Quantenzustände? Geben Sie dafür die $l$-, $m_l$- und $m_s$-Werte an.

**1.57** a) Was versteht man unter einem Atomorbital?

b) Ordnen Sie Hauptquantenzahl, Bahndrehimpulsquantenzahl und magnetische Quantenzahl der richtigen Orbitaleigenschaft zu: Gestalt, Orientierung, Größe.

**1.58**   Leiten Sie mit Hilfe des folgenden Schemas ab, wie viele s-, p- und d-Orbitale es
für die M-Schale eines Atoms gibt.

| $\hbar$ | $l$ | $m_l$ | Anzahl und Typ der Orbitale | Unterschale |
|---|---|---|---|---|
|  |  |  |  |  |

**1.59**   Was bedeutet die Bezeichnung

a) 3p-Orbital,

b) 5s-Orbital?

**1.60**   Ergänzen Sie das folgende Schema. Tragen Sie für jede Schale die vorhandenen
Unterschalen ein und geben Sie die Anzahl der Unterschalen und der Quantenzustände an.

| Schale | n |   |   |   |   |   |   |   | Zahl der Unter-schalen | Zahl der Quanten-zustände |
|---|---|---|---|---|---|---|---|---|---|---|
| P | 6 |  |  |  |  |  |  |  |  |  |
| O | 5 |  |  |  |  |  |  |  |  |  |
| N | 4 |  |  |  |  |  |  |  |  |  |
| M | 3 | 3s | 3p | 3d |  |  |  |  |  |  |
| L | 2 |  |  |  |  |  |  |  |  |  |
| K | 1 |  |  |  |  |  |  |  |  |  |
|  |  | 0 | 1 | 2 | 3 | 4 | 5 | $l$ |  |  |
|  |  | s | p | d | f | g | h | Orbitaltyp |  |  |

**1.61**   Durch welche der drei Abbildungen wird ein s-Orbital richtig dargestellt?

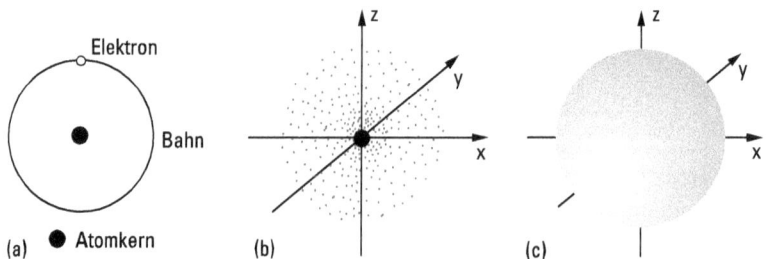

**1.62**   Wodurch unterscheiden sich die Darstellungen b) und c) der Aufg. 1.61?

**1.63**    Warum ist das Bohr'sche Bild eines Atoms, in dem die Elektronen den Kern auf festgelegten Bahnen umkreisen – so wie der Mond die Erde umkreist –, falsch?

**1.64**    Wie bezeichnet man die in den Bildern a), b), c) dargestellten Orbitale?

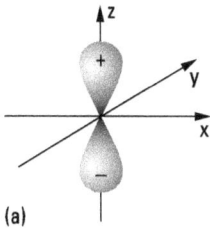

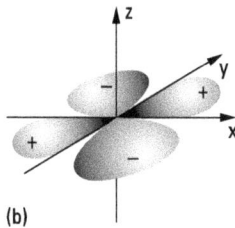

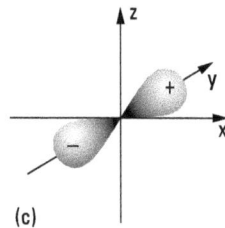

(a)                 (b)                 (c)

**1.65**    Zeichnen Sie schematisch in die Koordinatensysteme ein $p_x$-Orbital und ein $d_{xz}$-Orbital ein.

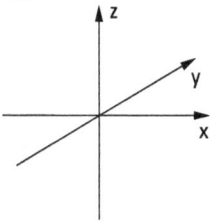

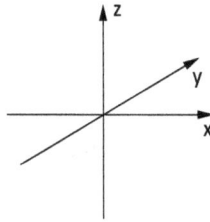

**1.66**    Ordnen Sie die folgenden Buchstaben, Zahlen und Wörter in das Schema ein: d, 1 (eins), hantelförmig, kugelförmig, 0 (null), p, rosettenförmig, s, 2.

| Nebenquantenzahl | Orbitaltyp | Gestalt der Ladungswolke |
|---|---|---|
|  |  |  |
|  |  |  |
|  |  |  |

**1.67**    Ordnen Sie die folgenden Orbitale des Kaliumatoms nach steigender Energie: 1s, 2s, 3s, 2p, 3p, 3d.

**1.68**    Welche der folgenden Orbitale eines Kaliumatoms haben dasselbe Energieniveau (sind entartet)?

$2p_x$, $3p_y$, $2p_z$, $3d_{z^2}$, $3p_z$, $3p_x$, $3d_{xy}$

## Aufbauprinzip · Periodensystem der Elemente (PSE) · Elektronenkonfigurationen

**1.69**    Warum befinden sich im Li-Atom nicht alle 3 Elektronen im energieärmsten 1s-Zustand?

**1.70**   In welcher Quantenzahl unterscheiden sich die beiden Elektronen eines Orbitals?

**1.71**   In welchen Orbitalen befinden sich die drei Elektronen des Lithiumatoms im Grundzustand?

**1.72**   Welche Elektronenkonfiguration hat das Boratom im Grundzustand (Z = 5)?

**1.73**   Geben Sie die Elektronenkonfiguration des Kohlenstoffatoms im Grundzustand an (Kästchenschreibweise).

**1.74**   Welches ist die Elektronenkonfiguration des Stickstoffatoms im Grundzustand?

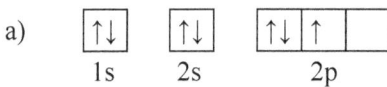

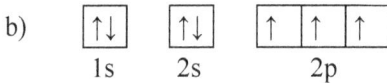

a)   $\boxed{\uparrow\downarrow}$   $\boxed{\uparrow\downarrow}$   $\boxed{\uparrow\downarrow\,|\,\uparrow\,|\quad}$
     1s      2s        2p

b)   $\boxed{\uparrow\downarrow}$   $\boxed{\uparrow\downarrow}$   $\boxed{\uparrow\,|\,\uparrow\,|\,\uparrow}$
     1s      2s        2p

**1.75**   Warum ist für das Sauerstoffatom die Elektronenkonfiguration

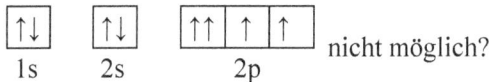

$\boxed{\uparrow\downarrow}$   $\boxed{\uparrow\downarrow}$   $\boxed{\uparrow\uparrow\,|\,\uparrow\,|\,\uparrow}$ nicht möglich?
   1s     2s       2p

**1.76**   Warum gibt es die Elektronenkonfiguration $1s^2\,2s^2\,2p^7$ nicht?

**1.77**   Welcher wesentliche Unterschied besteht zwischen den Hauptgruppenelementen und den Nebengruppenelementen in der Elektronenkonfiguration?

**1.78**   Geben Sie die (Valenz-)Elektronenkonfiguration von Kalium (Z = 19) an.

**1.79**   Eisen ist ein 3d-Element (Z = 26). Was ist die (Valenz-)Elektronenkonfiguration?

**1.80**   Geben Sie die (Valenz-)Elektronenkonfiguration von Mangan (Z = 25) an.

**1.81**   Formulieren Sie die (Valenz-)Elektronenkonfiguration für Zink (Z = 30).

**1.82**   In dem vereinfachten Schema des Periodensystems (s. nächste Seite) soll in die Kästchen Folgendes eingetragen werden: Bezeichnung der Unterschale, die gerade aufgefüllt wird; Ordnungszahlen der Elemente, bei denen diese Unterschalen aufgefüllt werden. Nebengruppenelemente sind im Unterschied zu Hauptgruppenelementen zu schraffieren.

| Periode | | | |
|---|---|---|---|
| 1 | | | |
| 2 | | | |
| 3 | | | |
| 4 | | | |
| 5 | | | |

**1.83** a) Tragen Sie die Elementsymbole der Elemente bis zur Ordnungszahl Z = 20 in das Schema des PSE ein.

b) Warum wird das zweite Element in die rechte obere Ecke des PSE geschrieben?

c) Tragen Sie in das Schema die Symbole der 3d-Elemente ein.

d) Skizzieren Sie das Schema des PSE (ohne Elemente) aus dem Gedächtnis und zeichnen Sie dort ein:

– die Lage des elektropositivsten und des elektronegativsten Elements für chemische Reaktionen,

– eine Linie für den Übergang zwischen Metallen und Nichtmetallen,

– den Bereich der Übergangsmetalle,

– den Bereich der s-Elemente,

– den Bereich der p-Elemente.

**1.84** Welche Gemeinsamkeit in der Elektronenkonfiguration besitzen

a) die Elemente der 7. Hauptgruppe (17. Gruppe),

b) die Elemente der 2. Hauptgruppe (2. Gruppe)?

**1.85**   a) Formulieren Sie für die Elemente Germanium und Titan die Elektronenbesetzung in den angegebenen Unterschalen.

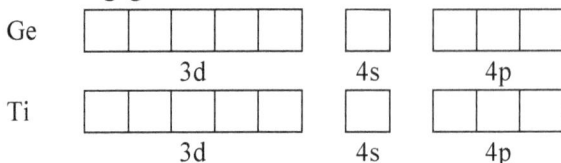

Ge  ☐☐☐☐☐  ☐  ☐☐☐
           3d          4s      4p

Ti  ☐☐☐☐☐  ☐  ☐☐☐
           3d          4s      4p

b) Wie viele Valenzelektronen besitzen die Elemente Germanium und Titan?

**1.86**   Formulieren Sie die Konfiguration der Valenzelektronen für folgende Atome (beide Schreibweisen):

a) N        b) Sn        c) Mn        d) P        e) I        f) V

**1.87**   Nennen Sie Beispiele für Elemente mit den angegebenen Valenzelektronenkonfigurationen und geben Sie jeweils an, in welcher Haupt- oder Nebengruppe sie stehen.

a) $s^2 p^4$        b) $d^4 s^2$        c) $s^2 p^2$

**1.88**   Welche Elektronenkonfigurationen und Valenzelektronenkonfigurationen haben die Ionen?

a) $Ca^{2+}$            b) $Fe^{3+}$            c) $Zn^{2+}$

**1.89**   Welche der folgenden Ionen haben Edelgaskonfiguration?
$Al^{3+}$, $Mn^{2+}$, $O^{2-}$, $Pb^{2+}$, $Cl^-$, $Ti^{4+}$, $Ag^+$

## Ionisierungsenergie · Elektronenaffinität

**1.90**   Die Abbildung zeigt den Verlauf der 1. Ionisierungsenergie für die Elemente der 2. Periode. Warum treten bei den Elementen Beryllium und Stickstoff Maxima auf?

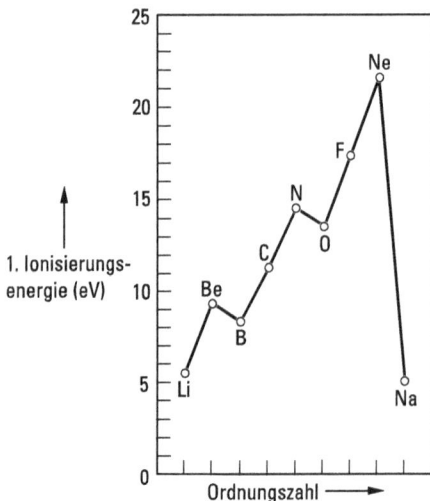

**1.91** Warum ändert sich die Ionisierungsenergie mit steigender Ordnungszahl periodisch?

**1.92** Vergleichen Sie die 1. Ionisierungsenergie $I_1$ folgender Elementpaare durch Verwendung der Zeichen „>" (größer als) oder „<" (kleiner als).

Beispiel: $I_1$ (Li) < $I_1$ (Be)

a) Na    K

b) P     S

c) Mg    Al

d) Mg    Ca

e) Ne    Na

f) F     Cl

**1.93** Besitzt Natrium oder Magnesium die höhere 2. Ionisierungsenergie?

**1.94** a) Was versteht man unter Elektronenaffinität?

b) Warum ist die Elektronenaffinität bei Lithium und Kohlenstoff noch exotherm, bei Beryllium und Stickstoff aber endotherm?

**1.95** In welcher Gruppe des PSE stehen die Elemente mit der größten exothermen Elektronenaffinität? Warum ist das so?

## Wellencharakter der Elektronen · Eigenfunktionen des Wasserstoffatoms

**1.96** Bewegte Elektronen besitzen nicht nur Teilcheneigenschaften, sondern auch Wellennatur. Welche Beziehung besteht zwischen Geschwindigkeit und Wellenlänge eines Elektrons?

**1.97** Da Elektronen Welleneigenschaften besitzen, kann man die Elektronenzustände mit einer Wellenfunktion $\psi(x,y,z)$ beschreiben. Die möglichen $\psi$-Funktionen des Wasserstoffatoms werden Orbitale genannt. $\psi$ hat keine anschauliche Bedeutung, jedoch das Quadrat des Absolutwertes der Wellenfunktion. Welches ist diese Bedeutung?

**1.98** Tragen Sie in einem Diagramm auf

a) für die Orbitale 1s und 2s den Verlauf der Wellenfunktion $\psi(r)$ gegen den Abstand r vom Atomkern und für das Orbital 3p den Verlauf der Radialfunktion $R(r)$ gegen r,

b) für die Orbitale 1s, 2s und 3p die radiale Dichte gegen r.

# 2. Die chemische Bindung

## Ionenbindung

### Ionengitter · Koordinationszahl

**2.1**  Was versteht man unter einem Kristallgitter?

**2.2**  Wie sind unterschiedlich zu Kristallen die Bausteine in Gläsern angeordnet?

**2.3**  Aus welchen Bausteinen kann ein Kristallgitter aufgebaut sein?

**2.4**  a) Welche Bindungskräfte treten in Ionenkristallen auf?
b) Sind diese Bindungskräfte gerichtet oder ungerichtet?

**2.5**  Was versteht man unter der Gitterenergie eines Ionenkristalls?

**2.6**  Die Bildung eines NaCl-Kristalls aus Na- und Cl-Atomen lässt sich gedanklich in drei Teilschritte zerlegen.
a) Formulieren Sie die Teilschritte.
b) Welche Energie wird dabei jeweils umgesetzt?

**2.7**  Bei welchen Elementkombinationen wird die Bildung von Ionenkristallen energetisch günstig sein?

**2.8**  Welche Paare der folgenden Elemente bilden miteinander typische Ionenverbindungen? C, O, F, Na, Si, Cl, Ca

**2.9**  a) Welche Ionen treten in den Ionenverbindungen auf, die sich aus den Elementen Na, Ca, F, O und Cl bilden? Welche Elektronenkonfigurationen haben diese Ionen?
b) Welche Elemente haben dieselben Elektronenkonfigurationen wie diese Ionen?
c) Geben Sie die Formeln der Verbindungen an, die sich aus den genannten Ionen bilden.

**2.10**  Wie hängt die maximale      a) positive      b) negative
Ionenladung von Hauptgruppenelementen mit der Gruppennummer zusammen?

**2.11**  Kann man die Verbindung CaO durch die Formel Ca=O widergeben?

https://doi.org/10.1515/9783110701067-002

**2.12**    Was bedeutet in einem Ionengitter die Koordinationszahl?

**2.13**    In den Zeichnungen sind drei Gitter von AB-Ionenkristallen dargestellt.

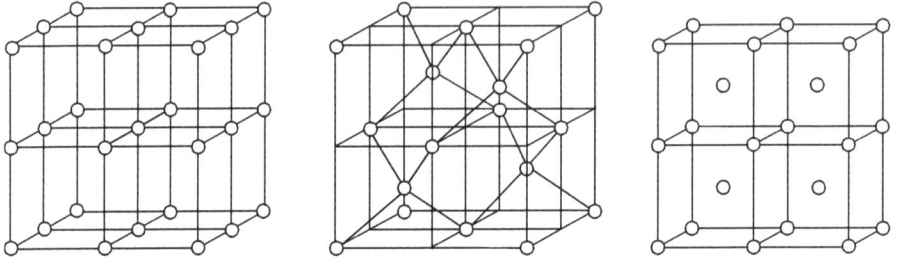

a) Markieren Sie in jedem Gitter die Anionen durch Ausfüllen der Kreise.

b) Welche Koordinationszahlen haben die Ionen in den Gittern?

c) Welche Koordinationspolyeder treten auf?

d) Um welche drei Strukturtypen handelt es sich?

**2.14**    Warum ist es nicht sinnvoll, die Formeleinheit einer Ionenverbindung, z. B. CsCl, als Molekül zu bezeichnen?

**2.15**    a) Welche Koordinationszahlen und welche Koordinationspolyeder treten in den beiden dargestellten Gittern auf?

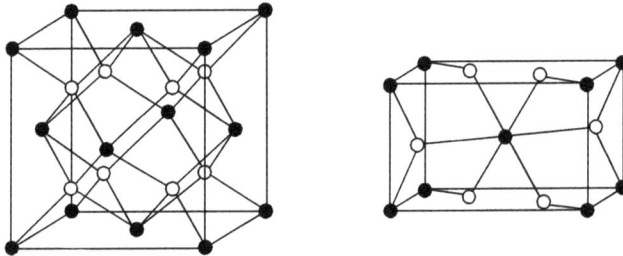

b) Welche Teilchen in den Gittern sind Kationen bzw. Anionen?

c) Um welchen beiden Strukturtypen handelt es sich?

**2.16**    In $SiO_2$ ist die Koordinationszahl der Sauerstoffionen zwei.
Wie groß ist die Koordinationszahl von Silicium?

## Ionenradien · Radienquotienten

**2.17**    Vergleichen Sie die Ionenradien folgender Ionenpaare unter Verwendung der Zeichen größer „>" oder kleiner „<":

| $Be^{2+}$ | $Ca^{2+}$ |  | $Co^{2+}$ | $Co^{3+}$ |
|-----------|-----------|--|-----------|-----------|
| $Mg^{2+}$ | $Al^{3+}$ |  | $F^-$ | $Br^-$ |
| $Li^+$ | $Na^+$ |  | $Cl^-$ | $K^+$ |
| $Ca^{2+}$ | $Mg^{2+}$ |  | $K^+$ | $Al^{3+}$ |
| $Fe^{2+}$ | $Fe^{3+}$ |  | $Na^+$ | $Mg^{2+}$ |
| $Cl^-$ | $I^-$ |  | $Al^{3+}$ | $O^{2-}$ |
| $F^-$ | $Na^+$ |  | $Na^+$ | $Cl^-$ |

**2.18**  a) Begründen Sie die in der Antwort zu Aufg. 2.17 unter 1) angegebene Regel.

b) Begründen Sie die in der Antwort zu Aufg. 2.17 unter 3) angegebene Regel.

**2.19**  Warum sind die Radien von $Li^+$ und $Mg^{2+}$ etwa gleich groß?

**2.20**  Die folgenden Ionen haben alle Neonkonfiguration:

| Ion | $O^{2-}$ | $F^-$ | $Na^+$ | $Mg^{2+}$ |
|-----|----------|-------|--------|-----------|
| r für KZ = 6 | 140 pm | 133 pm | 102 pm | 72 pm |
| Ordnungszahl | 8 | 9 | 11 | 12 |

Der Ionenradius nimmt von $O^{2-}$ zu $F^-$ nur wenig, von $Na^+$ zu $Mg^{2+}$ dagegen relativ stark ab. Warum ist das so?

**2.21**  Ist bei abnehmendem Radienquotienten $r_K / r_A$ eine größere oder eine kleinere Koordinationszahl für das Kation zu erwarten? Geben Sie eine Begründung.

**2.22**  $MgF_2$ kristallisiert in einem Ionengitter. Welche Koordinationszahlen haben die Ionen? Welchen Strukturtyp erwarten Sie?

$r_{Mg^{2+}} = 72$ pm, $r_{F^-} = 133$ pm

**2.23**  Welche Koordinationszahlen haben die Ionen $Pb^{2+}$ und $F^-$ in dem Ionenkristall $PbF_2$? In welchem Strukturtyp kristallisiert $PbF_2$?

$r_{Pb^{2+}} = 119$ pm, $r_{F^-} = 133$ pm

## Gitterenergie

**2.24**  Im gegebenen Diagramm ist für einen Ionenkristall die Coulomb-Energie und die von den Elektronenhüllen herrührende Abstoßungsenergie in Abhängigkeit vom Ionenabstand r dargestellt.

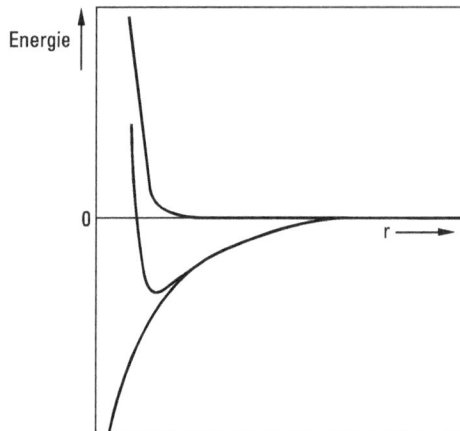

Welche Kurve beschreibt die Coulomb-Energie, welche die Abstoßungsenergie?

Welches ist die resultierende Gesamtenergie (Summenkurve)?

Aus der Summenkurve erhält man den Gleichgewichtsabstand der Ionen $r_0$ und die Gitterenergie U. Zeichnen Sie die beiden Größen in das Diagramm ein.

Durch welchen der beiden Energiebeiträge wird die Gesamtenergie im Wesentlichen bestimmt?

**2.25**   Wie hängt die Gitterenergie

a) vom gegenseitigen Abstand der Ionen und

b) von der Ladung der Ionen ab?

**2.26**   Vergleichen Sie die Beträge der Gitterenergien folgender Paare von Ionenverbindungen unter Verwendung der Zeichen „>" oder „<".

CaO      BaO

NaI      NaCl

LiF      MgO

**2.27**   NaF und CaO kristallisieren im gleichen Strukturtyp. Der Gleichgewichtsabstand $r_0$ der Ionen ist annähernd gleich. In welchem ungefähren Verhältnis stehen die Gitterenergien zueinander?

**2.28**   Ordnen Sie die folgenden Ionenverbindungen NaCl, NaI, MgO, BaO

a) nach steigender Gitterenergie,

b) nach steigender Härte,

c) nach steigendem Schmelzpunkt.

## Ionenleitung · Fehlordnung

**2.29** Bei hohen Temperaturen entsteht Ionenleitung durch Punktfehlordnung in Kristallen.

Welcher Materietransport erfolgt bei der a) Frenkel-Fehlordnung, b) Schottky-Fehlordnung?

**2.30** Bei welchen Ionenverbindungen ist a) Frenkel-Fehlordnung, b) Schottky-Fehlordnung vorhanden?

**2.31** Festelektrolyte sind Verbindungen mit einer strukturellen Fehlordnung, durch die die Ionenbeweglichkeit (schnelle Ionenleiter) entsteht. Ein Beispiel sind $ZrO_2$-$Y_2O_3$-Mischkristalle.

a) Wie entsteht bei diesen Anionenleitung?

b) Formulieren Sie die Mischkristallbildung mit einer Einbaugleichung unter Benutzung der folgenden Symbole: $Zr_{Zr}$ Zr auf Zr-Platz, $O_O$ O auf O-Platz, $Y'_{Zr}$ Y auf Zr-Platz (negativ geladen), $V_O^{\bullet\bullet}$ O-Leerstelle (zweifach positiv geladen).

# Atombindung

### Elektronenpaarbindung · Lewis-Formeln

**2.32** In welchen der folgenden Stoffe tritt überwiegend

a) Ionenbindung,

b) Atombindung

auf? LiF, C(Diamant), $C_2H_6$, $CO_2$, $NH_3$, $Al_2O_3$, $SiH_4$, $SO_2$, $Cl_2$, BaO, KBr, CsCl

**2.33** a) Was bedeuten die mit 1 bis 4 nummerierten Striche in der Lewis-Formel von $H_2O$?

$$\begin{array}{c} 2 \quad 4 \\ \diagdown \!\! O \!\! \diagup \\ H \diagdown 1 \quad 3 \diagup H \end{array}$$

b) Wie viele Elektronenpaarbindungen liegen im Molekül $H_2O$ vor?

**2.34** Was bedeuten die mit 1 bis 5 nummerierten Striche in der Lewis-Formel von $N_2$?

$$1 \mid N \overset{2}{\underset{4}{\equiv}} 3 \equiv N \mid 5$$

**2.35** Setzen Sie in die leeren Kästchen die Summenformeln und Lewis-Formeln der Moleküle ein, die Sie für die jeweiligen Elementkombinationen erwarten. In den

Lewis-Formeln sind alle bei den Atomen angegebenen Elektronen zu berücksichtigen (sowie die räumliche Struktur).

| | H· | ·Ċ· | $\mid\overline{O}·$ | $\mid\overline{Cl}·$ |
|---|---|---|---|---|
| H· | | | $H_2O$ $\overset{\frown}{H^{\diagup}O^{\diagdown}H}$ | |
| ·Ċ· | | | | |
| $\mid\overline{O}·$ | | | | |
| $\mid\underline{\overline{Cl}}·$ | | | | |

**2.36**   Was versteht man bei den Hauptgruppenelementen unter Valenzelektronen?

**2.37**   Wie viele Valenzelektronen haben jeweils die Atome der Elemente Bor, Stickstoff, Kohlenstoff und Chlor?

**2.38**   a) Geben Sie die Lewis-Formeln für folgende Verbindungen an:

$NH_3$, $CF_4$, $CS_2$, $PCl_3$, $ClF$, $OF_2$.

Bei der Aufstellung der Formeln sollen alle Elektronen der äußeren Schale berücksichtigt werden (sowie die räumliche Struktur).

b) Welche Beziehung zwischen der Zahl der Atombindungen, die ein Element bildet, und seiner Stellung im Periodensystem lässt sich aus obigen Formeln ableiten?

## Angeregter Zustand · Bindigkeit · Formale Ladung

**2.39**   Das Kohlenstoffatom hat im Grundzustand die Valenzelektronenkonfiguration:

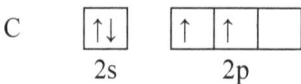

C   [↑↓]   [↑|↑| ]
    2s       2p

Warum kann das Kohlenstoffatom vier Atombindungen bilden?

**2.40**   a) Ein angeregtes Stickstoffatom ($N^*$) mit fünf ungepaarten Elektronen kann bei chemischer Verbindungsbildung nicht auftreten. Warum?

b) Warum gibt es die Verbindung $H_4O$ nicht?

**2.41** Warum ist die Formel

$$\begin{array}{c} \overline{|O|} \\ |\overline{O}-N \\ H \quad \underline{O}| \end{array}$$

falsch?

**2.42** a) Formulieren Sie die Lewis-Formel für die Verbindung Kohlenstoffmonooxid CO. Verteilen Sie die Elektronen der Atome C und O so auf bindende und nichtbindende Elektronenpaare, dass jedes Atom insgesamt acht Elektronen besitzt. Denken Sie daran, dass bindende Elektronen zu beiden Atomen gehören.

b) Welche formale Ladung haben die Atome C und O im CO?

Die formale Ladung erhält man in folgender Weise: Die bindenden Elektronenpaare werden zwischen den Bindungspartnern gleichmäßig aufgeteilt. Vergleicht man die Zahl der Elektronen, die dann zu einem Atom gehören, mit der Zahl der Elektronen im neutralen Atom, so erhält man die formale Ladung.

**2.43** a) Ergänzen Sie folgende Lewis-Formeln durch Angabe der formalen Ladungen.

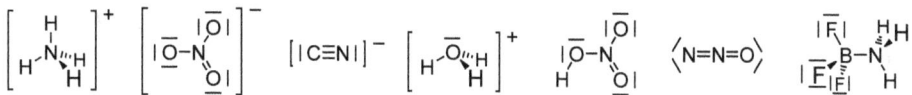

$$\left[\begin{array}{c} H \\ H-N''H \\ H \end{array}\right]^+ \quad \left[\begin{array}{c} |\overline{O}| \\ |\overline{O}-N \\ \underline{O}| \end{array}\right]^- \quad [|C\equiv N|]^- \quad \left[H-\overline{O}''H \\ H\right]^+ \quad \begin{array}{c} |\overline{O}| \\ |\overline{O}-N \\ H \quad \underline{O}| \end{array} \quad \langle N=N=O\rangle \quad \begin{array}{c} |\overline{F}| \quad H_H \\ B-N \\ |\underline{F}|\underline{F}| \quad H \end{array}$$

b) Ergänzen Sie in folgenden Lewis-Formeln die freien Elektronenpaare *und* die formalen Ladungen unter Beachtung der Oktettregel.

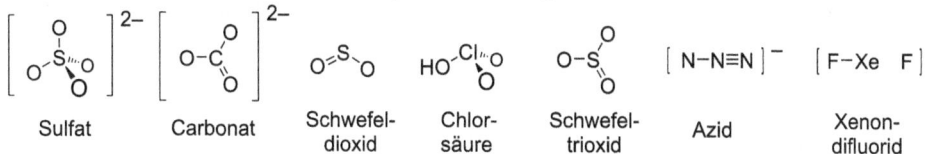

$$\left[\begin{array}{c} O \\ O-S''O \\ O \end{array}\right]^{2-} \quad \left[\begin{array}{c} O \\ O-C \\ O \end{array}\right]^{2-} \quad O=S-O \quad HO-Cl''O \\ O \quad O-S \\ O \quad [N-N\equiv N]^- \quad [F-Xe \quad F]$$

| Sulfat | Carbonat | Schwefel-dioxid | Chlor-säure | Schwefel-trioxid | Azid | Xenon-difluorid |

**2.44** a) Zeichnen Sie sinnvolle Lewis-Formeln für die Orthophosphorsäure $H_3PO_4$.

b) Wie groß ist die Bindigkeit des Phosphoratoms in $H_3PO_4$?

c) Welche Elektronenkonfiguration der Valenzelektronen benutzt Phosphor zur Bindung (Kästchenform)?

**2.45** a) Geben Sie sinnvolle Lewis-Formeln für $SF_6$ an.

b) Formulieren Sie sinnvolle Lewis-Formeln des Ions $SiF_6^{2-}$.

**2.46** Im Gegensatz zu $SF_6$ oder $PF_5$ gibt es die Verbindungen $OF_6$ oder $NF_5$ nicht. Warum?

## Valenzschalen-Elektronenpaar-Abstoßungs-(VSEPR-)Modell

**2.47**   a) Machen Sie auf der Basis des VSEPR-Modells einen nachvollziehbaren Strukturvorschlag (mit eindeutiger Skizze zur räumlichen Atomanordnung) für folgende Moleküle:

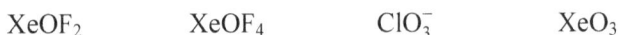

$$XeOF_2 \qquad XeOF_4 \qquad ClO_3^- \qquad XeO_3$$

b) Warum hat $ClF_3$ eine T-förmige und $XeF_2$ eine lineare Struktur?

**2.48**   Erklären Sie die Stellung der Cl- und F-Atome in $PF_2Cl_3$ und die Strukturen und qualitativ die Bindungswinkel in $XeF_3^+$ und $SF_4$.

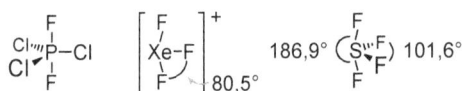

## Elektronegativität · Polare Atombindungen

**2.49**   Was versteht man unter Elektronegativität?

**2.50**   Chloratome sind elektronegativer als Wasserstoffatome. Wie wirkt sich die unterschiedliche Elektronegativität auf die Bindung im Molekül HCl aus?

**2.51**   Ist die Elektronegativität eine direkt messbare Größe?

**2.52**   Wie kann man anschaulich erklären, warum die Elektronegativität eines Atoms umso größer ist, je größer die Ionisierungsenergie und die Elektronenaffinität dieses Atoms sind?

**2.53**   Wie ändert sich die Elektronegativität

a) innerhalb einer Gruppe,

b) innerhalb einer Periode des Periodensystems?

**2.54**   Ordnen Sie die Elemente nach steigender Elektronegativität:

a) C, N, O, Na, Al

b) F, Si, S, Cl, K

Die Reihenfolge lässt sich aus den in der Antwort zu Aufg. 2.53 angegebenen Regeln ableiten, wenn man die Stellung dieser Elemente im PSE kennt.

**2.55**   a) Ordnen Sie die folgenden Verbindungen nach abnehmender Elektronegativitätsdifferenz der Bindungspartner: $H_2O$, $CH_4$, $MgO$, $NaF$

b) Ordnen Sie diese Verbindungen nach abnehmender Bindungspolarität.

Die Beispiele sind so gewählt, dass man ohne Elektronegativitätstabelle auskommen kann. Man muss nur die Stellung der Elemente im PSE beachten.

**2.56** Ordnen Sie die Verbindungen HCl, KCl, $MgCl_2$, $H_2S$ nach abnehmender Elektronegativitätsdifferenz.

**2.57** Geben Sie für die folgenden Bindungen durch Verwendung der Symbole $\delta+$ und $\delta-$ die Polaritätsrichtung der Bindung an:

F–Cl, O–S, H–S, O–F, H–N, O–Si, P–Cl, Cl–I

## Oxidationszahl

**2.58** Geben Sie die Oxidationszahlen aller Elemente in folgenden Stoffen an:

MgO, $CaH_2$, $PCl_5$, $H_3PO_4$, ClF, $O_3$, $NH_3$, $HNO_3$, $H_2S$, $OF_2$, $CO_2$, $H_3O^+$, $SO_3^{2-}$

Beispiel: $\overset{+1\ +6-2}{H_2 SO_4}$

**2.59** a) Geben Sie für die Elemente in der Tabelle die maximale positive und maximale negative Oxidationszahl an und nennen Sie dafür je eine Verbindung als Beispiel.

| Element | maximale negative Oxidationszahl | Verbindungen | maximale positive Oxidationszahl | Verbindungen |
|---------|----------------------------------|--------------|----------------------------------|--------------|
| S | | | | |
| F | | | | |
| Al | | | | |
| N | | | | |
| H | | | | |

b) Welche Beziehung zwischen den maximalen Oxidationszahlen der Elemente und ihrer Stellung im Periodensystem stellen Sie fest?

**2.60** Wie groß sind Oxidationszahlen, Bindigkeiten und formale Ladungen der Elemente N, C, O und Si in den angegebenen Verbindungen?

| | Lewis-Formel | Oxidationszahl | Bindigkeit | formale Ladung |
|---|---|---|---|---|
| N in $HNO_3$ | | | | |
| C in CO | | | | |
| O in $H_3O^+$ | | | | |
| N in $NH_4^+$ | | | | |
| C in $CN^-$ | | | | |
| Si in $SiF_6^{2-}$ | | | | |

## σ-Bindung · π-Bindung · Hybridisierung

**2.61**   Die Bindung im Wasserstoffmolekül H : H kommt durch die Überlappung der 1s-Orbitale der beiden Wasserstoffatome zustande.

a) Zeichnen Sie die Orbitale mit Überlappung.

b) In welchem Bereich des Moleküls erhöht sich die Elektronendichte bei der Molekülbildung besonders stark?

**2.62**   Durch welche Abbildung wird der Aufenthaltsbereich des vom Wasserstoffatom $H_A$ stammenden Elektrons im Wasserstoffmolekül richtig dargestellt?

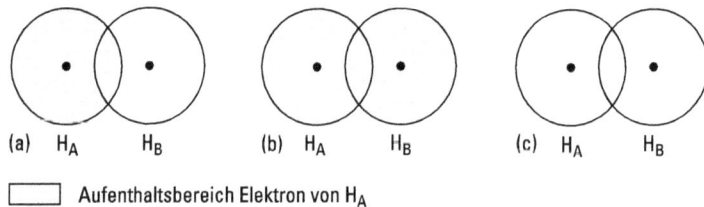

(a)   $H_A$       $H_B$        (b)   $H_A$       $H_B$        (c)   $H_A$       $H_B$

☐   Aufenthaltsbereich Elektron von $H_A$

**2.63**   Warum müssen die beiden Elektronen im Wasserstoffmolekül antiparallelen Spin haben?

**2.64**   Zeichnen Sie die vier verschiedenen Überlappungsmöglichkeiten zwischen s–s, s–p und p–p-Orbitalen, die zu Atombindungen führen.

**2.65**   Welche der in Aufg. 2.64 dargestellten Überlappungen ergeben σ-Bindungen und welche π-Bindungen?

**2.66**   Skizzieren Sie die Form der Ladungsverteilung a) für eine σ-Bindung und b) für eine π-Bindung, wenn Ihre Blickrichtung die Verbindungslinie der Atome ist.

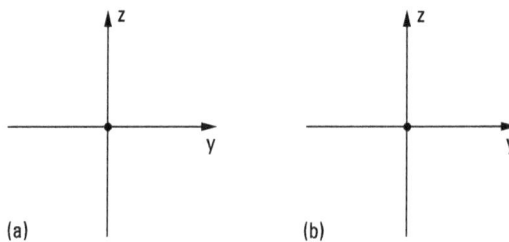

(a)                                          (b)

Die Atomkerne liegen in Blickrichtung hintereinander.

**2.67** Bei welchen der unter a) bis d) genannten Bedingungen kann sich zwischen den Atomen A und B keine Atombindung bilden?

|     | A                    | B                    |
| --- | -------------------- | -------------------- |
| a)  | leeres Orbital       | leeres Orbital       |
| b)  | volles Orbital       | leeres Orbital       |
| c)  | volles Orbital       | volles Orbital       |
| d)  | halbbesetztes Orbital | halbbesetztes Orbital |

**2.68** Warum gibt es kein Molekül $He_2$?

**2.69** Zeichnen Sie schematisch die Änderung der Elektronendichte

a) zwischen $Na^+$ und $Cl^-$ in einem NaCl-Kristall,

b) zwischen $Cl^-$ und $Cl^-$ in einem NaCl-Kristall,

c) zwischen Cl und Cl im $Cl_2$-Molekül.

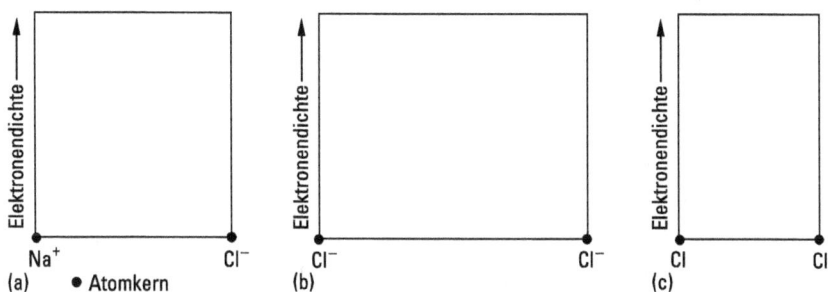

**2.70** a) Geben Sie die Lewis-Formel für Schwefelwasserstoff unter Berücksichtigung aller Valenzelektronen an.

b) Welche Elektronenkonfiguration benutzt Schwefel zur Bindung im $H_2S$?

c) Skizzieren Sie das $H_2S$-Molekül unter Berücksichtigung der räumlichen Anordnung der Orbitale der Atome.

d) Welcher Bindungswinkel ist bei Beachtung der räumlichen Anordnung der Orbitale zu erwarten?

**2.71** Beantworten Sie die analogen Fragen für das Molekül $PH_3$. (Lassen Sie in der Skizze das s-Orbital von P unberücksichtigt.)

**2.72** a) Wie viele Hybridorbitale entstehen durch Hybridisierung eines s- und eines p-Orbitals?

b) Wie bezeichnet man die entstehenden Hybridorbitale?

c) Zeichnen Sie die Hybridorbitale.

**2.73**   Vergleichen Sie die Elektronendichteverteilung eines sp-Hybridorbitals mit der des p-Orbitals, das an der Hybridisierung beteiligt ist.

**2.74**   Die Bindung im Molekül HF kann man unterschiedlich beschreiben:

a) durch Überlappung des 1s-Orbitals des H-Atoms mit einem p-Orbital des F-Atoms (s. Skizze (a)).

b) durch Überlappung des 1s-Orbitals des H-Atoms mit einem sp-Hybridorbital von F (s. Skizze (b)).

In welchem Fall ist die Überlappung größer? Geben Sie eine Begründung.

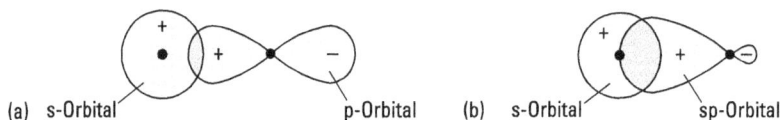

**2.75**   a) Wie nennt man die in der Zeichnung dargestellten Hybridorbitale?

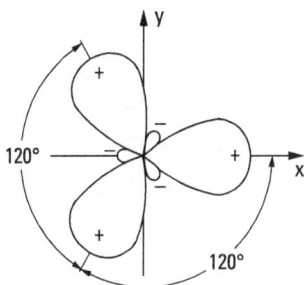

b) Geben Sie eine Erklärung für die Bezeichnung der Hybridorbitale.

c) Welche der Orbitale s, $p_x$, $p_y$, $p_z$ bilden diese Hybridorbitale?

**2.76**   Das Molekül $BF_3$ ist planar gebaut. Die Bindungsabstände sind gleich lang, die Bindungswinkel betragen 120°.

a) Zeichnen Sie für das Molekül $BF_3$ die Lewis-Formel.

b) Zeichnen Sie alle an der Bindung beteiligten Orbitale mit Überlappung. Bezeichnen Sie die Orbitale (s, p, sp, $sp^2$ oder $sp^3$).

c) Geben Sie die Art der Bindung ($\sigma$ oder $\pi$) an.

**2.77** Die Bindungen im $NH_3$-Molekül lassen sich auf zweierlei Arten beschreiben:

I) Drei $\sigma$-Bindungen werden von den drei p-Orbitalen des N-Atoms gebildet.

II) Drei $\sigma$-Bindungen werden von drei $sp^3$-Hybridorbitalen des N-Atoms gebildet.

Der experimentell festgestellte Bindungswinkel im $NH_3$ beträgt 107°.

a) Welche der beiden Darstellungen beschreibt das Molekül besser?

b) In welchem Orbital befindet sich jeweils das nichtbindende Elektronenpaar?

**2.78** Im $NH_4^+$-Ion gibt es vier gleichartige tetraedrisch angeordnete N–H-Bindungen.

a) Welche Elektronenkonfiguration benutzt das Stickstoffatom zur Bindung? Welche Hybridisierung liegt vor?

b) In welcher anderen Verbindung liegt dieselbe Elektronenstruktur vor?

**2.79** Das Molekül $N_2$ lässt sich mit der Lewis-Formel $|N{\equiv}N|$ beschreiben.

Zeichnen Sie getrennt in a) bis c) die Atomorbitale, die bei Annäherung durch Überlappung zu Atombindungen führen.

Geben Sie an, welche Überlappungen zu $\sigma$- bzw. $\pi$-Bindungen führen.

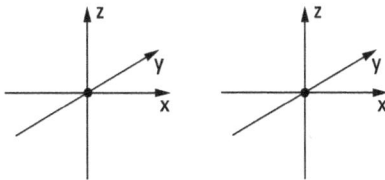

(a), (b), (c)

● Kern des Stickstoffatoms

**2.80** Die Bindungen in CO können mit der Lewis-Formel $|C{\equiv}O|$ beschrieben werden.

a) Welche formale Ladung haben Kohlenstoff und Sauerstoff im Molekül CO?

b) Welche Elektronenkonfiguration und welche Bindigkeit haben Kohlenstoff und Sauerstoff unter Berücksichtigung dieser formalen Ladung?

c) Skizzieren Sie die an der Bindung beteiligten Orbitale und die Überlappungen, die zu Atombindungen führen. Welche der Überlappungen führen zu $\sigma$- bzw. $\pi$-Bindungen?

**2.81** Zeichnen Sie für $CN^-$ die Lewis-Formel mit Angabe der formalen Ladung der Atome.

Wie viele $\sigma$- und $\pi$-Bindungen liegen in diesem Ion vor?

**2.82**   Das Molekül

(Formaldehyd) ist eben gebaut, die Bindungswinkel betragen annähernd 120°.
Geben Sie für jede Bindung (1 bis 4) erstens die Art der Bindung (σ oder π) und
zweitens die an der Bindung beteiligten Orbitale an (bei Hybridorbitalen mit Bezeichnung der Hybridisierung).

| Bindung | Bindungstyp | Beteiligte Orbitale |
|---------|-------------|---------------------|
|         |             |                     |

**2.83**   Geben Sie für die Bindungen im Ethenmolekül

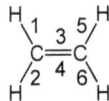

den Bindungstyp und die an der Bindung beteiligten Orbitale an. Das Ethenmolekül
ist eben gebaut, die Bindungswinkel betragen 120°.

**2.84**   Wie sind die folgenden Moleküle und Ionen räumlich gebaut?

a) $CO_2$          b) $SiO_4^{4-}$          c) $COCl_2$          d) $NO_3^-$

Formulieren Sie zunächst die Lewis-Formel. Überlegen Sie dann wie viele σ-Bindungen gebildet werden und welche Hybridisierung des zentralen Atoms dafür in
Frage kommt.

| Lewis-Formel | Zahl der σ-Bindungen und daran beteiligte Hybridorbitale | Räumlicher Bau | Zahl der π-Bindungen |
|--------------|----------------------------------------------------------|----------------|----------------------|
|              |                                                          |                |                      |

**2.85**   Wie sind die folgenden Moleküle und Ionen räumlich gebaut?

a) $CO_3^{2-}$          b) $CF_4$          c) $SiCl_4$

| Lewis Formel | Zahl der σ-Bindungen und daran beteiligte Hybridorbitale | Räumlicher Bau |
|--------------|----------------------------------------------------------|----------------|
|              |                                                          |                |

**2.86**  Wie sind a) in dem Molekül $NF_3$ und b) in dem Ion $NO_2^-$ die Atome räumlich angeordnet?

| Lewis-Formel | Zahl der σ-Bindungen und daran beteiligte Hybridorbitale | Räumlicher Bau |
|---|---|---|
|  |  |  |

**2.87**  Welche der folgenden Moleküle sind Dipole?

$CO_2$, $SO_2$, $C_2H_4$, $BF_3$, $H_2O$, $NH_3$, $CH_2O$, $SiCl_4$, $HCl$, $SF_6$

**2.88**  a) Formulieren Sie für das Ion $SO_4^{2-}$ die Lewis-Formel.

b) Welche Elektronenkonfiguration benutzt das S-Atom zur Bindung? (Kästchenform)

c) Wie viele σ-Bindungen gibt es? Von welchen Hybridorbitalen des S-Atoms werden die σ-Bindungen gebildet?

d) Welchen räumlichen Bau hat das Ion?

e) Was für π-Bindungen gibt es? Welche Orbitale des S-Atoms sind an π-Bindungen beteiligt?

**2.89**  Beantworten Sie die Fragen a) bis e) der Aufg. 2.88 für das Ion $SO_3^{2-}$ .

## Mesomerie

**2.90**  Was bedeutet der Doppelpfeil ↔ bei der folgenden Formulierung?

$$
\overset{|\overline{O}|^{\ominus}}{\underset{H\quad \overset{|}{O}|}{|\overline{O}-\overset{\oplus}{N}}} \quad \longleftrightarrow \quad \overset{\overline{O}|}{\underset{H\quad |\underline{O}|_{\ominus}}{|\overline{O}-\overset{\oplus}{N}}}
$$

Welche Antwort ist richtig?

a) Es gibt zwei Molekülsorten, die miteinander im Gleichgewicht stehen.

b) Der wahre Zustand des Moleküls wird durch keine der beiden Formeln ausreichend beschrieben, sondern ist ein Zwischenzustand, den man sich am besten durch Überlagerung beider Formeln vorstellen kann.

c) Es sind zwei Molekülsorten, die sich ineinander umwandeln lassen.

**2.91**  Bei welchen der unter a) bis d) dargestellten Fälle handelt es sich *nicht* um Mesomerie?

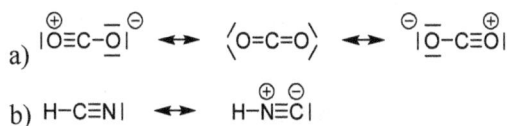

a) $|\overset{\oplus}{O}{\equiv}C-\overline{\underline{O}}|^{\ominus} \quad \longleftrightarrow \quad \langle O{=}C{=}O\rangle \quad \longleftrightarrow \quad {}^{\ominus}|\overline{\underline{O}}-C{\equiv}\overset{\oplus}{O}|$

b) $H-C{\equiv}N| \quad \longleftrightarrow \quad H-\overset{\oplus}{N}{\equiv}\overset{\ominus}{C}|$

c) $^{\ominus}|\overline{\underline{O}}-\overline{N}{\sim}\underline{O}|$  ↔  $|\underline{O}{\sim}\overline{N}-\overline{\underline{O}}|^{\ominus}$

d) structure: $|\overline{\underline{Cl}}|$ $|\overline{\underline{Cl}}|$ / C=C / H H  ↔  $|\overline{\underline{Cl}}|$ H / C=C / H $|\underline{\overline{Cl}}|$

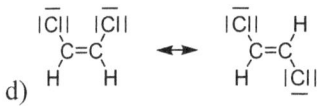

**2.92**   Im Nitrat-Ion $NO_3^-$ sind alle N–O-Bindungen gleich. Die Lewis-Formel

$^{\ominus}|\overline{\underline{O}}|$
$^{\oplus}N{=}O\rangle$
$_{\ominus}|\underline{\acute{O}}|$

ist offenbar zur Beschreibung der Bindungsverhältnisse nicht ausreichend. Wie lassen sich die Bindungsverhältnisse im $NO_3^-$-Ion besser darstellen?

**2.93**   a) Formulieren Sie die mesomeren Grenzstrukturen für das Ion $ClO_3^-$.

b) In $BF_3$ bildet das $sp^2$-hybridisierte B-Atom mit den F-Atomen σ-Bindungen (vgl. Aufg. 2.76). Zusätzlich bildet das freie p-Orbital des B-Atoms mit den p-Orbitalen der F-Atome eine delokalisierte p-p-π-Bindung. Formulieren Sie die mesomeren Grenzstrukturen.

**2.94**   Formulieren Sie die mesomeren Grenzstrukturen für das Ion $PO_4^{3-}$.

**2.95**   Für das Molekül $O_3$ sind drei Grenzstrukturen angegeben.

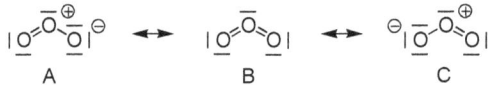

$|\underline{O}{=}\overline{\overset{\oplus}{O}}{-}\overline{\underline{O}}|^{\ominus}$  ↔  $|\underline{O}{=}\overline{O}{=}\underline{O}|$  ↔  $^{\ominus}|\overline{\underline{O}}{-}\overline{\overset{\oplus}{O}}{=}\underline{O}|$
      A                              B                              C

Welche Formel ist falsch? Begründen Sie Ihre Antwort.

## Molekülorbitaltheorie

Die MO-Theorie ist eines der umfassendsten Konzepte für die Darstellung der Bindung und elektronischen Struktur in Molekülen. Quantitative MO-Berechnungen sind mit leistungsfähigen Computern in verschiedenen Genauigkeiten möglich. Eine vollständige Darstellung der Bindung nach der MO-Theorie ist allerdings bildlich nicht so leicht zu erfassen. Lewis-Formeln, unter Umständen mit mesomeren Grenz-(Resonanz-)Strukturen, Valenzbindungs-Hybridorbitale oder das VSEPR-Konzept sind je nach Erklärungsziel eventuell besser geeignet.

An dieser Stelle kann keine lange Darstellung der MO-Theorie gegeben werden. Es sollen aber einige Punkte für ein besseres Verständnis der MO-Diagramme aufgezeigt werden. Ziel ist es, das qualitative Skizzieren einfacher Wechselwirkungsdiagramme zu erreichen. Dafür wird keine mathematische Abhandlung vorgenommen, sondern eine anschauliche Betrachtungsweise gewählt. Es wird lediglich vorausgesetzt, dass die übliche Form der s- und p-Orbitale (siehe Aufg. 1.61 und 1.64) und die verschiedenen Überlappungsmöglichkeiten zwischen s- und p-Orbitalen, die zu Atombindungen führen, bekannt sind (siehe Antwort zu Aufg. 2.64).

Die Molekülorbitale werden durch Linearkombination der Atomorbitale erhalten. Man bezeichnet dies auch als LCAO-Beschreibung (LCAO = linear combination of atomic orbitals). Die Orbitalbasis der Hauptgruppenelemente wird aus dem einen ns und den drei np-Orbitalen gebildet (n ist die Hauptquantenzahl der Valenzschale, d. h. die Periode, in der das Element steht). Bei Übergangsmetallen kommen noch die (n–1)d-Orbitale hinzu.

Im Anschluss an die Antwort zu Aufg. 1.98 wurden die unterschiedlichen Vorzeichen (die Phasen) der Orbitallappen von p- (und d-)Orbitalen erläutert. In den bisherigen Aufgaben mit Orbitaldarstellungen (Aufg. 1.64, 1.65, 2.64, 2.70–2.75) wurden die Vorzeichen mit „+" und „–" gekennzeichnet. Eine weitere in der Literatur übliche Darstellung der unterschiedlichen Phasen der Orbitale ist die Verwendung von schwarzen und weißen, schraffierten und nicht schraffierten Orbitalen und Orbitallappen:

Es ist dabei unerheblich, ob schwarz für „+" oder „–" steht. Wichtig ist die relative Phase zweier Atomorbitale, die miteinander wechselwirken. Für eine bindende Wechselwirkung müssen die Orbitale mit gleicher Phase überlappen. Eine antibindende Wechselwirkung drückt sich durch entgegengesetzte Phasen aus:

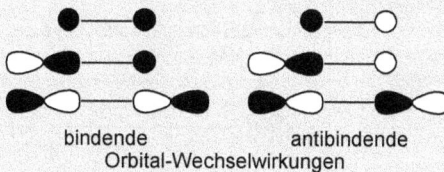

bindende          antibindende
Orbital-Wechselwirkungen

Für die Kombination der Orbitale gelten die folgenden Regeln:

(1)    Es sind nur Wechselwirkungen solcher Orbitale möglich, die die gleiche Symmetrie haben.

Beispiel: Es werden die Wechselwirkungen von Orbitalen in einem zweiatomigen Molekül (AB) bezüglich ihrer Symmetrie betrachtet:

**mögliche Wechselwirkungen**
(bindend und antibindend)

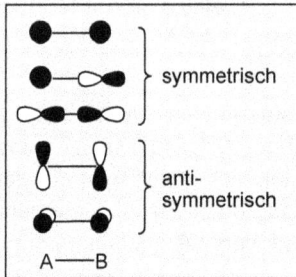

**nicht mögliche Wechselwirkungen**

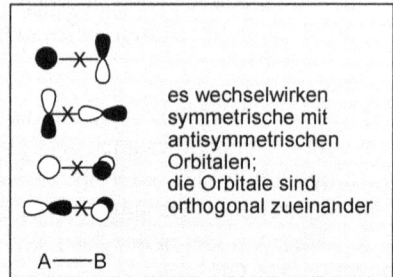

symmetrisch

anti-
symmetrisch

A——B

es wechselwirken
symmetrische mit
antisymmetrischen
Orbitalen;
die Orbitale sind
orthogonal zueinander

A——B

**gleiche Orbitalsymmetrie**                    **unterschiedliche Orbitalsymmetrie**
(in Molekül-Punktgruppe)
hier vereinfacht: symmetrisch oder antisymmetrisch bezüglich der Rotation um die Bindungsachse

Zur Molekül-(Punktgruppen-)Symmetrie siehe ab Aufg. 2.185.

(2)    Für eine gute Orbitalwechselwirkung dürfen die Energien der beteiligten
Atomorbitale nicht zu unterschiedlich sein.

Eine gute Orbitalwechselwirkung äußert sich in einer großen Aufspaltung zwischen
bindender und antibindender Kombination bei gleichzeitiger starker Änderung der
Energien der resultierenden Molekülorbitale relativ zu den Atomorbitalen:

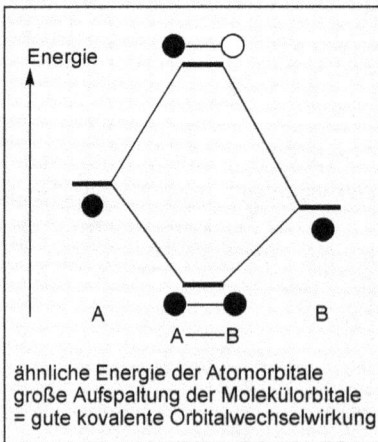

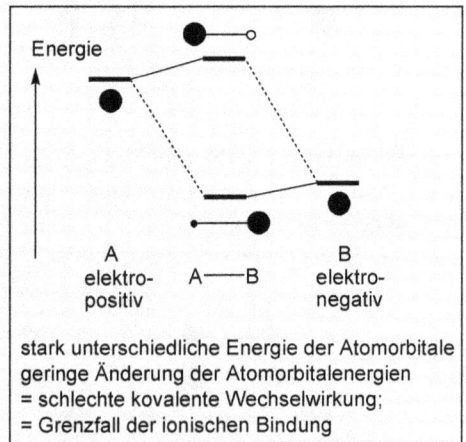

Energie

A                              B
A——B

ähnliche Energie der Atomorbitale
große Aufspaltung der Molekülorbitale
= gute kovalente Orbitalwechselwirkung

Energie

A                              B
elektro-        A——B        elektro-
positiv                     negativ

stark unterschiedliche Energie der Atomorbitale
geringe Änderung der Atomorbitalenergien
= schlechte kovalente Wechselwirkung;
= Grenzfall der ionischen Bindung

Bei deutlich unterschiedlichen Orbitalenergien, wie es zwischen einem stark elektropositiven und einem stark elektronegativen Bindungspartner der Fall ist, kommt
man im Rahmen des MO-Modells zum Grenzfall der Ionenbindung. Die Energien
der „Molekülorbitale" ändern sich gegenüber den beteiligten Atomorbitalen nur
wenig. Der Orbitalbeitrag der Bindungspartner ist gering, was im darüberstehenden
rechten Diagramm durch die unterschiedliche Größe der Orbitale und durch gestrichelte Linien illustriert wird.

Allgemein gilt: Je elektronegativer ein Element, desto energetisch tiefer liegen seine Atomorbitale. Man kann auch sagen: Der elektronegative Charakter eines Elements ist durch eine tiefe energetische Lage seiner Atomorbitale gekennzeichnet. Elektropositive Elemente weisen sich durch energetisch hoch liegende Orbitale aus.

**2.96**  a) Welche Orbitale <u>zeigen keine</u> mögliche Wechselwirkung?

b) Welche Orbitale <u>beschreiben eine</u> $\pi$-Wechselwirkung?

c) Welche Orbitale <u>zeigen eine antibindende</u> $\sigma$-Wechselwirkung?

Ordnen Sie auch die anderen möglichen Orbital-Wechselwirkungen in a)-c) als $\sigma^b$, $\sigma^*$, $\pi^b$, $\pi^*$ zu.

**2.97**  Die nachfolgende Abbildung zeigt Fragment-Orbitalkombinationen von zwei B-Atomen um ein Hauptgruppenelement-Zentralatom A in einer linearen und einer gewinkelten $AB_2$-Verbindung. Welche Orbitale des Zentralatoms A können jeweils mit der $B_2$-Orbitalkombination wechselwirken, d. h. haben die gleiche Symmetrie?

Ergänzen Sie jeweils die Orbitale an A mit der korrekten Phase für eine bindende und für eine antibindende Wechselwirkung.

Was ist der Effekt der Abwinklung für die $A–B_2$-Orbitalwechselwirkungen beim Vergleich zwischen linearer und gewinkelter Anordnung?

Welche $AB_2$-Orbitale haben jeweils im linearen und gewinkelten Fall dieselbe Symmetrie?

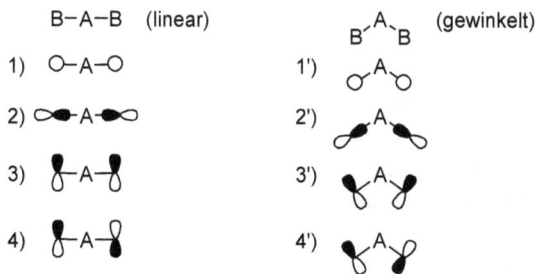

B–A–B  (linear)          $B^{\diagup A \diagdown}B$  (gewinkelt)

1)  O–A–O          1')

2)  A          2')

3)  A          3')

4)  A          4')

**2.98**  Gezeigt sind alle 12 Symmetrie-adaptierten Linearkombinationen (Fragment-Orbitale) der drei B-Atome (mit je einem s- und drei p-Orbitalen) um ein Hauptgruppenelement-Zentralatom A in einer planaren $AB_3$-Verbindung.

Ergänzen Sie jeweils die Orbitale an A mit der korrekten Phase für eine bindende und für eine antibindende Wechselwirkung mit den $B_3$-Fragmentorbitalen.

Welche $AB_3$-Molekülorbitale haben dieselbe Symmetrie?

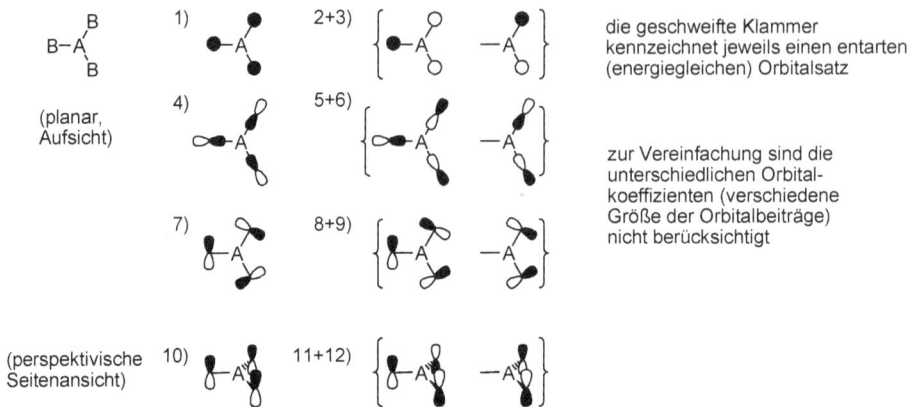

die geschweifte Klammer kennzeichnet jeweils einen entarten (energiegleichen) Orbitalsatz

zur Vereinfachung sind die unterschiedlichen Orbital-koeffizienten (verschiedene Größe der Orbitalbeiträge) nicht berücksichtigt

**2.99**   Gezeigt in 1) und 2) sind unterschiedliche relative Orbitalenergien von je einem $p_\sigma$-Orbital an den beiden Atomen A und B.

Skizzieren Sie die A–B-Orbitalwechselwirkungen mit dem bindenden und antibinden-den Molekülorbital unter Berücksichtigung der relativen Orbitalenergien. Machen Sie dabei jeweils die relativen Beiträge der A- und B-Atomorbitale zu dem bindenden und dem antibindenden Molekülorbital mit einer Skizze der MOs deutlich.

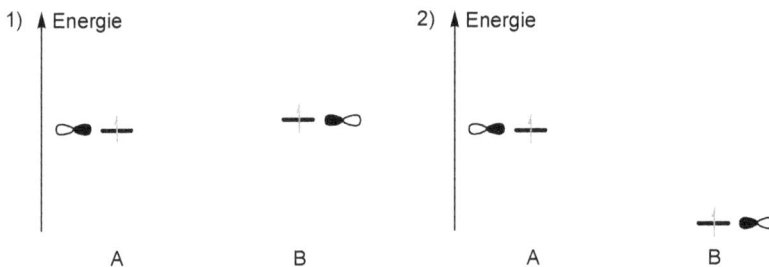

Beschreiben und interpretieren Sie die Unterschiede der A–B-Orbitalwechselwirkung in 1) und 2).

Was steckt hinter der unterschiedlichen Orbitalenergie des A- und B-Atoms?

**2.100**   Skizzieren Sie aus den angegebenen Orbitalen für das O-Atom und das H$\cdots$H-Fragment das MO-Diagramm mit den Orbitalen des $H_2O$-Moleküls.

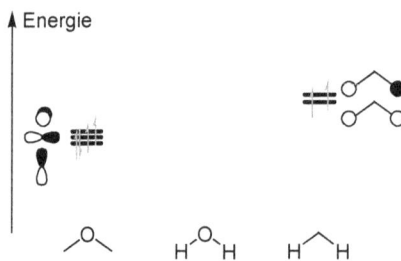

Interpretieren Sie das MO-Diagramm.

Was ändert sich, wenn am O-Atom das s-Orbital hinzukommt?

Worin liegt ein wesentlicher Unterschied bei der Beschreibung des $H_2O$-Moleküls mit $sp^3$-Hybridorbitalen und nach der MO-Theorie?

**2.101** Skizzieren Sie aus den angegebenen Orbitalen des N-Atoms und des $H_3$-Fragments das MO-Diagramm mit den Orbitalen des $NH_3$-Moleküls. Ergänzen Sie die zweite Orbitalkombination des entarteten Satzes beim $H_3$-Fragment (sie muss wie die bereits gezeichnete Kombination eine Knotenebene aufweisen).

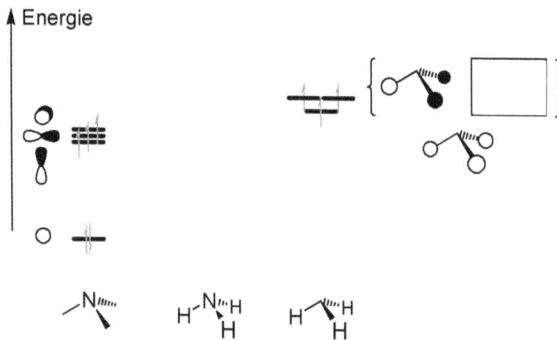

Interpretieren Sie das MO-Diagramm.

Worin liegt ein wesentlicher Unterschied bei der Beschreibung des $NH_3$-Moleküls mit $sp^3$-Hybridorbitalen und nach der MO-Theorie?

**2.102** Skizzieren Sie aus den angegebenen Orbitalen des C-Atoms und des $H_4$-Fragments das MO-Diagramm mit den Orbitalen des $CH_4$-Moleküls. Ergänzen Sie die fehlenden beiden Orbitalkombinationen des $H_4$-Fragments (= leere Kästen).

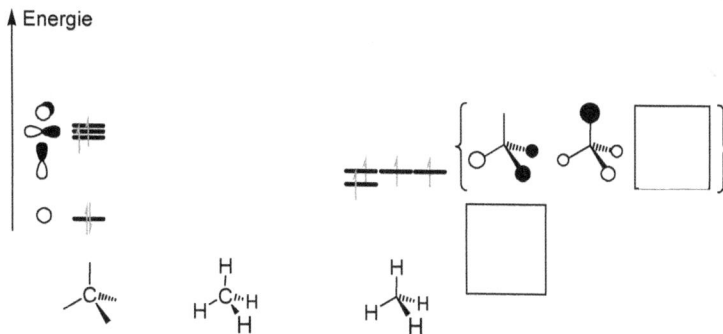

Interpretieren Sie das MO-Diagramm.

Worin liegt ein wesentlicher Unterschied bei der Beschreibung des $CH_4$-Moleküls mit $sp^3$-Hybridorbitalen und nach der MO-Theorie?

Die perfekte Tetraedergeometrie des $CH_4$-Moleküls scheint mit der MO-Theorie aus der Überlappung der C- und H-Atomorbitale zunächst nicht so leicht nachvollziehbar, insbesondere wenn man an die 90°-Winkel der p-Orbitale am C-Atom denkt. Schaut man sich aber die Wechselwirkung der H-Atome mit den p-Orbitalen am C-Atom genau an, dann kann man auch aus der MO-Theorie die perfekte Tetraedergeometrie des $CH_4$-Moleküls plausibel machen. Wie? Versuchen Sie ein Bild zu skizzieren, was die perfekte Tetraedergeometrie aus der Wechselwirkung der C-p- mit den H-s-Atomorbitalen, d. h. ohne eine Hybridisierung am C-Atom plausibel macht (vgl. dazu den Hinweis auf S. 156ff. zu Abb. 2.74 in Riedel/Janiak, Anorganische Chemie, 10. Aufl.).

**2.103** Skizzieren Sie aus den angegebenen Orbitalen des Xe-Atoms und des $F\cdots F$-Fragments das partielle MO-Diagramm mit den Orbitalen des $XeF_2$-Moleküls.

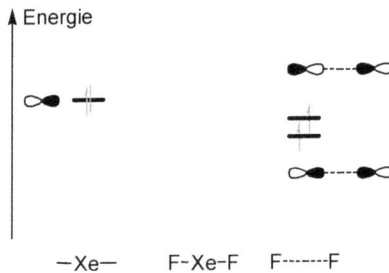

Interpretieren Sie das MO-Diagramm.

Was ändert sich, wenn Sie am Xe-Atom und an den F-Atomen die anderen p-Orbitale und die s-Orbitale hinzunehmen?

Vergleichen Sie die Bindungsbeschreibung für $XeF_2$ nach dem MO-Modell und einer Lewis-Formel unter Beachtung der Oktettregel.

Welche anderen Moleküle haben ein ähnliches qualitatives MO-Diagramm?

**2.104** Skizzieren Sie aus den angegebenen Orbitalen des N-Atoms und des $N\cdots N$-Fragments das MO-Diagramm mit den Orbitalen des $N_3^-$-, Azidions.

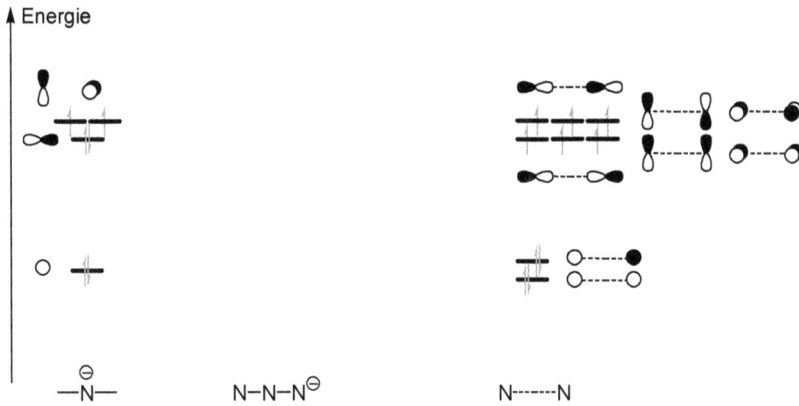

Interpretieren Sie das MO-Diagramm.

Vergleichen Sie die Bindungsbeschreibung für $N_3^-$ nach dem MO-Modell und einer Lewis-Formel.

Welche anderen Moleküle haben ein ähnliches MO-Diagramm?

## Koordinationsgitter mit Atombindungen · Molekülgitter

**2.105**  Die Verbindung SiC kristallisiert in einem Atomgitter. Die Koordinationszahl beider Atomsorten ist vier.

a) Wovon hängt die Koordinationszahl der Atome in Atomgittern ab?

b) Wie kommen die Bindungen in SiC zustande?

c) Welche Eigenschaften hinsichtlich der Härte und des Schmelzpunktes erwarten Sie für SiC?

| Härte | hart | weich |
|---|---|---|
| Schmelzpunkt | bis 100 °C | über 500 °C |

**2.106**  Germanium steht in der 4. Hauptgruppe des PSE. Es kristallisiert in einem Atomgitter.

a) Wie kommen die Bindungen im Germaniumkristall zustande?

Welche Koordinationszahl haben die Germaniumatome?

b) Welche Eigenschaften hinsichtlich der Härte und des Schmelzpunktes (s. nächste Seite) erwarten Sie für Germanium?

| Härte | hart | weich |
|---|---|---|
| Schmelzpunkt | bis 100 °C | über 500 °C |

**2.107** Welche Verwandtschaft besteht hinsichtlich der Anordnung der Atome zwischen dem Zinkblendegitter und dem Diamantgitter?

**2.108** Welche allgemeine Regel gilt für Elementpaare, die im Zinkblendegitter kristallisieren, hinsichtlich der Valenzelektronenzahl?

**2.109** Worin besteht der wesentliche Unterschied zwischen einem Atomgitter und einem Molekülgitter?

**2.110** Ordnen Sie die folgenden Begriffe und Stoffe in das Schema ein: Atombindung, Coulomb-Anziehung, van-der-Waals-Bindung, Ionen, Moleküle, Atome, stark, schwach, fest, gasförmig, CO, BaO, Si.

| Kristallbausteine | Art der Bindung zwischen den Gitterbausteinen | Stärke der Bindung | Aggregatzustand unter normalen Bedingungen | Stoffe |
|---|---|---|---|---|
|  |  |  |  |  |

**2.111** Welche der folgenden Stoffe sind bei Raumtemperatur (25 °C) und 1 bar Druck
a) gasförmig,
b) fest?
$CaO$, $SO_2$, $Al_2O_3$, $NH_3$, $C_2H_6$, $ClF$, $AlP$, $KBr$, $HCl$, $H_2S$, $MgO$, $Fe_2O_3$, $BN$

**2.112** Vergleichen Sie die Höhe der Siedepunkte (Sdp.) der angegebenen Stoffpaare unter Verwendung der Zeichen „>" oder „<".
a)   $Cl_2$          $I_2$
b)   $C_3H_8$ (Propan)          $C_4H_{10}$ (n-Butan)
c)   $CS_2$          $CO_2$

# Der metallische Zustand

## Kristallstrukturen der Metalle

**2.113** Etwa 80 % der Metalle kristallisieren in einer der folgenden drei Gitterstrukturen:
Kubisch-dichteste Packung (kdp),
Kubisch-raumzentriertes Gitter (krz),
Hexagonal-dichteste Packung (hdp).
a) Ordnen Sie die fünf dargestellten Atomanordnungen den drei Strukturen zu und geben Sie die Koordinationszahlen an.

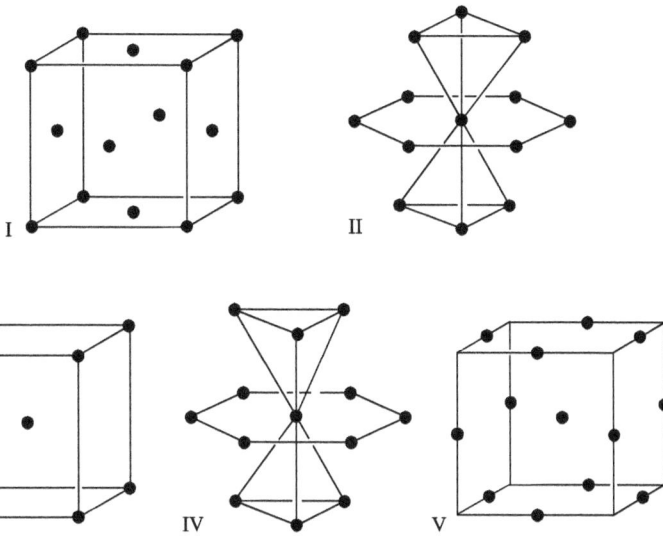

b) Liegt bei den Strukturen mit kdp und hdp gleiche oder unterschiedliche Raumerfüllung vor?

**2.114** Geben Sie für die kdp-Struktur die Richtungen im Würfel der flächenzentrierten Elementarzelle an, die senkrecht zu den Ebenen dichtester Packung stehen.

**2.115** Aus welchem Grunde sind die Metalle mit kubisch-dichtester Packung besser plastisch verformbar (z. B. beim Ziehen, Walzen, Schmieden) als Metalle mit hexagonal-dichtester Packung?

**2.116** Was bedeutet Polymorphie bei einem Metall?
Nennen Sie ein Beispiel.

**2.117** Beim Hochofenprozess zur Herstellung von Eisen erhält man Roheisen. Daraus erzeugt man Stahl. Wodurch unterscheiden sich reines Eisen, Roheisen und Stahl?

### Physikalische Eigenschaften von Metallen · Elektronengas

**2.118** Nennen Sie einige physikalische Eigenschaften, die für Metalle typisch sind.

**2.119** Wie lässt sich die gute elektrische Leitfähigkeit der Metalle erklären?

**2.120** Warum sind Metalle im Unterschied zu Ionenkristallen und Kristallen mit Atombindungen duktil?

**2.121** Bei welchen Gittern sind die Valenzelektronen lokalisiert bzw. delokalisiert und die Bindungen gerichtet bzw. ungerichtet?

|                | Valenzelektronen | Bindungen |
|----------------|------------------|-----------|
| Metallgitter   |                  |           |
| Ionengitter    |                  |           |
| Atomgitter     |                  |           |

**2.122** Skizzieren Sie die Änderung der Elektronendichte zwischen zwei benachbarten Gitterbausteinen

a) für einen Diamantkristall,

b) für einen Natriumkristall.

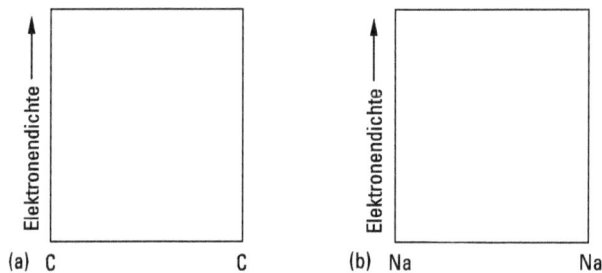

**2.123** a) Warum findet man bei Ionenverbindungen viele verschiedene Strukturtypen, während bei Metallen im Wesentlichen nur drei Typen auftreten.

b) Wie steht es mit „dichtesten Kugelpackungen", oder der Koordinationszahl 12 bei kovalenten Molekülen? Kennen Sie Beispiele?

**2.124** Füllen Sie die Kennbuchstaben der Begriffe in die korrekten Leerkästchen des gezeigten Bindungsdreiecks ein.

| Kenn-buchstabe | Begriff |
|----------------|---------|
| A | Salze |
| B | metallische Bindung |
| C | Die Bindungspartner haben kleine EN-Differenzen und beide jeweils hohe Elektronegativitäten (EN). |
| D | Beide Bindungspartner sind elektropositiv. |
| E | kovalente Bindung |
| F | Der eine Bindungspartner ist deutlich elektronegativ, der andere deutlich elektropositiv. |
| G | Die Bindungspartner haben kleine EN-Differenzen und beide jeweils niedrige Elektronegativitäten. |
| H | Beide Bindungspartner sind elektronegativ. |
| I | Ionenbindung |
| J | Metalle |
| K | Moleküle |

| L | Die Bindungspartner haben eine große EN-Differenz. |
| M | Die Bindungen sind nicht gerichtet. |

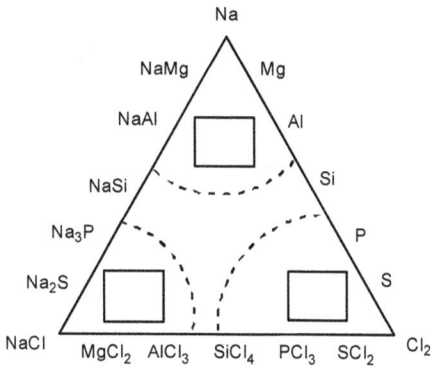

## Energiebandschema von Metallen

**2.125** Wenn sich aus den Atomen eines Metalldampfes ein Metallkristall bildet, dann entsteht aus den Atomorbitalen gleicher Energie der isolierten Atome im Metallkristall ein Energieband mit Zuständen unterschiedlicher Energie. Das folgende Diagramm zeigt schematisch diese Aufspaltung für die 2p- und die 3s-Orbitale.

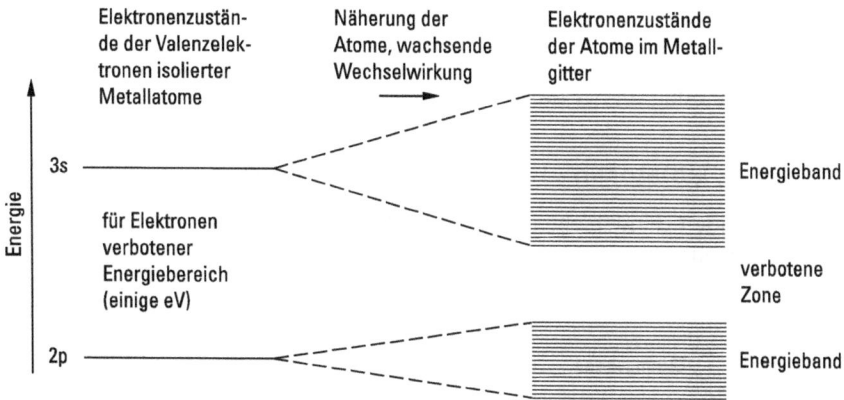

a) Wie viele Energiezustände,

b) Wie viele Quantenzustände

gibt es im s-Band eines Metallkristalls, der aus der Zahl von $N$ Atomen besteht?

**2.126** Wie viele Quantenzustände gibt es im p-Band?

**2.127** In welcher Größenordnung liegen die Abstände der Energieniveaus innerhalb eines Bandes, wenn der Metallkristall $10^{20}$ Atome enthält?

**2.128** Was verstehen Sie unter dem Begriff verbotene Zone? Welche Antwort ist richtig?

a) In diesem Bereich gilt das Pauli-Verbot.

b) In diesem Energiebereich gibt es keine Quantenzustände.

c) Dieser Energiebereich kann von einem Elektron nie überschritten werden.

d) In der verbotenen Zone gibt es Quantenzustände, die nicht besetzt werden.

e) Im Kristall treten Elektronen mit Energien, die in diesem Bereich liegen, nicht auf.

**2.129** Von wie vielen Elektronen kann das p-Band eines Kristalls mit $N$ Atomen maximal besetzt sein?

a) von beliebig vielen     b) $6\,N$     c) $N$     d) $3\,N$

**2.130** Skizzieren Sie die Besetzung des 3s-Bandes eines Natriumkristalls.

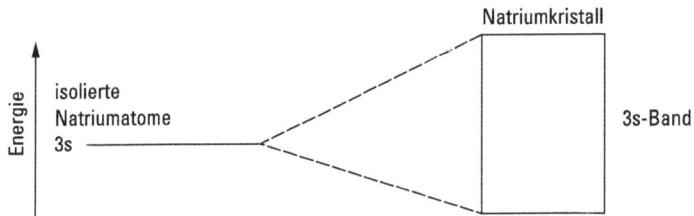

**2.131** Erklären Sie mit Hilfe des in der vorhergehenden Aufgabe dargestellten Bandschemas die Bindung im Natriumkristall.

## Metalle · Isolatoren · Halbleiter · Leuchtdioden

**2.132** Die folgenden Bänderschemata sollen den drei Stoffklassen Metall, Isolator und Eigenhalbleiter zugeordnet werden.

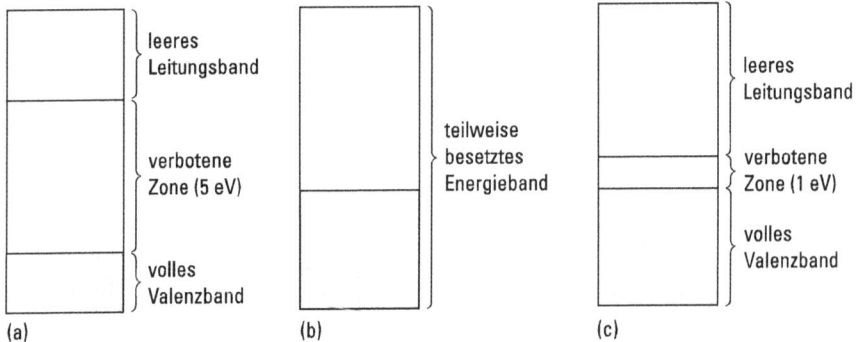

**2.133** Wie groß ist bei Substanzen, für die die Bänderschemata a), b) und c) gelten, jeweils der Energiebetrag, der notwendig ist, um ein Elektron aus dem obersten besetzten Energieniveau in das nächsthöhere Energieniveau zu bringen?

**2.134** Wie kann man die Isolatoreigenschaften mit dem gegebenen Bänderschema (Aufg. 2.132) erklären?

**2.135** Wie kann man die Leitfähigkeit eines Metalls mit Hilfe des Bänderschemas (Aufg. 2.132) erklären?

**2.136** Im Gegensatz zu Natrium (vgl. Aufg. 2.130) sollte in einem Magnesiumkristall das 3s-Band voll besetzt sein, da Magnesiumatome zwei s-Elektronen besitzen. Warum ist Magnesium trotzdem ein metallischer Leiter?

**2.137** Bei Eigenhalbleitern ist bei $T = 0$ K das Valenzband wie bei Isolatoren voll besetzt.

a) Wie kann man die Leitfähigkeit bei Zimmertemperatur erklären?

b) Warum nimmt im Gegensatz zu Metallen die Leitfähigkeit mit steigender Temperatur zu?

**2.138** Was versteht man unter dem Begriff „Defektelektron"?

**2.139** Silicium ist ein Eigenhalbleiter mit einer verbotenen Zone von 1,1 eV. Skizzieren Sie das Bänderschema für Silicium. Zeichnen Sie die auftretenden Ladungsträger ein.

**2.140** In der folgenden Skizze ist ein Ausschnitt des Siliciumgitters dargestellt (Si kristallisiert im Diamantgitter, vgl. Antwort zu Aufg. 2.107).

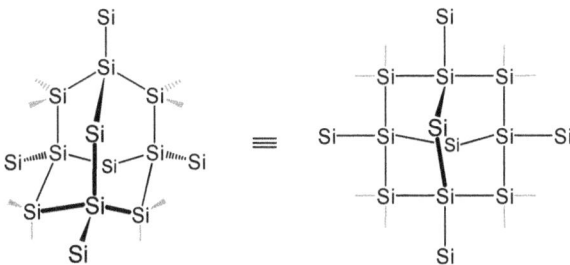

a) Welche Rolle spielen die Elektronen des Valenzbandes bei der chemischen Bindung?

b) Zeichnen Sie in das Gitter ein Defektelektron und ein Leitungselektron ein.

Was bedeutet die Erzeugung eines Elektron-Defektelektron-Paares im Bindungsbild?

**2.141** Bei den folgenden Elementen der 4. Hauptgruppe, die in der Diamantstruktur kristallisieren, nimmt die Bindungsfestigkeit mit wachsender Ordnungszahl ab. Dies zeigen sehr eindrucksvoll die Schmelzpunkte.

|            | Schmelzpunkte |
|------------|---------------|
| C (Diamant) | oberhalb 3000 °C |
| Si         | 1410 °C |
| Ge         | 947 °C |
| Sn (grau)  | Umwandlung in eine metallische Modifikation oberhalb 13 °C |

Wie ändert sich bei den angegebenen Elementen die Breite der verbotenen Zone?

**2.142**  Verbindungen, wie z. B. GaAs, bezeichnet man als III-V-Verbindungen, da sie von Elementen der 3. und 5. Hauptgruppe gebildet werden. Sie kristallisieren in der Zinkblende-Struktur, die mit der Diamant-Struktur verwandt ist (vgl. Aufg. 2.13 und Aufg. 2.107).
Welchen Leitungstyp (Metall, Isolator, Halbleiter) erwarten Sie bei III-V-Verbindungen?

**2.143**  Substituiert man in einem Siliciumkristall einige Si-Atome durch As-Atome, nimmt die Leitfähigkeit zu.
a) Wie kann man die gegenüber reinem Silicium erhöhte Leitfähigkeit erklären?
b) Zeichnen Sie das Energiebänderschema des mit Arsen dotierten Siliciums. Zeichnen Sie wie in Aufg. 2.139 die auftretenden Ladungsträger ein.
c) Welcher Leitungstyp (n-Leiter oder p-Leiter) entsteht?

**2.144**  Beantworten Sie die Fragen a) bis c) der Aufg. 2.143 für einen mit Indium dotierten Siliciumkristall.
Zeichnen Sie unter a) ein entsprechendes Gitter wie in der Antwort der Aufg. 2.143a.

**2.145**  Warum muss das in der Halbleitertechnik verwendete Silicium extrem rein sein?

**2.146**  Die elektrische Leitfähigkeit von Elektrolyten liegt in derselben Größenordnung wie die der Halbleiter und nimmt ebenso mit steigender Temperatur zu.
Welche der folgenden Aussagen ist richtig?
a) Es gibt keinen prinzipiellen Unterschied zwischen Elektrolyten und Halbleitern.
b) Der wesentliche Unterschied ist der Leitungsmechanismus.
c) Der wesentliche Unterschied ist der Aggregatzustand.

**2.147**  a) Welche Halbleiter bezeichnet man als Hopping-Halbleiter?
b) Welche Beispiele kennen Sie?

**2.148**  Was ist bei einer Leuchtdiode (LED) das Prinzip der Entstehung von Licht?
Schätzen Sie wie viel Prozent der elektrischen Energie weltweit für Beleuchtungszwecke mit konventionellen Lichtquellen wie Glüh-, Halogen- und Fluoreszenzlampen (Leuchtstofflampen, „Neonröhren") verbraucht wird.

## Supraleitung

**2.149** Was bedeutet Supraleitung?

**2.150** Was sind Hochtemperatursupraleiter?

## Schmelzdiagramme von Zweistoffsystemen

**2.151** Welche Aussagen treffen für einen Mischkristall zu?

a) Er besteht aus einem innigen Gemisch zweier Kristallsorten.

b) Eine Atomsorte in einem Kristall wird teilweise statistisch durch eine andere ersetzt, wobei die Kristallstruktur erhalten bleibt.

c) In die Lücken eines Kristallgitters ist eine andere Atomsorte eingelagert.

d) Es handelt sich um eine Mischung zweier Teilchensorten auf den gleichen Gitterplätzen eines Kristallgitters.

**2.152** Die Gitter a) und b) bestehen aus der durch Kreise ○ symbolisierten Atomsorte. Mit der Atomsorte ● bilden sich Mischkristalle.

Zeichnen Sie die Anordnung der Atome

a) in einem Substitutionsmischkristall,

b) in einem Einlagerungsmischkristall.

(a)           (b)

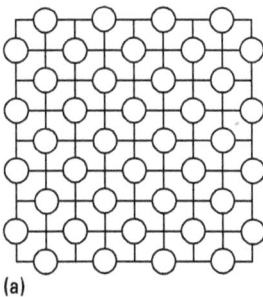

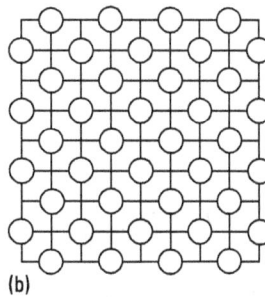

**2.153** Was bedeutet unbegrenzte Mischbarkeit im festen Zustand?

**2.154** Welche der folgenden Bedingungen müssen erfüllt sein, damit zwei Metalle unbegrenzt mischbar sind?

a) Sie müssen in derselben Gruppe des PSE stehen.

b) Sie müssen in demselben Strukturtyp kristallisieren.

c) Die Atomradien dürfen sich nicht um mehr als etwa 15% unterscheiden.

d) Sie müssen Substitutionsmischkristalle bilden.

**2.155** Schmelzdiagramme sind Phasendiagramme bei konstantem Druck. Lösen Sie für das dargestellte Schmelzdiagramm folgende Aufgaben:

a) Zeichnen Sie die Schmelzpunkte der Stoffe A und B ein.

b) Kennzeichnen Sie die Liquidus- und die Soliduskurve.

c) Was bedeutet die zwischen der Liquidus- und der Soliduskurve eingezeichnete waagerechte Linie?

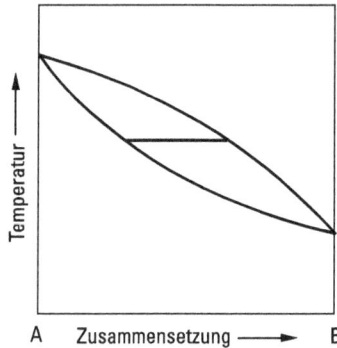

**2.156**

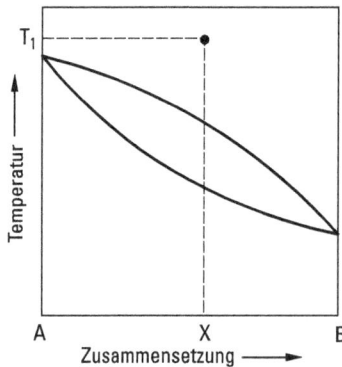

Eine Schmelze mit der Zusammensetzung X und der Temperatur $T_1$ wird abgekühlt.

a) Kennzeichnen Sie auf der A-B-Achse des Schmelzdiagramms die Zusammensetzung der Mischkristalle, die sich zu Beginn der Kristallisation ausscheiden.

b) Beim raschen Abkühlen der Schmelze kristallisieren inhomogen zusammengesetzte Mischkristalle aus. Nimmt in einem Mischkristall nach innen die Konzentration an A oder die Konzentration an B zu?

c) Welche Zusammensetzung hat beim schnellen Abkühlen der Schmelze der letzte Flüssigkeitstropfen?

d) Die Schmelze wird extrem langsam abgekühlt. Welche Zusammensetzung haben die Mischkristalle?

**2.157** Ein Mischkristall der Zusammensetzung Y wird in einem Thermostaten auf die Temperatur $T_2$ gebracht. Welche Phasen liegen nach Einstellung des Gleichgewichts vor?

(Angabe der Zusammensetzung auf der A-B-Achse)

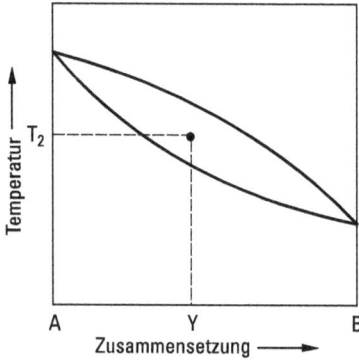

**2.158** Für die Metalle Cadmium und Bismut gilt das folgende Schmelzdiagramm.

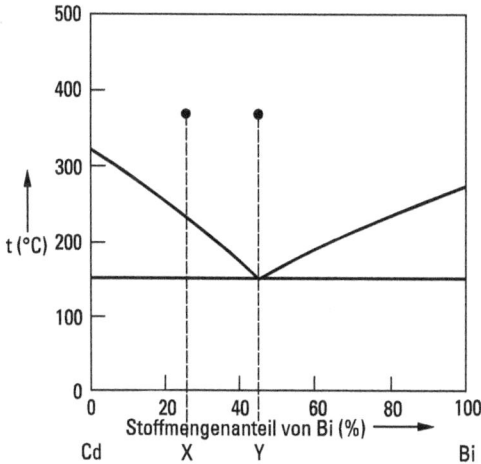

a) Welche Kristalle scheiden sich beim Abkühlen einer Schmelze der Zusammensetzung X aus?

b) Welche Kristalle scheiden sich beim Abkühlen einer Schmelze der Zusammensetzung Y am eutektischen Punkt E aus?

c) Wodurch ist der eutektische Punkt ausgezeichnet?

d) Warum kann sich aus einer Schmelze der Zusammensetzung X im Verlauf der Kristallisation niemals reines Bismut ausscheiden?

**2.159**  Kristalle des Stoffes A und des Stoffes B werden bei der Temperatur $T_1$ im Gewichtsverhältnis 1 : 3 innig vermischt. Was bildet sich aus dem Kristallgemisch?

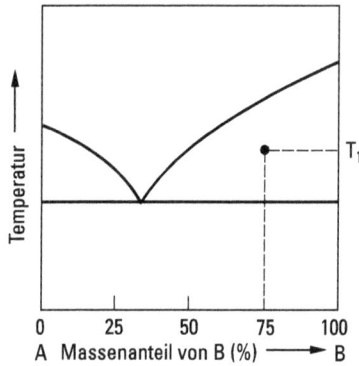

**2.160**

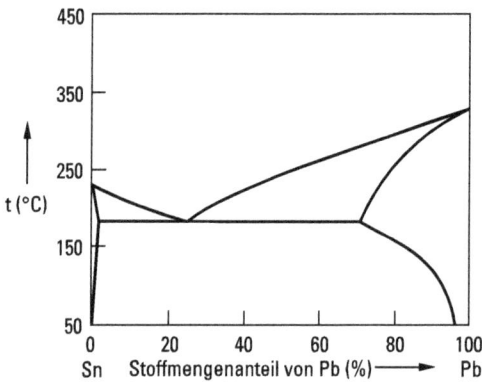

Lösen Sie für das System Sn-Pb folgende Aufgaben:

a) Kennzeichnen Sie im Schmelzdiagramm die Zusammensetzung der Kristalle, die am eutektischen Punkt auskristallisieren.

b) Zeichnen Sie die Breite der Mischungslücke bei 150 °C ein.

c) Wie ändert sich die Löslichkeit von Sn in Pb unterhalb der eutektischen Temperatur?

d) Gibt es Mischkristalle mit 10% Pb und 90% Sn?

e) Gibt es Mischkristalle mit 10% Sn und 90% Pb?

**2.161** a) Kennzeichnen Sie im Schmelzdiagramm Ag-Cu die Zusammensetzung der Mischkristalle, die sich aus einer Schmelze mit 20% Cu bei beginnender Kristallisation ausscheiden.

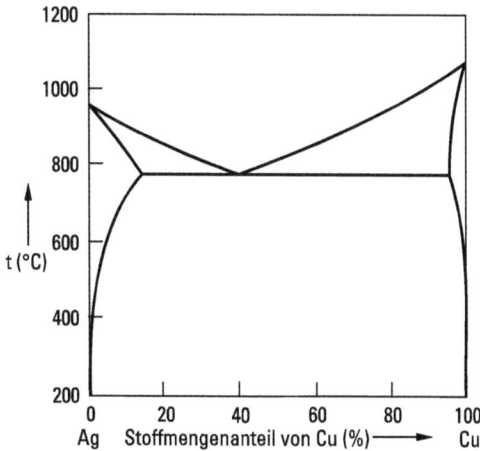

b) Diese Mischkristalle werden der Schmelze entnommen und bei 600 °C getempert. Welcher Prozess findet statt?

c) Was geschieht, wenn man diese Mischkristalle schnell auf Zimmertemperatur abkühlt (abschreckt)?

**2.162**

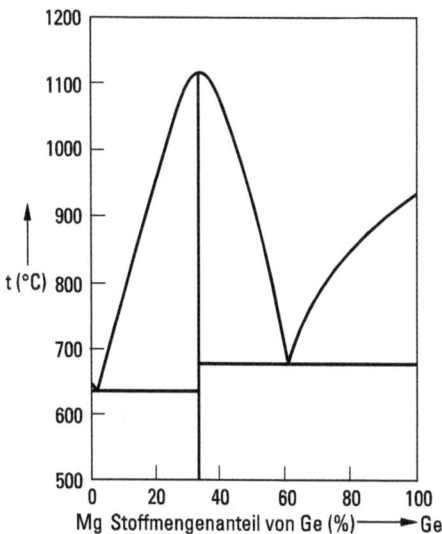

a) Kennzeichnen Sie im Schmelzdiagramm Mg-Ge die eutektischen Punkte und das Schmelzpunktsmaximum.

b) Wodurch entsteht das Schmelzpunktsmaximum?

c) Treten in diesem System Mischkristalle auf?

**2.163**

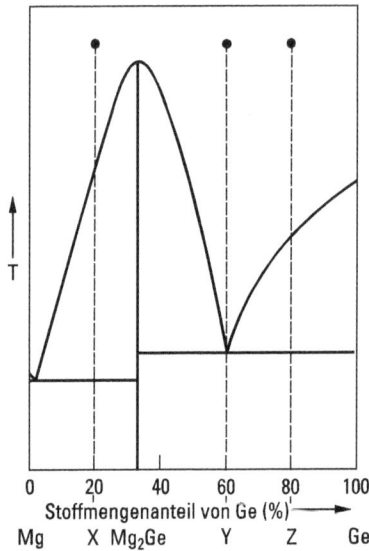

Welche Stoffe scheiden sich beim Abkühlen von Schmelzen der Zusammensetzungen X, Y und Z aus?

**2.164**   Was versteht man unter a) inkongruentem,        b) kongruentem

Schmelzen einer intermetallischen Phase?

**2.165**

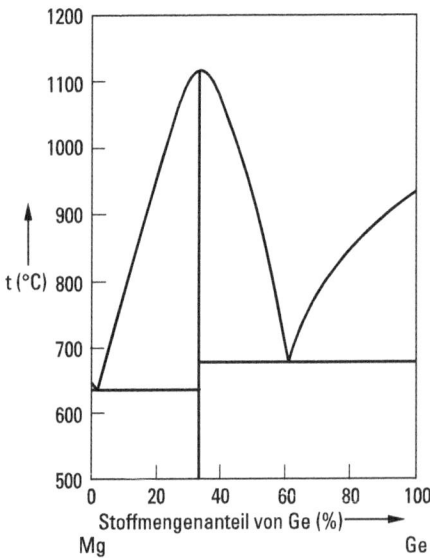

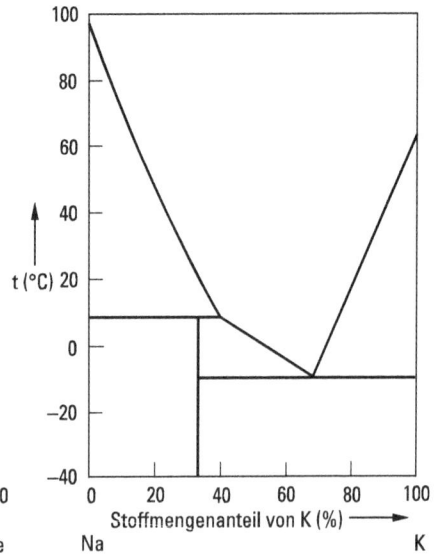

a) Nennen Sie die beiden wesentlichen Merkmale, die sowohl für das System Mg-Ge als auch für das System Na-K gelten.

b) In welchen beiden wichtigen Eigenschaften unterscheiden sich die Systeme?

**2.166**

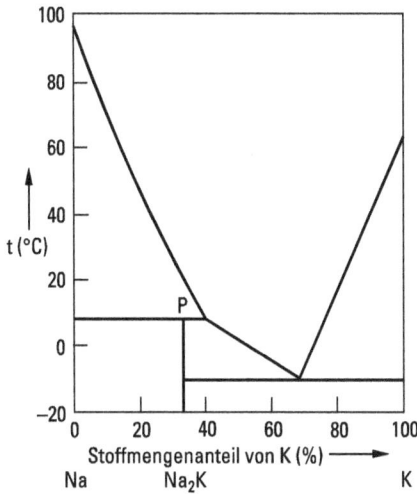

a) Die Phase $Na_2K$ wird erwärmt. Was geschieht am peritektischen Punkt P?

b) Kennzeichnen Sie den Bereich der Zusammensetzung der Schmelze, aus der $Na_2K$ auskristallisiert.

**2.167** Eine Schmelze, die genau die Zusammensetzung der Phase $Na_2K$ hat, wird abgekühlt. Welche Vorgänge laufen nacheinander ab? (vgl. Aufg. 2.166)

**2.168**

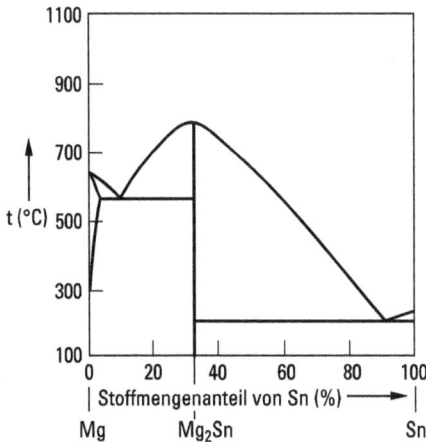

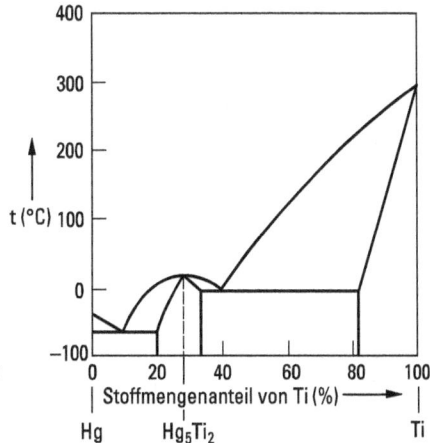

Sowohl im System Mg-Sn als auch im System Hg-Tl tritt eine intermetallische Phase mit Schmelzpunktsmaximum auf. Worin unterscheiden sich die beiden Systeme aber?

**2.169**

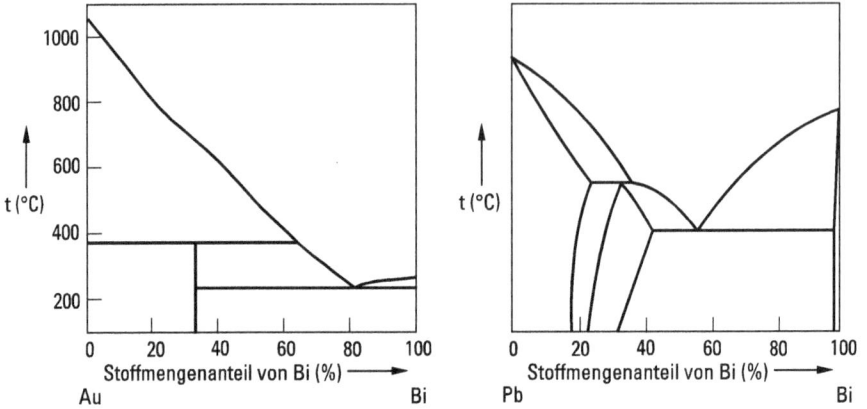

Vergleichen Sie die Schmelzdiagramme Au-Bi und Pb-Bi.

a) Was ist beiden Systemen gemeinsam?

b) Was sind die wesentlichen Unterschiede?

**2.170**  Welche grundlegenden Unterschiede bestehen hinsichtlich der Stöchiometrie zwischen Ionenverbindungen und kovalenten Verbindungen einerseits und intermetallischen Verbindungen andererseits?

**2.171**  Kennzeichnen Sie in den gegebenen Schmelzdiagrammen

Liquiduskurven (L),       Soliduskurven (S),

Mischungslücken,          Mischkristallbereiche.

Geben Sie an, ob die Stoffe A und B im festen Zustand unbegrenzt, begrenzt oder nicht mischbar sind.

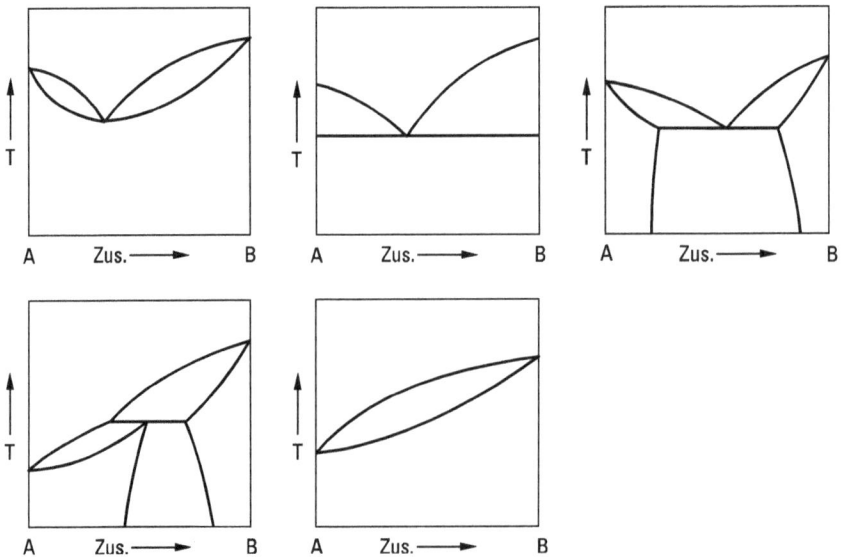

**2.172** Kennzeichnen Sie bei den folgenden Typen von Schmelzdiagrammen die Phasenbereiche.

Benutzen Sie die Symbole: S = Schmelze, M = Mischkristall, $M_A$ = A-reicher Mischkristall, $M_B$ = B-reicher Mischkristall.

Beispiel:

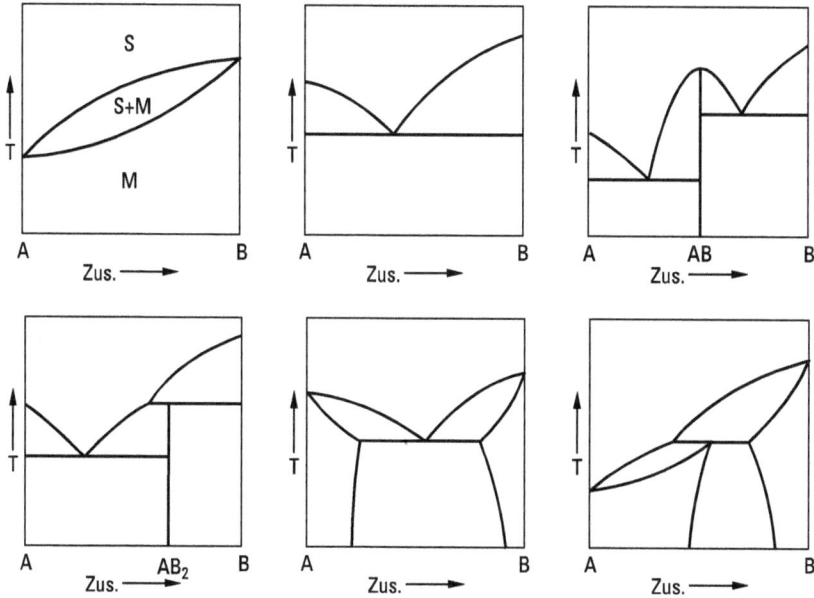

**2.173**

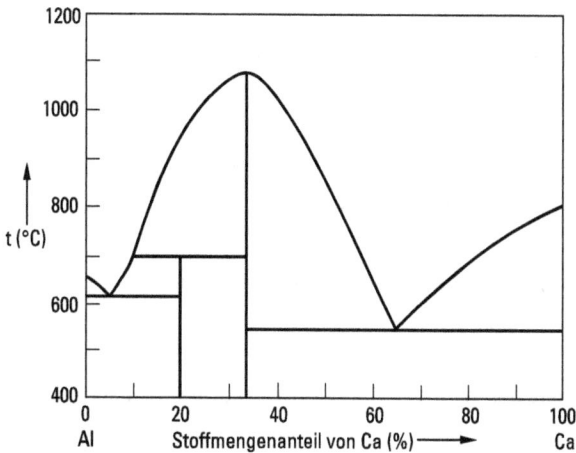

Welche Zusammensetzung haben die im System Al-Ca auftretenden Phasen? Kennzeichnen Sie wie in Aufg. 2.172 die Phasenbereiche.

**2.174**

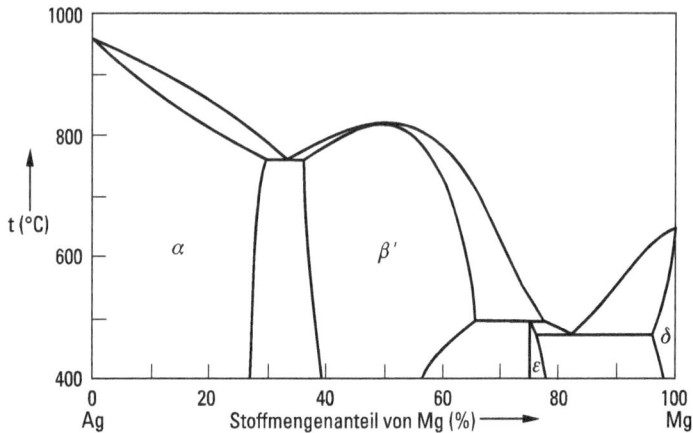

a) Tragen Sie im System Ag-Mg die eutektischen und die peritektischen Punkte ein.

b) Kennzeichnen Sie die Zweiphasengebiete flüssig-fest durch helle Grautönung.

c) Füllen Sie die Zweiphasengebiete fest-fest (Mischungslücken) dunkelgrau aus.

# Wasserstoff-Brückenbindungen

**2.175**  Bewerten Sie die folgenden Aussagen zu Wasserstoff-Brückenbindungen (kurz H-Brücken) als richtig oder falsch:

Wasserstoff-Bückenbindungen bedingen

a)  die Sekundärstruktur von Proteinen (Proteinfaltung).

b)  den hohen Siedepunkt von Wasser.

c)  die Bildung von flüssigem Wasserstoff.

d)  die Hydratation von Alkali-Ionen in wässriger Lösung.

e)  das chemische Gleichgewicht in der Ammoniak-Synthese.

f)  die hohe Oberflächenspannung von Wasser.

g)  Alle Atome in kovalenten Verbindungen können als Akzeptor von H-Brücken fungieren.

h)  H-Brücken sind etwa so stark wie Ionenbindungen.

i)  Klassische H-Brücken werden gebildet, wenn Wasserstoff an stark elektronegative Atome gebunden ist.

j)  H-Brücken beruhen hauptsächlich auf kovalenten Wechselwirkungskräften.

k)  H-Brücken treten in allen Verbindungen auf, die Wasserstoff enthalten.

l)  H-Brücken beruhen vorwiegend auf elektrostatischen Wechselwirkungen.

m) Kohlenwasserstoff-Verbindungen bilden unter sich starke C-H···C Brücken.

n)  OH-, NH-, SH-Gruppen können als H-Brücken-Donor fungieren.

o)  Die O−H···S-Brücke ist stärker als die N−H···O-Brücke.

p) Als H-Brücken-Akzeptor können kovalent gebundene Sauerstoff- und Stick-stoff-Atome fungieren, die noch ein freies Elektronenpaar haben.

q) H-Brücken sind etwa nur etwa ein Zehntel so stark wie Ionenbindungen.

r) Durch H-Brücken-Bildung werden Siedepunkt und Verdampfungswärme des Stoffes beeinflusst.

**2.176** Skizzieren Sie die deutlich die räumliche Anordnung von vier $H_2O$-Molekülen um ein $H_2O$-Molekül.

## van-der-Waals-Kräfte

**2.177** Welche Wechselwirkungen verursachen die van-der-Waals-Kräfte?

**2.178** Welche Wechselwirkung ist für die van-der-Waals-Kräfte am Wichtigsten?

**2.179** Wie entsteht ein fluktuierender Dipol?

**2.180** a) Die Siedepunkte nehmen mit wachsender Ordnungszahl vom Helium zum Xenon zu. Warum ist dies so?

b) Welche Siedepunktsrelation (kleiner, < oder größer, >) erwarten Sie für:
n-Hexan und n-Heptan,

$CCl_4$ und $CF_4$,

$CF_4$ und $SiF_4$,

$CH_4$ und $SiH_4$,

$F_2$ und $H_2$,

$H_2Se$ und $H_2Te$,

$NH_3$ und $PH_3$?

c) Welche Siedepunktsrelation erwarten Sie für:

$CCl_4 - SiCl_4 - GeCl_4 - SnCl_4$? Ermitteln Sie die Siedepunkte per Recherche und tragen Sie die Siedpunkte in einem Diagramm gegen die vier Verbindungen auf. Was fällt auf?

**2.181** Was versteht man unter „weichen" und „harten" Atomen?

**2.182** Vergleichen Sie die Atome der Paare F – Br, O – Se und N – As. Welches sind die härteren Atome?

**2.183** a) Bei welcher Gruppe der kristallinen Feststoffe sind die van-der-Waals-Kräfte für die Bindungsenergie entscheidend? Nennen Sie Beispiele.

b) Welche signifikanten Eigenschaften haben diese Feststoffe?

**2.184** Welche Rolle spielen die van-der-Waals-Kräfte bei Graphit, Arsen$_{grau}$, Selen$_{grau}$ und Talk?

## Molekülsymmetrie

**2.185** Sie haben einen Punkt mit den Koordinaten (x, y, z) im kartesischen Koordinatensystem:

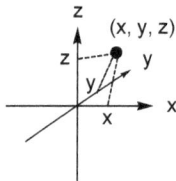

Geben Sie die Koordinaten des Punktes nach den folgenden Symmetrieoperationen an:

a) Drehung um 180° mit $C_2$-Achse kolinear zur z-Achse,

b) Spiegelung an xy-Ebene ($\sigma$),

c) Punktspiegelung (i) im Ursprung,

d) Operation $S_2$ mit $S_2$-Achse kolinear zu x-Achse.

**2.186** Sie haben einen Punkt mit den Koordinaten (x, y, z) im kartesischen Koordinatensystem (vgl. Aufg. 2.185).

a) Welche Symmetrieoperation ergibt die Transformation (x, y, z) → (–x, y, –z)?

b) Welche Folgen aus *zwei* Symmetrieoperationen (ohne die Identität) ergeben die Transformation (x, y, z) → (x, –y, –z)? (mindestens sechs mögliche Antworten.)

c) Welche Symmetrieoperation gibt die Transformation (x, y, z) → (y, –x, z)? (Vertauschung von |x| und |y|!)

**2.187** Finden und zeichnen (oder beschreiben) Sie die Lage der Symmetrieelemente für die folgenden Moleküle:

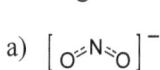

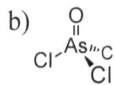

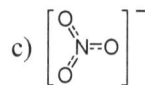

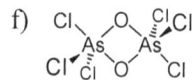

a)   $\left[ O \stackrel{\cdot\cdot}{\sim} N \stackrel{\cdot\cdot}{\sim} O \right]^-$

b)   

c)   

d)   

e)   

f)

g)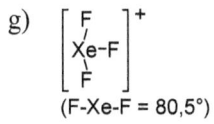

(F-Xe-F = 80,5°)

h)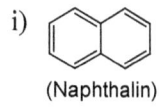

i)

(Naphthalin)

j)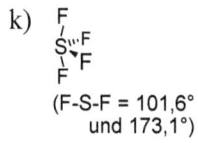

(Cyclohexan-Sessel)

k)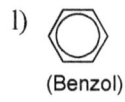

(F-S-F = 101,6°
und 173,1°)

l) 

(Benzol)

# 3. Die chemische Reaktion

## Mengenangaben bei chemischen Reaktionen

### Mol · Avogadro-Konstante · Stoffmenge

**3.1**    Wie ist die Einheit Mol definiert?

**3.2**    Wie viel g sind
a) 1 mol $SO_2$,
b) 1 mol $Na_2SO_4$ ?
relative Atommassen: O 16,0; Na 23,0; S 32,1.

**3.3**    Wie viel mol sind
a) 120,3 g Ca,
b) 120 g CaO,
c) 120 g MgO ?
relative Atommassen: Ca 40,1; Mg 24,3.

**3.4**    Wie viel g Sauerstoff müssen sich mit 100 g Eisen verbinden, damit daraus $Fe_2O_3$ entsteht? Die Atommasse von Fe beträgt 55,8.

**3.5**    In welchem Massenverhältnis reagiert $H_2$ mit $O_2$ zu $H_2O$?
Reaktionsgleichung: $H_2 + \frac{1}{2}O_2 \rightarrow H_2O$

**3.6**    a) 0,42 g einer Verbindung, die nur Kohlenstoff und Wasserstoff enthält, werden zu $CO_2$ und $H_2O$ verbrannt. Es entstehen 0,54 g $H_2O$ und 1,32 g $CO_2$.
Welche allgemeine Summenformel hat die Verbindung?
Ist die Angabe sowohl der entstandenen $H_2O$-Menge als auch der $CO_2$-Menge erforderlich, oder genügt eine der beiden Angaben?
b) Eine Verbrennungsanalyse (CHN-Analyse) findet für eine Verbindung, die nur C, H und O enthält 39,91% C und 6,81% H.
Was ist das Atomverhältnis der drei Elemente?
Was sind die theoretischen Prozentanteile der drei Elemente in einer Verbindung mit ganzzahligen Atomverhältnissen?
relative Atommassen: C 12,011; H 1,008; O 15,999

https://doi.org/10.1515/9783110701067-003

**3.7**   3,20 g eines Eisenoxids werden mit CO zu elementarem Eisen reduziert. Es entstehen 2,24 g Eisen. Geben Sie die Formel des Eisenoxids an.

**3.8**   Der Chemiker rechnet vorzugsweise mit der Stoffmenge (Einheit mol) und nicht mit der Masse (übliche Einheit g oder kg). Welchen Vorteil hat dies?

**3.9**   Für die Synthese von $B_2H_6$ gemäß der Gleichung

$$4 \, BCl_3 + 3 \, LiAlH_4 \rightarrow 2 \, B_2H_6 + 3 \, LiAlCl_4$$

sollen 3,0 g $BCl_3$ eingesetzt werden.

a) Wie viel g $LiAlH_4$ werden benötigt?

b) Wie viel g $B_2H_6$ würden bei 100%iger Ausbeute entstehen?

c) Tatsächlich werden nur 0,24 g $B_2H_6$ erhalten. Wie hoch ist die prozentuale Ausbeute?

d) Schreiben Sie die Gramm- und Stoffmengen für den Ansatz von 3,0 g $BCl_3$ unter die Reaktionsgleichung.

relative Atommassen: B 10,8; Cl 35,5; Li 6,9; Al 27,0; H 1,0.

**3.10**  Sie wollen bei der folgenden Reaktion mindestens 2,0 g CuI-Produkt (Endstoff) erhalten und erwarten eine 80%ige Ausbeute. Wie viel g der Ausgangsstoffe (Edukte) müssen dann mindestens eingesetzt werden?

Schreiben Sie die Gramm- und Stoffmengen unter die Reaktionsgleichung.

$$CuCl_2 + 2 \, KI \rightarrow CuI + 2 \, KCl + \tfrac{1}{2} I_2$$

relative Atommassen: Cu 63,5; Cl 35,5; K 39,1; I 126,9.

**3.11**  Berechnen Sie die C-, H- und N-Massenanteile (Masse-, Gewichtsprozent) mit zwei Nachkommastellen in der Verbindung $[Fe(C_{10}H_8N_2)_3](NO_3)_2$.

relative Atommassen: C 12,011; H 1,008; N 14,007; Fe 55,847; O 15,999.

**3.12**  Es soll eine $10^{-2}$ mol/$l$ Lösung des Komplexes $[Ni(NH_3)_6]Cl_2$ hergestellt werden. Wieviel mg der Verbindung müssen Sie in 50 ml Wasser lösen?

relative Atommassen: Ni 58,69; H 1,008; N 14,007; Cl 35,453.

**3.13**  Aus Eisen(II)-sulfat heptahydrat soll der Tris(2,2'-bipyridin)eisen(II)-sulfat Komplex synthetisiert werden. Sie wollen etwa 250 mg Produkt erhalten und nehmen an, dass die Reaktion mit 75%-iger Ausbeute verlaufen wird. Wie müssen dafür Ihre Ansätze bei einer stöchiometrischen Reaktion aussehen? (2,2'-Bipyridin = $C_{10}H_8N_2$)

relative Atommassen: Fe 55,85; C 12,011; H 1,008; N 14,007; S 32,065; O 15,999.

# Zustandsänderungen, Gleichgewichte und Kinetik

### Gasgesetz · Partialdruck

**3.14** Bei welchen Zustandsänderungen nähert sich der Zustand eines Gases dem idealen Zustand?

a) Druckerhöhung

b) Temperaturerhöhung

c) Druckerniedrigung

d) Temperaturerniedrigung

e) Erniedrigung der Teilchenzahl (bei konstantem Volumen)

Geben Sie eine Begründung.

**3.15** Wie viel °C sind 123 K?

**3.16** a) Bei welcher Temperatur siedet flüssiges Helium?

b) Bei welcher Temperatur siedet flüssiger Stickstoff?

**3.17** Berechnen Sie für ein Mol eines idealen Gases das Volumen bei 0 °C und 1 bar.

$R = 0,08314 \ l \ \text{bar mol}^{-1} \ \text{K}^{-1}$

**3.18** 1 $l$ Luft von 20 °C und 0,98 bar wird erwärmt.

Wie groß ist der Druck bei 100 °C, wenn das Volumen unverändert bleibt?

**3.19** 1 $l$ Luft von 20 °C wird bei konstantem Druck auf 100 °C erwärmt.

Welches Volumen nimmt die Luftmenge bei 100 °C ein?

**3.20** 500 ml eines Gases wiegen bei 100 °C und 0,5 bar 0,229 g.

a) Wie groß ist die Molekülmasse (Molekulargewicht) des Gases?

b) Um welches Gas könnte es sich handeln?

**3.21** Wie groß sind die Partialdrücke von $H_2$ und $N_2$ in einem Gasgemisch mit den Volumenanteilen 70% $H_2$ und 30% $N_2$ bei einem Gesamtdruck von 10 bar?

**3.22** In Luft mit dem Gesamtdruck 1 bar befindet sich ein Volumenanteil von 1% Argon. Wie groß ist der Partialdruck des Argons?

### Phasendiagramm · Kritischer Punkt · Dampfdruck

**3.23**   a) Wie lautet das ideale Gasgesetz bei konstanter Temperatur und konstanter Stoffmenge?

b) Zeichnen Sie in das Koordinatensystem für ein ideales Gas die Abhängigkeit des
Drucks vom Volumen bei konstanter Temperatur und konstanter Stoffmenge ein.

c) Zeichnen Sie eine weitere Kurve für eine höhere Temperatur ein.

d) Schraffieren Sie den Bereich, in dem bei einem realen Gas starke Abweichungen
vom idealen Verhalten zu erwarten sind.

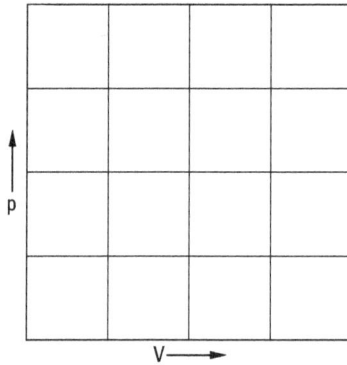

**3.24**

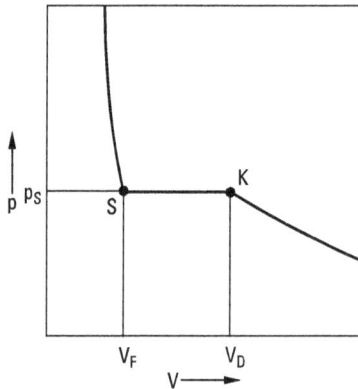

Interpretieren Sie die im p–V-Diagramm eingezeichnete Isotherme. Betrachten Sie
den Verlauf der Isotherme von rechts nach links. Was bedeuten die Punkte K und
S?

**3.25**  Die Abbildung zeigt schematisch das Phasendiagramm des Wassers.

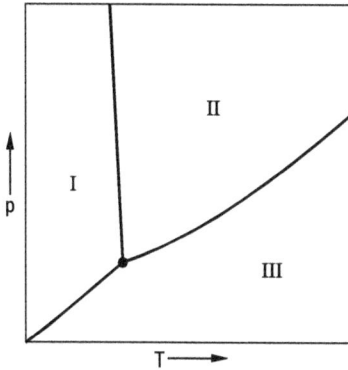

a) Was bedeuten die Gebiete I, II und III des Phasendiagramms?

Wie heißen die drei eingezeichneten Kurven?

b) Welche Bedeutung hat der Schnittpunkt der drei Kurven; wie heißt dieser Punkt?

**3.26**  Festes $CO_2$ sublimiert bei Normaldruck. Die Temperatur des Tripelpunktes beträgt –57 °C.

a) In welchem Druckbereich liegt der Tripelpunkt des $CO_2$?

b) In welchem Temperaturbereich sublimiert $CO_2$?

**3.27**  Gegeben sind die kritischen Temperaturen folgender Stoffe:

|                     | $T_{kr}$ (K) |
|---------------------|--------------|
| $H_2$               | 33           |
| $O_2$               | 154          |
| $C_3H_8$ (Propan)   | 370          |
| $C_4H_{10}$ (Butan) | 425          |

a) Welche der genannten Stoffe liegen in einer Stahldruckflasche bei Raumtemperatur verflüssigt vor?

b) Wie ändert sich der Druck in der Stahlflasche bei der Gasentnahme?

**3.28**  Warum kann man Stickstoff nicht als Treibgas in Spraydosen verwenden?

**3.29**   Benennen Sie alle Phasenübergänge.

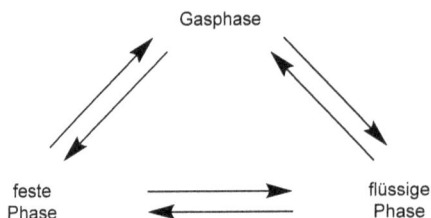

**3.30**   Ordnen Sie die beiden Dampfdruckkurven I und II der Lösung und dem Lösungsmittel zu. Was bedeuten die Schnittpunkte (A-D) der gestrichelten Linien mit den
Dampfdruckkurven? Welcher Abschnitt kennzeichnet die Siedepunktserhöhung
beim Standarddruck?

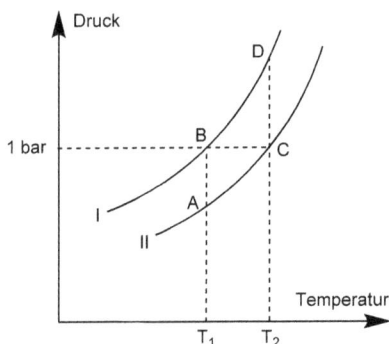

**3.31**   Welche Aussage ist richtig?

a) Die chemische Art des gelösten Stoffes bestimmt die Veränderung des Siede-
punkts vom reinen Lösungsmittel zur Lösung.

b) Eine Siedepunktserhöhung steigt mit der Zahl der gelösten Teilchen.

c) Eine Lösung hat einen niedrigeren Siedepunkt als das reine Lösungsmittel.

d) Der Siedepunkt einer Lösung ist gleich dem des reinen Lösungsmittels.

e) Bei Salzlösungen ist die Siedepunktserhöhung unabhängig von der stöchiometrischen Zusammensetzung des Salzes.

**3.32**   Sagen Sie zunächst voraus, in welcher Lösung sich bei gleicher Stoffmenge des
Salzes pro Masse Lösungsmitel der niedrigste Schmelzpunkt einstellt?

a) $Na_2SO_4$        b) NaOH          c) $CH_3COONa$            d) $Na_3PO_4$

Berechnen Sie den Schmelzpunkt von wässrigen Lösungen von a)-d) mit jeweils
der Molalität $b = 1$ ($E_g = -1{,}86$ K kg mol$^{-1}$).

## Reaktionsenthalpie · Satz von Heß · Standardbildungsenthalpie

**3.33** Welche Aussagen stecken in der folgenden chemischen Reaktionsgleichung?

$$H_2 + Cl_2 \rightarrow 2\,HCl$$

**3.34** Gegeben ist folgende Reaktionsgleichung mit Stoff- und Energieumsatz:

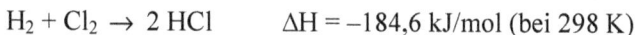

$$H_2 + Cl_2 \rightarrow 2\,HCl \qquad \Delta H = -184,6 \text{ kJ/mol (bei 298 K)}$$

a) Was bedeutet das Symbol $\Delta$ in der Reaktionsgleichung?

b) Was bedeutet $\Delta H$?

c) Formulieren Sie diese Reaktion für die Bildung von 1 mol HCl mit Stoff- und Energieumsatz.

**3.35** Setzen Sie in die leeren Kästchen ein: $\Delta H$ positiv, $\Delta H$ negativ, exotherme Reaktion, endotherme Reaktion.

| | | |
|---|---|---|
| Energie wird frei | | |
| Energie muss zugeführt werden | | |

**3.36** Warum ist die Angabe eines $\Delta H$-Wertes für eine chemische Reaktion ohne gleichzeitige Angabe von Druck und Temperatur unvollständig?

**3.37** In der Reaktionsgleichung

$$H_2 + Cl_2 \rightarrow 2\,HCl \qquad \Delta H^\circ_{293} = -183 \text{ kJ/mol}$$

ist der Anfangszustand und Endzustand der Reaktion eindeutig festgelegt.

a) Was bedeutet der Index $^\circ$?

b) Für welche Temperatur ist die Reaktionsenthalpie angegeben?

**3.38** Auf welchen Standardzustand von $H_2O$ bezieht sich die Standardreaktionsenthalpie $\Delta H^\circ_{298}$ der folgenden Reaktion?

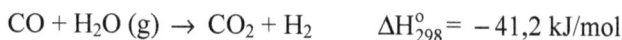

$$CO + H_2O \,(g) \rightarrow CO_2 + H_2 \qquad \Delta H^\circ_{298} = -41,2 \text{ kJ/mol}$$

**3.39** Nach dem Satz von Heß ist $\Delta H$ eine Zustandsgröße. Was bedeutet das?

**3.40** Gegeben sind die Standardreaktionsenthalpien der beiden Reaktionen für 298 K:

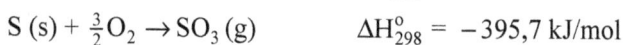

$$S\,(s) + \; O_2 \rightarrow SO_2 \qquad \Delta H^\circ_{298} = -296,8 \text{ kJ/mol}$$
$$S\,(s) + \tfrac{3}{2}O_2 \rightarrow SO_3\,(g) \qquad \Delta H^\circ_{298} = -395,7 \text{ kJ/mol}$$

Wie groß ist $\Delta H^\circ_{298}$ für die folgende Reaktion?

$$SO_2 + \tfrac{1}{2}O_2 \rightarrow SO_3$$

**3.41**   Die Reaktionsenthalpie der Reaktion

$$\text{I} \quad C\,(s) + \tfrac{1}{2}O_2 \rightarrow CO$$

kann nicht experimentell bestimmt werden. Berechnen Sie $\Delta H^o_{298}$ aus den Standardreaktionsenthalpien der Reaktionen II und III.

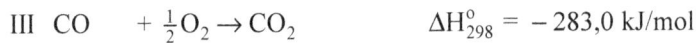

$$\text{II} \quad C\,(s) \quad + \quad O_2 \rightarrow CO_2 \qquad\qquad \Delta H^o_{298} = -393{,}5 \text{ kJ/mol}$$
$$\text{III} \quad CO \quad + \tfrac{1}{2}O_2 \rightarrow CO_2 \qquad\qquad \Delta H^o_{298} = -283{,}0 \text{ kJ/mol}$$

**3.42**   Wie ist die Standardbildungsenthalpie $\Delta H^o_B$ einer Verbindung definiert?

**3.43**   Für die folgenden Reaktionen sind die Standardreaktionsenthalpien angegeben. Wie groß sind die Standardbildungsenthalpien $\Delta H^o_B$ von $H_2O$ (g) und $H_2O$ (l)?

a)  $2\,H \;+\; O \;\rightarrow\; H_2O$ (g) $\qquad \Delta H^o_{298} = -927{,}0$ kJ/mol

b)  $2\,H_2 +\; O_2 \;\rightarrow\; 2\,H_2O$ (g) $\qquad \Delta H^o_{298} = -483{,}6$ kJ/mol

c)  $3\,H_2 +\; O_3 \;\rightarrow\; 3\,H_2O$ (g) $\qquad \Delta H^o_{298} = -868{,}1$ kJ/mol

d)  $H_2 + \tfrac{1}{2}O_2 \;\rightarrow\; H_2O$ (l) $\qquad \Delta H^o_{298} = -285{,}8$ kJ/mol

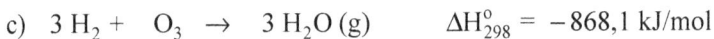

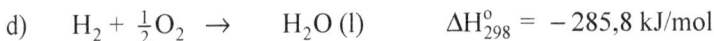

**3.44**   Gegeben sind folgende Standardreaktionsenthalpien:

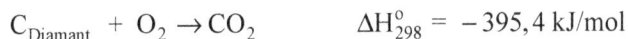

$$C_{\text{Graphit}} \;+\; O_2 \rightarrow CO_2 \qquad\qquad \Delta H^o_{298} = -393{,}5 \text{ kJ/mol}$$
$$C_{\text{Diamant}} \;+\; O_2 \rightarrow CO_2 \qquad\qquad \Delta H^o_{298} = -395{,}4 \text{ kJ/mol}$$

Welche der beiden Reaktionsenthalpien ist die Standardbildungsenthalpie von $CO_2$?

**3.45**   a) Die Standardbildungsenthalpie von Sauerstoffatomen ist $\Delta H^o_B(O) = +249{,}2$ kJ/mol. Formulieren Sie die Reaktionsgleichung mit Stoff- und Energieumsatz.
b) Gegeben sind die Standardbildungsenthalpien von O und NO:

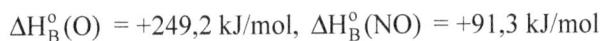

$$\Delta H^o_B(O) = +249{,}2 \text{ kJ/mol}, \ \Delta H^o_B(NO) = +91{,}3 \text{ kJ/mol}$$

Berechnen Sie die Standardreaktionsenthalpie bei 298 K für die folgende Reaktion:

$$\tfrac{1}{2}N_2 + O \rightarrow NO$$

**3.46**   a) Berechnen Sie die Reaktionsenthalpie der Umsetzung von Eisen mit Wasser unter Standardbedingungen

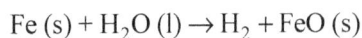

$$Fe\,(s) + H_2O\,(l) \rightarrow H_2 + FeO\,(s)$$

$\Delta H^o_B(FeO(s)) = -267$ kJ/mol, $\Delta H^o_B(H_2O(l)) = -286$ kJ/mol (bei 298 K).

b) Welche Wärmemenge wird bei konstantem Druck bei nachfolgender Reaktion unter Standardbedingungen frei?

$$2\,CH_4 + O_2 \rightarrow 4\,H_2 + 2\,CO$$

$\Delta H_B^o(CH_4) = -74,6\ kJ/mol$, $\Delta H_B^o(CO) = -110,5\ kJ/mol$ (bei 298 K).

## Chemisches Gleichgewicht · Massenwirkungsgesetz (MWG) · Prinzip von Le Chatelier

**3.47** a) Welche Aussagen stecken in der folgenden Reaktionsgleichung?

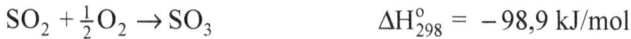

$$SO_2 + \tfrac{1}{2}O_2 \rightarrow SO_3 \qquad\qquad \Delta H_{298}^o = -98,9\ kJ/mol$$

b) Sagt diese Reaktionsgleichung aus, dass ein Gemisch aus 1 mol $SO_2$ und $\frac{1}{2}$ mol $O_2$ sich restlos zu $SO_3$ umsetzen?

**3.48** Ein Gemisch aus 1 mol $SO_2$ und $\frac{1}{2}$ mol $O_2$ setzt sich nicht vollständig zu $SO_3$ um. Es stellt sich ein Gleichgewicht ein. Durch welche Schreibweise wird das Auftreten eines Gleichgewichts in der chemischen Reaktionsgleichung symbolisiert?

**3.49** Die Reaktion

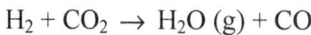

$$H_2 + CO_2 \rightarrow H_2O\,(g) + CO$$

soll vollständig ablaufen. Tragen Sie in das gegebene Diagramm die Änderung der Stoffmengen von $H_2$, $CO_2$, $H_2O$ und CO ein. Zu Beginn der Reaktion sind 2 mol $H_2$ und 2 mol $CO_2$ vorhanden.

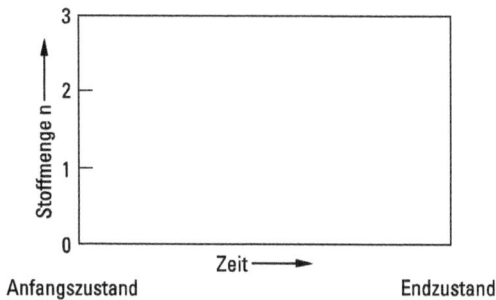

**3.50** Die Reaktion

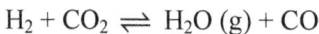

$$H_2 + CO_2 \rightleftharpoons H_2O\,(g) + CO$$

läuft nicht vollständig ab. Es stellt sich ein Gleichgewicht ein. Der in Aufg. 3.49 angegebene Endzustand wird in Wirklichkeit nicht erreicht.

a) In ein Reaktionsgefäß von 1 $l$ werden bei einer bestimmten Temperatur 2 mol $H_2$ und 2 mol $CO_2$ gebracht. Im Gleichgewichtszustand sind 1,5 mol $H_2$ vorhanden. Tragen Sie die Änderung der Stoffmengen aller vier Stoffe in das Diagramm ein.

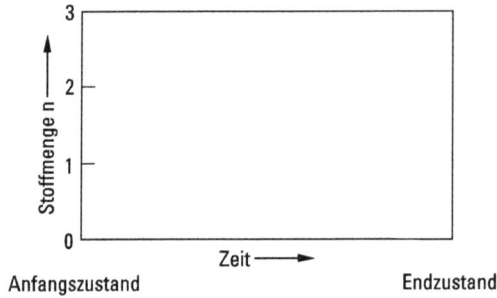

b) In das Reaktionsgefäß werden bei derselben Temperatur wie unter a) 2 mol $H_2O$ und 2 mol CO gegeben. Wie ändern sich die Stoffmengen der vier Reaktionsteilnehmer (Diagramm analog zu a)?

c) Es werden bei derselben Temperatur wie unter a) und b) 1 mol $H_2$, 1 mol $CO_2$, 1 mol $H_2O$ und 1 mol CO zur Reaktion gebracht. Wie ändern sich die Stoffmengen (Diagramm analog zu a)?

**3.51**  Unter den in Aufg. 3.50 genannten Reaktionsbedingungen werden 4 mol $H_2$ und 2 mol $CO_2$ zur Reaktion gebracht.

a) Warum können in diesem Fall nicht 0,5 mol CO und 0,5 mol $H_2O$ im Gleichgewichtszustand vorliegen?

b) Überprüfen Sie, ob nach Bildung von 0,7 mol CO das Gleichgewicht erreicht ist.

**3.52**  Formulieren Sie das Massenwirkungsgesetz (MWG) für die Reaktionen a) und b) mit Konzentrationen, für die Reaktionen c) und d) mit Partialdrücken.

a)  $2\,NO + O_2 \rightleftharpoons 2\,NO_2$

b)  $C\,(s) + H_2O\,(g) \rightleftharpoons H_2 + CO$

c)  $I_2\,(g) \rightleftharpoons 2\,I$

d)  $C\,(s) + CO_2 \rightleftharpoons 2\,CO$

Welche Gleichgewichte sind homogen, welche heterogen?

Wie verschieben sich die Gleichgewichte bei Druckerniedrigung?

**3.53**  a) Die Gleichgewichtskonstante für die Reaktion $H_2 + 1/2\,O_2 \rightleftharpoons 2\,H_2O\,(g)$ beträgt $K_p = 10^{40}\,bar^{-1/2}$. Was bedeutet dieser Wert (nicht)?

b) Die Reaktion Glucose-6-phosphat $\rightleftharpoons$ Glucose-1-phosphat hat eine Gleichgewichtskonstante von 0.052. Was bedeutet das für die Lage des Gleichgewichts?

**3.54** Zeigen Sie, welche Beziehung zwischen der Konstante $K_p$ für die Reaktionsgleichung

$$\tfrac{1}{2}I_2 + \tfrac{1}{2}H_2 \rightleftharpoons HI$$

und der Konstante $K_p'$ für die Reaktionsgleichung

$$I_2 + H_2 \rightleftharpoons 2\, HI$$

besteht.

**3.55** Für die Reaktionsgleichung $\tfrac{1}{2}H_2 + \tfrac{1}{2}Cl_2 \rightleftharpoons HCl$ ist $\lg K_p = 16{,}7$.

a) Wie groß ist $\lg K_p'$ für die Reaktionsgleichung $H_2 + Cl_2 \rightleftharpoons 2\, HCl$?

b) Wie groß ist $\lg K_p''$ für die Reaktionsgleichung $HCl \rightleftharpoons \tfrac{1}{2}H_2 + \tfrac{1}{2}Cl_2$?

**3.56** Für die Reaktion $H_2 + CO_2 \rightleftharpoons H_2O + CO$ ist bei etwa 800 °C $K_c = 1$. Zu Beginn der Reaktion sind 1 mol $H_2$, 2 mol $CO_2$ und 1 mol $H_2O$ vorhanden. Das Reaktionsvolumen beträgt 100 $l$. Berechnen Sie die Gleichgewichtskonzentrationen.

Es ist zweckmäßig, das MWG mit Stoffmengen zu formulieren und zunächst die Stoffmengen für den Gleichgewichtszustand auszurechnen. Bezeichnen Sie die entstehenden Mole CO mit x.

**3.57** Berechnen Sie die Gleichgewichtskonzentrationen für die Ausgangsmengen 1 mol $H_2$, 1 mol $CO_2$ und 2 mol $H_2O$.

**3.58** Zeigen Sie für die Reaktion $I_2 \rightleftharpoons 2\, I$ wie $K_p$ und $K_c$ zusammenhängen. Benutzen Sie dazu das ideale Gasgesetz, und beachten Sie, dass die Konzentration $c = \dfrac{n}{V}$ ist.

**3.59** Formulieren Sie das Prinzip von Le Chatelier.

**3.60** In welcher Richtung verschiebt sich die Gleichgewichtslage bei der Reaktion

$$C\,(s) + CO_2 \rightleftharpoons 2\, CO$$

mit steigendem Druck?

**3.61** Für die Reaktion $C\,(s) + CO_2 \rightleftharpoons 2\, CO$ ist bei etwa 700 °C die Gleichgewichtskonstante $K_p = 1$ bar. Berechnen Sie die Gleichgewichtspartialdrücke von $CO_2$ und CO für einen Gesamtdruck von

a)  2 bar,

b)  100 bar.

$K_p$ ist nicht druckabhängig.

**3.62**  In abgeschlossenen Reaktionsräumen laufen die Gleichgewichtsreaktionen

a)  $CaCO_3 \text{ (s)} \rightleftharpoons CaO \text{ (s)} + CO_2$

b)  $FeO \text{ (s)} + CO \rightleftharpoons Fe \text{ (s)} + CO_2$

c)  $C \text{ (s)} + H_2O \text{ (g)} \rightleftharpoons CO + H_2$

ab. Das Volumen jedes Reaktionsraumes beträgt $V_1 = 2\ l$. Der Gesamtdruck nach Erreichen des Gleichgewichts beträgt jeweils $p_1 = 1$ bar. Welcher Gleichgewichtsgesamtdruck stellt sich in den einzelnen Reaktionsgefäßen ein, wenn das Volumen auf die Hälfte verringert wird ($V_2 = 1\ l$)? Ist der Druck dann 1 bar, 2 bar oder liegt er dazwischen? In welche Richtung verschiebt sich jeweils das Gleichgewicht?

**3.63**  In welche Richtung verschiebt sich die Gleichgewichtslage 1. mit steigender Temperatur und 2. mit zunehmendem Druck bei den folgenden Reaktionen?

a)  $N_2 + O_2 \rightleftharpoons 2\ NO$          $\Delta H$ positiv

b)  $2\ CO + O_2 \rightleftharpoons 2\ CO_2$          $\Delta H$ negativ

**3.64**  In welche Richtung verschiebt sich das Gleichgewicht folgender Reaktionen mit steigender Temperatur?

a)  $\frac{1}{2}H_2 \rightleftharpoons 2\ H$          $\Delta H = +218,0$ kJ/mol

b)  $H_2 + \frac{1}{2}O_2 \rightleftharpoons H_2O \text{ (g)}$          $\Delta H = -241,8$ kJ/mol

**3.65**  Wie kann bei der Protolysereaktion $CH_3COOH + H_2O \rightleftharpoons CH_3COO^- + H_3O^+$ in wässriger Lösung das Gleichgewicht auf die Seite der Acetatbildung verschoben werden?

**3.66**  Halogenlampen enthalten einen Wolfram-Glühfaden und etwas Halogen (meist Iod).

a) Welche Reaktionen finden statt? Formulieren Sie das Gleichgewicht.

b) Was bewirkt das Halogen?

c) Wie bezeichnet man diesen Reaktionsmechanismus?

**3.67**  Chemische Transportreaktionen werden zur Synthese und zur Reinigung von Elementen und Verbindungen eingesetzt (van Arkel–de Boer-Verfahren).

a) Welche Beispiele kennen Sie?

b) Formulieren Sie für ein Beispiel das Gleichgewicht.

**3.68**  Welche Aussagen sind richtig?

a) Die Änderungen der Freien Enthalpie (G), der Enthalpie (H) und Entropie (S) sind über die Gleichung $\Delta G = \Delta S - T\Delta H$ miteinander verknüpft.

b) Bei einer freiwillig ablaufenden Reaktion ist $\Delta G$ positiv.

c) Für eine Reaktion, die sich im Gleichgewicht befindet, ist $\Delta G = 0$.

d) Wenn $\Delta H < 0$ ist, verläuft die Reaktion exergonisch, d. h. $\Delta G < 0$.

e) Wenn die freie Standardbildungsenthalpie der Endstoffe kleiner als die der Ausgangsstoffe ist, liegt eine endergone Reaktion vor, d. h. $\Delta G^o_{Reaktion} < 0$.

f) Für eine Reaktion mit einer Gleichgewichtskonstante von $K = 19$ ist die Reaktion leicht exergon.

g) Die Triebkraft einer exergonen Reaktion, d. h. mit $\Delta G < 0$ in einem geschlossenen, isobaren und isothermen System nimmt im Verlauf der Reaktion ab.

h) Je negativer $\Delta G$, desto schneller laufen die Reaktionen ab.

3.69    Berechnen Sie für die Glucose-Oxidation zunächst die Standardreaktionsenthalpie $\Delta H^o_{298}$ und die freie Standardreaktionsenthalpie $\Delta G^o_{298}$. Berechnen Sie mit diesen Werten dann die Entropieänderung für diese Reaktion bei 298 K über die Gibbs-Helmholtz-Gleichung.

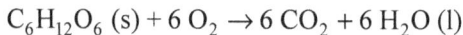

$$C_6H_{12}O_6 \text{ (s)} + 6\,O_2 \rightarrow 6\,CO_2 + 6\,H_2O \text{ (l)}$$

$\Delta H^o_B(C_6H_{12}O_6(s)) = -1273{,}3$ kJ/mol, $\Delta H^o_B(CO_2) =$

$-393{,}5$ kJ/mol, $\Delta H^o_B(H_2O(l)) = -285{,}8$ kJ/mol (bei 298 K),

$\Delta G^o_B(C_6H_{12}O_6(s)) = -910{,}6$ kJ/mol, $\Delta G^o_B(CO_2) =$

$-394{,}4$ kJ/mol, $\Delta G^o_B(H_2O(l)) = -237{,}1$ kJ/mol (bei 298 K).

Vergleichen Sie diese Entropieänderung mit der Berechnung über die Standardreaktionsentropie aus den Standardentropien (in J/K·mol) $S°(C_6H_{12}O_6(s)) = 209{,}2$, $S°(O_2) = 205{,}2$, $S°(CO_2) = 213{,}8$, $S°(H_2O(l)) = 70{,}0$ (bei 298 K), Interpretieren Sie die Entropieänderung.

## Reaktionsgeschwindigkeit · Aktivierungsenergie · Katalyse

3.70    Für die Reaktion $2\,H_2 + O_2 \rightleftharpoons 2\,H_2O$ (g) beträgt $\Delta H° = -483{,}8$ kJ/mol bei 298 K. Aus einem Gemisch von $H_2$ und $O_2$ bildet sich Wasser erst bei höherer Temperatur, nicht aber bei Raumtemperatur. Welche Begründung ist richtig?

a) Das Gleichgewicht liegt bei Raumtemperatur ganz auf der linken Seite, bei Temperaturerhöhung verschiebt es sich nach rechts.

b) Es tritt eine Reaktionshemmung auf, bei Raumtemperatur erfolgt keine Reaktion.

3.71    Unter Reaktionsgeschwindigkeit versteht man die bei einer chemischen Reaktion pro Zeiteinheit gebildete Stoffmenge (bezogen auf eine bestimmte Menge der Ausgangsstoffe).

Von welchen Parametern hängt die Geschwindigkeit einer homogenen chemischen Reaktion ab?

**3.72**

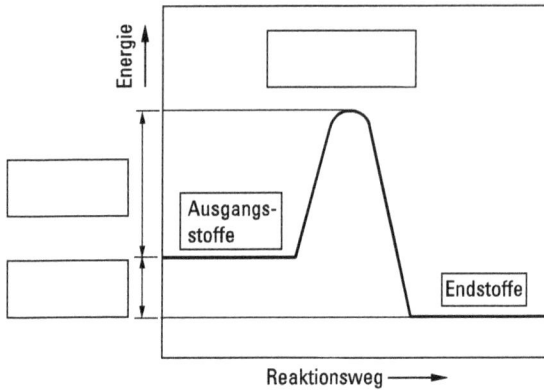

Setzen Sie in die leeren Kästchen des Diagramms die zugehörigen Begriffe ein und interpretieren Sie das Energiemaximum.

**3.73** Die Temperaturabhängigkeit der Reaktionsgeschwindigkeit v wird durch die Gleichung

$$v = A\, e^{-E_A/RT}$$

beschrieben. $E_A$ ist die Aktivierungsenergie. A ist ein Faktor, durch den unter anderem die Konzentrationsabhängigkeit berücksichtigt wird.

a) Zeichnen Sie die Abhängigkeit der Reaktionsgeschwindigkeit von der Aktivierungsenergie bei konstanter Temperatur (A = const.) als lg v–$E_A$-Diagramm und als v–$E_A$-Diagramm.

b) Zeichnen Sie die Abhängigkeit der Reaktionsgeschwindigkeit von der Temperatur bei konstanter Aktivierungsenergie (A = const.) als lg v–1/T-Diagramm.

**3.74** Die Teilchen eines Gases haben bei einer bestimmten Temperatur nicht alle dieselbe Energie. Die Abbildung A zeigt die Energieverteilung bei drei verschiedenen Temperaturen ($T_1$, $T_2$, $T_3$), Abbildung B bei einer Temperatur ($T_2$).

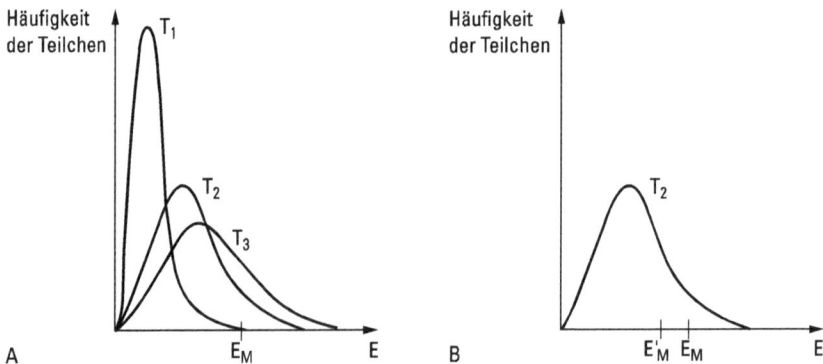

In dieser Darstellung entspricht die Fläche unter einer Kurve der Anzahl der Teilchen.

Schraffieren Sie in Abb. A jeweils die Fläche, die der Zahl der Teilchen entspricht, die die zu einer chemischen Reaktion notwendige Mindestenergie $E_M$ besitzen, und zwar

a) für die mittlere Temperatur $T_2$,

b) für die höhere Temperatur $T_3$.

c) Schraffieren Sie in Abb. B die Fläche für die Teilchenzahl bei der Temperatur $T_2$, mit einer kleineren Mindestenergie $E'_M$.

Erklären Sie nach Lösung der Aufgaben a) bis c) mit Hilfe der Diagramme den Einfluss der Temperatur und der Aktivierungsenergie auf die Reaktionsgeschwindigkeit.

d) Veranschaulichen Sie mit Hilfe der Diagramme die Rolle eines Katalysators.

**3.75** NO ist bei Zimmertemperatur eine metastabile Verbindung.

Was bedeutet das

a) für die Lage des Gleichgewichts $2\,NO \rightleftharpoons N_2 + O_2$ bei Zimmertemperatur,

b) für die Aktivierungsenergie der Reaktion?

Für die Weiterreaktion von NO an Luft findet man eine seltene Reaktion 3. Ordnung, mit 2. Ordnung in Bezug auf NO. Formulieren Sie die chemische Gleichung und die Geschwindigkeitsgleichung. Was bedeutet das für den molekularen Ablauf der Reaktion?

**3.76** Warum verwendet man bei der Herstellung von $SO_3$ gemäß der Reaktionsgleichung $SO_2 + \frac{1}{2}O_2 \rightleftharpoons SO_3$ einen Katalysator? Entscheiden Sie, ob die folgenden Antworten richtig oder falsch sind.

a) Durch den Katalysator wird das Gleichgewicht nach rechts verschoben.

b) Der Katalysator liefert die nötige Aktivierungsenergie.

c) Der Katalysator erhöht die Reaktionsgeschwindigkeit.

**3.77** Welche der folgenden Aussagen über die Wirkungsweise eines Katalysators sind richtig bzw. falsch?

a) Der Katalysator nimmt zwar an der Reaktion teil, tritt aber in der Reaktionsgleichung nicht auf.

b) Der Katalysator ermöglicht einen anderen Reaktionsablauf mit geringerer Aktivierungsenergie.

c) Der Katalysator beeinflusst eine Reaktion in derselben Weise wie eine Temperaturerhöhung.

d) Der Katalysator verschiebt die Lage des Gleichgewichts bei einer Gleichgewichtsreaktion.

e) Der Katalysator wird bei der Reaktion verbraucht.

f) Der Katalysator erhöht den Netto-Stoffumsatz.

g) Der Katalysator erhöht die Geschwindigkeit von Hin- und Rückreaktion einer Gleichgewichtsreaktion.

**3.78**  NH$_3$ wird nach der folgenden Gleichung bei 500 °C mit einem Katalysator hergestellt.

$$3\,H_2 + N_2 \rightleftharpoons 2\,NH_3 \qquad \Delta H^0_{298} = -91{,}8\ kJ/mol$$

a) Erhöht sich durch den Katalysator die NH$_3$-Konzentration im Gleichgewicht?

b) Bewirkt der Katalysator eine schnellere Gleichgewichtseinstellung?

c) Ändert der Katalysator den Reaktionsmechanismus?

d) Könnte man bei dieser Reaktion durch Temperaturerhöhung die NH$_3$-Konzentration im Gleichgewicht erhöhen?

e) Kann man die Gleichgewichtskonzentration von NH$_3$ durch Druckänderung beeinflussen?

**3.79**  Für eine Reaktion ohne Katalysator gilt das Schema a). Zeichnen Sie im Diagramm b) dieses Schema für dieselbe Reaktion mit Katalysator. Tragen Sie in beiden Diagrammen auf der Energieachse die Aktivierungsenergie und die Reaktionsenthalpie ein. Die Energieachsen sollen denselben Maßstab haben.

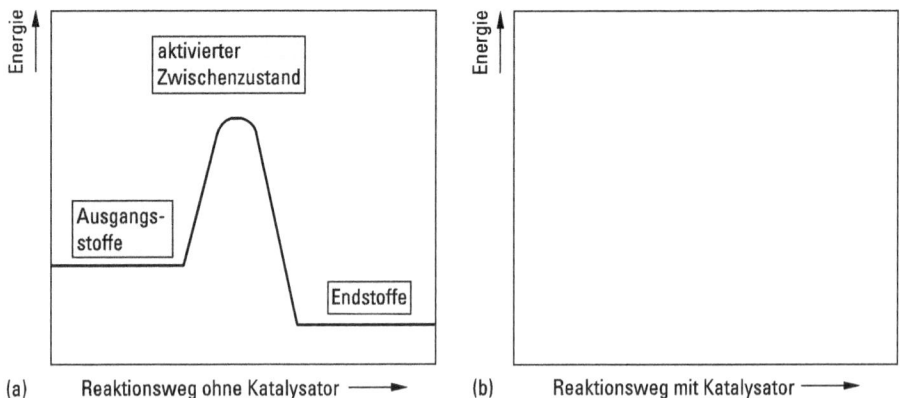

**3.80**  Das Ausgangsprodukt zur großtechnischen Herstellung von Schwefelsäure mit dem Kontaktverfahren ist SO$_2$.

a) Formulieren Sie die Synthesereaktionen von SO$_2$ zur Schwefelsäure.

b) Als Katalysator zur Oxidation von SO$_2$ wird V$_2$O$_5$ verwendet. Formulieren Sie die schematischen Reaktionen der Katalyse.

**3.81**  Bei der heterogenen Katalyse werden Gasreaktionen und Reaktionen in Lösungen durch feste Katalysatoren (Kontakte) beschleunigt. Ein wichtiger Reaktionsschritt ist die Chemisorption. Erklären Sie diesen Begriff.

**3.82** Die großtechnische Herstellung von $NH_3$ mit dem Haber-Bosch-Verfahren erfolgt unter Druck nach der Reaktion $3\,H_2 + N_2 \rightarrow 2\,NH_3$ mit Fe-Katalysatoren. Welches ist der geschwindigkeitsbestimmende Schritt?

**3.83** Was bedeutet Katalysatorselektivität?

# Gleichgewichte bei Säuren, Basen und Salzen

### Elektrolyte · Konzentration

**3.84** Welche Stoffe sind Elektrolyte?

a) Stoffe, deren Lösungen den elektrischen Strom leiten?

b) Stoffe, deren Schmelzen den elektrischen Strom leiten?

c) Stoffe, die in Lösung durch Anlegen eines elektrischen Feldes in Ionen zerfallen?

**3.85** Welche der folgenden Stoffe sind

a) echte Elektrolyte,

b) potentielle Elektrolyte,

c) Nichtelektrolyte?

Zucker, KCl, $NH_3$, Alkohol, NaF, HCl

**3.86** Formulieren Sie für die Elektrolyte KCl, $NH_3$ und HCl die Ionenbildung in wässriger Lösung.

**3.87** Skizzieren Sie schematisch die Hydratisierung eines Kations. Zeichnen Sie die Teilchen folgendermaßen:

$\oplus$ Kation     Wassermolekül

**3.88** Was versteht man unter dem Begriff Stoffmengenkonzentration (Konzentration)? Welches ist die übliche Einheit?

**3.89** Sie sollen eine NaCl-Lösung der Konzentration 1 mol/l herstellen. Wie verfahren Sie?

a) Lösen Sie 58 g NaCl in 1 $l$ Wasser oder

b) geben Sie zu 58 g NaCl so viel Wasser, dass Sie genau 1 $l$ Lösung erhalten? (Formelmasse von NaCl: 58 g/mol)

**3.90** a) Wieviel Mol NaCl sind in 100 ml einer NaCl-Lösung der Konzentration $10^{-1}$ mol/l gelöst?

b) Wieviel Gramm sind das?

c) Wie groß ist der Massenanteil in dieser Lösung?

**3.91**   Sie haben 250 ml einer NaCl-Lösung der Konzentration 0,5 mol/l. Sie benötigen 100 ml einer NaCl-Lösung der Konzentration 0,03 mol/l. Wie verdünnen Sie?

## Säuren · Basen

**3.92**   Welche Stoffe sind nach der Theorie von Arrhenius Säuren bzw. Basen? Geben Sie eine allgemeine Definition.

**3.93**   Welche Stoffe sind nach der Theorie von Brønsted Säuren bzw. Basen? Geben Sie eine allgemeine Definition.

**3.94**   Für die Teilchen $CN^-$, $S^{2-}$, $NH_3$, $H_2O$, $HSO_4^-$, HF sollen die zugehörigen Säuren oder konjugierten Basen gefunden werden. Beachten Sie, dass einige Teilchen sowohl als Säure als auch als Base reagieren können. Tragen Sie die Säure-Base-Paare in die Tabelle ein.

| Säure | konjugierte Base |
|-------|------------------|
|       |                  |

**3.95**   Was ist die konjugierte Base von HCl, $HCO_3^-$, $H_2SO_4$, $H_3O^+$, $[Fe(H_2O)_6]^{3+}$?

**3.96**   Welche der folgenden Teilchen sind
a) Anionensäuren,
b) Anionenbasen,
c) Neutralsäuren,
d) Neutralbasen?

$Cl^-$, $OH^-$, $HSO_4^-$, HCl, $H_2O$, $NH_3$

**3.97**   Nennen Sie Beispiele für Kationensäuren.

**3.98**   Wieso sind bei Säure-Base-Reaktionen immer zwei Säure-Base-Paare gekoppelt?

**3.99**   Geben Sie an, ob das jeweils unterstrichene Teilchen bei den folgenden Reaktionen eine Säure oder eine Base ist.

a)   $HCO_3^- + OH^- \rightleftharpoons CO_3^{2-} + \underline{H_2O}$

b)   $\underline{NH_4^+} + OH^- \rightleftharpoons NH_3 + H_2O$

c)   $H_3PO_4 + H_2O \rightleftharpoons \underline{H_2PO_4^-} + H_3O^+$

d) $HPO_4^{2-} + H_2O \rightleftharpoons \underline{H_2PO_4^-} + OH^-$

e) $NH_3 + H_3O^+ \rightleftharpoons NH_4^+ + \underline{H_2O}$

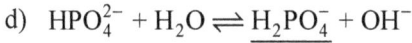

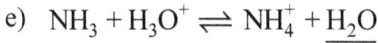

**3.100** Welche der folgenden Teilchen sind Ampholyte?

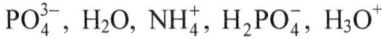

$PO_4^{3-}$, $H_2O$, $NH_4^+$, $H_2PO_4^-$, $H_3O^+$

**3.101** a) Formulieren Sie die Protolysereaktionen folgender Teilchen in wässriger Lösung: HCl, $H_2S$, $H_2O$, $NH_4^+$.

| $S_1$ | + | $B_2$ | $\rightleftharpoons$ | $B_1$ | + | $S_2$ |
|-------|---|-------|----------------------|-------|---|-------|
| - - - | - - - | - - - | - - - | - - - | - - - | - - - |

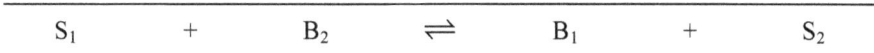

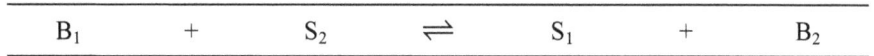

b) Welches Säure-Base-Paar tritt bei allen diesen Protolysereaktionen auf?

**3.102** a) Formulieren Sie die Protolysereaktionen folgender Teilchen in wässriger Lösung: $NH_3$, $CO_3^{2-}$, $CN^-$, $S^{2-}$

| $B_1$ | + | $S_2$ | $\rightleftharpoons$ | $S_1$ | + | $B_2$ |
|-------|---|-------|----------------------|-------|---|-------|
| - - - | - - - | - - - | - - - | - - - | - - - | - - - |

b) Welches Säure-Base-Paar tritt bei allen diesen Reaktionen auf?

**3.103** In welchen Punkten ist die Brønsted'sche Säure-Base-Definition umfassender als die Definition von Arrhenius?

### Stärke von Säuren und Basen · pK$_S$-Wert · saure/basische Salze

**3.104** Formulieren Sie die Reaktionsgleichung und das MWG für die Protolysereaktion von HF. Wie erhält man daraus die Säurekonstante?

**3.105** Die Säurekonstante von HF beträgt $7 \cdot 10^{-4}$ mol/l.
Wie groß ist der pK$_S$-Wert?

**3.106** Welche Beziehung besteht zwischen der Stärke einer Säure und der Säurekonstante und dem pK$_S$-Wert?

**3.107** Formulieren Sie die Reaktionsgleichung und das MWG für die Reaktion von $CN^-$ mit $H_2O$. Wie nennt man die Massenwirkungskonstante?

**3.108** Formulieren Sie das MWG für die Protolysereaktion von $NH_3$ mit $H_2O$.

**3.109** Was versteht man unter dem Ionenprodukt des Wassers?

**3.110** Für die Protolysereaktion

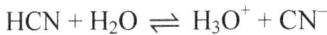

$$HCN + H_2O \rightleftharpoons H_3O^+ + CN^-$$

beträgt der $pK_S$-Wert 9,2. Wie groß ist der $pK_B$-Wert für die konjugierte Base $CN^-$? Leiten Sie die Beziehung zwischen $pK_S$ und $pK_B$ ab. Bilden Sie dazu das Produkt $K_S \cdot K_B$.

**3.111** Setzen Sie in die leeren Kästchen des Diagramms Pfeile ein, so dass erkennbar wird, in welcher Richtung Säurestärke, Basenstärke, $pK_S$ und $pK_B$ zunehmen.

| Säure stärke | Säure | Base | Basen-stärke | $pK_S$ | $pK_B$ |
|---|---|---|---|---|---|
| | HCl | $Cl^-$ | | | |
| | $H_3O^+$ | $H_2O$ | | | |
| | $CH_3COOH$ | $CH_3COO^-$ | | | |
| | $NH_4^+$ | $NH_3$ | | | |
| | $HCO_3^-$ | $CO_3^{2-}$ | | | |
| | $H_2O$ | $OH^-$ | | | |

**3.112** Auf welcher Seite liegt das Gleichgewicht bei den folgenden Reaktionen?

a) $NH_3 + H_2O \rightleftharpoons NH_4^+ + OH^-$

b) $CO_3^{2-} + H_2O \rightleftharpoons HCO_3^- + OH^-$

c) $NH_4^+ + PO_4^{3-} \rightleftharpoons NH_3 + HPO_4^{2-}$

d) $NH_3 + H_3O^+ \rightleftharpoons NH_4^+ + H_2O$

e) $NH_4^+ + CH_3COO^- \rightleftharpoons NH_3 + CH_3COOH$

f) $HCl + H_2O \rightleftharpoons Cl^- + H_3O^+$

**3.113** a) Worauf beruht der Säurecharakter von hydratisierten Metallionen, z. B. $[Al(H_2O)_6]^{3+}$?

b) Wie hängt die Säurestärke von hydratisierten Metallkationen mit der Ladung und dem Ionenradius zusammen?

**3.114** Reagieren die Salze $K_2CO_3$, $KNO_3$, $Na_2S$, $Al_2(SO_4)_3$ in wässriger Lösung neutral, sauer oder basisch? Geben Sie jeweils die Reaktion an, durch die eine saure oder basische Lösung zustande kommt. Benutzen Sie dazu die Tabelle 7 im Anhang.

**3.115** Reagieren wässrige Lösungen der Salze $BaCl_2$, $FeCl_3$, $Na_3PO_4$, NaCN, $NaClO_4$, $(NH_4)_2SO_4$ neutral, sauer oder basisch?

| sauer | neutral | basisch |
|---|---|---|
| | | |

## pH-Werte

**3.116** a) Welchen pH-Wert hat Wasser bei 25 °C?

b) Skizzieren Sie qualitativ die Abhängigkeit zwischen pH-Wert und Protonenkonzentration.

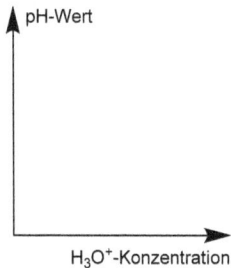

c) Welchen pH-Wert hat eine NaOH-Lösung der Konzentration $10^{-2}$ mol/l, unter der Annahme, dass NaOH in Wasser zu 100% dissoziiert ist?

d) Wie viel höher ist die Protonenkonzentration bei pH = 5 gegenüber pH = 7?

e) Haben Sie ein Gefühl für die pH-Werte von Lösungen? Was für einen pH-Wert schätzen Sie für Orangensaft (100%), Milch, Mineralwasser mit Kohlensäure, Bier, Wein, Seifenlösung, Zitronensaft-Konzentrat, Blut, Lösung aus Geschirrspül-Tab, Cola, Kaffee, Magensaft/~säure?

**3.117** Eine $HNO_3$-Lösung hat den pH-Wert 3. Wie groß ist die $HNO_3$-Konzentration? $HNO_3$ ist vollständig protolysiert.

**3.118** a) Welchen pH-Wert hat eine $H_2SO_4$-Lösung der Konzentration $10^{-9}$ mol/l?

b) Durch Verdünnen wollen Sie aus einer Schwefelsäurelösung mit pH = 1 eine Lösung mit pH = 4 herstellen. Wie viel-fach müssen Sie verdünnen?

**3.119** a) Es werden zusammen 596 mg NaOH und 182 mg HCl so in Wasser gegeben, dass 1 Liter der Lösung entsteht. Welchen pH-Wert hat diese Lösung?

Formelmassen: NaOH 40,00 g/mol, HCl 36,46 g/mol.

b) 12,01 g Essigsäure werden mit 4,00 g Natronlauge versetzt. Welchen pH-Wert hat die Lösung? Formelmasse: Essigsäure 60,05 g/mol.

**3.120**  Wie groß ist der pH-Wert einer HF-Lösung der Konzentration $10^{-1}$ mol/l ($pK_S$ = 3,2)?

Diese HF-Lösung ist nicht vollständig protolysiert, daher müssen Sie zur Berechnung des pH-Wertes das MWG benutzen. Für die Konzentration der nicht protolysierten HF-Moleküle [HF] können Sie näherungsweise die Gesamtkonzentration des gelösten HF einsetzen, also [HF] = $c_{Säure}$.

**3.121**  Berechnen Sie für Essigsäure der Konzentrationen $10^{-1}$ mol/l und $10^{-3}$ mol/l

a) den pH-Wert,

b) den Protolysegrad α.

Rechnen Sie mit dem abgerundeten Wert $pK_S$ = 5.

**3.122**  Berechnen Sie den pH-Wert einer KCN-Lösung der Konzentration $10^{-2}$ mol/l. Für HCN ist $pK_S$ = 9,2.

**3.123**  a) Berechnen Sie den pH-Wert einer HCOOH-Lösung der Konzentration 0,7 mol/l (Ameisensäure, $pK_S$ = 3,75).

b) Berechnen Sie den pH-Wert einer $Na_2SO_3$-Lösung der Konzentration $10^{-3}$ mol/l. Für $HSO_3^-$ ist $pK_S$ = 7,2.

**3.124**  Berechnen Sie den pH-Wert einer HF-Lösung der Konzentration $10^{-6}$ mol/l mit der Näherungsformel $pH = \frac{1}{2}(pK_S - \lg c_{Säure})$ ; $pK_S$ = 3,2. Wieso ist das Ergebnis falsch?

**3.125**  Wie groß ist der pH-Wert einer $Na_3PO_4$-Lösung der Konzentration $10^{-4}$ mol/l? Für $HPO_4^{2-}$ ist $pK_S$ = 12,3.

## Pufferlösungen · Indikatoren

**3.126**  In welche Richtung verschiebt sich der pH-Wert einer Essigsäurelösung, wenn man in dieser Lösung $CH_3COONa$ auflöst?

**3.127**  In welche Richtung verschiebt sich der pH-Wert einer $NH_3$-Lösung, wenn man in dieser Lösung $NH_4Cl$ auflöst?

**3.128**  Welchen pH-Wert besitzt eine Lösung, in der die Konzentrationen von HAc und von $Ac^-$ gleich sind? (HAc = $CH_3COOH$, $Ac^-$ = $CH_3COO^-$, $pK_S$ = 4,75)

**3.129**  a) Welche Funktion hat eine Pufferlösung?

b) Woraus bestehen Pufferlösungen?

c) Wann zeigt ein Puffer die beste Pufferwirkung?

d) Was führt zu einer besseren Pufferkapazität?

**3.130** a) Woraus besteht ein Acetatpuffer?

b) Welche Reaktionen laufen ab, wenn man einem Acetatpuffer $H_3O^+$-Ionen oder $OH^-$-Ionen zusetzt?

**3.131** a) Welcher pH-Wert stellt sich ein, wenn das Verhältnis $[Ac^-]/[HAc]$ in einer Lösung 1:100, 1:10, 1:1, 10:1 und 100:1 ist?

Rechnen Sie mit dem aufgerundeten Wert $pK_S = 5$ (statt 4,75).

b) Tragen Sie die erhaltenen pH-Werte gegen den Stoffmengenanteil von Acetat in % auf.

$$\text{Stoffmengenanteil Acetat in \%} = \frac{[Ac^-]}{[Ac^-] + [HAc]} \cdot 100\%$$

| $\dfrac{[Ac^-]}{[HAc]}$ | pH | $\dfrac{[Ac^-]}{[Ac^-] + [HAc]} \cdot 100\%$ |
|---|---|---|
|  |  |  |

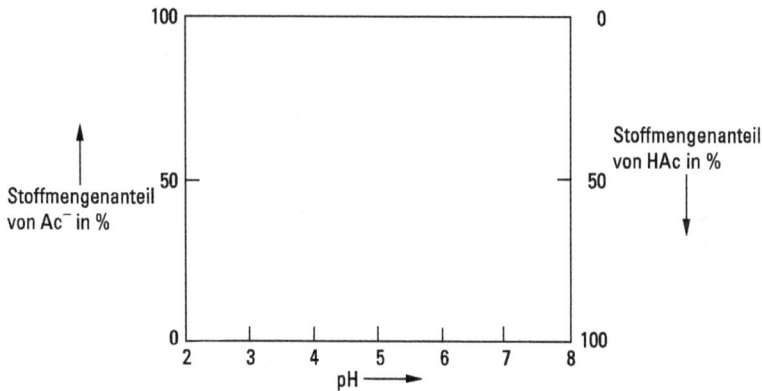

c) Bei welchem pH-Wert hat ein Acetatpuffer die beste Pufferwirkung?

d) Welcher Punkt der in b) erhaltenen Kurve gilt für eine Essigsäure der Konzentration 0,1 mol/l?

**3.132** a) Sie benötigen eine Pufferlösung beim pH-Wert 9. Welches der beiden Puffergemische verwenden Sie?

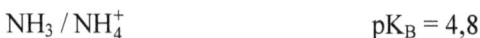

| $HCO_3^- / CO_3^{2-}$ | $pK_S = 10,3$ |
|---|---|
| $NH_3 / NH_4^+$ | $pK_B = 4,8$ |

b) Welches System ist der beste Puffer im physiologischen Bereich?

$HCO_3^-/CO_3^{2-}$ $pK_S = 10,4$      $NH_4^+/NH_3$ $pK_S = 9,25$

$H_2PO_4^-/HPO_4^{2-}$ $pK_S = 7,12$      $CH_3COOH/CH_3COO^-$ $pK_S = 4,75$

$CO_2\text{-}H_2O/HCO_3^-$ $pK_S = 6,4$

**3.133** In welchem Verhältnis müssen Sie Natriumacetat und Essigsäure mischen, um eine Pufferlösung mit pH = 5,35 zu erhalten? ($pK_S = 4,75$)

**3.134** Zu 1 $l$ einer CH$_3$COOH-Lösung der Konzentration 0,1 mol/l, die außerdem 0,1 mol CH$_3$COONa enthält, gibt man 1 ml HCl-Lösung der Konzentration 1 mol/l. Wie groß ist die Änderung des pH-Wertes? Die Volumenänderung kann vernachlässigt werden.

**3.135** Zu 1 $l$ der folgenden Lösungen werden je 1 ml HCl-Lösung mit der Konzentration 1 mol/l zugesetzt.

a) HCl-Lösung der Konzentration $10^{-5}$ mol/l

b) NaOH-Lösung der Konzentration $10^{-5}$ mol/l

c) CH$_3$COOH-Lösung der Konzentration $10^{-2}$ mol/l, die außerdem $10^{-2}$ mol/l CH$_3$COONa enthält.

Wie groß ist jeweils die Änderung des pH-Wertes?

| Lösung | pH-Wert vor dem Zusatz | pH-Wert nach dem Zusatz |
|---|---|---|
| a), b), c), d) | | |

Tragen Sie in eine letzte Zeile d) das Ergebnis der Aufg. 3.134 ein.

**3.136** Säure-Base-Indikatoren sind Säure-Base-Paare, bei denen die Indikatorsäure eine andere Farbe hat, als die Indikatorbase. Wieso können diese Indikatoren zur pH-Anzeige verwendet werden?

**3.137** a) Was versteht man unter dem Umschlagbereich eines Säure-Base-Indikators?

b) Warum hat der Umschlagbereich die ungefähre Größe von zwei pH-Einheiten?

**3.138** Ein Säure-Base-Indikator verhält sich in seinem Umschlagbereich wie ein Puffergemisch. Warum stört diese Pufferwirkung nicht bei der Messung von pH-Werten?

**3.139** Gegeben seien 30,0 ml einer HCl-Lösung unbekannter Konzentration, welche mit einer Maßlösung von 0,10 mol/l NaOH titriert wird. Bei der Titration wurden 5,5 ml der Maßlösung verbraucht. Wie viel Millimol HCl wurden titriert? Was ist die Konzentration der HCl-Lösung?

## Löslichkeitsprodukt · Aktivität

**3.140** Formulieren Sie das Löslichkeitsprodukt für die Lösungsgleichgewichte.

a) $BaSO_4 \rightleftharpoons Ba^{2+} + SO_4^{2-}$

b) $CaF_2 \rightleftharpoons Ca^{2+} + 2\,F^-$

**3.141** Gegeben ist das Löslichkeitsprodukt von $CaSO_4$: $K_{L(CaSO_4)} = 2 \cdot 10^{-5}\ mol^2/l^2$. Ist eine Lösung, die $10^{-2}\ mol/l\ Ca^{2+}$ und $10^{-4}\ mol/l\ SO_4^{2-}$ enthält, ungesättigt oder übersättigt?

| Gesättigte Lösung | Ionenprodukt = $K_L$ |
|---|---|
| Ungesättigte Lösung | Ionenprodukt < $K_L$ |
| Übersättigte Lösung | Ionenprodukt > $K_L$ |

**3.142** Kann man eine $CaF_2$-Lösung der Konzentration $10^{-4}\ mol/l$ herstellen?
$K_{L(CaF_2)} = 2 \cdot 10^{-10}\ mol^3/l^3$

**3.143** Die Löslichkeit von $BaF_2$ beträgt 0,009 mol/l. Wie groß ist das Löslichkeitsprodukt von $BaF_2$?

**3.144** Wie viel Mol AgCl lösen sich in 100 ml einer NaCl-Lösung der Konzentration $10^{-3}\ mol/l$?
$K_{L(AgCl)} = 10^{-10}\ mol^2/l^2$

**3.145** Wie groß ist die Konzentration an $Ag^+$ in einer gesättigten Lösung von
a) AgCl ($K_{L(AgCl)} = 10^{-10}\ mol^2/l^2$),
b) $Ag_2CrO_4$ ($K_{L(Ag_2CrO_4)} = 4 \cdot 10^{-12}\ mol^3/l^3$) ?
c) Welches der beiden Salze ist besser löslich?

**3.146** Eine wässrige Lösung enthält $Ca^{2+}$, $Ba^{2+}$ und $SO_4^{2-}$ in folgenden Konzentrationen gelöst:

$$[Ca^{2+}] = 2 \cdot 10^{-2}\ mol/l \qquad [Ba^{2+}] = 10^{-8}\ mol/l \qquad [SO_4^{2-}] = 10^{-3}\ mol/l$$
$$K_{L(CaSO_4)} = 2 \cdot 10^{-5}\ mol^2/l^2 \qquad K_{L(BaSO_4)} = 10^{-9}\ mol^2/l^2$$

Welches Salz fällt beim Verdunsten des Wassers zuerst aus?

**3.147** Die Löslichkeitsprodukte von AgCl und $Ag_2CrO_4$ betragen:
$$K_{L(AgCl)} = 10^{-10}\ mol^2/l^2 \qquad K_{L(Ag_2CrO_4)} = 4 \cdot 10^{-12}\ mol^3/l^3$$

Zu einer wässrigen Lösung, die $Cl^-$- und $CrO_4^{2-}$-Ionen enthält, wird tropfenweise eine $Ag^+$-Ionen enthaltende Lösung gegeben.
Welche Aussage ist richtig?
a) Es fällt zuerst $Ag_2CrO_4$ aus.
b) Es fällt zuerst AgCl aus.

c) Mit den gegebenen Werten lässt sich nicht voraussagen, welche Verbindung zuerst ausfällt.

**3.148**  Die Löslichkeitsprodukte von ZnS und HgS betragen:
$K_{L(ZnS)} = 10^{-22}$ mol$^2$/l$^2$, $K_{L(HgS)} = 10^{-54}$ mol$^2$/l$^2$. Zu einer Lösung, die Zn$^{2+}$- und Hg$^{2+}$-Ionen enthält, werden S$^{2-}$-Ionen gegeben. Was ist in diesem Fall richtig?

a) Es fällt zuerst ZnS aus.

b) Es fällt zuerst HgS aus.

c) Für eine Voraussage muss man die Ionenkonzentrationen kennen.

**3.149**  Die beiden Gleichgewichte

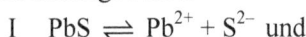

$$I \quad PbS \rightleftharpoons Pb^{2+} + S^{2-} \text{ und}$$

$$II \quad S^{2-} + H_3O^+ \rightleftharpoons H_2O + HS^-$$

sind gekoppelte Gleichgewichte. Wie ändert sich die Pb$^{2+}$-Konzentration bei Erhöhung der H$_3$O$^+$-Konzentration?

**3.150**  Beim Einleiten von H$_2$S in eine neutrale Zn$^{2+}$-Lösung fällt ZnS aus. In stark saurer Lösung bleibt die Fällung aus. Geben Sie dafür eine Erklärung. Formulieren Sie dazu die Reaktionsgleichungen.

**3.151**  a) Bei konzentrierten Lösungen dürfen im MWG nicht Konzentrationen eingesetzt werden. Warum?

b) Welche Korrektur führt man ein?

**3.152**  KNO$_3$ ist im Gegensatz zu PbCl$_2$ in H$_2$O leicht löslich. Einer gesättigten wässrigen Lösung von PbCl$_2$, die außerdem etwas festes PbCl$_2$ als Bodenkörper enthält, wird viel KNO$_3$ zugesetzt. Der PbCl$_2$-Bodenkörper löst sich auf. Geben Sie dafür eine Erklärung.

# Redoxvorgänge

## Oxidation · Reduktion · Redoxgleichungen

**3.153**  Welche der folgenden Reaktionen (in Pfeilrichtung) sind Oxidationsvorgänge, welche Reduktionsvorgänge?

a)  $Fe \rightarrow Fe^{2+} + 2 e^-$

b)  $O_2 + 4 e^- \rightarrow 2 O^{2-}$

c)  $Fe^{3+} + e^- \rightarrow Fe^{2+}$

d)  $Na \rightarrow Na^+ + e^-$

e)  $Fe^{2+} \rightarrow Fe^{3+} + e^-$

Wie viele Redoxpaare treten bei den Reaktionen a) bis e) auf?

**3.154** Geben Sie für die folgenden Redoxpaare jeweils die oxidierte Form und die reduzierte Form an.

$$Cu \rightleftharpoons Cu^+ + e^-$$

$$Cu^{2+} + e^- \rightleftharpoons Cu^+$$

$$2\,Cl^- \rightleftharpoons Cl_2 + 2\,e^-$$

$$Al^{3+} + 3\,e^- \rightleftharpoons Al$$

$$Cu^{2+} + 2\,e^- \rightleftharpoons Cu$$

| Oxidierte Form | Reduzierte Form |
|---|---|
| | |

**3.155** Vervollständigen Sie folgende Redoxpaare. Verfahren Sie dabei nach dem Schema:
1. Ermittlung der Oxidationszahlen, 2. Differenz der Oxidationszahlen, 3. Prüfung
(und Ausgleich) der Ladungsbilanz, 4. Prüfung (und Ausgleich) der Stoffbilanz.

a)  $HNO_3/NO$              in saurer Lösung

b)  $CrO_4^{2-}/Cr(OH)_3$       in alkalischer Lösung

c)  $MnO_4^-/Mn^{2+}$         in saurer Lösung

**3.156** Vervollständigen Sie die Redoxpaare:

a)  $Cr_2O_7^{2-}/Cr^{3+}$        in saurer Lösung

Beachten Sie, dass die reduzierte Form ein Cr-Atom, die oxidierte Form zwei Cr-
Atome enthält.

b)  $O_2/OH^-$              in alkalischer Lösung

c)  $CrO_4^{2-}/Cr_2O_3$         in einer Carbonatschmelze

**3.157** Gegeben ist die Reaktionsreaktion

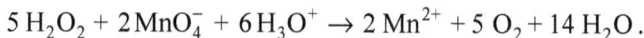

$$5\,H_2O_2 + 2\,MnO_4^- + 6\,H_3O^+ \rightarrow 2\,Mn^{2+} + 5\,O_2 + 14\,H_2O.$$

Ordnen Sie zu ... ist das Oxidationsmittel, ... ist das Reduktionsmittel, ... wird oxidiert zu ..., ... wird reduziert zu ... .

**3.158** Vervollständigen Sie folgende Redoxpaare:

a)  $MnO_4^{2-}/Mn^{2+}$        in einer Carbonatschmelze

b)  $PbO_2/Pb^{2+}$            in saurer Lösung

c)  $O_2/H_2O_2$              in alkalischer Lösung

d)  $H_3O^+/H_2$              in saurer Lösung

**3.159** Warum können eine Oxidation bzw. eine Reduktion nicht isoliert ablaufen?

**3.160**  Was versteht man unter einer Redoxreaktion?

**3.161**  Üben Sie das Aufstellen von Redoxgleichungen an den folgenden Beispielen:

a)  $Ag + NO_3^- \rightarrow Ag^+ + NO$                  saure Lösung

b)  $MnO_4^- + Fe^{2+} \rightarrow Mn^{2+} + Fe^{3+}$               saure Lösung

c)  $MnO_4^- + H_2O_2 \rightarrow MnO_2 + O_2$              alkalische Lösung

d)  $Cr_2O_3 + NO_3^- \rightarrow CrO_4^{2-} + NO_2^-$           Carbonatschmelze

**3.162**  Vervollständigen Sie die folgenden Gleichungen:

a)  $Fe^{2+} + NO_3^- \rightarrow Fe^{3+} + NO$               saure Lösung

b)  $Cr_2O_7^{2-} + SO_2 \rightarrow Cr^{3+} + SO_4^{2-}$            saure Lösung

c)  $Mn^{2+} + H_2O_2 \rightarrow MnO_2 + H_2O$             alkalische Lösung

d)  $Mn_2O_3 + NO_3^- \rightarrow MnO_4^{2-} + NO_2^-$          Carbonatschmelze

## Spannungsreihe · Nernst'sche Gleichung

**3.163**  Ordnen Sie die Redoxpaare a) bis h) in das darunter gegebene Schema ein.

|    | Ox | + ne$^-$ | ⇌ Red | Standardpotential E° (V) |
|----|------|----------|----------|--------------------------|
| a) | $Fe^{3+}$ | + e$^-$ | ⇌ $Fe^{2+}$ | 0,77 |
| b) | $Ag^+$ | + e$^-$ | ⇌ Ag | 0,80 |
| c) | $Na^+$ | + e$^-$ | ⇌ Na | – 2,71 |
| d) | $Zn^{2+}$ | + 2 e$^-$ | ⇌ Zn | – 0,76 |
| e) | $Cl_2$ | + 2 e$^-$ | ⇌ 2 Cl$^-$ | +1,36 |
| f) | $2 H_3O^+$ | + 2 e$^-$ | ⇌ $2 H_2O + H_2$ | 0 |
| g) | $NO_3^- + 4 H_3O^+$ | + 3 e$^-$ | ⇌ $6 H_2O + NO$ | +0,96 |
| h) | $MnO_4^- + 8 H_3O^+$ | + 5 e$^-$ | ⇌ $12 H_2O + Mn^{2+}$ | +1,51 |

| | Oxidierte Form | Reduzierte Form | E° (V) | wachsendes Reduktionsvermögen der reduzierten Form |
|---|---|---|---|---|
| | | | | |
| | | | | |
| | | | | |
| | | | | |

wachsendes Oxidationsvermögen der oxidierten Form

**3.164** Welche Teilchen können auf Grund der Spannungsreihe in wässriger Lösung miteinander reagieren?

a)  $Zn + Ag^+$

b)  $Ag^+ + Fe^{3+}$

c)  $Cl_2 + Fe^{2+}$

d)  $Na + H_3O^+$

e)  $Ag + Zn^{2+}$

f)  $H_2 + Cl^-$

g)  $Fe^{3+} + Zn^{2+}$

h)  $Cu + Fe^{3+}$

i)  $Na^+ + Fe^{2+}$

**3.165** a) Welche Metalle lösen sich in Säuren unter Wasserstoffentwicklung?

b) Warum kann das unedle Metall Aluminium ein Gebrauchsmetall sein?

c) Was bedeuten chemisch die Begriffe „edles" und „unedles Metall"?

**3.166** Welche Reaktionen können zwischen den drei folgenden Redoxpaaren ablaufen? Formulieren Sie die Redoxreaktionen.

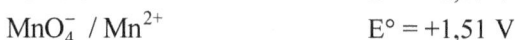

$Sn^{4+}/Sn^{2+}$                      $E° = +0,15$ V

$Fe^{3+}/Fe^{2+}$                     $E° = +0,77$ V

$MnO_4^- / Mn^{2+}$                $E° = +1,51$ V

**3.167** Zu einer Lösung, die viel $Fe^{2+}$ und $Sn^{2+}$ enthält, wird ein Tropfen KMnO₄-Lösung zugesetzt. Welche Reaktion läuft ab?

| Redoxpaar | E° (V) |
|---|---|
| $Sn^{4+}/Sn^{2+}$ | $+0,15$ |
| $Fe^{3+}/Fe^{2+}$ | $+0,77$ |
| $MnO_4^- / Mn^{2+}$ | $+1,51$ |

**3.168** Welche drei der fünf Ionen $Fe^{2+}$, $Sn^{2+}$, $Fe^{3+}$, $Sn^{4+}$, $MnO_4^-$ können nebeneinander vorliegen, ohne dass eine Reaktion abläuft? Es gibt mehrere Kombinationen.

**3.169** Die Nernst'sche Gleichung lautet

$$E = E° + \frac{RT}{zF} \ln \frac{[Ox]}{[Red]}$$

Sie wird meist in der Form

$$E = E° + \frac{0,059 \text{ V}}{z} \lg \frac{[Ox]}{[Red]}$$

benutzt. Wie kommt der Faktor 0,059 zustande? Berechnen Sie diesen Faktor mit den im Anhang gegebenen Zahlenwerten der Konstanten.

**3.170**  Formulieren Sie für die Redoxpaare a) bis h) der Aufg. 3.163 die Nernst'sche Gleichung. Die Standardpotentiale gelten für 25 °C.

**3.171**  Wie groß ist das Potential des Redoxpaars $Zn^{2+}/Zn$, wenn die Konzentration

a)   $[Zn^{2+}] = 1$ mol/l,

b)   $[Zn^{2+}] = 10^{-2}$ mol/l

ist?

**3.172**  Welche der in Aufg. 3.163 formulierten Redoxpaare besitzen ein pH-abhängiges Potential?

**3.173**  Berechnen Sie das Redoxpotential des Redoxpaars $MnO_4^-$ / $Mn^{2+}$ für verschiedene pH-Werte. $E° = 1{,}51$ V; $T = 298$ K; $[Mn^{2+}] = 0{,}1$ mol/l; $[MnO_4^-] = 0{,}1$ mol/l.

a) pH = 7

b) pH = 5

c) pH = 0

**3.174**  In welche Richtung läuft die Reaktion

$$MnO_4^- + 5\ Cl^- + 8\ H_3O^+ \rightleftharpoons Mn^{2+} + \tfrac{5}{2} Cl_2 + 12\ H_2O$$

a) bei pH = 0,

b) bei pH = 5 ab?

Das Standardpotential $Cl_2/Cl^-$ beträgt $+1{,}36$ V; $[Mn^{2+}] = 0{,}1$ mol/l; $[MnO_4^-] = 0{,}1$ mol/l; $[Cl^-] = 0{,}1$ mol/l; $p_{Cl_2} = 1$ bar.

Benutzen Sie die Ergebnisse der vorhergehenden Aufgabe.

**3.175**  In einer Spannungsreihe findet man für die Sauerstoff-Reduktion oder Wasser-Oxidation $O_2 + 4\ H_3O^+ + 4\ e^- \rightleftharpoons 6\ H_2O$ das Normalpotential $E° = 1{,}23$ V tabelliert. Bei der biologischen Sauerstoff-Reduktion oder Wasser-Oxidation wird mit einem Potential $E = 0.82$ V gerechnet. Wieso?

## Galvanische Elemente

**3.176**  Welche Aussage ist richtig?

a) Ein galvanisches Element ist eine Vorrichtung, mit deren Hilfe man bestimmte chemische Reaktionen unter Gewinnung elektrischer Arbeit ablaufen lassen kann.

b) Eine Kombination von 2 Redoxpaaren ist ein galvanisches Element.

**3.177**  Beantworten Sie für das in der Abbildung dargestellte galvanische Element (Daniell-Element) folgende Fragen:

a) Welche Kationen müssen sich in den Reaktionsräumen I und II befinden?

b) Formulieren Sie die Nernst'sche Gleichung für die beiden Redoxpaare.

c) Welche Reaktionen laufen in den Reaktionsräumen I und II ab, und wie lautet die Gesamtreaktion?

d) Welches ist der positive Pol, in welche Richtung fließen die Elektronen?

e) Welche Funktion hat die Salzbrücke? Überlegen Sie, wie sich in den Reaktionsräumen I und II die Konzentrationen der Kationen ändern.

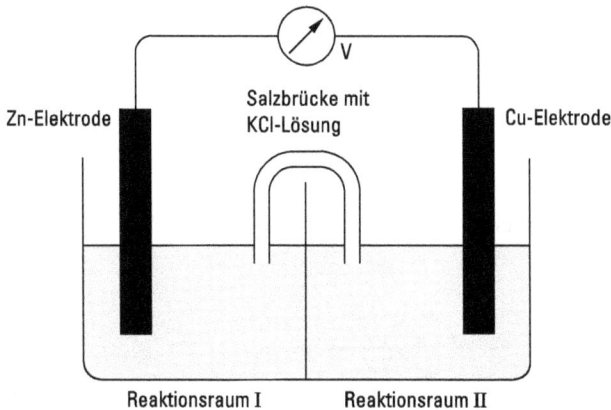

**3.178**  Was versteht man unter der elektromotorischen Kraft (EMK) eines galvanischen Elements?

a) Die Differenz der Potentiale der beiden Redoxpaare.

b) Das Bestreben der Metalle, positive Metallionen an die Lösung abzugeben.

c) Die im galvanischen Element gespeicherte elektrische Energie.

d) Die Spannung eines galvanischen Elements, die bei der Stromstärke null gemessen wird.

**3.179**  Wie groß ist die EMK des in Aufg. 3.177 dargestellten galvanischen Elements bei 25 °C, wenn die Konzentrationen $[Zn^{2+}] = 0,1$ mol/l und $[Cu^{2+}] = 0,1$ mol/l betragen?

**3.180**  Ein Daniell-Element mit den Konzentrationen $[Cu^{2+}] = 0,1$ mol/l und $[Zn^{2+}] = 0,1$ mol/l hat eine EMK von 1,10 V. Während des Betriebs wächst die $Zn^{2+}$-Konzentration. Berechnen Sie die EMK des Elements für

a)  $[Zn^{2+}] = 0,19$ mol/l,

b)  $[Zn^{2+}] = 0,1999$ mol/l.

**3.181**  Bei welchem Konzentrationsverhältnis $\dfrac{[Zn^{2+}]}{[Cu^{2+}]}$ ist die EMK des Daniell-Elements null?

**3.182**  Was passiert beim Rosten eines Metalls?

**3.183**  a) Skizzieren Sie schematisch eine Wasserstoffelektrode.

b) Welche Reaktion läuft an einer Wasserstoffelektrode ab?

c) Formulieren Sie die Nernst'sche Gleichung für eine Wasserstoffelektrode bei 25 °C.

d) Wie groß ist das Potential bei pH = 7 und bei pH = 0?

( $p_{H_2}$ = 1 bar, T = 298 K)

**3.184**  Wie groß ist bei einer Standardwasserstoffelektrode

a) die Temperatur,

b) der pH-Wert der Lösung,

c) der Wasserstoffdruck,

d) das Potential?

**3.185**

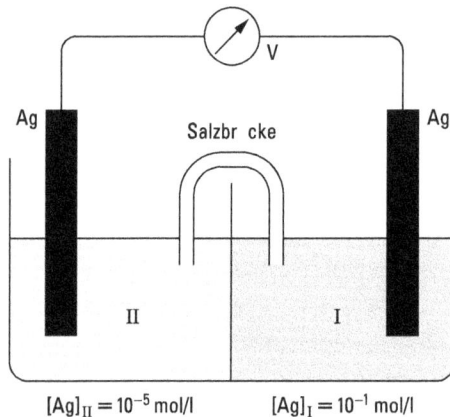

a) Berechnen Sie die EMK für die abgebildete Konzentrationskette.

b) Wie ändert sich die EMK, wenn man in die linke Zelle NaCl-Lösung gibt?

c) Formulieren Sie die Abhängigkeit der EMK von der Cl⁻-Konzentration mit Hilfe der Nernst'schen Gleichung unter Berücksichtigung des Löslichkeitsprodukts von AgCl, $K_{L(AgCl)} = 10^{-10}$ mol²/l².

**3.186**  Es gibt Primärelemente und Sekundärelemente (Akkumulatoren). Worin unterscheiden sie sich?

**3.187** Ein immer noch wichtiger Akkumulator ist der Bleiakkumulator. Er besteht aus einer Bleielektrode und einer Bleidioxidelektrode. Elektrolyt ist eine 20%ige Schwefelsäure.

Formulieren Sie die schematischen Elektrodenreaktionen (negative und positive Elektrode) und die Gesamtreaktion.

**3.188** Bei den lange benutzten Nickel-Cadmium-Akkumulatoren besteht die negative Elektrode aus Cadmium. Diese Akkus wurden durch Nickel-Metallhydrid-Akkumulatoren ersetzt. Was ist der wesentliche Vorteil?

**3.189** Was ist das Prinzip einer Brennstoffzelle?

**3.190** Formulieren Sie die Elektrodenreaktionen (negative und positive Elektrode) und die Gesamtreaktion einer mit $H_2$ betriebenen Brennstoffzelle, die eine protonenleitende Membran enthält.

## Elektrolyse · Äquivalent · Überspannung

**3.191** Die Reaktion $Cu^{2+} + Zn \rightleftharpoons Cu + Zn^{2+}$ läuft im galvanischen Element nach rechts ab. Wodurch kann man die Reaktion in umgekehrter Richtung ablaufen lassen?

a) Durch drastische Erhöhung der $Zn^{2+}$-Konzentration.

b) Durch Anlegung einer Wechselspannung.

c) Durch Anlegung einer Gleichspannung.

d) Durch Elektrolyse.

**3.192** a) Wie viel Mol Elektronen braucht man, um ein Mol Zink abzuscheiden?

b) Wie groß ist die Ladungsmenge von 1 mol Elektronen?

**3.193** a) Formulieren Sie die Ionenäquivalente für $Au^+$, $Au^{3+}$, $O^{2-}$.

b) Wie viel g der folgenden Elemente werden bei einer Elektrolyse durch 1 Faraday abgeschieden?

– Au aus einer Lösung, in der Au(I) vorliegt

– Au aus einer Lösung, in der Au(III) vorliegt

– $O_2$ aus einer $Al_2O_3$-Schmelze

Atommassen: Au 197,0 g/mol; O 16,0 g/mol

**3.194** Wie viel Gramm der folgenden Metalle werden jeweils durch ein Faraday bei der Elektrolyse der angegebenen Lösungen abgeschieden?

a) Ag aus einer $AgNO_3$-Lösung

b) Cu aus einer $CuSO_4$-Lösung

c) Cu aus einer Cu(I)-Lösung

d) Cr aus einer $K_2Cr_2O_7$-Lösung

Atommassen: Ag 107,9 g/mol; Cu 63,5 g/mol; Cr 52,0 g/mol

**3.195** Aluminium wird durch Schmelzflusselektrolyse von $Al_2O_3$ gewonnen.

a) Wie viel Amperestunden (Ah) sind zur Abscheidung von 1 kg Aluminium erforderlich? Atommasse von Al 27,0 g/mol.

b) Wie viel kostet die elektrische Energie für die Abscheidung von 1 kg Al, wenn die Spannung 7 Volt und der Preis pro Kilowattstunde (1 kWh) 0,10 EUR betragen?

**3.196** Es sollen Lösungen mit der Äquivalentkonzentration 1 mol/l hergestellt werden. Wie viel Mol der oxidierten Form der folgenden Redoxpaare muss in 1 $l$ Lösung vorhanden sein?

a) $Fe^{3+}/Fe^{2+}$

b) $MnO_4^-/Mn^{2+}$

c) $Cr_2O_7^{2-}/Cr^{3+}$

d) $I_2/I^-$

**3.197** Wie viel Mol der reduzierten Form folgender Redoxpaare müssen in 1 $l$ Lösung gelöst sein, damit die Äquivalentkonzentration 0,1 mol/l ist?

a) $Ti^{4+}/Ti^{3+}$

b) $I_2/I^-$

c) $AsO_4^{3-}/AsO_3^{3-}$

**3.198**

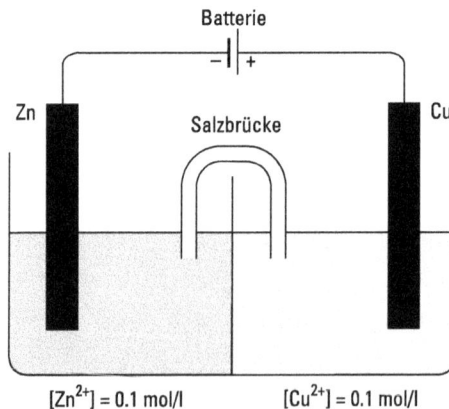

In der skizzierten Anordnung wird eine Elektrolyse durchgeführt.

a) Welche Reaktionen laufen an den Elektroden ab?

b) Geben Sie die Richtung des Elektronenflusses an.

c) Welche Gesamtreaktion läuft ab?

d) Wie groß muss die angelegte Spannung mindestens sein, damit eine Elektrolyse ablaufen kann?

**3.199** Wie muss man die Pole einer Spannungsquelle an ein galvanisches Element anlegen, um es wieder aufzuladen?

**3.200**

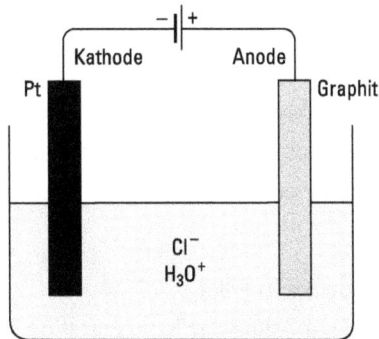

In der gegebenen Anordnung soll eine HCl-Lösung elektrolysiert werden.

a) Welche Vorgänge laufen an den Elektroden ab?

b) Welche Mindestspannung ist für die Elektrolyse einer HCl-Lösung der Konzentration 1 mol/l erforderlich?

Berechnen Sie dazu die Elektrodenpotentiale der beiden Redoxpaare mit Hilfe der Nernst'schen Gleichung.

$E^o_{Cl_2/Cl^-} = 1{,}36$ V

**3.201** Wie groß ist die erforderliche Mindestspannung, wenn man eine HCl-Lösung der Konzentration $10^{-3}$ mol/l elektrolysiert?

**3.202** Eine wässrige Lösung, die $Ag^+$- und $Cu^{2+}$-Ionen enthält, wird elektrolysiert. In welcher Reihenfolge scheiden sich die Metalle an der Kathode ab?

**3.203** Eine wässrige Lösung enthält $Br^-$- und $I^-$-Ionen. In welcher Reihenfolge werden die Ionen bei der Elektrolyse entladen?

**3.204** Eine wässrige Lösung enthält $Na^+$-Ionen. Welche Ionen werden bei der Elektrolyse an der Kathode entladen?

**3.205** Eine saure Lösung, die $Cu^{2+}$- und $Al^{3+}$-Ionen enthält, wird elektrolysiert. Welche Stoffe scheiden sich nacheinander ab?

**3.206** Was versteht man unter Überspannung?

**3.207** Zeichnen Sie in ein Stromstärke–Spannung-Diagramm die Kurven für eine Elektrolyse ohne Überspannung und für eine Elektrolyse mit Überspannung ein. Auf der Spannungsachse sind folgende Größen abzutragen: Differenz der Elektrodenpotentiale ΔE, Überspannung, Zersetzungsspannung.

**3.208** Welche Aussagen treffen für die Überspannung zu?

a) Sie ist für Wasserstoff groß an platiniertem Platin.

b) Sie ist häufig besonders groß, wenn sich an der Elektrode Gase entwickeln.

c) Sie ist für jedes Redoxpaar eine charakteristische Größe.

d) Die Größe der Überspannung hängt vom Elektrodenmaterial ab.

e) Die Überspannung ist auf eine Reaktionshemmung an den Elektroden zurückzuführen.

**3.209** Geben Sie eine Erklärung für folgende Sachverhalte:

a) Reines Zink löst sich nicht in $H_2SO_4$-Lösung der Konzentration 1 mol/l.

b) Kupfer löst sich nicht in HCl-Lösung der Konzentration 1 mol/l.

c) Aus einer stark sauren $Pb^{2+}$-Lösung scheidet sich bei der Elektrolyse an einer Pb-Kathode kein Wasserstoff, sondern Blei ab; an einer Pb-Anode scheidet sich kein Sauerstoff, sondern $PbO_2$ ab.

| Standardpotentiale: | $Zn^{2+}/Zn$ | –0,76 V |
|---|---|---|
| | $Pb^{2+}/Pb$ | –0,13 V |
| | $Cu^{2+}/Cu$ | +0,34 V |
| | $O_2/H_2O$ | +1,23 V |
| | $PbO_2/Pb^{2+}$ | +1,46 V |

# 4. Elementchemie

**4.1** Schreiben Sie aus der Tabelle die isoelektronischen und isovalenzelektronischen Beziehungen heraus.

| | | | | |
|---|---|---|---|---|
| $NO_2^-$ | $CO_3^{2-}$ | $NCO^-$ | $NO$ | $C_6H_6$ |
| $NO_2^+$ | $ClO_2^-$ | $SO_2$ | $PO_4^{3-}$ | $NO^+$ |
| $C_2H_6$ | $CO$ | $ClO_4^-$ | $NO_2$ | $ICl_2^-$ |
| $I_3^-$ | $ClO_3^-$ | $CN^-$ | $H_3BNH_3$ | $N_3^-$ |
| $N_2$ | $CO_2$ | $SO_4^{2-}$ | $B_3N_3H_6$ | $ClF_3$ |
| $N_2O$ | $O_3$ | $XeF_2$ | $ClO$ | $SiO_4^{4-}$ |

**4.2** Geben Sie die Ausgangsstoffe und Produkte an, die großtechnisch in den folgenden Verfahren eingesetzt und hergestellt werden.

a) Rochow-Synthese

b) Anthrachinon-Verfahren

c) Kontakt-Verfahren

d) Steam-Reforming-Verfahren

e) Ostwald-Verfahren

f) Solvay-Prozess

**4.3** Die Chlor-Alkali-Elektrolyse ist das großtechnische Verfahren zur Erzeugung von Chlor und Natronlauge.

a) Formulieren Sie für das Diaphragmaverfahren die Elektrodenreaktionen (Kathode und Anode) und die Gesamtreaktion.

b) Formulieren Sie die Reaktionen für das Quecksilberverfahren.

c) Welchen Vorteil hat das Membranverfahren, verglichen mit dem Diaphragmaverfahren?

d) Warum ist grundsätzlich eine Trennung von Kathoden- und Anodenraum (mit Membran-, Diaphragma- oder Quecksilberverfahren) notwendig?

https://doi.org/10.1515/9783110701067-004

**4.4**    Nach Eisen ist Aluminium das wichtigste Gebrauchsmetall. Es wird aus $Al_2O_3$ durch Schmelzflusselektrolyse hergestellt.

a) Wie erfolgt die Herstellung von reinem $Al_2O_3$ aus Bauxit, der überwiegend $AlO(OH)$ enthält, aber mit $Fe_2O_3$ verunreinigt ist? Welche chemische Eigenschaft von $Al_2O_3$ wird zur Trennung von $Fe_2O_3$ ausgenutzt? Formulieren Sie die Umsetzung von Bauxit mit NaOH.

b) $Al_2O_3$ schmilzt bei 2050 °C. Die Schmelzflusselektrolyse wird bei 950–970 °C durchgeführt. Wie erreicht man die Erniedrigung des Schmelzpunktes von $Al_2O_3$?

c) Formulieren Sie die schematischen Reaktionen der Elektrolyse. Die Anode besteht aus Graphit.

**4.5**    In welchen Molekülen oder Strukturen liegen (unter Normalbedingungen) die folgenden Teilchen vor? Skizzieren und beschreiben Sie außerdem die Struktur.

a) $P_2O_5$          b) S          c) $BH_3$          d) $H_3PO_3$

e) As          f) Te          g) P          h) BN

**4.6**    a) Als Element ist Bor einmalig. Wodurch nimmt Bor unter allen Elementen eine Sonderstellung ein?

b) Bor ähnelt mehr Silicium als seinem Homologen Aluminium. Nach welchem Prinzip ist das so?

**4.7**    Leiten Sie die Strukturtypen der folgenden (Car)Borane und (Car)Boranate her und skizzieren Sie die Heteroatom-Polyeder.

a) $B_4H_{10}$          b) $B_5H_8^-$          c) $B_5CH_9$          d) $B_8C_2H_{10}$

e) $B_9C_2H_{11}^{2-}$          f) $B_5H_9$          g) $B_6H_{12}$

**4.8**    a) Welche Verbindung ist ein metallisches Hydrid:

$NaH$, $BeH_2$, $CaH_2$, $PdH_2$, $SnH_4$, $AlH_3$ ?

b) Wie sind die übrigen Hydride aus der vorstehenden Reihe einzuordnen, die nicht metallische Hydride sind?

c) Was bedeutet die Bezeichnung ‚metallisches Hydrid‘

d) Was entscheidet über die Einordnung des Hydrids?

**4.9**    Warum wird $CN^-$ als Pseudohalogenid bezeichnet? Nennen Sie zwei andere Pseudohalogenide.

**4.10**    Nennen Sie fünf binäre (nur aus zwei Elementen aufgebaute) Oxide, die Gläser bilden.

**4.11**    Beschreiben Sie an einer chemischen und einer physikalischen Eigenschaft, wie sich das Verhalten der Oxide der Elemente ändert, wenn man die dritte Periode von links nach rechts durchläuft.

**4.12**    Ordnen Sie die Verbindungen den Begriffen zu (Mehrfach- und Nicht-Zuordnungen möglich).

Verbindungen:

| | | |
|---|---|---|
| Chlordioxid | $SO_2$ | $H_2O_2$ |
| Silicone | Nitrate | Argon |
| $Ca_3(PO_4)_2$ | $H_2O$ | $O_2$ |
| Siliciumcarbid | $NaNO_2$ | $H_2$ |
| Arsenik | Hydrogenphosphate | Phosphazene |
| Stickstoffdioxid | $H_3BO_3$ | CO |
| Natriumsulfit | Distickstoffoxid | $N_2$ |
| Hypochlorite | Arsenpentafluorid | kubisches Bornitrid |
| $CO_2$ | $S_3^-$ | Ozon |

Begriffe:

| | | |
|---|---|---|
| Hartstoff | Radikal | Lewis-Säure |
| technisches Oxidationsmittel | | technisches Reduktions-mittel |
| Inertgas | giftiges Gas | Konservierungsmittel |
| Düngemittel | Treibhausgas | Desinfektionsmittel |

**4.13**    Stickstoff bildet stabile Verbindungen im Bereich von 10 Oxidationsstufen. Geben Sie jeweils ein charakteristisches Beispiel mit Strukturformel an.

**4.14**    Formulieren Sie die Reaktion der Borsäure mit Wasser, die für die saure Reaktion der Lösung verantwortlich ist.

**4.15**    Nennen Sie vier binäre (nur aus zwei Elementen aufgebaute) Carbide, die Hartstoffe bilden. Was für chemische Bindungstypen liegen in diesen Carbiden vor?

**4.16**    $CO_2$ sublimiert bei $-78$ °C. $SiO_2$ schmilzt bei 1705 °C und siedet bei 2477 °C.

Warum besteht zwischen den Schmelz- oder Siedepunkten von $CO_2$ und $SiO_2$ ein großer Unterschied?

**4.17**    Geben Sie vier Verbindungen an, die zu Kohlenstoff in der Diamantmodifikation iso- oder isovalenzelektronisch sind.

Welche ähnlichen Eigenschaften Ihrer vier Beispiele sind wegen der iso- oder isovalenzelektronischen Beziehungen plausibel?

**4.18**  Ergänzen Sie die folgenden Gleichungen (stöchiometrisch richtig) und geben Sie ein Stichwort zu ihrer technischen Bedeutung.

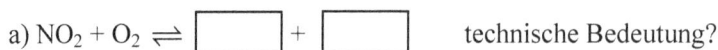

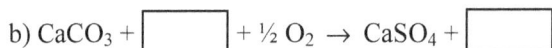

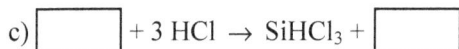

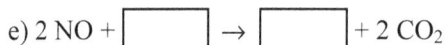

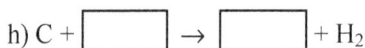

a) $NO_2 + O_2 \rightleftharpoons$ ⬚ + ⬚          technische Bedeutung?

b) $CaCO_3 +$ ⬚ $+ \frac{1}{2} O_2 \rightarrow CaSO_4 +$ ⬚

c) ⬚ $+ 3\,HCl \rightarrow SiHCl_3 +$ ⬚

d) $2\,H_2S +$ ⬚ $\rightarrow 3\,S +$ ⬚

e) $2\,NO +$ ⬚ $\rightarrow$ ⬚ $+ 2\,CO_2$

f) ⬚ $+$ ⬚ $\rightarrow 3\,HBr + H_3PO_3$

g) ⬚ $+ 5\,C \rightarrow 3\,CaO +$ ⬚ $+ 2\,P$

h) $C +$ ⬚ $\rightarrow$ ⬚ $+ H_2$

**4.19**  Welche spektroskopische Methode können Sie für die Untersuchung von Nichtmetallverbindungen mit Fluor, Phosphor oder Silicium sehr gut nutzen?

**4.20**  a) Nennen Sie drei Element-Sauerstoff-Säuren, die eine Neigung zu Kondensationsreaktionen haben.

b) Wieviel basig sind die folgenden Säuren: $H_3PO_2$ (Phosphinsäure), $H_3PO_3$ (Phosphonsäure), $H_6TeO_6$ (Tellursäure), $H_3BO_3$ (Borsäure), $H_5IO_6$ (Orthoperiodsäure)?

**4.21**  Poly(organophosphazene) und Poly(organosiloxane) („Silicone") haben ähnlich geringe Temperaturkoeffizienten der mechanischen Polymereigenschaften, die auf niedrige Rotationsbarrieren und hohe konformative Beweglichkeit der Polymer-Rückgratbindungen zurückzuführen sind. Skizzieren Sie die Wiederholungseinheiten der beiden Polymere mit anorganischen Ketten. Mit welchem Konzept können Sie die erwähnte Ähnlichkeit plausibel machen?

**4.22**  Welche Atome oder Atomgruppen müssen und können am Phosphoratom in Phosphorsäuren gebunden sein?

**4.23** Skizzieren Sie mit einem Pfeil die Richtung der Zunahme der Eigenschaft in jeder Spalte (Pfeilrichtung = Zunahme).

| E | Metallcharakter | $H_2E$-Stabilität | Stabilität von E=O-Doppelbindungen | Stabilität von polymeren Element-Modifikationen | Stabilität der Oxidationsstufe +6 | saurer Charakter der Oxide | Koordinationszahl von E in $EO_2$-Verbindungen | Zahl der Element-Modifikationen | $H_2E$-Säurestärke | Oxidationswirkung von $H_2EO_6$ |
|---|---|---|---|---|---|---|---|---|---|---|
| S | | | | | | | | | | |
| Se | | | | | | | | | | |
| Te | | | | | | | | | | |

**4.24** Umkreisen Sie die Bindungsstriche in den nachfolgenden Lewis-Formeln, die nicht für klassische 2-Zentren/2-Elektronen-Bindungen stehen.

a) 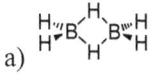   b) 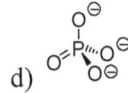   c) 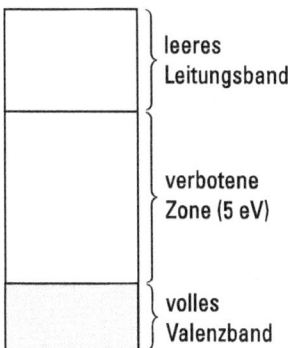   d)

**4.25** Skizzieren Sie die räumlichen Strukturen der angegebenen Moleküle.

a) $H_3PO_3$       b) $As_4S_4$       c) $(HPO_3)_3$       d) $S_4N_4$

**4.26** Ordnen Sie die folgenden Stoffe den Bänderschemata zu:

Graphit – Schwefel – Silicium – Aluminium – Diamant

Bänderschemata:

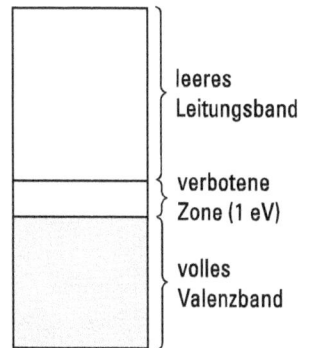

(a)                                      (b)                                      (c)

**4.27**   Welches Teilchen passt jeweils elektronisch nicht zu den anderen?

a) $N_3^-$, $CO_2$, $NO_2$, $N_2O$, $NO_2^+$

b) $CO$, $NO^+$, $N_2$, $CN^-$, $NO$, $BF$

c) $NO_2^-$, $SCl_2$, $SO_2$, $O_3$, $ClO_2^+$

d) Si, ZnS, InP, TlCl, GaN, GaAs

**4.28**   a) Welche Verbindung/en gilt/gelten nicht als Treibhausgas/e?

☐ $H_2O$        ☐ $N_2O$        ☐ $NI_3$        ☐ $NF_3$        ☐ $SF_6$

b) Welche Verbindung/en ist/sind kein Radikal?

☐ $O_2$        ☐ $ClO_2$        ☐ NO        ☐ $NO_2$        ☐ CO

c) Welche Verbindung/en ist/sind ein Hartstoff?

☐ SiC        ☐ Graphit        ☐ Silicone        ☐ Phosphazene        ☐ Iod

d) Welche Verbindung/en ist/sind eine Lewis-Säure?

☐ $H_2O$        ☐ CO        ☐ $NH_3$        ☐ HCl        ☐ $AsF_5$

e) Welche/r Stoff/e wird/werden als Inertgas/e verwendet?

☐ $H_2$        ☐ CO        ☐ $O_2$        ☐ $N_2$        ☐ $F_2$        ☐ $SF_6$

f) Welche/r Stoff/e ist/sind Düngemittel?

☐ $KNO_3$        ☐ NaCl        ☐ $Ca_3(PO_4)_2$        ☐ $Ca(H_2PO_4)_2$        ☐ $CaSO_4$

g) Welche/r Stoff/e ist/sind kein/e Desinfektionsmittel?

☐ $H_2O_2$        ☐ $BF_3$        ☐ $H_3BO_3$        ☐ $ClO^-$        ☐ $Cl_2$        ☐ $ClO_2$

h) Welche/r Stoff/e ist/sind Konservierungsmittel?

☐ $SO_3$        ☐ $Na_2SO_4$        ☐ $NaNO_2$        ☐ $NaNO_3$        ☐ $Na_3PO_4$

i) Welche/s Gas/e ist/sind nicht hochgiftig?

☐ CO        ☐ $H_2S$        ☐ HCN        ☐ $N_2O$        ☐ $PH_3$

j) Welche/r Stoff/e ist/sind keine technischen Oxidationsmittel?

☐ $H_2SO_4$        ☐ $O_2$        ☐ $O_3$        ☐ $H_2O_2$        ☐ $ClO_2$

**4.29**   a) Formulieren Sie das Boudouard-Gleichgewicht.

b) Bei welchem großtechnischen Prozess ist es wichtig?

c) Welche Funktion hat es dort?

**4.30** Welche Abbildung zeigt die Schichtstruktur von schwarzem Phosphor?

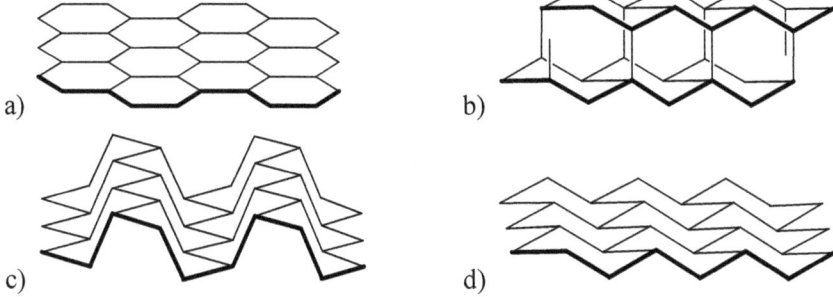

a)　　　　　　　　　　　　　　b)

c)　　　　　　　　　　　　　　d)

**4.31** Welches Grundgerüst wird im Diamantgitter ausgebildet?

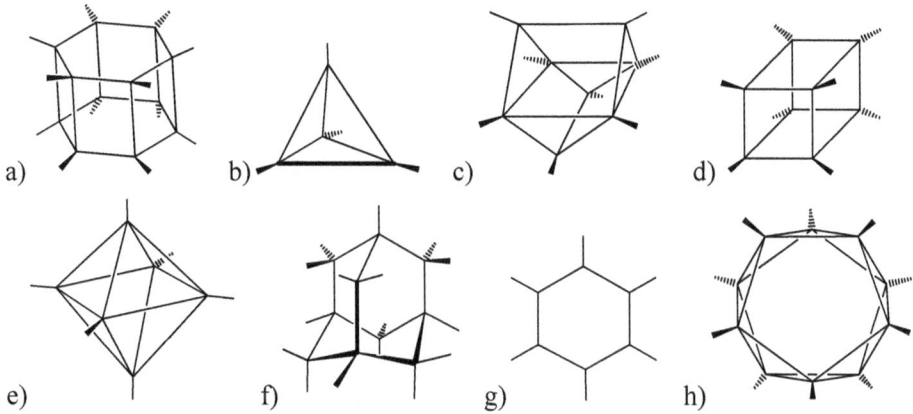

a)　　　b)　　　c)　　　d)

e)　　　f)　　　g)　　　h)

**4.32** Welches Polyeder dominiert die Elementstrukturen des Bors?

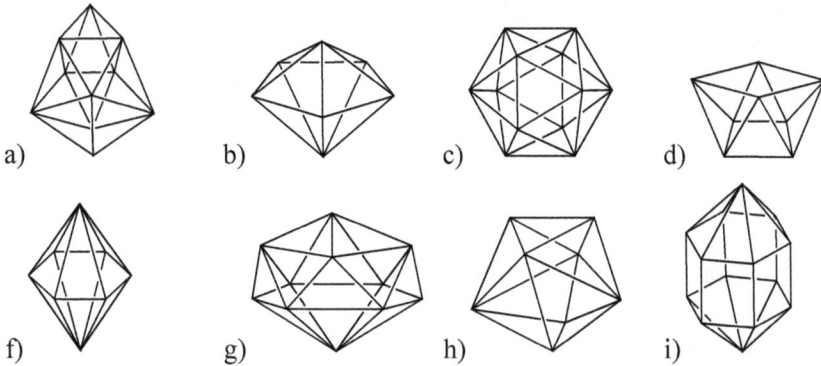

a)　　　b)　　　c)　　　d)

f)　　　g)　　　h)　　　i)

**4.33**   Chlor bildet stabile Verbindungen über 7 Oxidationsstufen. Geben Sie diese sieben Oxidationsstufen und jeweils ein charakteristisches Beispiel mit Formel an.

**4.34**   a) Welche Aussage ist <u>falsch</u>?

☐ Unter hohem Druck und bei hoher Temperatur wird Wasserstoff metallisch.

☐ Atomarer Wasserstoff lässt sich zur Erzeugung hoher Temperaturen verwenden.

☐ Salzartige Metall-Hydride starke Basen und Reduktionsmittel.

☐ Wasserstoff wird technisch hauptsächlich durch Elektrolyse gewonnen.

☐ Im $H_2$-Molekül kann man para- und ortho-Wasserstoff unterscheiden.

b) Welche Aussage ist <u>richtig</u>?

☐ Die Halogene bilden auch Polyhalogenid-Ionen, z.B. $I_3^-$.

☐ Die Chlor-Herstellung ist an die Herstellung von Kalilauge gekoppelt.

☐ Fluor bildet in $F_2$ eine kurze und starke F-F Einfachbindung aus.

☐ Ausgangsstoff bei der Chlor-Alkali-Elektrolyse ist Kaliumchlorid.

☐ Halogen-Sauerstoff-Verbindungen sind technische Reduktionsmittel.

☐ Das VSEPR-Konzept liefert bei den Halogen-Sauerstoff-Verbindungen eine gute Beschreibung ihrer elektronischen Struktur.

c) Welche Aussage/n ist/sind <u>falsch</u>?

☐ Arsen und Antimon sind Halbmetalle.

☐ In Phosphorsäuren muss in der Regel neben einer P–OH-Gruppe eine P=O-Gruppe vorliegen.

☐ Poly- und Metaphosphate können im Lebensmittelbereich eingesetzt werden.

☐ Polyphosphazene sind kautschukartige Polymere.

☐ Die Fluoratome in $PF_5$ können leicht ihre Plätze im Polyeder tauschen.

☐ Anders als Arsen gilt Antimon nicht als toxisch.

☐ $[SbF_6]^-$ oder $[Sb_2F_{11}]^-$ sind stark koordinierende Anionen.

d) Welche Aussage ist <u>richtig</u>?

☐ $H_2SO_3$ kann in Substanz isoliert werden.

☐ Von Schwefel zu Tellur nimmt die Stabilität der Oxidationsstufe +6 in den Verbindungen zu.

☐ Aus der Rauchgasentschwefelung wird Gips gewonnen.

☐ Die stabile Tellursäure hat die Formel $H_2TeO_4$.

☐ $SF_6$ ist ein bindungstheoretisch interessantes Molekül hat aber keine technische Bedeutung.

☐ Die Oxidationsstufe des Schwefels in $H_2SO_5$ ist +8.

e) Welche Aussage ist <u>falsch</u>?

☐ $I_2O_5$ ist das Anhydrid von $HIO_3$.

☐ $S_2O_3^{2-}$ ist ein starkes Reduktionsmittel; wird zu $S_4O_6^{2-}$ oxidiert.

☐ $ClF_3$ dient in der Nuklearindustrie zur Fluorierung von Uran.

□ $IF_6^-$ hat eine verzerrt oktaedrische Struktur.

□ Die Stabilität der Schwefel-Modifikationen nimmt von $S_6$ über $S_8$ zu $S_{12}$ zu.

□ $HSO_3Cl$ reagiert explosiv mit $H_2O$.

f) Welche Aussage ist <u>richtig</u>?

□ Die Verbindung $NO_2$ führt in der Troposphäre zur Ozonbildung.

□ Der Autoabgaskatalysator bewirkt die Zersetzung der gebildeten Stickstoffoxide, indem er das Gleichgewicht $N_2 + O_2 \rightleftharpoons 2NO$ wieder auf die Seite der Ausgangsstoffe verschiebt.

□ Alle Azide (Verbindungen mit $N_3^-$) sind explosive Initialzünder.

□ $NO_2$ ist das Anhydrid der Salpetersäure.

□ Die Verbindung $N_2O$ führt in der Stratosphäre zur Ozonbildung.

g) Welche Aussage ist <u>richtig</u>?

□ $KrF_2$ war die erste Edelgasverbindung.

□ Die stabilsten und meisten Edelgasverbindungen kennt man vom schwersten Edelgas Radon.

□ Die Edelgasverbindungen erfüllen die Oktettregel und ihre Strukturen lassen sich gut mit dem VSEPR-Konzept vorhersagen.

□ Bei tiefer Temperatur dimerisieren die Edelgase zu zweiatomigen Molekülen.

□ Man kennt Edelgas-Edelmetall-Verbindungen, z.B. $[AuXe_4]^{2+}$.

h) Welche Aussage ist <u>falsch</u>?

□ Nichtmetalle haben hohe 1. Ionisierungsenergien ($> \sim 900\text{-}1000 \ kJ \cdot mol^{-1}$).

□ Das Element Bor ist das erste (leichteste) Nichtmetall-Element im Periodensystem.

□ Nichtmetalle haben hohe Elektronegativitäten ($> \sim 2$).

□ Zwischen eindeutigen Nichtmetallen und eindeutigen Metallen befindet sich ein Bereich, den man als Halbmetalle oder Metalloide bezeichnet.

□ Die vorherrschende Bindungsart der Nichtmetallatome miteinander ist die kovalente Bindung.

**4.35** a) Gegeben ist das Potentialdiagramm für Chlor-Spezies bei pH = 0 mit den Standardpotentialen (in V) für die Redoxpaare aus den benachbarten Spezies:

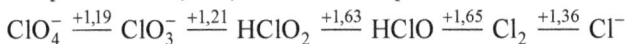

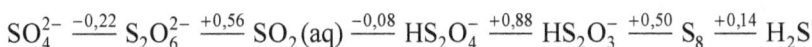

$$ClO_4^- \xrightarrow{+1,19} ClO_3^- \xrightarrow{+1,21} HClO_2 \xrightarrow{+1,63} HClO \xrightarrow{+1,65} Cl_2 \xrightarrow{+1,36} Cl^-$$

Gibt es Redoxpaare aus nicht-benachbarten Spezies, die ein höheres oder niedrigeres Standardpotential haben, als zwischen den gegebenen benachbarten Spezies?

Für welches Redoxpaare erhalten erhalten Sie Standardpotentiale um 1,40±0,02 V?

b) Gegeben ist das Potentialdiagramm für Schwefel-Spezies bei pH = 0 mit den Standardpotentialen (in V) für die Redoxpaare aus den benachbarten Spezies:

$$SO_4^{2-} \xrightarrow{-0,22} S_2O_6^{2-} \xrightarrow{+0,56} SO_2(aq) \xrightarrow{-0,08} HS_2O_4^- \xrightarrow{+0,88} HS_2O_3^- \xrightarrow{+0,50} S_8 \xrightarrow{+0,14} H_2S$$

Was ist das Standardpotential für Dithionat/Schwefel?

Welche Standardpotentiale (für nicht-benachbarte Spezies) liegen zwischen +0,30 und +0,40 V?

Für welche Spezies erwartet man eine Disproportionierung?

**4.36**   Finden Sie möglichst viele anorganische Stoffe zu den genannten anwendungsrelevanten Eigenschaften

a) Halbleiter,              b) Kältemittel,              c) Hartstoffe,

d) Desinfektionsmittel    e) technisch eingesetzte Oxidationsmittel

f) technische eingesetzte Reduktionsmittel

**4.37**   Warum muss der Abbau der stratosphärischen Ozonschicht verhindert werden?

**4.38**   Welche Verbindungen verursachen hauptsächlich den Ozonabbau in der Stratosphäre?

**4.39**   Welche Reaktionskette beschreibt den Ozonabbau in der Stratosphäre?

**4.40**   a) Was bezeichnet man als Ozonloch?

b) Welche Ausdehnung erreicht es?

**4.41**   a) Welche Spurengase verursachen hauptsächlich den anthropogenen Treibhauseffekt?

b) Wie entsteht der Treibhauseffekt?

**4.42**   a) Wie groß ist gegenwärtig die globale $CO_2$-Konzentration in ppm?

b) Um wie viel Prozent hat sie in den letzten 200 Jahren zugenommen?

**4.43**   Nennen Sie die beiden Ursachen, die aktuell hauptsächlich zur Zunahme der globalen $CO_2$-Konzentration führen?

**4.44**   Nennen Sie einigen Klimaänderungen, die als Folge des Treibhauseffekts bereits zu beobachten sind.

**4.45**   Der Treibhauseffekt wird in der aktuellen öffentlichen Diskussion eher negativ diskutiert. Was ist hier zu unterscheiden? Wie sähe ein Leben auf der Erde ohne Treibhauseffekt aus?

**4.46**   Ebenso wird das Gas Kohlendioxid $CO_2$ und sein Gehalt in der Atmosphäre eher negativ diskutiert. Es gibt unbestritten derzeit einen Anstieg der $CO_2$-Konzentration gegenüber der vorindustriellen Zeit. Welche fundamental wichtige Funktion neben der eines Treibhausgases hat das $CO_2$ aber noch in der Atmosphäre? Wie ist hierzu ein Anstieg zu bewerten? Was wären die Konsequenzen, wenn die $CO_2$-Konzentration unter den Mittelwert der letzten Tausend Jahre von $280\pm10$ ppm sinkt?

**4.47**    Zur Begrenzung des $CO_2$-Anstiegs in der Atmosphäre wird die $CO_2$-Abtrennung aus Rauchgasen von Kraftwerken, die mit fossilen Brennstoffen betrieben werden, und nachfolgende Speicherung („$CO_2$-Sequestrierung") diskutiert und auch bereits in Pilotanlagen umgesetzt. Wie stehen Sie zu dieser Vorgehensweise?

# 5. Koordinationschemie

## Aufbau und Eigenschaften von Komplexen

**5.1** Bei der Reaktion $Ag^+ + 2\,CN^- \rightleftharpoons [Ag(CN)_2]^-$ bildet sich eine Komplexverbindung. Geben Sie für den Komplex an:

a) das Zentralatom

b) die Liganden

c) die Ladung

d) die Koordinationszahl (KZ)

**5.2** Formulieren Sie durch Vervollständigung der Reaktionsgleichungen die entstehenden Komplexe:

a) $Ag^+ + 2\,NH_3 \rightleftharpoons$

b) $Fe^{2+} + 6\,CN^- \rightleftharpoons$

c) $Cu^{2+} + 4\,H_2O \rightleftharpoons$

d) $Cu^{2+} + 4\,NH_3 \rightleftharpoons$

e) $Co^{2+} + 4\,Cl^- \rightleftharpoons$

f) $Fe^{3+} + 6\,CN^- \rightleftharpoons$

**5.3** Geben Sie für die folgenden Komplexe die Koordinationszahl und die Oxidationszahl des Zentralions an:

| | Komplex | KZ | Oxidationszahl |
|---|---|---|---|
| a) | $[Co(CN)_6]^{3-}$ | | |
| b) | $[Cu(CN)_4]^{3-}$ | | |
| c) | $[CrCl_2(H_2O)_4]^+$ | | |

**5.4** Was versteht man unter Maskierung durch Komplexbildung? Nennen Sie ein Beispiel.

**5.5** Welche Änderungen der physikalischen Eigenschaften sind bei der Komplexbildung häufig zu beobachten? Geben Sie Beispiele an.

**5.6** Was versteht man unter einzähnigen und mehrzähnigen Liganden? Geben Sie ein Beispiel für einen zweizähnigen Liganden an.

https://doi.org/10.1515/9783110701067-005

**5.7**   Was sind die Oxidationsstufen und $d^n$-Konfigurationen der Metallatome und welche Geometrien weisen die Koordinationspolyeder um die Metallatome in folgenden Komplexverbindungen auf?

a) Diacetyldioxim-nickel(II)                 f) $[PtCl_2(NH_3)_2]$

b) $[Ag(NH_3)_2]^+$                          g) $[Co(NCS)_4]^{2-}$

c) $[Ni(PF_3)_4]$                            h) $[AuCl_4]^-$

d) $[Cu(CN)_4]^{3-}$                         i) $[HgI_4]^{2-}$

e) $[Cd(CN)_4]^{2-}$                         j) $[RhCl(PPh_3)_3]$

Welche Korrelationen zwischen $d^n$-Konfiguration und Koordinationspolyeder kann man verallgemeinern?

**5.8**   Welche Art von Isomerie finden Sie (evtl.) in den folgenden Komplexen?

a) $[CoBr(NH_3)_4(NO_2)]Cl$,

b) $[Co(en)_2(N_3)(NMe_3)]CO_3$ (en = Ethylendiamin)

c) $[CoCl_3(NH_3)_3]$

d) $NH_4[Cr(NCS)_4(NH_2Me)_2]$

e) $[Fe(HSO_3)_2(phen)_2]$ (phen = 1,10-Phenanthrolin)

f) $[Co(H_2O)_3(NO_2)_3]$

## Nomenklatur von Komplexverbindungen

**5.9**   Welche Formeln haben die Komplexverbindungen?

a) Tetrachloridocobaltat(II)

b) Kalium-hexacyanidoferrat(III)

c) Tetraamminkupfer(II)-sulfat

**5.10**  Welche Namen haben die Verbindungen?

a)  $[Cr(NH_3)_6]Cl_3$

b)  $[Cu(CN)_4]^{3-}$

c)  $[Cu(H_2O)_4]^{2+}$

**5.11**  Welche Formeln oder Namen haben die folgenden Verbindungen?

a)  Tetraaquadichloridochrom(III)

b)  Tetrachloridoplatinat(II)

c)  Hexafluoridoferrat(III)

d)  $[Ni(CO)_4]$

e)  $K_4[Fe(CN)_6]$

f)  $Na[Al(OH)_4]$

**5.12**

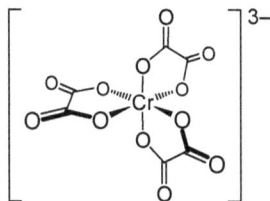

a) Welchen Namen und welche Formel hat der abgebildete Chelatkomplex?

b) Wie viele Liganden enthält der Komplex?

c) Wie groß ist die Koordinationszahl?

d) Welche Geometrie hat das Koordinationspolyeder?

e) Welches magnetische Moment erwarten Sie? (Die „spin-only"-Werte berechnen sich nach $\mu_{eff} = 2\sqrt{S(S+1)}\ \mu_B$, siehe dazu Riedel/Janiak, Anorganische Chemie, 10. Aufl., Abschnitt 5.1: Magnetochemie)

**5.13** a) Geben Sie zu folgenden Komplexnamen die Summenformel des Komplexfragments mit Ladung an und zeichnen Sie die räumlichen Strukturen um das Metallatom.

i) *cis*-Dichlorido-tetracyanido-chromat(III)

ii) *fac*-Triaqua-tri(nitro)-cobalt(III)

b) Wie lauten die Vorsilben oder Buchstaben der jeweils zu i) und ii) isomeren Formen?

c) Wie viele ungepaarte Elektronen können die Komplexe i) und ii) jeweils enthalten und mit welcher Methode können Sie das verifizieren?

## Stabilität und Reaktivität von Komplexen

**5.14** a) Was versteht man unter thermodynamischer Stabilität eines Komplexes? Erläutern Sie dies am Beispiel des Komplexes $[Ag(CN)_2]^-$.

b) Formulieren Sie das MWG für die Bildung von $[Ag(CN)_2]^-$ aus den einzelnen Ionen.

Was versteht man unter der Stabilitätskonstante eines Komplexes?

**5.15** AgBr wird durch eine Lösung von Natriumthiosulfat $Na_2S_2O_3$ (Fixiersalz) aufgelöst. Es bildet sich das komplexe Ion $[Ag(S_2O_3)_2]^{3-}$. Durch $NH_3$-Lösung wird AgBr nicht aufgelöst. Welcher der beiden Komplexe $[Ag(S_2O_3)_2]^{3-}$ oder $[Ag(NH_3)_2]^+$ besitzt die größere Stabilitätskonstante?

**5.16** Die Bildung des Tetraammin-Kupfer(II)-Komplexes aus dem Tetraaqua-Kupfer(II)-Komplex verläuft über drei Zwischenstufen. Formulieren Sie die Gleichgewichte für die Zwischenstufen und ordnen Sie die individuellen Komplexbildungskonstanten (Stufenstabilitätskonstanten) zu.

$K_1 = 10^{4,13}$, $K_2 = 10^{3,48}$, $K_3 = 10^{2,87}$, $K_4 = 10^{2,11}$.

Wie groß ist die Bruttokomplexbildungs-/Bruttostabilitätskonstante und die freie Standardreaktionsenthalpie bei 25 °C für die Bildung des Tetraammin-Kupfer(II)-Komplexes aus dem Tetraaqua-Komplex?

**5.17**  Ethylendiamin-tetraacetat, EDTA$^{4-}$ ist das Tetra-Anion der Ethylendiamin-tetraessigsäure, H$_4$EDTA und ein wichtiger Chelatligand.

a) Skizzieren Sie ohne Vorlage die Struktur eines einkernigen Metall-EDTA-Komplexes, in dem das Metallion durch EDTA$^{4-}$ oktaedrisch koordiniert ist.

b) Wieviele Chelatringe liegen in dem Komplex vor und was ist die Ringgröße? Wie stehen die beiden Diamin-N-Atome im Komplex zueinander? Wie stehen die Carboxylat-O-Atome im Komplex zueinander?

c) Formulieren Sie den Quotienten für Bruttostabiliätskonstante eines [M(EDTA)]$^{2-}$-Komplexes. Welche Abhängigkeit ist aus diesem Quotienten nicht direkt ersichtlich bzw. was ist bei der Bildung eines [M(EDTA)]$^{2-}$-Komplexes zu beachten?

**5.18**  Gegeben sind die beiden Chrom-EDTA-Komplexe mit ihren Stabilitätskonstanten (EDTA = Ethylendiamin-tetraacetat)

[Cr(EDTA)]$^{2-}$    lg β = 13.6

[Cr(EDTA)]$^{-}$    lg β = 23.4

a) Wieso hat der zweite Cr-EDTA-Komplex eine höhere Stabilitätskonstante?

b) Welche Isomerie ist bei den Cr-EDTA-Komplexen möglich? (Skizze und Benennung)

c) Welche Besonderheit beim Koordinationspolyeder ist für den [Cr(EDTA)]$^{2-}$-Komplex zu erwarten?

**5.19**  Die skizzierte Konzentrationskette hat eine Potentialdifferenz von 0,059 Volt (vgl. Aufg. 3.185).

a) In den Reaktionsraum I wird NH$_3$ gegeben. Warum wird die Potentialdifferenz größer?

b) Wie verändert sich die Spannung, wenn noch zusätzlich S$_2$O$_3^{2-}$-Ionen in den Reaktionsraum I gebracht werden?

[Ag$^+$] = 0.01 mol/l          [Ag$^+$] = 0.1 mol/l

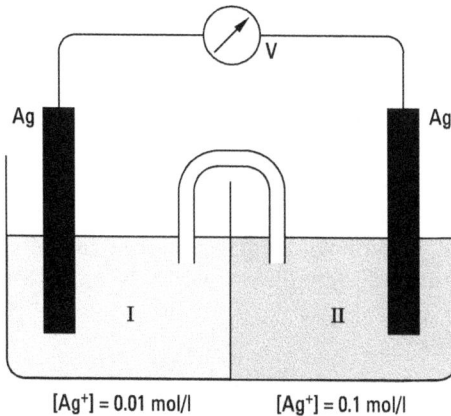

**5.20** Gegeben ist das Potentialdiagramm für Mangan-Spezies bei pH = 0 mit den Standardpotentialen (in V) für die Redoxpaare aus den benachbarten Spezies:

$$[MnO_4]^- \xrightarrow{+0,90} [HMnO_4]^- \xrightarrow{+2,10} MnO_2 \xrightarrow{+0,95} Mn^{3+} \xrightarrow{+1,54} Mn^{2+} \xrightarrow{-1,19} Mn$$

Welche Spezies sollten disproportionieren und zu welchen Produkten?

**5.21** a) Au$^{3+}$ bildet mit Cl$^-$ den Komplex [AuCl$_4$]$^-$. Was hat die Existenz dieses Komplexes damit zu tun, dass sich Gold nicht in Salpetersäure, aber in einem 1:3 (v:v) Gemisch aus konz. Salpetersäure (65%) und konz. Salzsäure (37%) (Königswasser) löst?

b) Berechnen Sie das Potential für Au$^{3+}$/Au, für die Bruttokomplexbildungskonstante $\beta$([AuCl$_4$]$^-$) = $10^{24}$ l$^4$/mol$^4$, [[AuCl$_4$]$^-$] = $10^{-3}$ mol/l und [Cl$^-$] = 8 mol/l und vergleichen diesen Wert mit dem Normalpotential für NO$_3^-$/NO bei pH = 0 und für eine Salpetersäure-Konzentration in Königswasser von 3 mol/l ($E^o_{Au}$ = 1,50 V).

**5.22** Erläutern Sie die Begriffe Chelat und Chelateffekt.

**5.23** Ein Ligand ist ein Elektronenpaar-Donor, das Metallatom ist ein Elektronenpaar-Akzeptor. Eine Metall–Ligand-Bindung ist eine Elektronenpaar-Donor–Akzeptor-Wechselwirkung (auch als koordinative Bindung bezeichnet):

L⊕→◯M                    Beispiel: H$_3$N⊕→◯M
Elektronenpaar-Donor → -Akzeptor-Wechselwirkung

Welche Stoffklasse kennen Sie als Elektronenpaar-Donoren und welcher wichtige Parameter in wässrigen Lösungen wird damit zu einer fundamentalen Einflussgröße für die effektive Komplexstabilität?

**5.24**   Warum ist der Cyanidokomplex von $Ag^+$, $[Ag(CN)_2]^-$, in stark saurer Lösung im Gegensatz zum Chloridokomplex $[AgCl_2]^-$ instabil, obwohl seine Komplexbildungskonstante mit $10^{21}$ wesentlich größer ist als die des Chloridokomplexes mit $10^5$?

**5.25**   Die Bildung eines Metall-EDTA-Komplexes ist pH-abhängig, da Ethylendiamintetraacetat, $EDTA^{4-}$ das Tetra-Anion der vollständig deprotonierten Ethylendiamintetraessigsäure, $H_4EDTA$ ist. Komplexbildungsgleichgewicht und Komplexbildungskonstate sind definiert als $M^{2+} + EDTA^{4-} \rightleftharpoons [M(EDTA)]^{2-}$ und

$$\beta = K = \frac{[[M(EDTA)]^{2-}]}{[M^{2+}]\,[EDTA^{4-}]}$$

Leiten Sie eine Formel für eine effektive Komplexbildungskonstate her, die die pH-Abhängigkeit für $\beta$ auf Basis der Protolyse-Gleichgewichte für $H_4EDTA$ enthält.

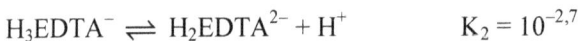

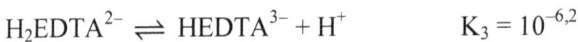

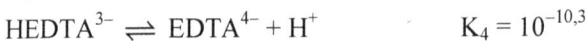

| | |
|---|---|
| $H_4EDTA \rightleftharpoons H_3EDTA^- + H^+$ | $K_1 = 10^{-2,0}$ |
| $H_3EDTA^- \rightleftharpoons H_2EDTA^{2-} + H^+$ | $K_2 = 10^{-2,7}$ |
| $H_2EDTA^{2-} \rightleftharpoons HEDTA^{3-} + H^+$ | $K_3 = 10^{-6,2}$ |
| $HEDTA^{3-} \rightleftharpoons EDTA^{4-} + H^+$ | $K_4 = 10^{-10,3}$ |

Berücksichtigen Sie die Antwort zu Aufg. 5.23, wonach im Gleichgewicht nicht nur unkomplexiertes $EDTA^{4-}$ vorliegt, sondern auch $HEDTA^{3-}$ bis hin zu $H_4EDTA$.

Schätzen Sie aus der entwickelten Formel, ab welchem pH-Wert die Beiträge der Spezies $HEDTA^{3-}$ bis hin zu $H_4EDTA$ relevant werden.

**5.26**   a) Welches komplexe Anion der beiden Blutlaugensalze ist das (thermodynamisch) stabilere (Welches Blutlaugensalz hat welches Anion)?

b) Finden Sie die Bruttokomplexbildungskonstanten für die beiden Anionen in der Literatur und berechnen Sie die freie Standardreaktionsenthalpie bei 25 °C für die Bildung der Anionen aus den Aquametall-Komplexen.

c) Nehmen wir an, Sie hätten nur die Bruttokomplexbildungskonstante für eines der beiden Anionen gefunden. Wie hätten Sie zusammen mit den Redoxpotentialen $[Fe^{III}(CN)_6]^{3-} + e^- \rightleftharpoons [Fe^{II}(CN)_6]^{4-}$ mit $E° = +0,355$ V und

$Fe^{3+} + e^- \rightleftharpoons Fe^{2+}$ mit $E° = +0,77$ V

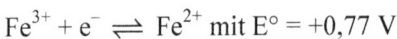

die Bruttokomplexbildungskonstante bei 25 °C für das andere Anion erhalten?

Es gibt zwei Lösungswege.

d) Warum ist in wässriger Lösung für Eisen-Ionen die Oxidationsstufe +2 instabiler als +3?

## Bindung, Kristall- und Ligandenfeldtheorie

5.27    Skizzieren Sie ein Energieniveaudiagramm für die Aufspaltung der d-Orbitale in einem oktaedrischen Ligandenfeld. Kennzeichnen Sie die einzelnen d-Orbitale und ordnen Sie die Bezeichnungen $e_g$, $t_{2g}$, 10Dq, 6Dq, 4Dq zu.

5.28    Bei welchen d-Elektronen-Konfigurationen ($d^1$ bis $d^{10}$) gibt es eine oder zwei mögliche Besetzungen als Grundzustand (high-spin und low-spin) im oktaedrischen Kristallfeld?

5.29    a) Formulieren Sie für das $Fe^{2+}$-Ion im oktaedrischen Kristallfeld den low-spin- und den high-spin-Zustand der d-Elektronen.

b) Erklären Sie wann ein high-spin- oder ein low-spin-Zustand energetisch günstiger ist.

5.30    Mit der spektrochemischen Reihe werden Liganden nach ihrer Fähigkeit geordnet, d-Orbitale aufzuspalten. Nennen Sie Liganden, die
a) ein starkes     b) ein schwaches     c) ein mittleres Ligandenfeld erzeugen.

5.31    Beim tetraedrischen Ligandenfeld nähern sich die Liganden den $d_{xy}$-, $d_{xz}$- und den $d_{yz}$-Orbitalen näher als den $d_{z^2}$- und den $d_{x^2-y^2}$-Orbitalen. Welche Aufspaltung der d-Orbitale erwarten Sie?

Skizzieren Sie ein Energiediagramm.

5.32    Ein paramagnetischer, oktaedrischer Co(II)-Komplex zeigt ein magnetisches Moment von 4,0 $\mu_B$. Wie vielen ungepaarten Elektronen entspricht das nach der „spin only"-Formel?

Wie lautet die d-Elektronenkonfiguration für das Co(II)-Atom in diesem Komplex (in der Form [Edelgas]$nd^x$ und in der Form $t_{2g}^y e_g^z$)?

5.33    Bestimmen Sie für die Komplexe
a) $[Fe(H_2O)_6]^{2+}$, b) $[Fe(CN)_6]^{3-}$, c) tetraedrisches $[FeCl_4]^-$, d) $[Ni(CO)_4]$.
- die Elektronenkonfiguration (in der Form $t_{2g}^x e_g^y$ oder $e^x t_2^y$),
- die Anzahl ungepaarter Elektronen und
- die Kristallfeldstabilisierungsenergie in Einheiten Dq.

Entscheiden Sie dazu anhand der spektrochemischen Reihe, welche der Komplexe eine high-spin- und welche eine low-spin-Konfiguration haben.

5.34    Auf Grund der Aufspaltung der d-Orbitale erfolgt bei den meisten Elektronenkonfigurationen ein Energiegewinn. Man bezeichnet dies als Ligandenfeldstabilisierungsenergie. Bei welchen d-Konfigurationen im Oktaederfeld ist er besonders deutlich?

**5.35**  Die quadratisch-planare Koordination wird von Ionen mit $d^8$-Konfiguration bevorzugt. Das Energieniveaudiagramm zeigt vier energetisch günstige, besetzte d-Orbitale und ein energetisch ungünstig hoch liegendes unbesetztes d-Orbital. Welches d-Orbitals ist dies?

**5.36**  a) Welche symmetrischen Koordinationspolyeder sind für Metallkomplexe mit vier Liganden, $[ML_4]$, möglich?
b) Wie hilft Ihnen die Farbe des blauen $[NiCl_4]^{2-}$- und des gelben $[Ni(CN)_4]^{2-}$-Komplexes bei der Unterscheidung zwischen den beiden möglichen Koordinationspolyedern?
c) Welche andere physikalische Messgröße erlaubt Ihnen eine Unterscheidung der Geometrie der beiden vorstehenden Nickelkomplexe?

**5.37**  a) Mit welchen Kationen werden die Tetraeder- und Oktaederplätze der Spinelle $FeCr_2O_4$, $NiFe_2O_4$ und $Fe_3O_4$ besetzt?
b) Begründen Sie die Kationenverteilung mit der Ligandenfeldtheorie.

**5.38**  Erklären Sie die folgende Beobachtung:
Die Farbe eines Cobalt(II)-Komplex mit mindenstens zwei Wasserliganden ändert sich beim Erwärmen von schwach rosa nach intensiv blau.

## Chemie der Nebengruppenelemente

**5.39**  Gold und Silber können durch Cyanidlaugerei hergestellt werden. Formulieren Sie die beiden Reaktionen zur Gewinnung von Silber aus $Ag_2S$.

**5.40**  Aus Rohkupfer wird elektrolytisch Feinkupfer hergestellt (Raffination von Kupfer).
Welche Reaktionen erfolgen a) an der Anode aus Rohkupfer und b) an der Kathode aus Feinkupfer?

**5.41**  Aus Rohnickel wird reines Nickel durch eine chemische Transportreaktion mit CO hergestellt (Mond-Verfahren). Formulieren Sie die Reaktion.

**5.42**  Titan wird technisch aus $TiO_2$ hergestellt.
a) Warum kann man Ti nicht durch Reduktion von $TiO_2$ mit Kohle herstellen?
b) Ti wird technisch durch Reduktion von $TiCl_4$ gewonnen. Formulieren Sie die Reaktionen zur Ti-Herstellung aus $TiO_2$.
c) Wie erhält man hochreines Titan?
d) Ist $TiCl_4$ ein Salz?

**5.43**  Welche gemeinsamen Eigenschaften weisen Kationen auf, die bevorzugt Fluorido-komplexe bilden?

Nennen Sie Beispiele für Fluoridokomplexe der 11. Gruppe.

**5.44**  Welches gemeinsame chemische Verhalten zeigen $[Cr(H_2O)_6]^{3+}$ und $[Fe(H_2O)_6]^{3+}$ in wässriger Lösung?

**5.45**  Warum ist die Verbindung Kupfer(I)-iodid, CuI in Wasser stabil, obwohl andere Kupfer(I)-verbindungen sofort zu Kupfer(II) und metallischem Kupfer zersetzt werden?

**5.46**  Ein neutraler makrocyclischer Ligand mit vier Stickstoffdonor-Zentren bildet mit Nickelperchlorat einen roten diamagnetischen Nickel(II)-Komplex (low-spin $d^8$). Ersetzt man die Gegenionen durch Thiocyanat, $SCN^-$, wird der Komplex paramagnetisch ($\mu \approx 2,8\ \mu_B$) und seine Farbe wechselt nach violett. Machen Sie Strukturvor-schläge zur Erklärung dieser Beobachtung.

**5.47**  Auf welche Weise kann ein Gemisch der Halogenide (Fluorid bis Iodid) des Silbers getrennt werden?

# Lösungen

# 1. Atombau

## Atomkern und Atomeigenschaften

### Atombausteine · Ordnungszahl · Elementbegriff · Isotope · Atommasse

1.1 Atome haben Durchmesser der Größenordnung $10^{-10}$ m ($10^{-10}$ m = 1 Å).

1.2 Atome bestehen aus Protonen, Neutronen und Elektronen.

1.3 Das elektrische Elementarquantum ist die kleinste nicht weiter teilbare Ladungsmenge. Sie beträgt $1{,}6 \cdot 10^{-19}$ Coulomb. Alle auftretenden elektrischen Ladungsmengen können immer nur ein ganzes Vielfaches des Elementarquantums sein. Das elektrische Elementarquantum wird auch Elementarladung genannt. Man benutzt dafür das Symbol e.

1.4

| Elementarteilchen | Proton | Neutron | Elektron |
|---|---|---|---|
| Elektrische Ladung | positive Elementarladung: +e | keine elektrische Ladung: neutral | negative Elementarladung: −e |

1.5 Die Massen von Protonen, Neutronen und Elektronen verhalten sich zueinander wie $1 : 1 : \dfrac{1}{1800}$. Die Masse eines Atoms wird durch die Anzahl der Protonen und Neutronen bestimmt.

1.6 a) Der Atomkern besteht aus Protonen und Neutronen, die Hülle aus Elektronen.
b) Atomkerne haben einen Durchmesser von $10^{-15}$–$10^{-14}$ m. Bei einem Atomdurchmesser von 1 m wäre der Kerndurchmesser nur 0,01–0,1 mm.

Die positiven Ladungen und fast die gesamte Masse sind im Kern des Atoms konzentriert.

1.7 a) Ordnungszahl = Protonenzahl
b) Nukleonenzahl = Protonenzahl + Neutronenzahl
Die Nukleonenzahl ist stets eine ganze Zahl. Die Nukleonenzahl des Elektrons ist null, da die Masse des Elektrons sehr viel kleiner ist als die der Protonen und Neutronen (vgl. Aufg. 1.5).

https://doi.org/10.1515/9783110701067-006

**1.8**     Zahl der Protonen = 3, Zahl der Elektronen = 3, Zahl der Neutronen = 4

**1.9**     a) ja        b) nein        c) nein        d) ja        e) ja        f) ja

Alle Atome des Elements Wasserstoff besitzen *ein* Proton und *ein* Elektron. Die Wasserstoffatome können sich aber in der Zahl ihrer Neutronen unterscheiden. Es gibt Wasserstoffatome, die kein Neutron besitzen, und solche mit einem oder zwei Neutronen.

**1.10**   Ein chemisches Element besteht aus Atomen mit gleicher Protonenzahl = Kernladungszahl = Ordnungszahl. Die Neutronenzahl kann unterschiedlich sein.

**1.11**   Wir kennen heute 118 Elemente. 88 davon kommen in fassbarer Menge in der Natur vor.

**1.12**   Ein Nuklid ist eine Atomart, die durch die Zahl der Protonen und der Neutronen charakterisiert ist.

**1.13**   a) $_2^3\text{He}$, $_{16}^{34}\text{S}$. Die Protonenzahl wird links unten an das Elementsymbol geschrieben, die Nukleonenzahl = Protonen- + Neutronenzahl links oben.

$$_\text{Protonenzahl}^{\text{Protonenzahl + Neutronenzahl}}\text{Elementsymbol}$$

b) 7 Neutronen, 6 Protonen, Nukleonenzahl 13

c) 146 Neutronen, 92 Protonen, Nukleonenzahl 238

d) Füllen Sie die freien Felder aus:[a]

| $^{40}\text{Ar}$ | Z = 18 | N = 22 | A = 40 |
|---|---|---|---|
| $^{127}\text{I}$ | 53 | 74 | 127 |
| $^{29}\text{Si}$ | 14 | 15 | 29 |
| $^{137}\text{Cs}$ | 55 | 82 | 137 |

[a] Z = Kernladungszahl, N = Neutronenzahl, A = Nukleonenzahl

Ein Nuklid ist durch das Elementsymbol und die Nukleonenzahl eindeutig gekennzeichnet. Die Angabe der Protonenzahl Z (= Ordnungszahl) ist daher eigentlich nicht notwendig.

**1.14**   a) Atome mit gleicher Protonenzahl, aber verschiedener Neutronenzahl heißen Isotope. Isotope sind also Atome desselben Elements, die sich in der Nukleonenzahl unterscheiden.

Die meisten Elemente bestehen aus mehreren Atomarten, sie sind Isotopengemische. Uran besteht z. B. aus 0,006 % $^{234}\text{U}$, 0,720 % $^{235}\text{U}$ und 99,274 % $^{238}\text{U}$.

b) Reinelemente (z. B. Fluor) kommen in der Natur nur in einer einzigen Atomart vor.

**1.15**    Ja. Man nennt Atome gleicher Nukleonenzahl Isobare.

**1.16**    $^{12}_6C$, $^{13}_6C$ und $^{14}_6C$ sind Isotope des Elements Kohlenstoff.

$^3_1H$ und $^1_1H$ sind Isotope des Elements Wasserstoff.

$^{14}_7N$ und $^{14}_6C$ sind Isobare, $^3_1H$ und $^3_2He$ ist ein anderes Isobarenpaar.

**1.17**    a) Die Atommasseneinheit u ist $\frac{1}{12}$ der Masse des Isotops $^{12}_6C$.

$1\ u = 1{,}66 \cdot 10^{-27}\ kg$

b) Element Phosphor; Nukleonenzahl 31, 16 Neutronen, 15 Elektronen.

**1.18**    Nein, die Nukleonenzahl gibt die Zahl der Kernbausteine an. Sie ist daher ganzzahlig. Die Masse in u ist nur annähernd ganzzahlig.

**1.19**    Die mittlere Atommasse erhält man aus dem Ansatz:

$$\frac{50{,}5}{100}\ 78{,}92 + \frac{49{,}5}{100}\ 80{,}92 = 79{,}91$$

Ohne Taschenrechner erhält man das Ergebnis nach folgender Umformung:

$$\frac{50{,}5}{100}\ 78{,}92 + \frac{49{,}5}{100}\ (78{,}92 + 2) = \frac{50{,}5 + 49{,}5}{100}\ 78{,}92 + \frac{2 \cdot 49{,}5}{100}$$
$$= 78{,}92 + 0{,}99 = 79{,}91$$

Die Atommasse von Brom ist annähernd der Mittelwert aus den Atommassen der Nuklide $^{79}_{35}Br$ und $^{81}_{35}Br$, da beide Nuklide im natürlichen Brom etwa gleich häufig sind.

## Kernreaktionen

**1.20**    Instabile Nuklide wandeln sich durch spontane Emission von Elementarteilchen oder Kernbruchstücken in andere Nuklide um. Diese Kernumwandlung wird radioaktiver Zerfall genannt.

**1.21**    a) α-Strahlung besteht aus He-Kernen, β-Strahlung aus Elektronen und γ-Strahlung ist eine elektromagnetische Strahlung (Photonen).

b) γ-Strahlung hat die größte, α-Strahlung die kleinste Durchdringungsfähigkeit.

**1.22**    a) Ab Kernen mit $Z \geq 84$.

b) $^{218}_{84}Po$ und $^{226}_{88}Ra$. Beim $\alpha$-Zerfall entstehen Elemente (E2) mit um zwei verringerter Protonenzahl (Kernladungszahl) $Z$ und um vier kleinerer Nukleonenzahl $A$.

$$^A_Z E1 \rightarrow ^{A-4}_{Z-2}E2 + ^4_2He$$

**1.23**   Im Kern wird ein Neutron in ein Proton und ein Elektron umgewandelt, das emittiert wird: $_0^1n \rightarrow {}_1^1p + {}_{-1}^0e$

**1.24**   a) Es ist die Zeit, in der die Hälfte eines radioaktiven Stoffes zerfallen ist.

b) Sie reichen von Sekundenbruchteilen bis zu Milliarden Jahren.

c) 4 Halbwertszeiten.

d) Etwa 10 min. Nach einer Halbwertszeit liegen von $N = 10^8$ bei $t = 0$ min noch die Hälfte, nämlich $5 \cdot 10^7$ Atomkerne vor.

**1.25**   a) 1 Bq (Becquerel) = 1 (mittlerer) Strahlungsemissionsakt („Zerfall") pro Sekunde. 925 MBq = 925 Millionen Strahlungsemissionsakte pro Sekunde (im Mittel).

$t_{1/2}$ ist die Halbwertszeit von hier 207 Tagen (Einheit Tag = d).

Aktivität A ~ Zahl der radioaktiven Kerne N, d. h., $A_0 = 925$ MBq ~ $N_0$, $A_t$ ist gesucht (~ $N_t$) mit t = 2 Jahre oder 730 Tage (ca. 3,5 Halbwertszeiten).

$$A_t = A_0\, e^{-\lambda t} \text{ mit } \lambda = \frac{\ln 2}{t_{1/2}} = \frac{0{,}693}{t_{1/2}} \text{ ergibt } A_t = 925 \text{ MBq } e^{-\frac{0{,}693}{207d}730d} = 80{,}3 \text{ MBq}$$

b) $A_t = A_0\, e^{-\lambda t}$ mit $A_t = 7{,}5$ MBq $= 60$ MBq $e^{-\frac{0{,}693}{8d}t}$ ergibt aufgelöst nach $t$ 24 d.

**1.26**   $_{88}^{226}Ra \rightarrow {}_{86}^{222}Rn + \boxed{{}_2^4He}$

$_{19}^{40}K \rightarrow {}_{-1}^0e + \boxed{{}_{20}^{40}Ca}$

$_7^{14}N + {}_2^4He \rightarrow {}_1^1H + \boxed{{}_8^{17}O}$

$_7^{14}N + \boxed{{}_0^1}\boxed{n} \rightarrow \boxed{{}_6^{14}}C + {}_1^1\boxed{p}$

**1.27**   a) Da die radioaktive Zerfallsgeschwindigkeit durch äußere Bedingungen (z. B. Druck und Temperatur) nicht beeinflusst wird, kann der radioaktive Zerfall als geologische Uhr verwendet werden.

b) $^{14}$C-Methode für archäologische Zeiten; U-Pb-Methode, z. B. für das Alter von Mineralien.

**1.28**   $E = m\, c^2$

**1.29**   Bei der Vereinigung von Neutronen und Protonen zu einem Kern wird Kernbindungsenergie frei. Äquivalent dazu erfolgt eine Masseabnahme.

**1.30**   Bei der Kernspaltung wird die Kernbindungsenergie der entstehenden leichten Kerne erhöht.

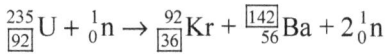

$$\boxed{^{235}_{92}}U + {}^{1}_{0}n \rightarrow \boxed{^{92}_{36}}Kr + \boxed{^{142}_{56}}Ba + 2\,{}^{1}_{0}n$$

**1.31**   Nur $^{235}U$. Spaltbar damit ist auch das künstlich hergestellte Nuklid $^{239}Pu$.

**1.32**   a) Entstehen bei der Kernspaltung auch mehrere Neutronen, dann lösen diese neue, lawinenartig anwachsende Spaltungen aus.

b) Atombombe (erstmals in Hiroshima).

**1.33**   Bei der Wasserstoffbombe und in der Sonne.

## Struktur der Elektronenhülle

### Energiezustände im Wasserstoffatom · Spektren

**1.34**   a) n kann nur die ganzzahligen Werte 1, 2, 3, 4 ... $\infty$ annehmen.

b) n nennt man die Hauptquantenzahl.

Der zur Hauptquantenzahl n gehörende Energiewert wird in den folgenden Aufgaben mit $E_n$ bezeichnet.

c) Das vom Atomkern abgetrennte Elektron hat definitionsgemäß die Energie Null. Das gebundene Elektron hat daher negative Energiewerte.

**1.35**   Der Grundzustand ist der energieärmste Zustand eines Systems (Zustand niedrigster Energie).

**1.36**   Jeder mögliche Zustand, der energiereicher ist als der Grundzustand, ist ein angeregter Zustand.

**1.37**   Für angeregte Zustände im Wasserstoffatom gilt n > 1, d. h., n kann alle ganzen Zahlen von 2 bis $\infty$ annehmen.

**1.38**

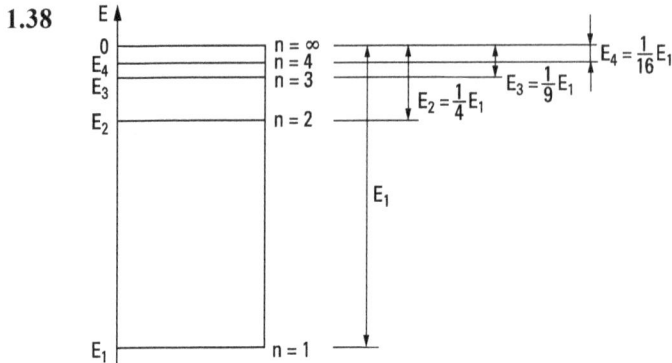

Zwischen $E = E_4$ und $E = 0$ liegen in sehr dichter Folge die weiteren Energiezustände, die zu den Hauptquantenzahlen $n > 4$ gehören. Sie sind aus zeichnerischen Gründen nicht dargestellt.

**1.39**  Das Elektron im Wasserstoffatom kann nur bestimmte, diskrete Energiewerte annehmen. Die Energiewerte sind durch die Hauptquantenzahl $n$ festgelegt. Durch Zufuhr der Energie $E'' = E_2 - E_1$ erreicht das Elektron gerade einen möglichen Energiezustand. Durch die Zufuhr des Energiebetrags $E'$ wird kein möglicher Energiezustand erreicht.

**1.40**  Das Elektron verlässt den Anziehungsbereich des Kerns. Diesen Vorgang nennt man Ionisierung. Die Ionisierungsenergie ist gerade $E_1$.

**1.41**  Die elektromagnetische Strahlung besteht aus kleinen, nicht weiter teilbaren Energieportionen, die Lichtquanten oder Photonen genannt werden.

**1.42**  $E = h\nu = \dfrac{hc}{\lambda}$  Planck-Einstein Gleichung

$c$ = Lichtgeschwindigkeit, $\lambda$ = Wellenlänge, $\nu$ = Frequenz,

$h$ = Planck'sches Wirkungsquantum.

Die Energie der Photonen ist umso größer, je kürzer die Wellenlänge der Strahlung ist.

**1.43**

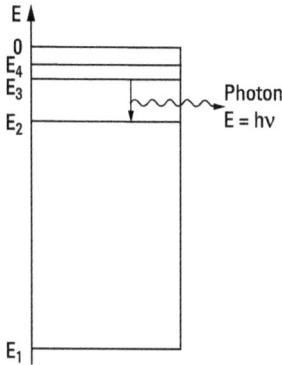

$$E_3 - E_2 = \frac{hc}{\lambda}$$

$$E_3 - E_2 = \frac{E_1}{9} - \frac{E_1}{4}$$

$$E_3 - E_2 = \left(\frac{-13,6 \text{ eV}}{9}\right) - \left(\frac{-13,6 \text{ eV}}{4}\right) = 1,9 \text{ eV} = 3 \cdot 10^{-19} \text{ J}$$

$$\lambda = \frac{6,6 \cdot 10^{-34} \text{ Js} \cdot 3 \cdot 10^8 \text{ ms}^{-1}}{3 \cdot 10^{-19} \text{ J}} = 6,6 \cdot 10^{-7} \text{ m}$$

$$\lambda = 660 \text{ nm}$$

Bei diesem Übergang wird Licht *einer* bestimmten Wellenlänge (monochromatisches Licht) ausgesandt. Die Wellenlänge liegt im sichtbaren Bereich des elektromagnetischen Spektrums.

**1.44** $$E_n - E_1 = \frac{hc}{\lambda}$$

$$E_n - E_1 = \frac{6,6 \cdot 10^{-34} \text{ Js} \cdot 3 \cdot 10^8 \text{ ms}^{-1}}{121 \cdot 10^{-9} \text{ m}} = 16,4 \cdot 10^{-19} \text{ J} = 10,2 \text{ eV}$$

$$E_n = -3,4 \text{ eV}$$

**1.45** a) Die Elektronen in Atomen befinden sich auf diskreten Energieniveaus. Es können daher nur solche Photonen emittiert werden, deren Energie den Differenzen zwischen den Energieniveaus entspricht. Im Spektrum treten Linien bestimmter Wellenlängen auf.

b) Die Atome eines jeden Elements besitzen eine charakteristische Folge der Energieniveaus.

## Quantenzahlen · Orbitale

**1.46**  Die möglichen Zustände eines Elektrons im Atom sind durch vier Quantenzahlen bestimmt:

1. Hauptquantenzahl n

2. Nebenquantenzahl $l$

3. Magnetische Quantenzahl $m_l$

4. Spinquantenzahl $m_s$

**1.47**  Zu einer Schale gehören die Elektronenzustände gleicher Hauptquantenzahl.

**1.48**  n = 4

Es gilt folgende Zuordnung:

| n | 1 | 2 | 3 | 4 | 5 | 6 |
|---|---|---|---|---|---|---|
| Schale | K | L | M | N | O | P |

**1.49**  a) $l$ kann die Werte 0, 1, 2 und 3 annehmen.

b) n kann alle ganzzahligen Werte von 3 bis $\infty$ annehmen.

Zwischen der Hauptquantenzahl n und der Nebenquantenzahl $l$ besteht die Beziehung $l \leq n - 1$

**1.50**  a) Elektronenzustände mit $l = 0$ nennt man s-Zustände, mit $l = 2$ d-Zustände

b) Für einen p-Zustand ist $l = 1$, für einen f-Zustand ist $l = 3$.

Es gilt die Zuordnung:

| $l$ | 0 | 1 | 2 | 3 |
|-----|---|---|---|---|
| Bezeichnung | s | p | d | f |

**1.51**  a) n = 3, $l = 1$.

b) Die K-Schale (n = 1) und die L-Schale (n = 2) besitzen keine d-Zustände ($l = 2$).

c) 2s zu L, 3d zu M, 7p zu Q, 4f zu N. Es ist nur die Hauptquantenzahl für die Schale maßgeblich.

**1.52**  Für $m_l$ sind die Werte –2, –1, 0, +1, +2 möglich.

$m_l$ kann alle ganzzahligen Werte von $-l$ bis $+l$ annehmen.

$$-l \leq m_l \leq +l$$

Die Anzahl der möglichen $m_l$-Werte ist also $2l + 1$.

**1.53**  Dieser Elektronenzustand existiert nicht bei den Hauptquantenzahlen 1, 2 und 3 und den Nebenquantenzahlen 0, 1 und 2.

**1.54** Für $m_s$ gibt es nur die Werte $+\frac{1}{2}$ und $-\frac{1}{2}$.

**1.55** Jede p-Unterschale besitzt unabhängig von der Hauptquantenzahl sechs Zustände. Es gibt sechs Kombinationen der Quantenzahlen $m_l$ und $m_s$.

| $l$ | $m_l$ | $m_s$ |
|-----|-------|-------|
| 1 | $-1$ | $+\frac{1}{2}$ |
| 1 | $-1$ | $-\frac{1}{2}$ |
| 1 | $0$ | $+\frac{1}{2}$ |
| 1 | $0$ | $-\frac{1}{2}$ |
| 1 | $+1$ | $+\frac{1}{2}$ |
| 1 | $+1$ | $-\frac{1}{2}$ |

Die durch die vier Quantenzahlen n, $l$, $m_l$ und $m_s$ festgelegten Elektronenzustände nennt man Quantenzustände.

**1.56** Alle d-Unterschalen besitzen 10 Quantenzustände.

| $l$ | 2 | | | | | | | | | |
|-----|---|---|---|---|---|---|---|---|---|---|
| $m_l$ | $-2$ | | $-1$ | | $0$ | | $+1$ | | $+2$ | |
| $m_s$ | $+\frac{1}{2}$ | $-\frac{1}{2}$ | $+\frac{1}{2}$ | $-\frac{1}{2}$ | $+\frac{1}{2}$ | $-\frac{1}{2}$ | $+\frac{1}{2}$ | $-\frac{1}{2}$ | $+\frac{1}{2}$ | $-\frac{1}{2}$ |

**1.57** a) Die durch die drei Quantenzahlen n, $l$ und $m_l$ festgelegten Quantenzustände werden als Atomorbitale bezeichnet.

n, $l$ und $m_l$ werden daher auch Orbitalquantenzahlen genannt.

Für jedes Orbital gibt es zwei Quantenzustände mit den Spinquantenzahlen $+\frac{1}{2}$ und $-\frac{1}{2}$.

b) Die Hauptquantenzahl n bestimmt die Größe des Orbitals, die Bahndrehimpulsquantenzahl = Nebenquantenzahl $l$ die Gestalt, die magnetische Quantenzahl $m_l$ die Orientierung des Orbitals im Raum.

**1.58**

| n | $l$ | $m_l$ | Anzahl und Typ der Orbitale | Unterschale |
|---|---|---|---|---|
|   | 0 | 0 | ein s-Orbital | 3s |
|   | 1 | −1<br>0<br>+1 | drei p-Orbitale | 3p |
| 3 | 2 | −2<br>−1<br>0<br>+1<br>+2 | fünf d-Orbitale | 3d |

Jede Unterschale besteht aus $2l + 1$ Orbitalen gleichen Typs.

Unterschale und Orbitaltyp sind durch die Nebenquantenzahl $l$ charakterisiert.

**1.59**   a) Das 3p-Orbital ist ein p-Orbital der M-Schale (n = 3).

b) Das 5s-Orbital ist das s-Orbital der O-Schale (n = 5).

**1.60**

| Schale | n |   |   |   |   |   |   |   | Zahl der Unterschalen | Zahl der Quantenzustände |
|---|---|---|---|---|---|---|---|---|---|---|
| P | 6 | 6s | 6p | 6d | 6f | 6g | 6h |   | 6 | 72 |
| O | 5 | 5s | 5p | 5d | 5f | 5g |   |   | 5 | 50 |
| N | 4 | 4s | 4p | 4d | 4f |   |   |   | 4 | 32 |
| M | 3 | 3s | 3p | 3d |   |   |   |   | 3 | 18 |
| L | 2 | 2s | 2p |   |   |   |   |   | 2 | 8 |
| K | 1 | 1s |   |   |   |   |   |   | 1 | 2 |
|   |   | 0 | 1 | 2 | 3 | 4 | 5 | $l$ |   |   |
|   |   | s | p | d | f | g | h | Orbitaltyp |   |   |

Für jede Schale ist die Zahl der Unterschalen gleich n, die Gesamtzahl der Quantenzustände gleich $2n^2$.

**1.61**   Richtig sind b) und c).

Ein Elektron bewegt sich nicht als Teilchen auf einer Bahn wie in a) dargestellt ist. Das Elektron ist vielmehr als Ladungswolke über den ganzen Raum des Atoms ausgebreitet. Diese Ladungswolke ist bei s-Elektronen kugelförmig.

**1.62**   In b) ist außer der Gestalt auch die Dichteverteilung der Ladungswolke zu erkennen. In c) ist nur die Gestalt der Ladungswolke dargestellt. Man zeichnet die Orbitale meistens so, dass innerhalb der Begrenzungslinie 90% der Elektronenladung enthalten ist.

**1.63** Das Bohr'sche Bild ist auf Grund der Heisenberg'schen Unbestimmtheitsbeziehung falsch.

Man kann die Unbestimmtheitsbeziehung folgendermaßen formulieren: Es können nicht die Geschwindigkeit und der Aufenthaltsort eines Elektrons gleichzeitig bestimmt werden. Je genauer die Geschwindigkeit des Elektrons bekannt ist, umso ungenauer ist der Aufenthaltsort des Elektrons bestimmbar.

Das bedeutet, dass wir uns das Elektron nicht als Teilchen vorstellen dürfen, das sich auf einer Bahn bewegt. Stattdessen müssen wir davon ausgehen, dass das Elektron an einem bestimmten Ort des Atoms nur mit einer gewissen Wahrscheinlichkeit anzutreffen ist. Dieser Beschreibung des Elektrons entspricht die Vorstellung von einer über das Atom verteilten Ladungswolke.

**1.64**  a) $p_z$-Orbital     b) $d_{xy}$-Orbital     c) $p_y$-Orbital

**1.65**

$p_x$-Orbital          $d_{xz}$-Orbital

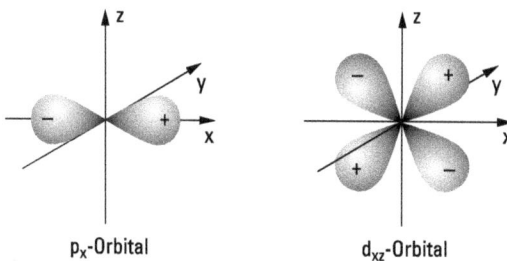

Zur Gestalt und zu den Vorzeichen bei den Orbitalen siehe die Ergänzung nach der Antwort zu Aufg. 1.98 und Aufg. 2.64.

**1.66**

| Nebenquantenzahl | Orbitaltyp | Gestalt der Ladungswolke |
|---|---|---|
| 0 | s | kugelförmig |
| 1 | p | hantelförmig |
| 2 | d | rosettenförmig |

**1.67**  1s < 2s < 2p < 3s < 3p < 3d

Nur im Wasserstoffatom liegen alle Orbitale gleicher Hauptquantenzahl auf demselben Energieniveau. Man sagt, sie sind entartet. Bei allen anderen Atomen haben Orbitale mit verschiedener Nebenquantenzahl unterschiedliche Energien. Die Entartung ist aufgehoben.

**1.68**   $2p_x = 2p_z$

$3p_x = 3p_y = 3p_z$

$3d_{z^2} = 3d_{xy}$

Orbitale mit gleicher Haupt- und Nebenquantenzahl sind entartet, also z. B. alle p-Orbitale gleicher Hauptquantenzahl.

Die Quantenzustände einer Unterschale eines isolierten Atoms lassen sich aber im Magnetfeld unterscheiden. Im Magnetfeld ist die Entartung aufgehoben.

## Aufbauprinzip · Periodensystem der Elemente (PSE) · Elektronenkonfigurationen

**1.69**   Nach dem Pauli-Prinzip dürfen sich in einem Orbital nur maximal 2 Elektronen aufhalten.

Das Pauli-Prinzip besagt, dass in einem Atom keine Elektronen existieren dürfen, die in allen vier Quantenzahlen übereinstimmen.

**1.70**   Die beiden Elektronen eines Orbitals unterscheiden sich in der Spinquantenzahl $m_s$, die nur die beiden Werte $+\frac{1}{2}$ und $-\frac{1}{2}$ annehmen kann.

**1.71**   Zwei Elektronen besetzen das 1s-Orbital. Das dritte Elektron befindet sich im 2s-Orbital.

Die Orbitale werden in der Reihenfolge wachsender Energie mit Elektronen besetzt. Die Verteilung der Elektronen auf die Orbitale nennt man Elektronenkonfiguration.

Die Elektronenkonfiguration des Lithiumatoms kann folgendermaßen dargestellt werden:

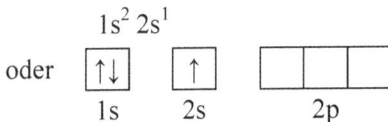

$$1s^2\, 2s^1$$

oder    ↑↓   ↑   ☐☐☐
         1s    2s      2p

Jedes Kästchen bedeutet ein Orbital, jeder Pfeil ein Elektron. Entgegengesetzter Spin wird durch entgegengesetzte Pfeilrichtung angegeben.

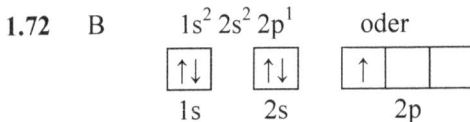

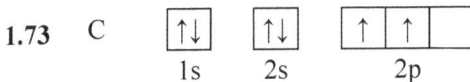

**1.72**   B   $1s^2\, 2s^2\, 2p^1$   oder

↑↓   ↑↓   ↑ ☐☐
1s     2s     2p

**1.73**   C   ↑↓   ↑↓   ↑ ↑ ☐
             1s     2s     2p

Nach der Hund'schen Regel werden die Unterschalen so besetzt, dass die Anzahl der Elektronen mit gleicher Spinrichtung maximal wird. Dieser Zustand ist der energieärmste.

Die Elektronenkonfiguration

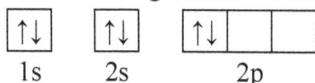

| $\uparrow\downarrow$ | $\uparrow\downarrow$ | $\uparrow\downarrow$ | | |
|---|---|---|---|---|
| 1s | 2s | 2p | | |

ist daher *nicht* der Grundzustand des C-Atoms.

**1.74** Auf Grund der Hund'schen Regel ist b) richtig.

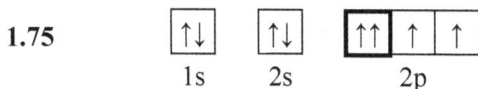

**1.75**

| $\uparrow\downarrow$ | $\uparrow\downarrow$ | $\uparrow\uparrow$ | $\uparrow$ | $\uparrow$ |
|---|---|---|---|---|
| 1s | 2s | 2p | | |

Die beiden fett eingerahmten Elektronen stimmen in allen vier Quantenzahlen überein. Das widerspricht dem Pauli-Prinzip. Die richtige Konfiguration ist

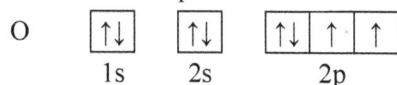

O

| $\uparrow\downarrow$ | $\uparrow\downarrow$ | $\uparrow\downarrow$ | $\uparrow$ | $\uparrow$ |
|---|---|---|---|---|
| 1s | 2s | 2p | | |

**1.76** Es gibt für jede Hauptquantenzahl nur drei p-Orbitale. Jedes Orbital kann mit 2 Elektronen entgegengesetzten Spins besetzt werden. Der Einbau eines siebenten Elektrons in die p-Unterschale würde dem Pauli-Prinzip widersprechen.

**1.77** Die Hauptgruppenelemente sind s- oder p-Elemente. Bei ihnen werden die s- oder die p-Orbitale der äußersten Schale aufgefüllt. Die Nebengruppenelemente sind d-Elemente. Bei ihnen werden die d-Niveaus der zweitäußersten Schale besetzt. Die d-Orbitale werden erst dann aufgefüllt, wenn in der nächsthöheren Schale das s-Orbital bereits besetzt ist. Die Nebengruppenelemente bezeichnet man auch als Übergangselemente.

**1.78** K $\quad 1s^2\,2s^2\,2p^6\,3s^2\,3p^6\,4s^1 \quad\quad$ Valenzelektronenkonfiguration $4s^1$

Bei Kalium beginnt die Auffüllung der vierten Schale, obwohl die 3d-Unterschale noch leer ist.

**1.79** Fe $\quad 1s^2\,2s^2\,2p^6\,3s^2\,3p^6\,3d^6\,4s^2 \quad\quad$ Valenzelektronenkonfiguration $3d^6\,4s^2$

**1.80** Mn $\quad 1s^2\,2s^2\,2p^6\,3s^2\,3p^6\,3d^5\,4s^2 \quad\quad$ Valenzelektronenkonfiguration $3d^5\,4s^2$

**1.81** Zn $\quad 1s^2\,2s^2\,2p^6\,3s^2\,3p^6\,3d^{10}\,4s^2 \quad\quad$ Valenzelektronenkonfiguration $4s^2$

**1.82**

| Periode | | | |
|---|---|---|---|
| 1 | 1s<br>1–2 | | |
| 2 | 2s<br>3–4 | | 2p<br>5–10 |
| 3 | 3s<br>11–12 | | 3p<br>13–18 |
| 4 | 4s<br>19–20 | 3d<br>21–30 | 4p<br>31–36 |
| 5 | 5s<br>37–38 | 4d<br>39–48 | 5p<br>49–54 |

Jeweils mit einem neuen s-Niveau beginnt eine neue Periode. Von der 4. Periode an werden innerhalb einer Periode Unterschalen verschiedener Hauptquantenzahlen aufgefüllt.

**1.83**   a) und c):

| H | | | | | | | | | | | | | | | | | He |
|---|---|---|---|---|---|---|---|---|---|---|---|---|---|---|---|---|---|
| Li | Be | | | | | | | | | | | B | C | N | O | F | Ne |
| Na | Mg | | | | | | | | | | | Al | Si | P | S | Cl | Ar |
| K | Ca | Sc | Ti | V | Cr | Mn | Fe | Co | Ni | Cu | Zn | | | | | | |
| | | | | | | | | | | | | | | | | | |

b) Auf Grund seiner Eigenschaften gehört Helium in die Gruppe der Edelgase.

d) Ihre Skizze sollte etwa wie folgt aussehen:

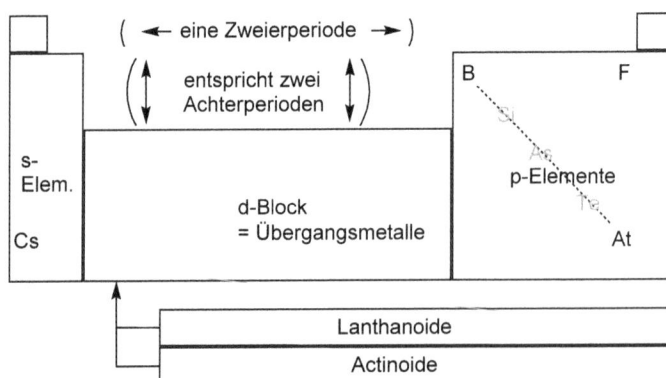

Caesium (Cs) ist das elektropositivste, Fluor (F) das elektronegativste Element für chemische Reaktionen. Francium (Fr) wäre noch elektropositiver, Helium (He) und Neon (Ne) sind nach Allred-Rochow noch elektronegativer. Alle drei Elemente

kommen aber für normale chemische Reaktionen nicht in Frage. Das langlebigste Isotop von Fr hat eine Halbwertszeit von nur 21,8 min. Von He und Ne sind nur wenige chemischen Verbindungen bekannt und diese auch nur mit speziellen Techniken, wie z.B. in einem Massenspektrometer, erhalten worden.
Die gestrichelte Linie von Bor (B) über Silicium (Si), Arsen (As), Teller (Te) zum Astat (At) kennzeichnet den Übergang zwischen Metallen und Nichtmetallen.

**1.84** a) Alle Elemente der 7. Hauptgruppe/17. Gruppe (F, Cl, Br, I) haben auf der äußersten Schale zwei s- und fünf p-Elektronen. Sie besitzen auf der äußersten Schale die gemeinsame Elektronenkonfiguration $s^2 p^5$.

b) Die Elemente der 2. Hauptgruppe/2. Gruppe (Be, Mg, Ca, Sr, Ba) haben auf der äußersten Schale zwei s-Elektronen. Die gemeinsame Elektronenkonfiguration ist $s^2$.

Die chemischen Eigenschaften sind im Wesentlichen auf die äußeren Elektronen zurückzuführen. Man bezeichnet sie daher als Valenzelektronen.
Bei den Hauptgruppenelementen sind die s- und p-Elektronen der äußersten Schale Valenzelektronen, bei den Übergangselementen, die s-Elektronen der äußersten Schale und die d-Elektronen der zweitäußersten Schale.

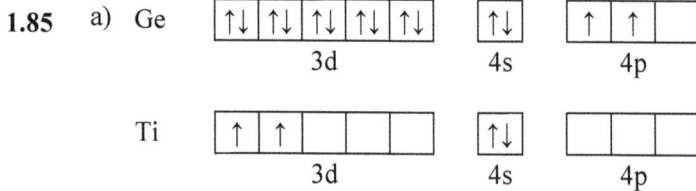

**1.85** a) Ge

$$\begin{array}{cccc}
\boxed{\uparrow\downarrow}\boxed{\uparrow\downarrow}\boxed{\uparrow\downarrow}\boxed{\uparrow\downarrow}\boxed{\uparrow\downarrow} & \boxed{\uparrow\downarrow} & \boxed{\uparrow}\boxed{\uparrow}\boxed{\phantom{\uparrow}} \\
3d & 4s & 4p
\end{array}$$

Ti

$$\begin{array}{cccc}
\boxed{\uparrow}\boxed{\uparrow}\boxed{\phantom{\uparrow}}\boxed{\phantom{\uparrow}}\boxed{\phantom{\uparrow}} & \boxed{\uparrow\downarrow} & \boxed{\phantom{\uparrow}}\boxed{\phantom{\uparrow}}\boxed{\phantom{\uparrow}} \\
3d & 4s & 4p
\end{array}$$

b) Beide Elemente besitzen vier Valenzelektronen.

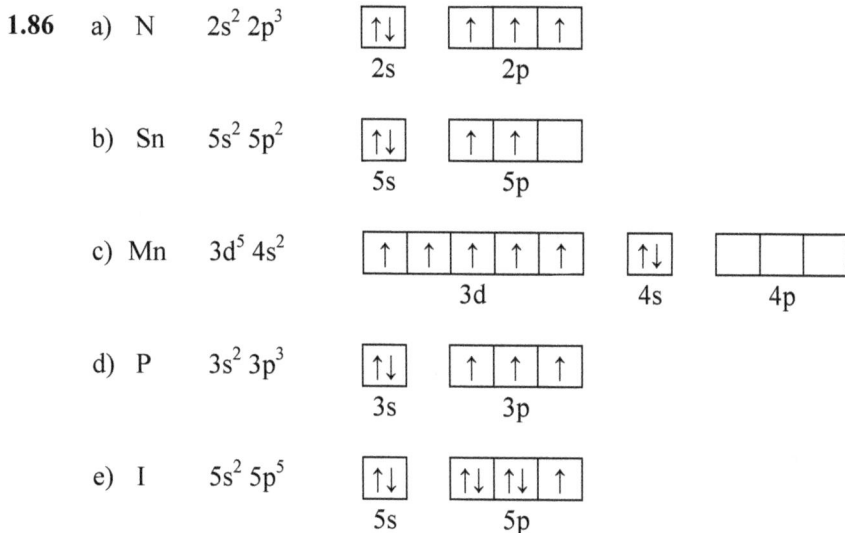

**1.86** a) N $\quad 2s^2 2p^3$

$$\begin{array}{cc}
\boxed{\uparrow\downarrow} & \boxed{\uparrow}\boxed{\uparrow}\boxed{\uparrow} \\
2s & 2p
\end{array}$$

b) Sn $\quad 5s^2 5p^2$

$$\begin{array}{cc}
\boxed{\uparrow\downarrow} & \boxed{\uparrow}\boxed{\uparrow}\boxed{\phantom{\uparrow}} \\
5s & 5p
\end{array}$$

c) Mn $\quad 3d^5 4s^2$

$$\begin{array}{ccc}
\boxed{\uparrow}\boxed{\uparrow}\boxed{\uparrow}\boxed{\uparrow}\boxed{\uparrow} & \boxed{\uparrow\downarrow} & \boxed{\phantom{\uparrow}}\boxed{\phantom{\uparrow}}\boxed{\phantom{\uparrow}} \\
3d & 4s & 4p
\end{array}$$

d) P $\quad 3s^2 3p^3$

$$\begin{array}{cc}
\boxed{\uparrow\downarrow} & \boxed{\uparrow}\boxed{\uparrow}\boxed{\uparrow} \\
3s & 3p
\end{array}$$

e) I $\quad 5s^2 5p^5$

$$\begin{array}{cc}
\boxed{\uparrow\downarrow} & \boxed{\uparrow\downarrow}\boxed{\uparrow\downarrow}\boxed{\uparrow} \\
5s & 5p
\end{array}$$

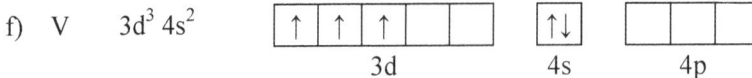

f)  V    $3d^3\ 4s^2$    ↑ | ↑ | ↑ |  |      ↑↓ |  |  |

                               3d              4s           4p

**1.87**  a)  O, S, Se, Te          6. Hauptgruppe/16. Gruppe

        b)  W                      6. (Neben-)Gruppe

            Cr und Mo haben den Grundzustand $d^5\ s^1$

        c)  C, Si, Ge, Sn, Pb     4. Hauptgruppe/14. Gruppe

Bei den Hauptgruppenelementen ist die Zahl der Valenzelektronen gleich der (früheren) Hauptgruppennummer im Periodensystem oder der (neuen) Gruppennummer des 18er-Systems minus 10 für die p-Elemente ab der 13. Gruppe.

**1.88**  a)  $Ca^{2+}$   $1s^2\ 2s^2\ 2p^6\ 3s^2\ 3p^6$        Valenzelektronenkonfiguration $4s^0$

        b)  $Fe^{3+}$   $1s^2\ 2s^2\ 2p^6\ 3s^2\ 3p^6\ 3d^5$    Valenzelektronenkonfiguration $3d^5$

        c)  $Zn^{2+}$   $1s^2\ 2s^2\ 2p^6\ 3s^2\ 3p^6\ 3d^{10}$   Valenzelektronenkonfiguration $4s^0$

Wenn Atome der Nebengruppenelemente Ionen bilden, werden zuerst die s-Valenzelektronen abgegeben und dann erst die d-Valenzelektronen.

**1.89**  $Al^{3+}$, $O^{2-}$, $Cl^-$, $Ti^{4+}$

Die Ionen mit Edelgaskonfiguration haben auf der äußersten Schale die Konfiguration $s^2\ p^6$.

## Ionisierungsenergie · Elektronenaffinität

**1.90**  Be besitzt eine abgeschlossene s-Unterschale, N eine halbbesetzte p-Unterschale. Diese Konfigurationen sind energetisch bevorzugt.

Die Ionisierungsenergie spiegelt den Aufbau der Elektronenhülle unmittelbar wider.

**1.91**  Innerhalb einer Periode werden die Elektronen mit zunehmender Kernladung fester an den Kern gebunden. Sobald eine Edelgaskonfiguration erreicht ist, wird das folgende s-Elektron der nächsten Schale weniger fest gebunden.

**1.92**  a)  $I_1$ (Na) > $I_1$ (K)

Innerhalb einer Hauptgruppe nimmt die Ionisierungsenergie mit wachsender Ordnungszahl ab. (In der 3. und 4. Hauptgruppe treten Unregelmäßigkeiten auf.)

        b)  $I_1$ (P) > $I_1$ (S)

P hat eine halbbesetzte p-Unterschale.

        c)  $I_1$ (Mg) > $I_1$ (Al)

Mg hat eine vollbesetzte s-Unterschale.

    d)  $I_1$ (Mg) > $I_1$ (Ca)

    e)  $I_1$ (Ne) > $I_1$ (Na)

    f)  $I_1$ (F) > $I_1$ (Cl)

**1.93** Na besitzt eine höhere 2. Ionisierungsenergie als Mg: $I_2$ (Na) > $I_2$ (Mg).

Na$^+$ besitzt eine Edelgaskonfiguration, daher ist zur Ablösung des zweiten Elektrons mehr Energie erforderlich als bei Mg$^+$.

**1.94** a) Die Elektronenaffinität ist die Energie, die bei der Anlagerung eines Elektrons an ein neutrales Atom umgesetzt wird. Dieser Vorgang ist bei den meisten Nichtmetallatomen exotherm. Die Anlagerung eines zweiten Elektrons ist immer ein endothermer Prozess.

b) Die Elektronenanlagerung ist dann begünstigt (exotherm), wenn die Konfigurationen $s^2$ (Li$^-$) oder $s^2 p^3$ (C$^-$) (voll oder halb besetzte Unterschale) und $s^2 p^6$ (Edelgaskonfiguration) erreicht werden. Die endothermen Elektronenaffinitäten von Be und N zeigen das Widerstreben, die energetisch günstige $s^2$- und $s^2 p^3$-Konfiguration um ein zusätzliches Elektron zu erweitern.

**1.95** Die Elemente mit der größten Elektronenaffinität stehen in der 7. Hauptgruppe/17. Gruppe. Durch Anlagerung eines Elektrons entsteht aus der Konfiguration $s^2 p^5$ die stabile Edelgaskonfiguration $s^2 p^6$.

## Wellencharakter der Elektronen · Eigenfunktionen des Wasserstoffatoms

**1.96** $\lambda = \dfrac{h}{mv}$, Gleichung von de Broglie, mit $\lambda$ = Wellenlänge, h = Planck'sches Wirkungsquantum, m = Masse, v = Geschwindigkeit. Bei der Geschwindigkeit $v = 10^6$ m s$^{-1}$ liegt die Wellenlänge im Bereich der Röntgenstrahlen.

**1.97** Es ist ein Maß für die Wahrscheinlichkeit, das Elektron in einem Volumenelement dV anzutreffen.

**1.98**   a)

b)

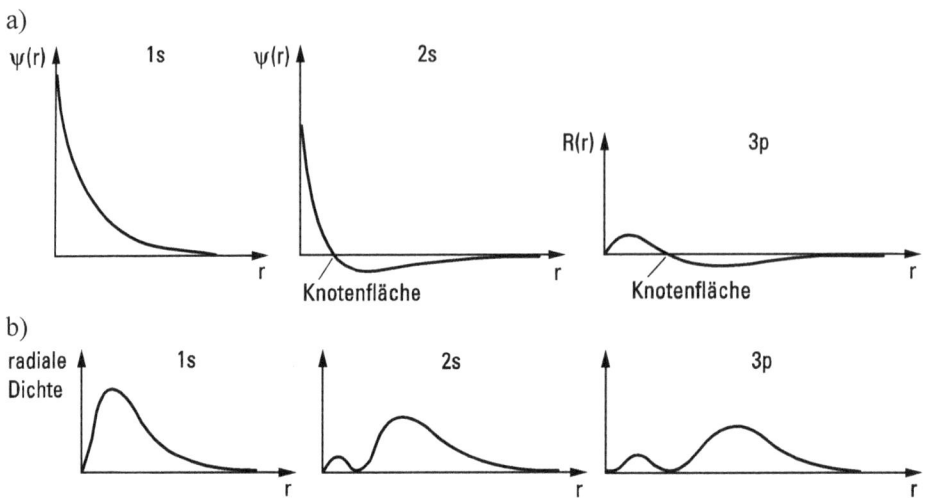

Im Hinblick auf die Behandlung der chemischen Bindung sollten Sie unbedingt wissen, dass p-Orbitale hantelförmig sind und dass der Index x, y oder z die räumliche Orientierung in Richtung der x-, y- oder z-Achse angibt.

In der Wellenfunktion $\psi_{n,l,m_l} = \underbrace{[N]}_{\substack{\text{Normierungs-}\\\text{konstante}}} \cdot \underbrace{\left[R_{n,l}(r)\right]}_{\text{Radialfunktion}} \cdot \underbrace{\left[\chi_{l,m_l}\left(\frac{x}{r},\frac{y}{r},\frac{z}{r}\right)\right]}_{\substack{\text{Winkelfunktion in karte-}\\\text{sischen Koordinaten}}}$ bestimmt die

Radialfunktion die Ausdehnung der Ladungswolke des Elektrons (vgl. Aufg. 1.98). Aus der Winkelfunktion erhält man die die Gestalt und die räumliche Orientierung der Ladungswolke. Sie wird auch Kugelflächenfunktion genannt. Aus ihr ergeben sich auch die unterschiedlichen Vorzeichen bei den Orbitallappen der p- und d-Orbitale bei den Polardiagrammen (siehe Riedel/Janiak, Anorganische Chemie, 10. Aufl., Abb. 1.34). Das lässt sich am besten mit der normierten Winkelfunktion in kartesischen Koordinaten nachvollziehen.

Normierte Winkelfunktion des Wasserstoffatoms zu p- und d-Orbitalen:

| Quantenzahlen | | | Orbital | Normierte Winkelfunktion $\chi_{l,m_l}\left(\frac{x}{r},\frac{y}{r},\frac{z}{r}\right)$ | Vorzeichen als Funktion des Achsenabschnitts oder Quadranten (Q.) |
|---|---|---|---|---|---|
| n | $l$ | $m_l$[a] | | | |
| 2 | 1 | (1) | $2p_x$ | $\dfrac{\sqrt{3}}{2\sqrt{\pi}}\dfrac{x}{r}$ | + für x > 0 <br> − für x < 0 |
| 2 | 1 | 0 | $2p_z$ | $\dfrac{\sqrt{3}}{2\sqrt{\pi}}\dfrac{z}{r}$ | + für z > 0 <br> − für z < 0 |
| 2 | 1 | (−1) | $2p_y$ | $\dfrac{\sqrt{3}}{2\sqrt{\pi}}\dfrac{y}{r}$ | + für y > 0 <br> − für y < 0 |

| Quantenzahlen | | | Orbital | Normierte Winkelfunktion | Vorzeichen als Funktion des Achsenabschnitts oder Quadranten (Q.) |
|---|---|---|---|---|---|
| 3 | 2 | (2) | $3d_{xy}$ | $\dfrac{\sqrt{15}}{2\sqrt{\pi}}\dfrac{xy}{r^2}$ | + für x, y > 0 und x, y < 0 (1. + 3. Q.)<br>− für x < 0, y > 0 u. umgek. (2. + 4. Q.) |
| 3 | 2 | (1) | $3d_{xz}$ | $\dfrac{\sqrt{15}}{2\sqrt{\pi}}\dfrac{xz}{r^2}$ | + für x, z > 0 und x, z < 0 (1. + 3. Q.)<br>− für x < 0, z > 0 u. umgek. (2. + 4. Q.) |
| 3 | 2 | 0 | $3d_{z^2}$ | $\dfrac{\sqrt{5}}{4\sqrt{\pi}}\dfrac{3z^2 - r^2}{r^2}$ | + für $3z^2 > r^2$ und z > oder < 0 (Orbitallappen entlang z-Achse)<br>− für $3z^2 < r^2$ (Torus) |
| 3 | 2 | (−1) | $3d_{yz}$ | $\dfrac{\sqrt{15}}{2\sqrt{\pi}}\dfrac{yz}{r^2}$ | + für y, z > 0 und y, z < 0 (1. + 3. Q.)<br>− für y < 0, z > 0 u. umgek. (2. + 4. Q.) |
| 3 | 2 | (−2) | $3d_{x^2-y^2}$ | $\dfrac{\sqrt{15}}{4\sqrt{\pi}}\dfrac{x^2 - y^2}{r^2}$ | + für |x| > |y| (Orbitallappen entlang x-Achse)<br>− für |y| > |x| (Orbitallappen entlang y-Achse) |

[a] $p_z$- und $d_{z^2}$-Orbital entsprechen $m_l = 0$. Für die anderen Orbitale gibt es aber keine entsprechende Korrelation mit den $m_l$-Werten.

# 2. Die chemische Bindung

## Ionenbindung

### Ionengitter · Koordinationszahl

**2.1** In einem Kristall sind die Bausteine dreidimensional periodisch angeordnet. Diese regelmäßige Anordnung nennt man Kristallgitter.

**2.2** In Kristallen existiert eine regelmäßige dreidimensionale Anordnung der Bausteine (Fernordnung). In Gläsern sind Ordnungen der Bausteine nur in kleinen Bereichen vorhanden (Nahordnung). Beim Erwärmen schmelzen sie daher nicht bei einer bestimmten Temperatur, sondern erweichen allmählich.

**2.3** Die Kristallbausteine können Atome, Ionen oder Moleküle sein. Nach der Art der Kristallbausteine und der zwischen ihnen wirkenden Bindungskräfte unterscheidet man zwischen Atomkristallen, Metallkristallen, Ionenkristallen und Molekülkristallen.

**2.4** a) Die Bindungskräfte sind elektrostatischer Natur. Kationen und Anionen ziehen sich auf Grund der entgegengesetzten elektrischen Ladung an. Die Anziehungskraft wird durch das Coulomb'sche Gesetz beschrieben.

b) Die Anziehungskraft ist ungerichtet; sie ist in allen Raumrichtungen wirksam.

**2.5** Die Gitterenergie ist die Energie, die frei wird, wenn sich die Ionen aus unendlicher Entfernung einander nähern und einen Kristall bilden.

**2.6**  a)                                          b)

$Na \rightarrow Na^+ + e^-$             Ionisierungsenergie von Natrium

$Cl + e^- \rightarrow Cl^-$             Elektronenaffinität von Chlor

$Na^+ + Cl^- \rightarrow NaCl\text{-Gitter}$      Gitterenergie

**2.7** Die Bildung von Ionenverbindungen ist energetisch günstig, wenn bei einem Element wenig Ionisierungsenergie aufgewendet werden muss und bei dem anderen Element möglichst viel Elektronenaffinität frei wird.

**2.8** Typische Ionenverbindungen bilden

Na mit F, O und Cl

und Ca mit F, O und Cl.

https://doi.org/10.1515/9783110701067-007

Typische Ionenverbindungen entstehen durch Vereinigung von ausgeprägt metallischen Elementen mit solchen Nichtmetallen, die im PSE in der rechten oberen Ecke stehen.

**2.9**  a)

| Auftretende Ionen | Elektronenkonfiguration |
| --- | --- |
| $Na^+$, $F^-$, $O^{2-}$ | $1s^2\,2s^2\,2p^6$ |
| $Cl^-$, $Ca^{2+}$ | $1s^2\,2s^2\,2p^6\,3s^2\,3p^6$ |

b) Die aufgeführten Ionen haben die Elektronenkonfigurationen der Edelgase Neon ($1s^2\,2s^2\,2p^6$) und Argon ($1s^2\,2s^2\,2p^6\,3s^2\,3p^6$).

c) NaF, $Na_2O$, NaCl, $CaF_2$, CaO, $CaCl_2$.

**2.10**  a) Kationen: positive Ladung = (frühere) Hauptgruppennummer

b) Anionen: negative Ladung = 8 minus (früherer) Hauptgruppennummer oder 18 minus (neuer) Gruppennummer des 18er-Systems.

Hierin drückt sich das Bestreben der Atome aus, die Elektronenkonfiguration der Edelgase zu erreichen.

**2.11**  Nein, für Ionenverbindungen werden keine Bindungsstriche verwendet.

**2.12**  Die Koordinationszahl (KZ) eines Ions ist die Zahl der nächsten, gleich weit entfernten und entgegengesetzt geladenen Ionen, von denen es im Kristall umgeben ist.

**2.13**  a)

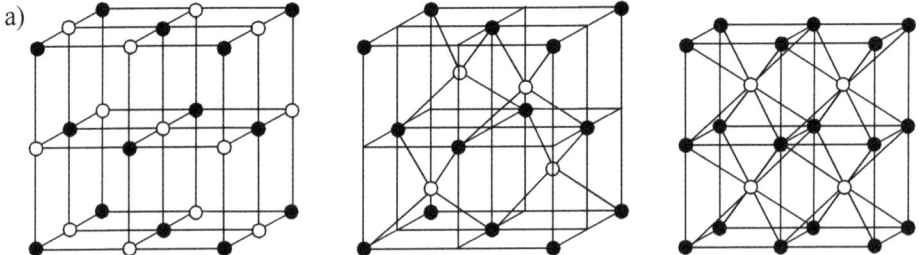

Die Teilgitter der Kationen und Anionen sind identisch. Die schwarzen und weißen Kreise sind daher vertauschbar.

b) Koordinationszahlen

     6                        4                        8

c) Koordinationspolyeder:

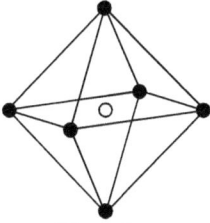 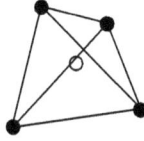 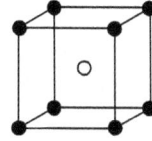

     Oktaeder               Tetraeder               Würfel

d) NaCl-/Natriumchlorid-    ZnS-/Zinkblende-     CsCl-/Cäsiumchlorid-Gitter

**2.14** Im Kristall gibt es keine isolierten CsCl-Baugruppen. Die Bindung existiert nicht nur zwischen *einem* $Cs^+$-Ion und *einem* $Cl^-$-Ion. Die Coulomb'sche Anziehung ist in allen Raumrichtungen gleich wirksam. Im CsCl-Kristall werden daher von jedem Ion acht Nachbarn gleich stark gebunden.

**2.15** a)      8   :    4                 6   :   3

          Würfel    Tetraeder        Oktaeder    Dreieck

       b)    • Kation   ○ Anion       • Kation   ○ Anion

       c)    Fluorit-Struktur          Rutil-Struktur

**2.16** Die Koordinationszahl der Siliciumionen ist vier.

Das Verhältnis der Koordinationszahl von Silicium zu der von Sauerstoff muss 2 : 1 sein, da das stöchiometrische Verhältnis der Ionen 1 : 2 beträgt.

## Ionenradien · Radienquotienten

**2.17**    $r(Be^{2+})$  <  $r(Ca^{2+})$        $r(Co^{2+})$  >  $r(Co^{3+})$

         $r(Mg^{2+})$  >  $r(Al^{3+})$        $r(F^-)$  <  $r(Br^-)$

         $r(Li^+)$  <  $r(Na^+)$        $r(Cl^-)$  >  $r(K^+)$

         $r(Ca^{2+})$  >  $r(Mg^{2+})$      $r(K^+)$  >  $r(Al^{3+})$

         $r(Fe^{2+})$  >  $r(Fe^{3+})$       $r(Na^+)$  >  $r(Mg^{2+})$

         $r(Cl^-)$  <  $r(I^-)$         $r(Al^{3+})$  <  $r(O^{2-})$

         $r(F^-)$  >  $r(Na^+)$        $r(Na^+)$  <  $r(Cl^-)$

Der Ionenradius nimmt jeweils ab:

1) bei Ionen desselben Elements mit steigender Ionenladung,

2) in einer Gruppe des PSE von unten nach oben,

3) bei gleicher Elektronenkonfiguration mit wachsender Ordnungszahl.

**2.18**  a) Bei höherer Ionenladung ziehen sich entgegengesetzt geladene Ionen im Gitter stärker an. Der Gleichgewichtsabstand der Ionen im Gitter nimmt daher ab.

b) Bei gleicher Elektronenkonfiguration nimmt der Radius mit steigender Kernladung ab, da die Elektronenhüllen vom Kern stärker angezogen werden.

**2.19**  Die in der Antwort zu Aufg. 2.17 unter 2) und 3) genannten Effekte kompensieren sich annähernd.

**2.20**  Sowohl die Zunahme der Kernladung als auch die Zunahme der Ionenladung (durch dichtere Annäherung der entgegengesetzt geladene Ionen im Kristallgitter) bewirken eine Abnahme des Ionenradius. Für das Paar $O^{2-}$, $F^-$ sind diese beiden Effekte entgegengesetzt, für das Paar $Na^+$, $Mg^{2+}$ wirken sie gleichsinnig.

**2.21**  Wenn ein bestimmter Wert von $r_K / r_A$ unterschritten wird, ist eine kleinere Koordinationszahl günstiger. Bei gleichbleibender geometrischer Anordnung kann der Abstand von Kation und Anion nicht weiter abnehmen, sobald sich die Anionen berühren. Eine weitere Annäherung ist erst dann wieder möglich, wenn die Koordinationszahl kleiner wird.

Die folgende Tabelle gibt die Bereiche der Radienverhältnisse für die wichtigsten Koordinationszahlen des Kations an.

| KZ | $r_K / r_A$ |
|----|-------------|
| 4  | 0,22–0,41   |
| 6  | 0,41–0,73   |
| 8  | > 0,73      |

**2.22**  Da das Radienverhältnis $r_K / r_A = 0{,}54$ ist, haben die $Mg^{2+}$-Ionen die Koordinationszahl 6, die $F^-$-Ionen müssen die Koordinationszahl 3 haben.

$MgF_2$ kristallisiert im Rutilgitter (vgl. Aufg. 2.15).

**2.23**  $r_K / r_A = 0{,}89$, $Pb^{2+}$ KZ = 8, $F^-$ KZ = 4, $PbF_2$ kristallisiert im Fluoritgitter (Aufg. 2.15).

### Gitterenergie

**2.24**

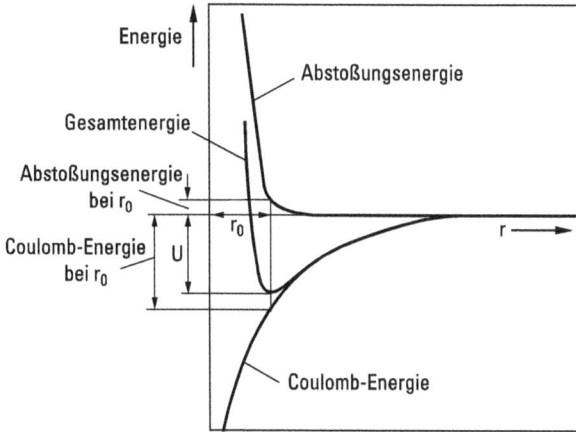

Bei der Annäherung der Ionen wird Coulomb-Energie frei. Die Energie des Ionengitters nimmt daher ab. Gegen die Abstoßung der Elektronenhüllen der Ionen muss bei Annäherung Arbeit verrichtet werden.

Bei großen Abständen überwiegt die Coulomb-Energie, bei sehr kleinen Abständen die Abstoßungsenergie. Die resultierende Gesamtenergie durchläuft daher ein Minimum.

Die Lage des Minimums bestimmt den Gleichgewichtsabstand $r_0$ der Ionen im Gitter, die frei werdende Gesamtenergie beim Abstand $r_0$ ist die Gitterenergie U.

Die Gitterenergie beträgt etwa 90% der Coulomb-Energie.

**2.25**    a) Bei gleicher Ionenladung wächst die Gitterenergie mit abnehmendem Abstand. Kleinere Ionen liefern bei gleichem Strukturtyp höhere Gitterenergien.

b) Mit wachsender Ionenladung wächst die Gitterenergie stark an, da die Coulomb-Energie proportional dem Produkt der Ionenladungszahlen $Z_A \cdot Z_K$ ist.

$$U_C \sim \frac{Z_A \cdot Z_K}{r_0}$$

**2.26**    $U\,(CaO) \quad > \quad U\,(BaO)$, da $r_{Ca^{2+}} < r_{Ba^{2+}}$

$U\,(NaI) \quad < \quad U\,(NaCl)$, da $r_{I^-} > r_{Cl^-}$

$U\,(LiF) \quad < \quad U\,(MgO)$, da $Z_{Li^+} \cdot Z_{F^-} < Z_{Mg^{2+}} \cdot Z_{O^{2-}}$

**2.27**    $Z_{Na^+} \cdot Z_{F^-} : Z_{Ca^{2+}} \cdot Z_{O^{2-}} = 1 : 4$. Das Verhältnis der Gitterenergien von NaF und CaO ist daher ungefähr 1 : 4 (vgl. Aufg. 2.25).

**2.28**    Mit steigender Gitterenergie (siehe dazu die Antwort zu Aufg. 2.25 und 2.26) nehmen sowohl die Härte als auch die Schmelzpunkte von Ionenkristallen zu. Alle drei
Größen wachsen daher in der Reihe NaI < NaCl < BaO < MgO an.

### Ionenleitung · Fehlordnung

**2.29**    a) Wanderung von Kationenleerstellen, von Zwischengitterkationen und Verdrängung von Gitterkationen durch Zwischengitterkationen.

b) Wanderung von Kationenleerstellen und Anionenleerstellen.

**2.30**    a) Bei Silberhalogeniden, b) bei Alkalimetallhalogeniden.

**2.31**    a) Zwei $Y^{3+}$-Ionen verdrängen zwei $Zr^{4+}$-Ionen von den Gitterplätzen. Die verdrängten $Zr^{4+}$-Ionen reagieren mit den Sauerstoffionen von $Y_2O_3$ und einem Sauerstoffion des $ZrO_2$-Gitters wieder zu $ZrO_2$. Es entsteht daher eine zweifach positiv
geladene Sauerstoffleerstelle im $ZrO_2$-Gitter und dadurch Anionenleitung (bei
1000 °C etwa $5 \cdot 10^{-2}\,\Omega^{-1}\,cm^{-1}$).

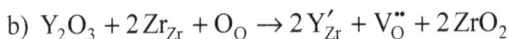

b)  $Y_2O_3 + 2\,Zr_{Zr} + O_O \rightarrow 2\,Y'_{Zr} + V_O^{\bullet\bullet} + 2\,ZrO_2$

Die $ZrO_2$-$Y_2O_3$-Anionenleiter werden in Brennstoffzellen und zur Bestimmung von
kleinen $O_2$-Partialdrücken verwendet.

# Atombindung

### Elektronenpaarbindung · Lewis-Formeln

**2.32**    a) Ionenbindung: LiF, $Al_2O_3$, BaO, KBr, CsCl

b) Atombindung: C(Diamant), $C_2H_6$, $CO_2$, $NH_3$, $SiH_4$, $SO_2$, $Cl_2$

Ionenbindung tritt bei den Verbindungen von Metallen mit Nichtmetallen auf.

Nichtmetallatome bilden untereinander Atombindungen aus, und zwar nicht nur in
Verbindungen, sondern auch in elementaren Stoffen, wie z. B. Diamant und Chlor.

**2.33**    a) Die Striche 1 und 3 bedeuten bindende Elektronenpaare.

Bindende Elektronenpaare werden zwischen die Elementsymbole geschrieben. Sie
gehören beiden Atomen gemeinsam an.

Die Striche 2 und 4 bedeuten nichtbindende Elektronenpaare.

b) Zwei. Die beiden Wasserstoffatome sind durch je eine Elektronenpaarbindung an
das Sauerstoffatom gebunden.

**2.34**    Die Striche 1 und 5 bedeuten nichtbindende Elektronenpaare, die Striche 2 bis 4
bedeuten bindende Elektronenpaare.

**2.35**  Man erhält die Formeln nach folgendem Prinzip:

Jedes ungepaarte Elektron kann mit einem ungepaarten Elektron eines anderen Atoms eine Elektronenpaarbindung bilden.

|  | H· | ·C̈· | ⏐Ō· | ⏐C̲l̄· |
|---|---|---|---|---|
| H· | $H_2$ <br> H−H | $CH_4$ <br> (H−C−H Struktur) | $H_2O$ <br> H−O−H | HCl <br> H−C̲l̄⏐ |
| ·C̈· | | | $CO_2$ <br> ⟨O=C=O⟩ | $CCl_4$ <br> (CCl₄ Struktur) |
| ⏐Ō· | | | $O_2$ <br> ⟨O=O⟩ <br> (⏐O⋮O⏐) | $Cl_2O$ <br> (Cl−O−Cl Struktur) |
| ⏐C̲l̄· | | | | $Cl_2$ <br> ⏐C̲l̄−C̲l̄⏐ |

Bei anderen möglichen Molekülen wie z. B. CO sind die Bindungsverhältnisse komplizierter. Sie werden später behandelt, s. auch Riedel/Janiak, Anorganische Chemie, 10. Aufl.

**2.36**  Bei Hauptgruppenelementen sind an Bindungen nur Elektronen der äußersten Schale beteiligt. Die Elektronen der äußersten Schale werden daher als Valenzelektronen bezeichnet. Die Elektronen der inneren Schalen brauchen bei der Betrachtung von Bindungen nicht berücksichtigt zu werden (vergleichen Sie Aufg. 1.85–1.87).

Bei Verbindungsbildungen werden allerdings nicht immer alle Valenzelektronen benutzt.

**2.37**  B:  drei Valenzelektronen

N:  fünf Valenzelektronen

C:  vier Valenzelektronen

Cl:  sieben Valenzelektronen

**2.38**  a)

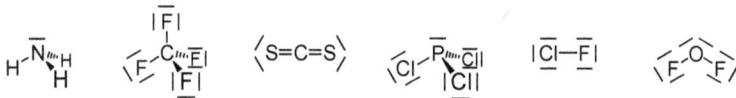

b) In den genannten Verbindungen werden gerade so viele Atombindungen ausgebildet, dass für jedes Atom Edelgaskonfiguration entsteht.

Außer für Wasserstoff gilt daher: Zahl der Bindungen = 8 minus (frühere) Hauptgruppennummer.

## Angeregter Zustand · Bindigkeit · Formale Ladung

**2.39**　Durch Anregung eines 2s-Elektrons in den 2p-Zustand erhält man ein angeregtes Kohlenstoffatom (C*) folgender Konfiguration:

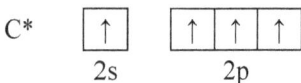

C*　[ ↑ ]　[ ↑ | ↑ | ↑ ]
　　　2s　　　　2p

Das angeregte Kohlenstoffatom hat vier ungepaarte Elektronen und kann daher vier Atombindungen bilden.

**2.40**　a) Im Gegensatz zum Kohlenstoffatom ist beim Stickstoffatom eine Anregung nur durch Übergang eines Elektrons von der L-Schale in die energetisch viel höher gelegene M-Schale möglich. Diese Anregungsenergie kann jedoch durch Ausbildung weiterer Atombindungen nicht gedeckt werden. Dies gilt für alle Hauptgruppenelemente.

Die Hauptgruppenelemente können nicht mehr als vier 2-Zentren-2-Elektronen-(2Z/2E-)Atombindungen ausbilden (Oktettregel).

b) Das Sauerstoffatom hat im Grundzustand nur zwei ungepaarte Elektronen:

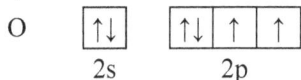

O　[ ↑↓ ]　[ ↑↓ | ↑ | ↑ ]
　　　2s　　　　2p

$H_4O$ könnte nur von einem angeregten Sauerstoffatom gebildet werden. Die Anregung eines Elektrons in höhere Orbitale, z. B. das 3s-Orbital, erfordert so viel Energie, dass keine chemische Verbindung mit einem angeregten Sauerstoffatom gebildet wird. Daher können sich nur zwei Elektronenpaarbindungen ausbilden.

Denkbar wäre eine Verbindung $H_4O^{2+}$ (isoelektronisch zu $CH_4$ und $NH_4^+$).

**2.41**　Den Hauptgruppenelementen stehen nur vier Orbitale zur Ausbildung von Atombindungen zur Verfügung. Stickstoff kann maximal vierbindig sein (vgl. Aufg. 2.40 und 2.44).

**2.42**　a) Die einzig mögliche Formel, die die geforderte Bedingung erfüllt, ist |C≡O|.

b) C: formale Ladung –1

　O: formale Ladung +1

Die formale Ladung gibt man in der Lewis-Formel folgendermaßen an:     $|\overset{\ominus}{C}{\equiv}\overset{\oplus}{O}|$

$\overset{\ominus}{C}$ und $\overset{\oplus}{O}$ haben die gleiche Elektronenkonfiguration wie N. Sie können daher wie N in $N_2$ drei Atombindungen bilden.

Man muss sich klar darüber sein, dass die formale Ladung keine tatsächlich am Atom auftretende Ladung ist.

**2.43**   a)

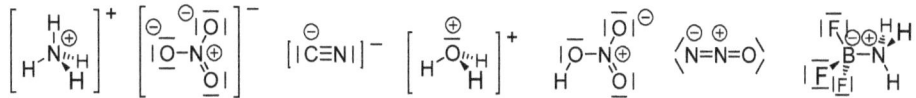

b)

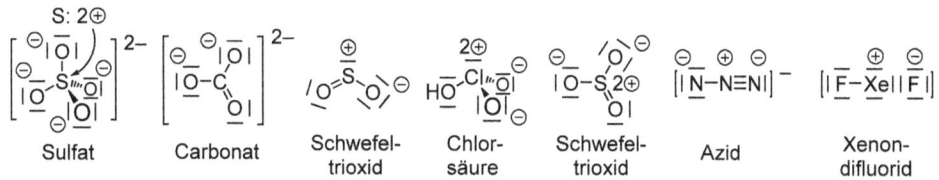

| Sulfat | Carbonat | Schwefel-trioxid | Chlor-säure | Schwefel-trioxid | Azid | Xenon-difluorid |

**2.44**   a)

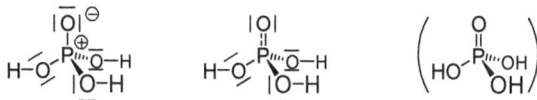

Die linke Lewis-Formel erfüllt mit der Einführung von Formalladungen die Oktett-regel. Die mittlere Lewis-Formel zeigt, dass nichtklassische π-Bindungen (gestri-chelte Linie, Hyperkonjugation) vom terminalen O– zum P-Atom die σ-Bindung verstärken (gemäß der Molekülorbital-Beschreibung). Häufig wird auch die (verein-fachte) rechte, eingeklammerte Lewis-Formel mit einer „Doppelbindung" zwischen P und terminalem O geschrieben. Dabei steht der zweite Valenzstrich aber *nicht* für eine *2-Zentren-2-Elektronen-π-Doppelbindung*.

Valenzstriche sind Symbole, die für unterschiedliche Bindungen verwendet werden. Sie können für „normale" 2-Zentren-2-Elektronen-Bindungen aber auch für Mehrzentrenbindungen stehen.

b) Das Phosphoratom bildet vier kovalente 2-Zentren-2-Elektronen-Bindungen zu den vier Sauerstoffatomen. Dazu kommen Mehrzentrenbindungen von den freien Elektronenpaaren des terminalen O-Atoms in die leeren $\sigma_p$*-Orbitale (siehe das MO-Diagramm zu $ClO_4^-$ – isoelektronisch zu $PO_4^{3-}$ – in Abb. 2.80 in Riedel/ Janiak, Anorganische Chemie, 10. Aufl. und Riedel/Meyer, Allgemeine und Anor-ganische Chemie, 12. Aufl., Abb. 2.55).

c)

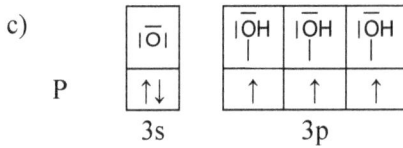

Eine Molekülorbital-Beschreibung (s. Literatur unter b) macht aber im Unterschied zum Kästchenschema deutlich, dass das Phosphor-s- und die drei p-Orbitale jeweils gleichzeitig mit mehreren Sauerstoffatomen ein $\sigma_s$- und drei $\sigma_p$-bindende (und zugehörige antibindende) Molekülorbitale bilden. Die vier bindenden MOs sind mit acht Elektronen (fünf vom P-Atom und drei von den O-Atomen) gefüllt.

**2.45**  Die Verbindungen $SF_6$ und $SiF_6^{2-}$ sind isoelektronisch, so dass die jeweilige Beschreibung durch Lewis-Formeln oder ein Molekülorbitaldiagramm sehr ähnlich ist.

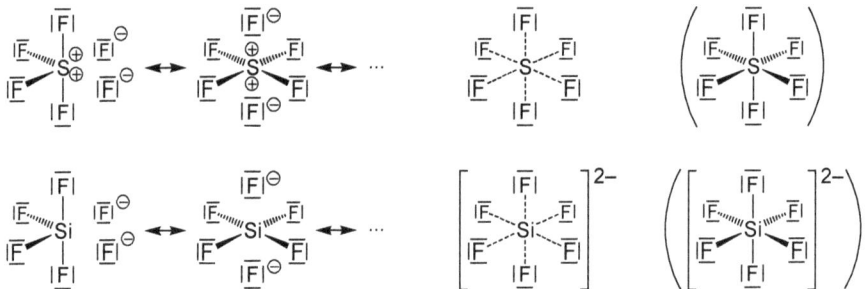

Die linken mesomeren Lewis-Formeln erfüllen mit der Einführung von Formalladungen die Oktettregel. Häufig wird auch die rechte, eingeklammerte Lewis-Formel geschrieben. Es liegen jedoch *keine sechs 2-Zentren-2-Elektronen-Bindungen* vor. Ein Molekülorbital-Diagramm (siehe Abb. 2.78 in Riedel/Janiak, Anorganische Chemie, 10. Aufl.) zeigt, dass das S/Si-s- und die drei p-Orbitale jeweils gleichzeitig mit allen sechs Fluoratomen ein $\sigma_s$- und drei $\sigma_p$-bindende Molekülorbitale bilden, die mit acht Elektronen gefüllt sind. Damit bestehen vier 7-Zentren-2-Elektronen-Bindungen, ergänzt durch zwei nichtbindende Molekülorbitale der sechs Fluoratome. Dieser Sachverhalt wird durch die mesomeren Lewis-Formeln ebenfalls zum Ausdruck gebracht und könnte durch die mittlere Lewis-Formel mit ausschließlich gestrichelten S/Si---F-Bindungen in einer Formel verdeutlicht werden. Die S/Si–F-Bindungen sind stark polar.

Nichtklassische π-Bindungen (Hyperkonjugation) von den freien Elektronenpaaren der F-Atome in die leeren $\sigma_p^*$-Orbitale können die σ-Bindungen verstärken.

Zu Mesomerie siehe Aufg. 2.90–2.95.

**2.46**  Die Abstände der Fluoratome in beiden Verbindungen wären kleiner als ihre van-der-Waals-Durchmesser, was zu einer Inter-Fluoratom-Abstoßung und damit Aufweitung und Schwächung der O/N–F-Bindung führt.

SF$_6$ und PF$_5$ sind auch deshalb stabiler, weil die S–F- und die P–F-Bindungen polarer sind als die O–F- und die N–F-Bindungen. Die Existenz von hyperkoordinierten Molekülen wird im Wesentlichen durch genügend polare Bindungen bedingt. Eine d-Orbitalbeteiligung ist für die Elemente der zweiten und dritten Periode nicht essenziell und sollte nicht für die Unterschiede zwischen OF$_6$ und SF$_6$ oder NF$_5$ und PF$_5$ herangezogen werden. Die Oktettregel wird in keinem der vorstehenden Moleküle verletzt (vgl. Aufg. 2.45). In einem hyperkoordinierten EF$_6$ oder EF$_5$ Molekül entspricht eine konventionelle Lewis-Formel *nicht sechs oder fünf 2-Zentren-2-Elektronen-Bindungen*, sondern stellt Mehrzentrenbindungen dar. Aufgrund des hohen ionischen Bindungscharakters werden weniger als 2 Elektronen zwischen den gebundenen Atomen geteilt.

## Valenzschalen-Elektronenpaar-Abstoßungs-(VSEPR-)Modell

**2.47**    a) Berechnung der Zahl der Elektronenpaare:

XeOF$_2$: 8e(Xe) + 2e(O) + 2e(2F) = 12e $\Rightarrow$ 6 Elektronenpaare, davon werden 2 Elektronenpaare für die Xe=O-Doppelbindung benötigt (2B = B), 2 Elektronenpaare (B$_2$) für die beiden Xe–F-Bindungen. Es verbleiben 2 freie Elektronenpaare (E$_2$).

Die beiden Elektronenpaare einer Doppelbindung (2B) befinden sich in einem Raumbereich zwischen Zentral- und Ligandenatom. Für die Typ-Eingruppierung wird dieser Raumbereich der Doppelbindung dem Raumbereich einer Einfachbindung (B) gleichgesetzt, d. h., 2B = B und A(2B)B... = AB$_2$...

Typ: A(2B)B$_2$E$_2$ = AB$_3$E$_2$ $\Rightarrow$ T-förmige Struktur mit den beiden F-Atomen trans zueinander und Xe=O in der Mitte oder unter Berücksichtigung der beiden freien Elektronenpaare E eine trigonal-bipyramidale Anordnung mit Xe=O und E$_2$ in der äquatorialen Ebene (größere Raumbeanspruchung von Doppelbindung und freien Elektronenpaaren).

XeOF$_4$: 8e(Xe) + 2e(O) + 4e(4F) = 14e $\Rightarrow$ 7 Elektronenpaare, davon werden 2 Elektronenpaare für die Xe=O-Doppelbindung benötigt (2B = B), 4 Elektronenpaare (B$_4$) für die vier Xe–F-Bindungen. Es verbleibt 1 freies Elektronenpaar (E).

Typ: A(2B)B$_4$E = AB$_5$E $\Rightarrow$ quadratisch-pyramidale Struktur mit den vier F-Atomen in der Ebene und Xe=O in axialer Stellung oder unter Berücksichtigung des freien Elektronenpaares eine oktaedrische Struktur mit Xe=O und E trans zueinander.

ClO$_3^-$ und XeO$_3$ sind isovalenzelektronisch: 8e(Cl$^-$/Xe) + 6e(6O) = 14e $\Rightarrow$ 7 Elektronenpaare, davon werden 6 Elektronenpaare für die drei Cl$^-$/Xe=O-Doppelbindungen benötigt (3×2B = B$_3$). Es verbleibt 1 freies Elektronenpaar (E).

Typ: A(2B)$_3$E = AB$_3$E $\Rightarrow$ trigonal-pyramidale Struktur oder unter Berücksichtigung des freien Elektronenpaares eine tetraedrische Struktur.

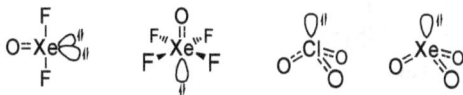

Das VSEPR-Modell liefert schnell eine anschauliche Deutung der Molekülstrukturen. Es ist gut für kovalente Hauptgruppenverbindungen anwendbar. Für die Nebengruppenelemente kann das Modell in der Regel nicht verwendet werden.

Das VSEPR-Modell erlaubt eine Interpretation der Molekülgeometrie um ein Zentralatom. Das Koordinationspolyeder und die Konfiguration der Ligandenatome (cis, trans usw.) lassen sich erklären und auch vorhersagen. Bindungswinkel können abgeschätzt werden.

Das VSEPR-Modell gibt aber keine Beschreibung der elektronischen Struktur. Es ist im Gegenteil in Bezug auf die elektronische Struktur sogar irreführend, da es lokalisierte 2-Zentren-2-Elektronen-Bindungen vorspiegelt, wo tatsächlich Mehrzentrenbindungen vorliegen (vgl. dazu Aufg. 2.44–2.46).

b) $ClF_3$: 7e(Cl) + 3e(3F) = 10e $\Rightarrow$ 5 Elektronenpaare, davon werden 3 Elektronenpaare für die drei Cl–F-Bindungen benötigt. Es verbleiben 2 freie Elektronenpaare ($E_2$). Typ: $AB_3E_2$

$XeF_2$: 8e(Xe) + 2e(2F) = 10e $\Rightarrow$ 5 Elektronenpaare, davon werden 2 Elektronenpaare für die beiden Xe–F-Bindungen benötigt. Es verbleiben 3 freie Elektronenpaare ($E_3$). Typ: $AB_2E_3$.

In beiden Fällen bilden die 5 Elektronenpaare eine trigonal-bipyramidale Anordnung. Die Frage zielt darauf, warum die Molekülgestalt für $ClF_3$ nicht planar (d. h. die freien Elektronenpaare axial zu einander) und für $XeF_2$ nicht V-förmig gewinkelt ist (d. h. die freien Elektronenpaare dann T-förmig zueinander). In trigonal-bipyramidalen Strukturen besetzen die freie Elektronenpaare mit ihrem erhöhten Platzbedarf die äquatorialen Positionen. Die Winkel in der äquatorialen Ebene betragen 120°, die Winkel zu den Pyramidenspitzen nur 90°. Der Abstand zu einem Nachbar-Elektronenpaar in der Äquatorebene ist daher größer als zu einem Nachbar-Elektronenpaar in der Pyramidenspitze. Ein Elektronenpaar in der Ebene hat zwei Nachbarn mit 120° Winkel und zwei Nachbarn mit 90° Winkel. Ein Elektronenpaar in der Pyramidenspitze hat drei Nachbarn mit 90° Winkel.

**2.48**    $PF_2Cl_3$: Größere Liganden (Cl) besetzen die mehr Platz bietenden äquatorialen Positionen.

Alternativ: Elektronegative Substituenten ziehen bindende Elektronenpaare stärker an sich heran und vermindern damit deren Raumbedarf. In der trigonalen Bipyramide besetzen die elektronegativeren Atome – da ihre Bindungselektronen weniger Raum beanspruchen – die axialen Positionen.

$XeF_3^+$: 8e(Xe) + 3e(3F) – 1e(+) = 10e $\Rightarrow$ 5 Elektronenpaare, davon werden 3 Elektronenpaare für die drei Xe–F-Bindungen benötigt. Es verbleiben 2 freie Elektronenpaare ($E_2$).

Typ: $AB_3E_2$ $\Rightarrow$ T-förmige Struktur oder unter Berücksichtigung der beiden freien Elektronenpaare E eine trigonal-bipyramidale Anordnung mit $E_2$ in der äquatorialen Ebene (größere Raumbeanspruchung von freien Elektronenpaaren).

Der Platzbedarf der freien Elektronenpaare verringert die F–Xe–F-Bindungswinkel zu kleiner 90°.

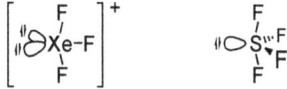

$$\left[ \ddot{O}Xe{-}F \right]^{+} \qquad \ddot{O}S\underset{F}{\overset{F}{<}}{}^{F}$$

$SF_4$: 6e(S) + 4e(4F) = 10e : 2 $\Rightarrow$ 5 Elektronenpaare, davon werden 4 Elektronenpaare für die vier S–F-Bindungen benötigt. Es verbleibt 1 freies Elektronenpaar (E).

Typ: $AB_4E \Rightarrow$ verzerrter Tetraeder bis verzerrt pyramidal mit A als Spitze.

Der Platzbedarf der freien Elektronenpaare verringert die F–S–F-Bindungswinkel zu kleiner 120° und kleiner 180°.

## Elektronegativität · Polare Atombindungen

**2.49**  Die Elektronegativität ist ein Maß für die Fähigkeit eines Atoms, in einer Bindung die bindenden Elektronen an sich zu ziehen.

**2.50**  Das elektronegativere Cl-Atom hat die größere Tendenz, das bindende Elektronenpaar an sich zu ziehen, als das H-Atom. Die Bindungselektronen sind daher ungleichmäßig auf die beiden Atome verteilt, es entsteht eine polare Atombindung. Die Polarität der Bindung kann durch die Partialladungen δ+ und δ– zum Ausdruck gebracht werden:

$$\overset{\delta+}{H} : \overset{\delta-}{\ddot{\underset{..}{C}l}}:$$

In der Schreibweise mit Punkten kann man eine unpolare Atombindung, polare Atombindung und Ionenbindung folgendermaßen darstellen:

| | | |
|---|---|---|
| Unpolare Atombindung | $:\!\ddot{\underset{..}{C}}l : \ddot{\underset{..}{C}}l\!:$ | zunehmende Elektronegativitäts- differenz |
| Polare Atombindung | $\overset{\delta+}{H} : \overset{\delta-}{\ddot{\underset{..}{C}}l}\!:$ | |
| Ionenbindung | $Na^+ \;\; :\!\ddot{\underset{..}{C}}l\!:^{-}$ | |

**2.51**  Nein.

**2.52**  Die Tendenz eines gebundenen Atoms, die Bindungselektronen an sich zu ziehen, wird um so größer sein, je größer die Fähigkeit des freien Atoms ist, sein eigenes Elektron festzuhalten (größere Ionisierungsenergie) und ein zusätzliches Elektron aufzunehmen (größere Elektronenaffinität).

**2.53**  Die Elektronegativität wird größer

a) innerhalb einer Gruppe des Periodensystems von unten nach oben,

b) innerhalb einer Periode von links nach rechts.

Wasserstoff hat ungefähr die gleiche Elektronegativität wie Bor.

**2.54**  a) niedrigste Na < Al < C < N < O höchste Elektronegativität

b) niedrigste K < Si < S < Cl < F höchste Elektronegativität

**2.55**  a) höchste NaF > MgO > $H_2O$ > $CH_4$ niedrigste Elektronegativitätsdifferenz

b) höchste NaF > MgO > $H_2O$ > $CH_4$ niedrigste Bindungspolarität

Die Reihenfolge ist identisch, weil sich die Bindungspolarität im Wesentlichen aus der Elektronegativitätsdifferenz ergibt.

Ionenbindung und Atombindung sind Grenzfälle der chemischen Bindung, zwischen denen es fließende Übergänge gibt (vgl. Aufg. 2.50)

**2.56**  höchste KCl > $MgCl_2$ > HCl > $H_2S$ niedrigste Elektronegativitätsdifferenz

**2.57**  $\overset{\delta-}{F}-\overset{\delta+}{Cl}$, $\overset{\delta-}{O}-\overset{\delta+}{S}$, $\overset{\delta+}{H}-\overset{\delta-}{S}$, $\overset{\delta+}{O}-\overset{\delta-}{F}$, $\overset{\delta+}{H}-\overset{\delta-}{N}$, $\overset{\delta-}{O}-\overset{\delta+}{Si}$, $\overset{\delta+}{P}-\overset{\delta-}{Cl}$, $\overset{\delta-}{Cl}-\overset{\delta+}{I}$

## Oxidationszahl

Die Oxidationszahl eines Atoms im elementaren Zustand ist null.

In Ionenverbindungen ist die Oxidationszahl eines Elements identisch mit der Ionenladung.

Bei kovalenten Verbindungen wird die Verbindung gedanklich in Ionen aufgeteilt. Die Aufteilung erfolgt so, dass die Bindungselektronen dem elektronegativeren Partner zugeteilt werden. Die Oxidationszahl ist dann identisch mit der so erhaltenen Ionenladung.

Beispiel: Aus $Ca^{2+}$ 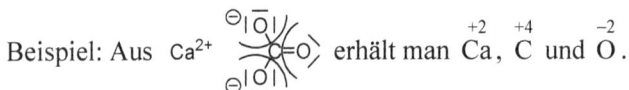 erhält man $\overset{+2}{Ca}$, $\overset{+4}{C}$ und $\overset{-2}{O}$.

**2.58**  $\overset{+2}{Mg}\overset{-2}{O}$, $\overset{+2}{Ca}\overset{-1}{H_2}$, $\overset{+5}{P}\overset{-1}{Cl_5}$, $\overset{+1}{H_3}\overset{+5}{P}\overset{-2}{O_4}$, $\overset{+1}{Cl}\overset{-1}{F}$, $\overset{0}{O_3}$, $\overset{-3}{N}\overset{+1}{H_3}$,

$\overset{+1}{H}\overset{+5}{N}\overset{-2}{O_3}$, $\overset{+1}{H_2}\overset{-2}{S}$, $\overset{+2}{O}\overset{-1}{F_2}$, $\overset{+4}{C}\overset{-2}{O_2}$, $\overset{+1}{H_3}\overset{-2}{O}^+$, $\overset{+4}{S}\overset{-2}{O_3^{2-}}$

**2.59**

a)

| Element | maximale negative Oxidationszahl | Verbindungen | maximale positive Oxidationszahl | Verbindungen |
|---------|----------------------------------|--------------|----------------------------------|--------------|
| S | −2 | $H_2S$, $Na_2S$ | +6 | $SO_3$, $SF_6$, $H_2SO_4$ |
| F | −1 | HF, KF, $CaF_2$ | | |
| Al | | | +3 | $Al_2O_3$, $AlF_3$ |
| N | −3 | $NH_3$, $Mg_3N_2$ | +5 | $HNO_3$, $N_2O_5$ |
| H | −1 | LiH, $CaH_2$ | +1 | HCl, $H_2O$ |

b) Die maximale positive Oxidationszahl ist identisch mit der (früheren) Hauptgruppennummer des Elements (oder für p-Elemente Gruppennummer minus 10 im 18er System).

Die maximale negative Oxidationszahl beträgt 8 minus (früherer) Hauptgruppennummer oder 18 minus (neuer) Gruppennummer des 18er-Systems.

Auf Grund seiner besonderen Stellung im Periodensystem kann Wasserstoff nur mit den Oxidationszahlen +1, 0 und −1 auftreten.

Als elektronegativstes Element kann Fluor keine positiven Oxidationszahlen haben.

**2.60**

| | Lewis-Formel | Oxidationszahl | Bindigkeit | formale Ladung |
|---|---|---|---|---|
| N in $HNO_3$ | $\begin{array}{c} |\overline{\underline{O}}|^{\ominus} \\ |\overline{O}-N^{\oplus} \\ H \quad \searrow \overline{O}| \end{array}$ | +5 | 4 | +1 |
| C in CO | $|\overset{\ominus}{C}\equiv\overset{\oplus}{O}|$ | +2 | 3 | −1 |
| O in $H_3O^+$ | $H-\overset{\oplus}{\underset{H}{O}}^{\prime\prime\prime}H$ | −2 | 3 | +1 |
| N in $NH_4^+$ | $H-\overset{H}{\underset{H}{N}}^{\oplus\prime\prime\prime}H$ | −3 | 4 | +1 |
| C in $CN^-$ | $|\overset{\ominus}{C}\equiv N|$ | +2 | 3 | −1 |
| Si in $SiF_6^{2-}$ | $\begin{array}{c} |\overline{F}| \\ |\overline{F}^{\prime\prime\prime}{}_{\prime}Si \quad |\overline{F}|^{\ominus} \\ |\overline{F}| \quad |\overline{F}|^{\ominus} \\ |\overline{F}| \quad \text{vgl. 2.45} \end{array}$ | +4 | 4 Mehrzentrenbindungen, vgl. Aufg. 2.45 | 0 |

## σ-Bindung · π-Bindung · Hybridisierung

**2.61** a)

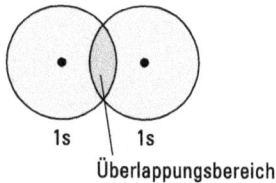

Überlappungsbereich

b) Die Elektronendichte erhöht sich besonders stark im Überlappungsbereich.

Je größer bei einer Atombindung die Elektronendichte zwischen den Kernen ist, umso stärker ist die Bindung.

**2.62**  Richtig ist b).

Jedes der beiden Bindungselektronen hält sich im gesamten Raum des Wasserstoffmoleküls auf.

Die Bindungselektronen lassen sich nicht mehr einem bestimmten Wasserstoffatom zuordnen, sie gehören in gleichem Maße beiden Atomen an.

Die Elektronendichte zwischen den Kernen ist erhöht, aber nicht so, dass die Bindungselektronen sich nur zwischen den Kernen befänden; deshalb ist c) falsch.

**2.63**  Da sich die beiden Elektronen in denselben Orbitalen aufhalten, müssen sie auf Grund des Pauli-Prinzips (vgl. Aufg. 1.69) antiparallelen Spin haben.

**2.64**

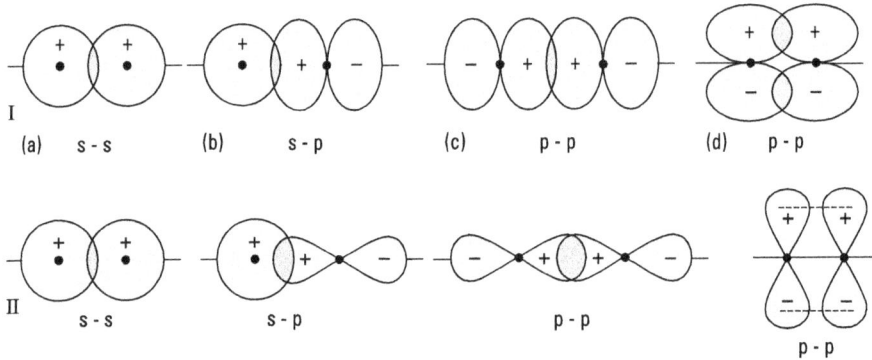

Orbitale werden zeichnerisch unterschiedlich dargestellt.

Die Gestalt der in der Darstellung I wiedergegebenen p-Orbitale entspricht am ehesten der wahren Ladungsverteilung. Wir wollen jedoch aus zeichnerischen Gründen die Darstellungsweise II benutzen. Beiden Darstellungen ist gemeinsam, dass die p-Orbitale hantelförmig sind und die maximale Elektronendichte in derselben Richtung liegt. Bei der Bindung d) kommt die Überlappung in der Darstellung I besser zum Ausdruck.

**2.65**  a), b) und c)          σ-Bindung

d)                            π-Bindung

**2.66**

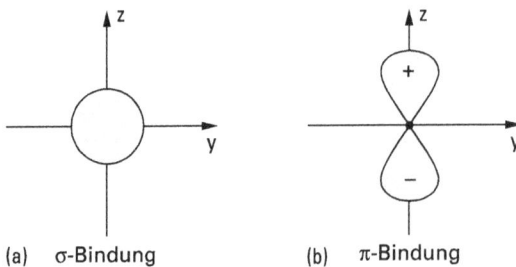

In σ-Bindungen ist die Ladungsverteilung rotationssymmetrisch um die Verbindungslinie der Atomkerne.

**2.67**    Bei den Bedingungen a) und c) sind keine Atombindungen möglich. Die Fälle a) bis
d) lassen sich anschaulich wie folgt darstellen.

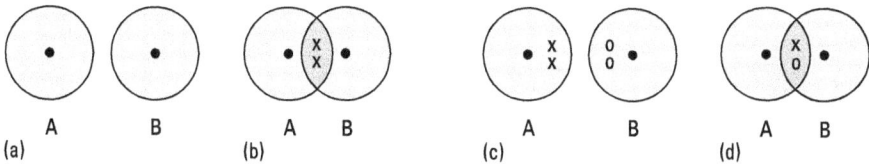

Die mit × bezeichneten Elektronen stammen vom Atom A, die mit o bezeichneten
vom Atom B.

Bei b) und d) erfolgt Bindung durch ein gemeinsames Elektronenpaar.

Bei b) stammen beide Elektronen vom Atom A. Diese Bindung wird auch als dative
Bindung bezeichnet.

Bei a) existieren keine gemeinsamen Elektronen. Das ist aber eine notwendige Vo-
raussetzung zur Atombindung.

Bei c) existieren 4 gemeinsame Elektronen. Jedes Orbital müsste dann mit 4 Elektronen besetzbar sein. Das ist nach dem Pauli-Prinzip ausgeschlossen.

**2.68**    Da die 1s-Orbitale der He-Atome voll besetzt sind, kann keine Elektronenpaarbindung gebildet werden. Eine Anregung in die L-Schale erfordert zu viel Energie.

Erst ein $He_2^+$ -Teilchen ist existent.

**2.69**

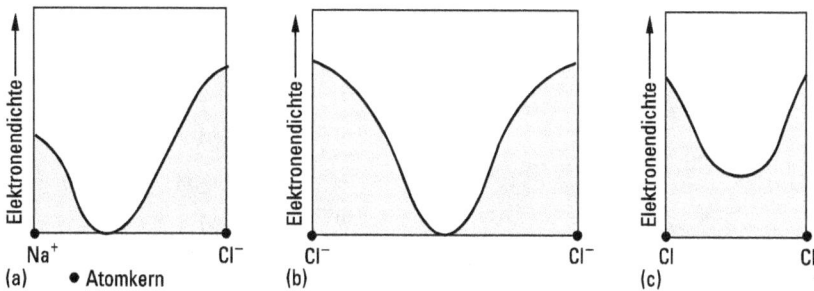

In typischen Ionenverbindungen überlappen die Elektronenhüllen der Ionen nicht,
die Elektronendichte zwischen den Ionen sinkt fast auf null. Bei Atombindungen
kommt es durch die Überlappung der Atomorbitale zu einer hohen Elektronendichte
zwischen den Kernen. Im $Cl_2$-Molekül überlappen die beiden einfach besetzten p-
Orbitale der Cl-Atome.

**2.70**
a)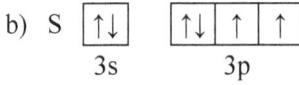

b)  S  $\boxed{\uparrow\downarrow}$  $\boxed{\uparrow\downarrow}\,\boxed{\uparrow}\,\boxed{\uparrow}$

       3s            3p

c)

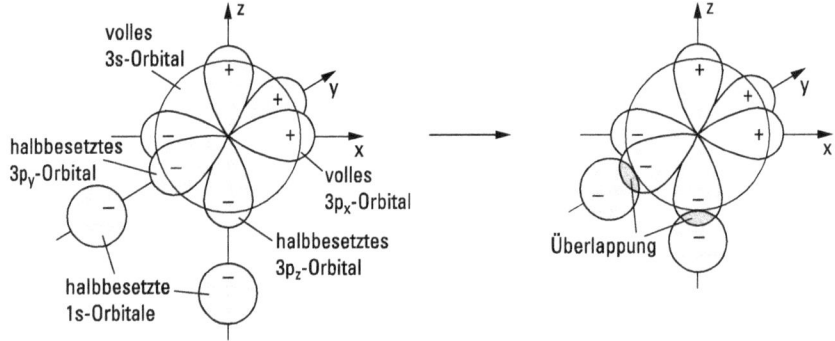

d) 90°. Der experimentell gefundene Winkel beträgt 92°.

**2.71**
a)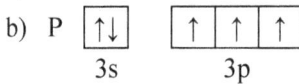

b)  P  $\boxed{\uparrow\downarrow}$  $\boxed{\uparrow}\,\boxed{\uparrow}\,\boxed{\uparrow}$

       3s            3p

c)

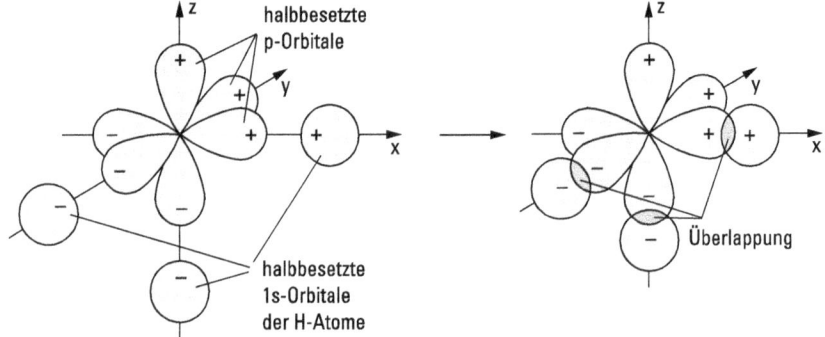

d) 90°. Experimentell findet man 93°.

**2.72**  a) Zwei.

Die Zahl gebildeter Hybridorbitale ist immer gleich der Zahl der Orbitale, die an der Hybridisierung beteiligt sind.

b) Die aus *einem* s-Orbital und *einem* p-Orbital entstehenden Hybridorbitale nennt man sp-Hybridorbitale.

c)

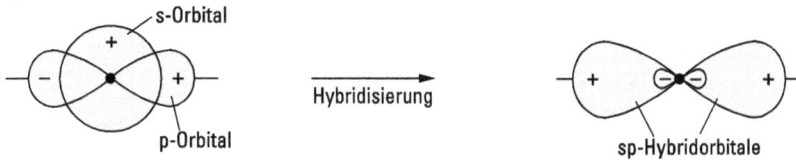

Die Gestalt der beiden Hybridorbitale ist gleich. Sie bilden einen Winkel von 180°
zueinander.

**2.73**

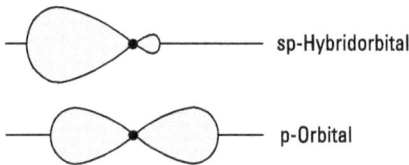

Das Hybridorbital ist in einer Richtung größer als das p-Orbital.

**2.74**   Die Überlappung ist im Fall b) größer, weil das sp-Hybridorbital in Bindungsrich-
tung weiter ausgedehnt ist als das p-Orbital.

Eine stärkere Überlappung von Orbitalen führt zu einer größeren Bindungsenergie.

**2.75**   a) $sp^2$-Hybridorbitale

b) $sp^2$ bedeutet, dass *ein* s-Orbital und *zwei* p-Orbitale an der Hybridisierung beteiligt sind.

c) s, $p_x$, $p_y$

Da sich die $sp^2$-Hybridorbitale in der x–y-Ebene befinden, müssen die in dieser
Ebene liegenden $p_x$- und $p_y$-Orbitale an der Hybridisierung beteiligt sein und nicht
das senkrecht zu dieser Ebene stehende $p_z$-Orbital. Das $p_z$-Orbital bleibt unverändert erhalten.

**2.76**   a)  $|\overline{F}|$
                $\underset{|\underline{F}|}{B}{-}\overline{F}|$

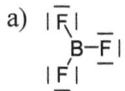

b) Bor kann im angeregten Zustand drei Bindungen ausbilden:

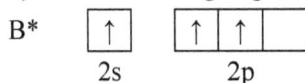

B*   [ ↑ ]   [ ↑ | ↑ |   ]
     2s          2p

Da das Molekül eben ist und gleichartige Bindungen mit Bindungswinkeln von
120° auftreten, muss $sp^2$-Hybridisierung vorliegen.

Die drei $sp^2$-Hybridorbitale des Boratoms überlappen jeweils mit einem p-Orbital
eines Fluoratoms:

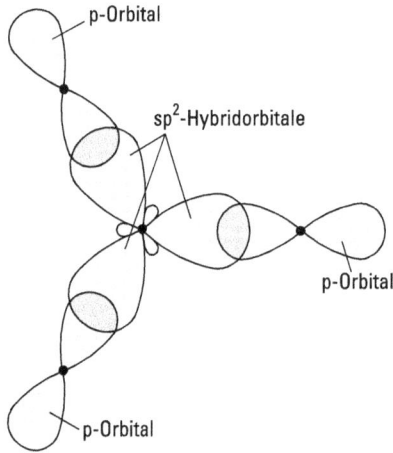

c) Die Überlappung der drei Hybridorbitale des B-Atoms mit jeweils einem p-Orbital der drei F-Atome führt zu σ-Bindungen.

Im $BF_3$-Molekül existiert außerdem eine delokalisierte π-Bindung. (vgl. Aufg. 2.93b)

**2.77**  a) Da der Winkel von 107° dem Tetraederwinkel von 109° viel näher kommt als dem rechten Winkel, trifft die Beschreibung unter II für das $NH_3$-Molekül besser zu.

b) Das nichtbindende Elektronenpaar befindet sich im Fall I im 2s-Orbital (vgl. $PH_3$, Aufg. 2.71), im Fall II befindet es sich in einem $sp^3$-Hybridorbital.

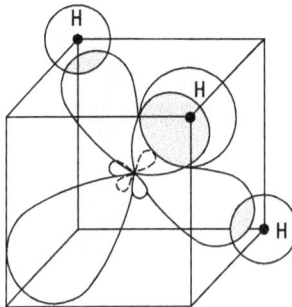

**2.78**  a)

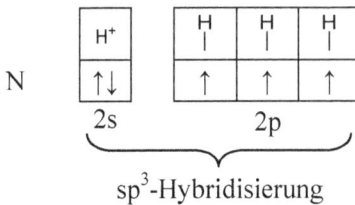

oder

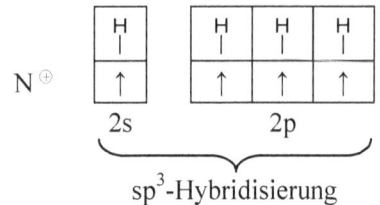

b) Das Kohlenstoffatom im $CH_4$-Molekül hat dieselbe Valenzelektronenkonfiguration wie $N^+$ im $NH_4^+$-Ion. In beiden Fällen bilden sich vier tetraedrisch angeordnete $sp^3$-Hybridorbitale.

Es soll noch einmal zusammenfassend auf die wesentlichen Merkmale der Hybridisierung hingewiesen werden:

Die Anzahl gebildeter Hybridorbitale ist immer gleich der Zahl der Atomorbitale, die an der Hybridbildung beteiligt sind.

Es kombinieren nur solche Atomorbitale zu Hybridorbitalen, die ähnliche Energien haben, z. B.: 2s mit 2p, 3s mit 3p, 4s mit 4p.

Die Hybridisierung führt zu einer völlig neuen räumlichen Orientierung der Elektronenwolken.

Hybridorbitale besitzen größere Elektronenwolken als die nicht hybridisierten Orbitale. Eine Bindung mit Hybridorbitalen führt daher zu einer stärkeren Überlappung und damit zu einer stärkeren Bindung (vgl. Aufg. 2.74). Der Gewinn an zusätzlicher Bindungsenergie ist der eigentliche Grund für die Hybridisierung.

Das Valenzbindungsmodell mit Hybridorbitalen kann die gefundenen Bindungswinkel häufig besser – und auch didaktisch einfacher – beschreiben als das MO-Modell.

Der hybridisierte Zustand ist aber nicht ein an einem isolierten Atom tatsächlich herstellbarer und beobachtbarer Zustand, wie z. B. der angeregte Zustand. Das Konzept der Hybridisierung hat nur für gebundene Atome eine Berechtigung. Bei der Verbindungsbildung treten im ungebundenen Atom weder der angeregte Zustand noch der hybridisierte Zustand als echte Zwischenprodukte auf. Es ist jedoch zweckmäßig, die Verbindungsbildung gedanklich in einzelne Schritte zu zerlegen und für die Atome einen hypothetischen Valenzzustand zu formulieren.

Für das Siliciumatom beispielsweise erhält man den Valenzzustand durch folgende Schritte aus dem Grundzustand:

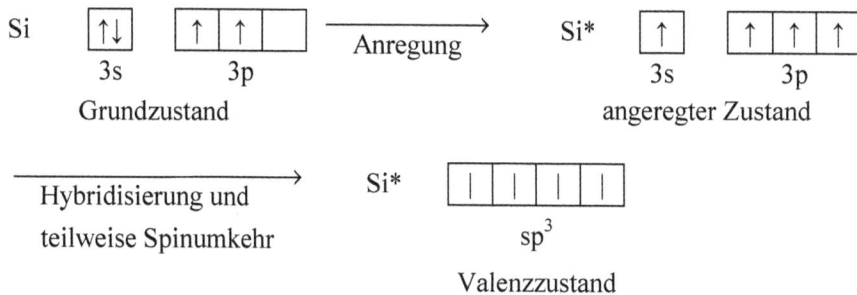

Im Valenzzustand sind die Spins der Valenzelektronen statistisch verteilt. Dies wird durch „Pfeile ohne Spitze" symbolisiert.

**2.79**

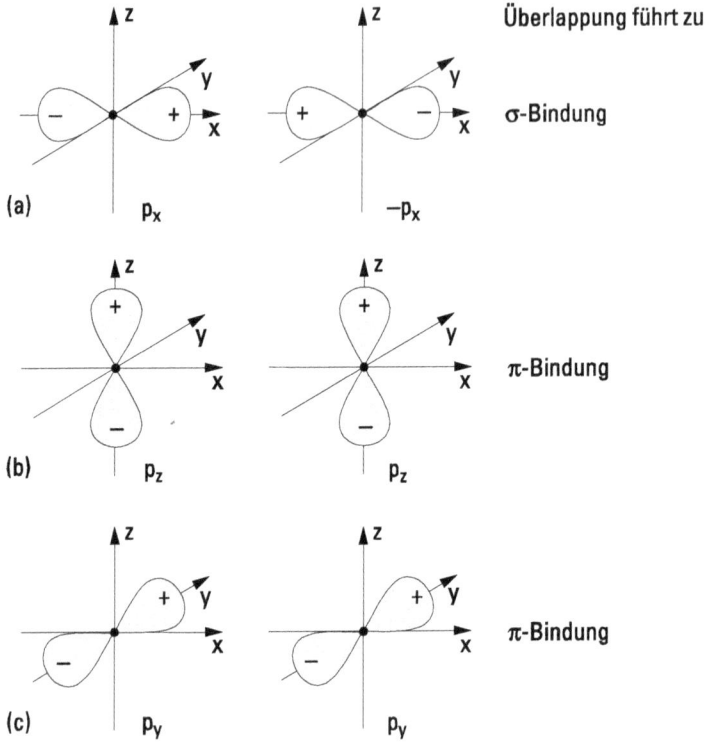

Überlappung führt zu

σ-Bindung

π-Bindung

π-Bindung

• **Kern des Stickstoffatoms**

**2.80**   a)  $|\overset{\ominus}{C}\equiv\overset{\oplus}{O}|$

b)  $C^{\ominus}$

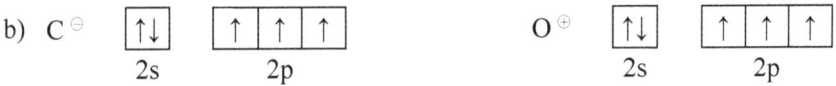

Sowohl Kohlenstoff- als auch Sauerstoffatome sind dreibindig.

c)

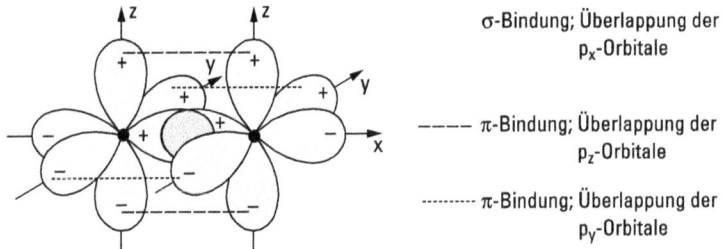

σ-Bindung; Überlappung der
$p_x$-Orbitale

---- π-Bindung; Überlappung der
$p_z$-Orbitale

--------- π-Bindung; Überlappung der
$p_y$-Orbitale

Zur zeichnerischen Darstellung der Überlappung bei π-Bindungen vgl. Aufg. 2.64.

**2.81**

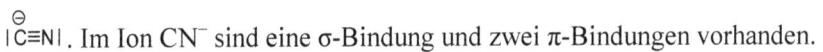

$|\overset{\ominus}{C}\equiv N|$. Im Ion CN⁻ sind eine σ-Bindung und zwei π-Bindungen vorhanden.

| 2.82 | Bindung | Bindungstyp | Beteiligte Orbitale |
|---|---|---|---|
| | 1 und 2 | σ-Bindung | sp²-Hybridorbitale von C<br>s-Orbitale der H-Atome |
| | 3 | σ-Bindung | sp²-Hybridorbital von C, p-Orbital von O |
| | 4 | π-Bindung | p-Orbitale von C und O |

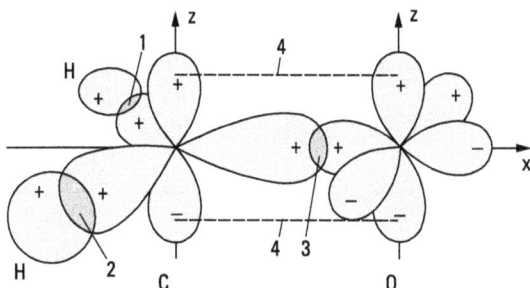

Das C- und O-Atom besitzen je ein halbgefülltes senkrecht zur Molekülebene stehendes p-Orbital. Diese beiden p-Orbitale bilden die π-Bindung.

| 2.83 | Bindung | Bindungstyp | Beteiligte Orbitale |
|---|---|---|---|
| | 1, 2, 5, 6 | σ-Bindung | sp²-Hybridorbitale der C-Atome<br>s-Orbitale der H-Atome |
| | 3 | σ-Bindung | sp²-Hybridorbitale der beiden C-Atome |
| | 4 | π-Bindung | p-Orbitale der beiden C-Atome |

| 2.84 | | Lewis-Formel | Zahl der σ-Bindungen und daran beteiligte Hybridorbitale | Räumlicher Bau | Zahl der π-Bindungen |
|---|---|---|---|---|---|
| | a) | $\langle O{=}C{=}O \rangle$ | zwei, sp-Hybridorbitale | linear | zwei |
| | b) | $O_4Si$-Lewis-Formel | vier, sp³-Hybridorbitale | tetraedrisch | keine |
| | c) | $Cl_2C{=}O$-Lewis-Formel | drei, sp²-Hybridorbitale | eben (Winkel 120°) | eine |
| | d) | $O_2N{=}O$-Lewis-Formel | drei, sp²-Hybridorbitale | eben (Winkel 120°) | eine |

Die Zahl der σ-Bindungen ist gleich der Zahl der gebundenen Atome. Die zu den σ-Bindungen benutzten Hybridorbitale bestimmen den räumlichen Bau des Moleküls.

**2.85**

| | Lewis-Formel | Zahl der σ-Bindungen und daran beteiligte Hybridorbitale | Räumlicher Bau |
|---|---|---|---|
| a) | $^{\ominus}|\overline{O}|$ <br> $\quad C=O\rangle$ <br> $^{\ominus}|\underline{O}|$ | drei, sp$^2$-Hybridorbitale | eben <br> (Winkel 120°) |
| b) | $|\overline{F}|$ <br> $\langle\overline{F}{-}C^{\prime\prime\prime}\overline{F}|$ <br> $\quad |\underline{F}|$ | vier, sp$^3$-Hybridorbitale | tetraedrisch |
| c) | $|\overline{Cl}|$ <br> $\langle\overline{Cl}{-}Si^{\prime\prime\prime}\underline{\overline{Cl}}|$ <br> $\quad |\underline{\overline{Cl}}|$ | vier, sp$^3$-Hybridorbitale | tetraedrisch |

**2.86**

| | Lewis-Formel | Zahl der σ-Bindungen und daran beteiligte Hybridorbitale | Räumlicher Bau |
|---|---|---|---|
| a) | $\langle\overline{F}{-}\overline{N}^{\prime\prime\prime}\overline{F}|$ <br> $\quad |\underline{F}|$ | drei, sp$^3$-Hybridorbitale | pyramidal |
| b) | $^{\ominus}|\overline{O}{-}\overline{N}{\underset{\smile}{\diagdown}}O|$ | zwei, sp$^2$-Hybridorbitale | gewinkelt |

Das nichtbindende Elektronenpaar ist an der Hybridisierung beteiligt.

**2.87** Dipole sind $SO_2$, $H_2O$, $NH_3$, $CH_2O$ und HCl.

Ein Molekül ist ein Dipol, wenn die Schwerpunkte der positiven und negativen Ladungen nicht zusammenfallen. In symmetrisch gebauten Molekülen wie $CO_2$, $C_2H_4$, $BF_3$, $SiCl_4$ und $SF_6$ fallen die Ladungsschwerpunkte zusammen, solche Moleküle sind keine Dipole.

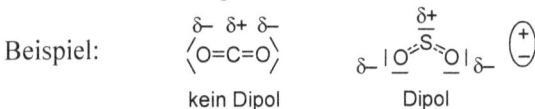

Beispiel:    $\overset{\delta-\ \ \delta+\ \ \delta-}{\langle O{=}C{=}O\rangle}$        $\overset{\delta+}{\underset{\delta-\ |\underline{O}{\overset{\diagup}{\underset{S}{\diagdown}}\underline{O}}|\ \delta-}{S}}\ \binom{\oplus}{\ominus}$

         kein Dipol          Dipol

**2.88** a)

$^{\ominus}\underset{\ominus|\underline{O}{-}S^{2\oplus}{\cdots}\overline{O}|^{\ominus}}{\overset{|\overline{O}|^{\ominus}}{}}$          $^{\ominus}|\underline{O}{-}\overset{|\overline{O}}{\underset{\underline{O}}{S}}^{\cdots}\overline{O}|^{\ominus}$ ↔ $|O{=}\overset{|\overline{O}}{\underset{|\underline{O}|^{\ominus}}{S}}^{\prime\prime\prime}\overline{O}|^{\ominus}$ ↔ ⋯          $\left(|\underline{O}{=}\overset{|\overline{O}}{\underset{|\underline{O}|^{\ominus}}{S}}^{\prime\prime\prime}\overline{O}|^{\ominus} ↔ \cdots\right)$

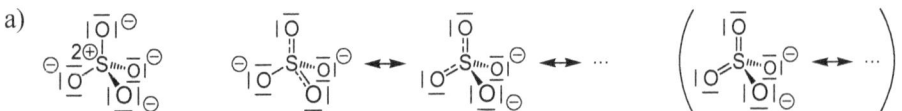

Die linke Lewis-Formel erfüllt mit der Einführung von Formalladungen die Oktettregel. Die mittleren mesomeren Lewis-Formeln zeigen, dass nichtklassische π-Bindungen (gestrichelte Linien, Hyperkonjugation) von den O-Atomen zum S-Atom die σ-Bindungen verstärken. Häufig wird auch die rechte, eingeklammerte Lewis-Formel mit zwei „Doppelbindungen" zwischen S- und O-Atomen geschrieben.

Dabei steht der jeweils zweite Valenzstrich aber *nicht* für eine *2-Zentren-2-Elektronen-π-Doppelbindung.*

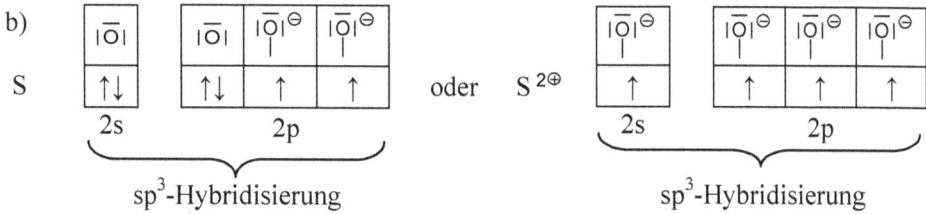

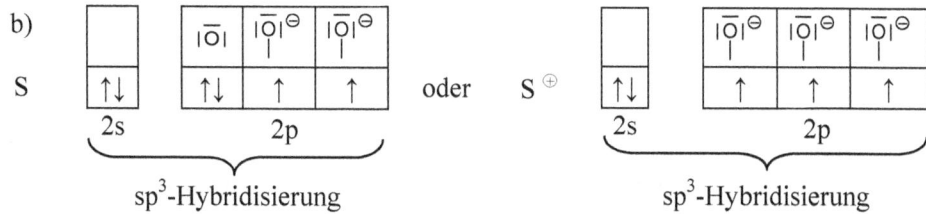

b)

S

$$\underbrace{\boxed{|\overline{O}|}\quad \boxed{|\overline{O}|}\ \boxed{|\overline{O}|^{\ominus}}\ \boxed{|\overline{O}|^{\ominus}}}_{}$$

$$\underbrace{\boxed{\uparrow\downarrow}\quad \boxed{\uparrow\downarrow}\ \boxed{\uparrow}\ \boxed{\uparrow}}_{}$$

2s            2p

oder S$^{2\oplus}$

$$\boxed{|\overline{O}|^{\ominus}}\qquad \boxed{|\overline{O}|^{\ominus}}\ \boxed{|\overline{O}|^{\ominus}}\ \boxed{|\overline{O}|^{\ominus}}$$

$$\boxed{\uparrow}\qquad \boxed{\uparrow}\ \boxed{\uparrow}\ \boxed{\uparrow}$$

2s            2p

$sp^3$-Hybridisierung                    $sp^3$-Hybridisierung

c) Vier σ-Bindungen; sie werden von vier $sp^3$-Hybridorbitalen gebildet.

d) $SO_4^{2-}$ ist tetraedrisch gebaut.

e) Nichtklassische (Mehrzentren-)π-Bindungen von den freien Elektronenpaaren der O-Atome in die leeren $\sigma_p^*$-Orbitale der S-Atome.

**2.89** a)

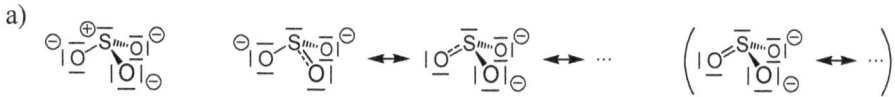

Die linke Lewis-Formel erfüllt mit der Einführung von Formalladungen die Oktettregel. Die mittleren mesomeren Lewis-Formeln zeigen, dass nichtklassische π-Bindungen (gestrichelte Linie, Hyperkonjugation) von den O-Atomen zum S-Atom die σ-Bindungen verstärken. Häufig wird auch die rechte, eingeklammerte Lewis-Formel mit einer „Doppelbindung" zwischen S- und O-Atom geschrieben. Dabei steht der zweite Valenzstrich aber *nicht* für eine *2-Zentren-2-Elektronen-π-Doppelbindung.*

b)

S

$$\underbrace{\boxed{\phantom{|}}\quad \boxed{|\overline{O}|}\ \boxed{|\overline{O}|^{\ominus}}\ \boxed{|\overline{O}|^{\ominus}}}_{}$$

$$\underbrace{\boxed{\uparrow\downarrow}\quad \boxed{\uparrow\downarrow}\ \boxed{\uparrow}\ \boxed{\uparrow}}_{}$$

2s            2p

oder S$^{\oplus}$

$$\boxed{\uparrow\downarrow}\qquad \boxed{|\overline{O}|^{\ominus}}\ \boxed{|\overline{O}|^{\ominus}}\ \boxed{|\overline{O}|^{\ominus}}$$

$$\boxed{\uparrow\downarrow}\qquad \boxed{\uparrow}\ \boxed{\uparrow}\ \boxed{\uparrow}$$

2s            2p

$sp^3$-Hybridisierung                    $sp^3$-Hybridisierung

c) Drei σ-Bindungen; sie werden von drei $sp^3$-Hybridorbitalen gebildet. Das vierte Hybridorbital ist von dem einsamen Elektronenpaar des Schwefelatoms besetzt.

d) Da die σ-Bindungen von $sp^3$-Hybridorbitalen gebildet werden, ist das Ion pyramidal gebaut.

e) Nichtklassische (Mehrzentren-)π-Bindungen von den freien Elektronenpaaren der O-Atome in die leeren $\sigma_p^*$-Orbitale des S-Atoms.

Die Bindungsverhältnisse in vielen Verbindungen, wie oben in den Ionen $SO_4^{2-}$ und $SO_3^{2-}$, aber auch in $CO_3^{2-}$, $NO_3^-$, $NO_2^-$, $SF_6$ und $SiF_6^{2-}$ (siehe Aufg. 2.45) lassen sich allerdings nicht durch eine einzige Lewis-Formel ausreichend beschreiben, sondern nur durch mehrere mesomere Grenzstrukturen. Dies wird in den folgenden Aufgaben behandelt.

## Mesomerie

**2.90**   Richtig ist Antwort b).

Die durch den Doppelpfeil verbundenen Strukturen werden Grenzstrukturen oder Resonanzstrukturen genannt.

**2.91**   Bei b) und d) handelt es sich nicht um Mesomerie, sondern um Isomerie. Das Zeichen ↔ darf hier nicht verwendet werden.

Grenzstrukturen, die durch das Zeichen ↔ verbunden sind, müssen dieselbe Anordnung der Atomkerne haben, da ja nur *ein* realer Molekülzustand beschrieben werden soll. Unterschiedlich sind bei Resonanzstrukturen nur die Elektronenanordnungen. Das bedeutet, dass bestimmte Elektronen nicht in *einer* Bindung lokalisiert sind.

Die Moleküle isomerer Verbindungen unterscheiden sich in der Anordnung der Atome und haben unterschiedliche Eigenschaften.

**2.92**   Der wahre Zustand des Ions lässt sich durch drei Grenzstrukturen beschreiben.

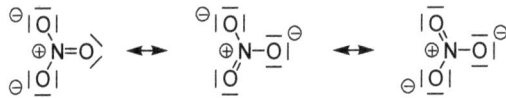

Die π-Bindung ist nicht lokalisiert, sondern über alle drei Bindungen gleichmäßig verteilt, sie ist delokalisiert.

**2.93**   a)

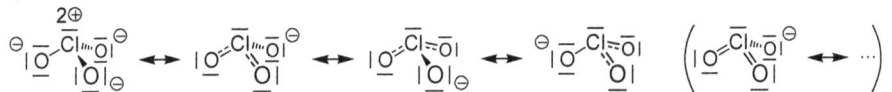

Die linke Lewis-Formel erfüllt mit der Einführung von Formalladungen die Oktettregel. Die mittleren mesomeren Lewis-Formeln zeigen, dass nichtklassische π-Bindungen (gestrichelte Linien, Hyperkonjugation) von den O-Atomen zum Cl-Atom die σ-Bindungen verstärken. Häufig wird auch die rechte, eingeklammerte Lewis-Formel mit zwei „Doppelbindungen" zwischen Cl- und O-Atom geschrieben. Dabei steht der jeweils zweite Valenzstrich aber *nicht* für eine *2-Zentren-2-Elektronen-π-Doppelbindung*.

b)

**2.94**

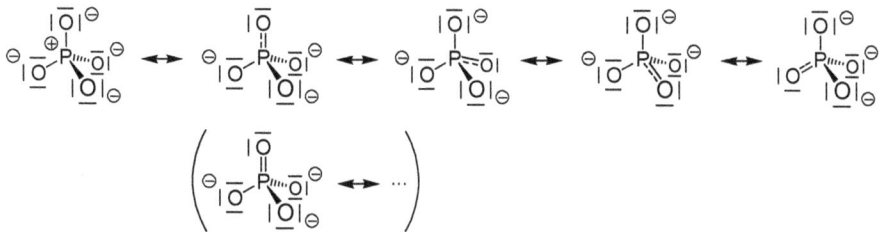

Zur Erklärung siehe und vergleiche Aufg. 2.44, 2.88, 2.89 und 2.93a.

**2.95** Die Formel B ist falsch, da den Hauptgruppenelementen nur vier Orbitale zur Ausbildung von Atombindungen und für freie Elektronenpaare zur Verfügung stehen. Sauerstoff kann maximal vier Elektronenpaare um sich gruppieren (vgl. Aufg. 2.40 und 2.41).

## Molekülorbitaltheorie

**2.96** a) keine mögliche Wechselwirkung: X

$\sigma^b$ ... $\pi^b$ ... $\sigma^b$ ... $\sigma^b$ ... X

b) eine π-Wechselwirkung: $\pi^b$ oder π*

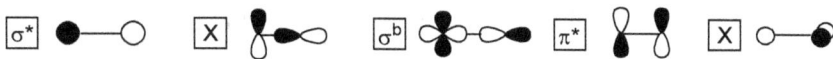

$\sigma^*$ ... X ... $\sigma^b$ ... $\pi^*$ ... X

c) eine antibindende σ-Wechselwirkung: σ*

$\sigma^b$ ... $\sigma^b$ ... $\sigma^*$ ... $\pi^b$ ... $\pi^*$

**2.97** Die korrekte Symmetrie für eine Wechselwirkung haben am A-Atom die Orbitale

1) s
2) s
3) $p_\pi$
4) kein s- oder p- Orbital

1') s+p
2') s+p
3') s+p
4') p; siehe die nachfolgende Zeichnung:

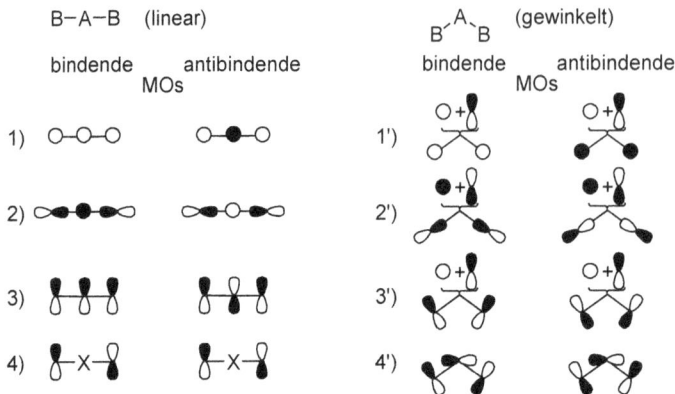

Für 4) hätte nur ein d-Orbital am A-Atom die korrekte Symmetrie.

Eine bindende Wechselwirkung ist durch die gleiche Phase (hier weiß-weiß oder schwarz-schwarz) gekennzeichnet. Eine antibindende Wechselwirkung zwischen Orbitalen erkennt man an der umgekehrten Phase (weiß-schwarz).

Vom bindenden zum antibindenden Orbital gelangt man durch Phasenumkehr einer der Bindungspartner. Für das lineare Molekül wurde jeweils die Phase des A-Orbitals umgekehrt, für das gewinkelte Molekül die Phase der $B_2$-Kombination.

Die Abwinkelung des linearen $AB_2$-Moleküls ist eine Symmetrieerniedrigung (linear: $D_{\infty h}$; gewinkelt: $C_{2v}$). Dadurch werden zusätzliche Orbitalwechselwirkungen möglich. Das s- und p-Orbital entlang der Winkelhalbierenden am A-Atom haben für das $C_{2v}$-symmetrische (gewinkelte) Molekül dieselbe Symmetrie und können mischen, d. h. wechselwirken gleichzeitig mit der $B_2$-Kombination in 1') bis 3'). Für $AB_2$-linear gab es für die $B_2$-Orbitalkombination in 4) kein geeignetes s- oder p-Orbital an A. Für $AB_2$-gewinkelt kann in 4') jetzt ein p-Orbital in der Molekülebene mit der $B_2$-Orbitalkombination wechselwirken.

Die gleiche Symmetrie haben die Molekülorbitale
für $AB_2$-linear: 1) und 2), d. h. hier können an den B-Atomen die s- und $p_\sigma$-Orbitale (entlang der Molekülachse) mischen;
für $AB_2$-gewinkelt: 1'), 2') und 3'), d. h. hier kann an den B-Atomen das s-Orbital mit den beiden p-Orbitalen in der Molekülebene mischen.

**2.98**  AB$_3$-Molekülorbitale:

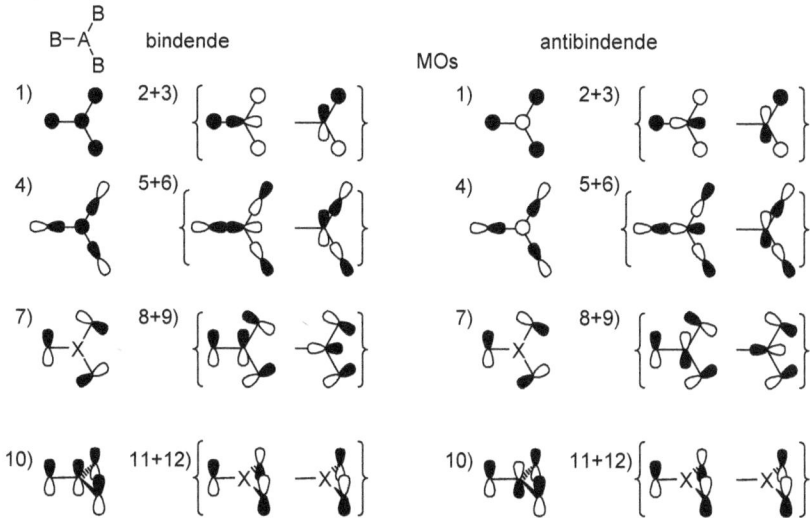

Vom bindenden zum antibindenden Orbital gelangt man durch Phasenumkehr einer der Bindungspartner. Hier wurde jeweils die Phase des A-Orbitals umgekehrt. Für die B$_3$-Fragmentorbitale in 7) und 11+12) gibt es am A-Atom keinen s- oder p-Bindungspartner. Für die entartete Kombination in 11+12) kämen allenfalls zwei d-Orbitale in Frage.

Die folgenden AB$_3$-Molekülorbitale haben dieselbe Symmetrie (z. B. einfach daran zu erkennen, dass dieselben Orbitale des A-Atoms hier auftreten):
1) und 4), d. h. hier können an den B-Atomen die s- und p$_\sigma$-Orbitale (entlang der A–B-Bindungsachse) mischen;
2+3), 5+6) und 8+9), d. h. hier kann an den B-Atomen das s-Orbital mit den beiden p-Orbitalen in der Molekülebene mischen, z. B. die Kombination 2+3) mit 5+6).

**2.99**    Wechselwirkungsdiagramme:

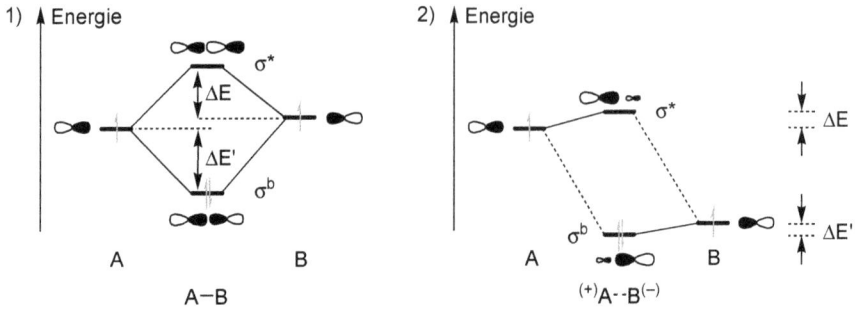

In 1) ist die Energie der $p_\sigma$-Orbitale an den beiden Atomen A und B relativ ähnlich und bei A etwas niedriger als bei B. In 2) ist die Energie des $p_\sigma$-Orbitals am A-Atom deutlich höher als am B-Atom.

In 1) führen die ähnlichen Atom-Orbitalenergien zu einer überwiegend kovalenten Orbitalwechselwirkung mit starker Energieerniedrigung des bindenden $\sigma$-Orbitals (und Energieerhöhung des antibindenden $\sigma^*$-Orbitals) gegenüber den ursprünglichen Atomorbitalen ($\Delta E'$ und $\Delta E$ sind relativ groß). Das $\sigma^b$-Orbital wird ein wenig mehr A-Atomorbital-Charakter haben, das $\sigma^*$-Orbital etwas mehr B-Charakter, aufgrund des jeweils geringeren energetischen Abstandes zwischen Molekül- und dem Atomorbital.

In 2) bedingen die deutlich unterschiedlichen Atom-Orbitalenergien eine sehr viel ionogenere oder stärker polare Bindung als in 1). Die Energien der „Molekülorbitale" $\sigma^b$ und $\sigma^*$ ändern sich gegenüber den beteiligten Atomorbitalen nur wenig, d. h. die kovalenten Wechselwirkungsenergien $\Delta E'$ und $\Delta E$ sind relativ klein. Hier ist das $\sigma^b$-Orbital deutlich am B-Atom lokalisiert, das $\sigma^*$-Orbital am A-Atom. Der Beitrag des Bindungspartners zum jeweiligen Orbital ist gering, was im rechten Diagramm durch die unterschiedliche Größe der Orbitale in den „MOs" und durch gestrichelte Linien illustriert wird. Das Diagramm beschreibt fast den Grenzfall der ionischen Bindung zwischen einem elektropositiven A-Atom und einem elektronegativen B-Atom.

Die Orbitalenergie der Atome ist Ausdruck ihrer Elektronegativität. Je elektronegativer ein Element, desto energetisch tiefer liegen seine Atomorbitale. In 1) ist A ein klein wenig elektronegativer als B. In 2) ist A deutlich elektropositiver als B (B sehr viel elektronegativer als A).

**2.100** MO-Diagramm für $H_2O$:

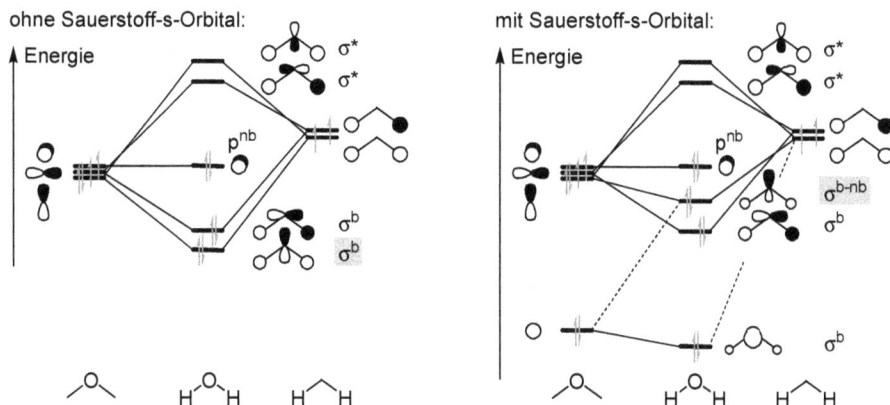

ohne Sauerstoff-s-Orbital:

Energie

$\sigma^*$
$\sigma^*$
$p^{nb}$
$\sigma^b$
$\sigma^b$

mit Sauerstoff-s-Orbital:

Energie

$\sigma^*$
$\sigma^*$
$p^{nb}$
$\sigma^{b-nb}$
$\sigma^b$
$\sigma^b$

Interpretation ohne O-s-Orbital: Für $H_2O$ gibt es zwei O–H-bindende MOs ($\sigma^b$), die aus den O-p-Orbitalen in der Molekülebene mit den $H\cdots H$-Fragmentorbitalen gebildet werden. Das p-Orbital senkrecht zur Molekülebene findet aus Symmetriegründen keinen Bindungspartner bei den $H\cdots H$-Fragmentorbitalen. Es verbleibt als freies Elektronenpaar ($p^{nb}$) und ist das höchst besetzte Molekülorbital (HOMO, highest occupied molecular orbital). Diese Orbitale und das nicht skizzierte s-Orbital des O-Atoms werden von den acht Valenzelektronen der Bindungspartner besetzt.

Die beiden O–H-antibindenden MOs ($\sigma^*$) bleiben unbesetzt.

Die Orbitale des elektronegativeren O-Atoms liegen energetisch etwas tiefer als die Orbitale der H-Atome. Entsprechend haben die bindenden σ-Orbitale etwas mehr O-Atomorbitalcharakter, die antibindenden σ*-Orbitale haben etwas mehr H-Atomorbitalcharakter.

Der energetische Abstand des O-s-Orbitals zu den O-p- und H-Orbitalen ist relativ groß, so dass sein Beitrag in einer ersten Näherung vernachlässigt werden kann. Vergleiche dazu die Nichtmischung der Sauerstoff-s- und -p-Orbitale im MO-Diagramm für das $O_2$-Molekül (siehe Abb. 2.67 in Riedel/Janiak, Anorganische Chemie, 10. Aufl. und Riedel/Meyer, Allgemeine und Anorganische Chemie, 12. Aufl., Abb. 2.52).

Wird das s-Orbital am O-Atom hinzugenommen, so kann es mit dem unteren der beiden $\sigma^b$-Orbitale mischen (mit $\sigma^b$), da es die gleiche Symmetrie besitzt. Durch die sp-Mischung am O-Atom wird dieses σ-Orbital in seiner Energie erhöht und etwas weniger bindend, ist aber immer noch schwach H–O–H-bindend ($\sigma^{b-nb}$). Ein Teil der H–O–H-bindenden Wechselwirkung wird vom neuen $\sigma^b$-Orbital mit überwiegend s-Orbitalcharakter am O-Atom übernommen. (Das s-Orbital und das p-Orbital entlang der $C_2$-Achse haben die gleiche Symmetrie in der $H_2O$-Punktgruppe $C_{2v}$.)

*Vergleich sp³-Hybrid- und MO-Modell:*

Mit sp³-Hybridorbitalen liegen zwei identische, energiegleiche freie (nichtbinden-de) Elektronenpaare vor, die mit den zwei energiegleichen bindenden Elektronen-paaren einen leicht verzerrten Tetraeder bilden (vgl. auch VSEPR-Modell Typ $AB_2E_2$).

Im MO-Modell unterscheiden sich die freien Elektronenpaare: Streng genommen gibt es sogar nur ein freies, d. h. nichtbindendes Elektronenpaar, nämlich das HOMO Sauerstoff-p-Orbital senkrecht zur Molekülebene ($p^{nb}$). Quantenmechani-sche MO-Rechnungen stützen die Formulierung des freien Elektronenpaares als p-Orbital senkrecht zur $H_2O$-Molekülebene. Das zweite freie Elektronenpaar kann als das energetisch darunter liegende Orbital $\sigma^{b-nb}$ angenommen werden. Dieses hat durch die sp-Mischung eine in der Molekülebene von den H-Atomen weggerichtete erhöhte Elektronendichte. Es ist aber nicht wirklich ein freies Elektronenpaar, da es immer noch schwach H–O–H-bindend ist.

Auch die beiden bindenden Elektronenpaare unterscheiden sich im MO-Modell durch ihre energetische Lage und ihre Atomorbitalzusammensetzung.

**2.101**  MO-Diagramm für $NH_3$:

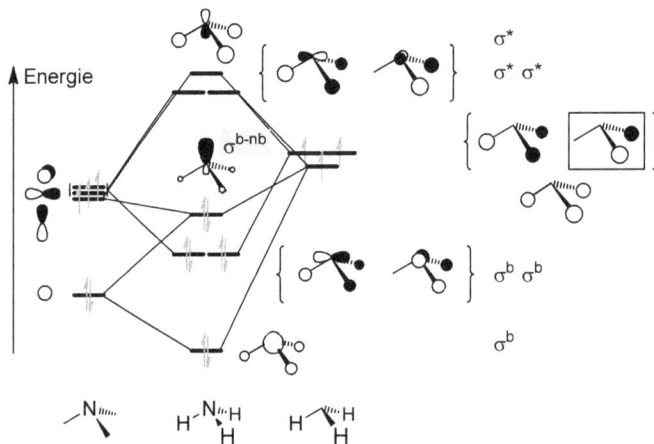

Interpretation: Für $NH_3$ gibt es drei stark N–H-bindende MOs ($\sigma^b$) und ein schwach N–H-bindendes MO ($\sigma^{b-nb}$), die aus dem N-s- und den drei N-p-Orbitalen mit den $H_3$-Fragmentorbitalen gebildet werden. Diese Orbitale werden von den acht Valenz-elektronen der Bindungspartner besetzt. Zwei der bindenden Orbitale sind energie-gleich (entartet). Dazu kommen drei antibindende MOs ($\sigma^*$), davon zwei energie-gleich, die leer bleiben.

Die Orbitale des elektronegativeren N-Atoms liegen energetisch etwas tiefer als die Orbitale der H-Atome. Entsprechend haben die bindenden $\sigma$-Orbitale etwas mehr N-Atomorbitalcharakter, die $\sigma^*$-Orbitale etwas mehr H-Atomorbitalcharakter.

Das s-Orbital und das p-Orbital entlang der $C_3$-Achse haben die gleiche Symmetrie in der $NH_3$-Punktgruppe $C_{3v}$ und können mischen. Die sp-Orbitalmischung ergibt das höchste besetzte Molekülorbital (HOMO) als nur schwach N–H-bindendes MO ($\sigma^{b-nb}$). Vergleiche dazu die sp-Mischung der Stickstoff-s- und -p-Orbitale im MO-Diagramm für das $N_2$-Molekül (siehe Abb. 2.68 in Riedel/Janiak, Anorganische Chemie, 10. Aufl. und Riedel/Meyer, Allgemeine und Anorganische Chemie, 12. Aufl., Abb. 2.53).

*Vergleich sp³-Hybrid- und MO-Modell:*

Mit sp³-Hybridorbitalen liegen drei energiegleiche bindende Elektronenpaare vor und ein freies (nichtbindendes) Elektronenpaar, die einen leicht verzerrten Tetraeder bilden (vgl. auch VSEPR-Modell Typ $AB_3E$).

Im MO-Modell gibt es kein wirklich freies, d. h. nichtbindendes Elektronenpaar, da das HOMO ($\sigma^{b-nb}$) durch die sp-Mischung zwar eine von den H-Atomen weggerichtete erhöhte Elektronendichte hat, es aber noch schwach $N-H_3$-bindend ist.

Auch die drei stark bindenden Elektronenpaare unterscheiden sich im MO-Modell durch ihre energetische Lage und ihre Atomorbitalzusammensetzung. Nur zwei der bindenden MOs sind energiegleich (entartet).

**2.102** MO-Diagramm für $CH_4$:

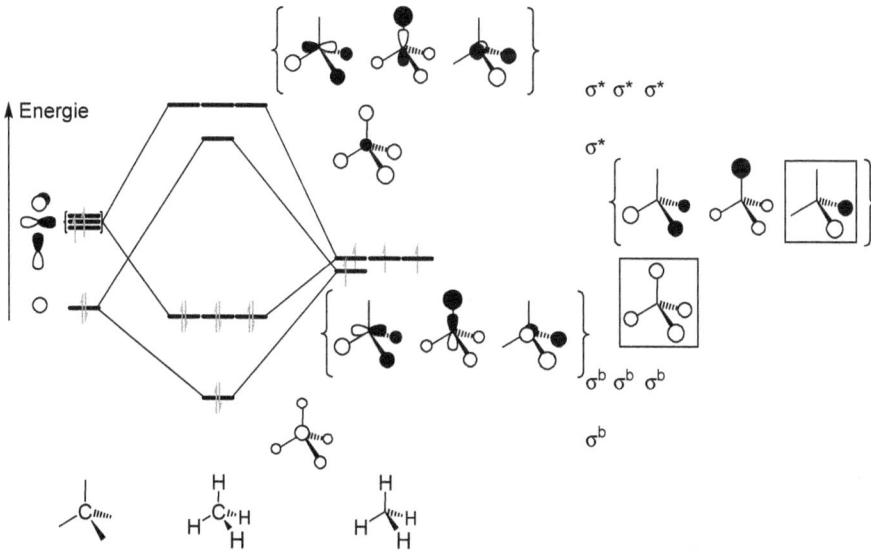

Interpretation: Für $CH_4$ gibt es vier C–H-bindende MOs ($\sigma^b$), die aus dem C-s- und den drei C-p-Orbitalen mit den $H_4$-Fragmentorbitalen gebildet werden. Diese Orbitale werden von den acht Valenzelektronen der Bindungspartner besetzt. Drei der bindenden Orbitale sind energiegleich (entartet). Dazu kommen vier antibindende MOs ($\sigma^*$), davon drei energiegleich, die leer bleiben.

Kohlenstoff und Wasserstoff haben eine ähnliche Elektronegativität. Die Orbitale des $H_4$-Fragments liegen energetisch zwischen den elektropositiveren p-Orbitalen und dem elektronegativeren s-Orbital des C-Atoms (siehe Orbital-Elektronegativitäten, S. 137 in Riedel/Janiak, Anorganische Chemie, 10. Aufl.).

Das Kohlenstoff-s-Orbital und die -p-Orbitale haben im Tetraeder eine unterschiedliche Symmetrie und können nicht miteinander mischen. Das C-s-Orbital wechselwirkt nur mit dem symmetrischen $H_4$-Orbital. Die energiegleichen C-p-Orbitale wechselwirken nur mit dem dreifach entarteten $H_4$-Fragmentsatz.

*Vergleich $sp^3$-Hybrid- und MO-Modell:*

Mit $sp^3$-Hybridorbitalen liegen vier energiegleiche bindende Elektronenpaare vor, die einen idealen Tetraeder bilden (vgl. auch VSEPR-Modell Typ $AB_4$).

Im MO-Modell gibt es keine vier identischen bindenden Elektronenpaare. Das s-Orbital kann aus Symmetriegründen nicht mit den drei p-Orbitalen mischen. Eine vierfache Orbitalentartung ist nach der Gruppentheorie in der Tetraedersymmetrie nicht möglich. Der höchste Entartungsgrad im Tetraeder beträgt drei.

Im MO-Modell gibt es also zwei Sätze von bindenden Orbitalen (einfach/nicht entartet und dreifach entartet), die sich durch ihre energetische Lage und ihre Atomorbitalzusammensetzung unterscheiden.

Die Photoelektronenspektroskopie stützt die vorstehenden MO-Modelle für $H_2O$ und $CH_4$, da im Spektrum die Zahl der Banden, die im Bereich der Valenzelektronen auftreten, der Zahl der unterschiedlichen Orbitalenergien entspricht.

*Plausibilität der Tetraedergeometrie mit dem MO-Modell:*

Das MO-Diagramm zeigt anhand der Wechselwirkung des dreifach entarteten $H_4$-Satzes mit dem dreifach entarteten p-Orbitalsatz des C-Atoms, dass in einer Mehrzentrenbindung jedes s-Orbital des H-Atoms gleichzeitig mit allen drei p-Orbitalen des C-Atoms wechselwirkt. Das ist nur dann möglich, wenn das H-Atom nicht entlang der Achse des p-Orbitals liegt, sondern in der Mitte zwischen drei p-Orbitallappen:

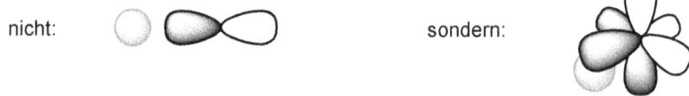

nicht:                                            sondern:

Der sechs Orbitallappen der drei p-Atome zeigen auf die Ecken eines Oktaeders. Wenn die vier H-Atome wechselseitig auf gegenüberliegenden Dreiecksflächen dieses gedachten Oktaeders und damit jeweils in der Mitte zwischen drei p-Orbitallappen liegen, dann formen sie ein perfektes Tetraeder mit dem C-Atom im Zentrum:

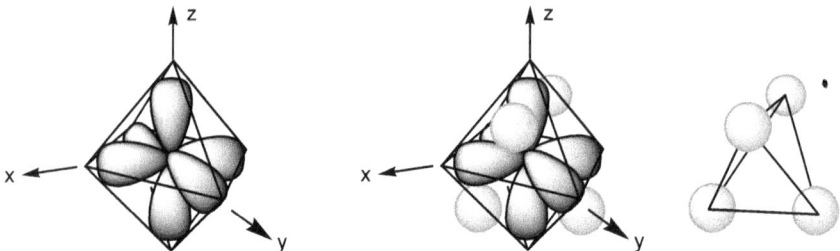

**2.103** MO-Diagramm für $XeF_2$:

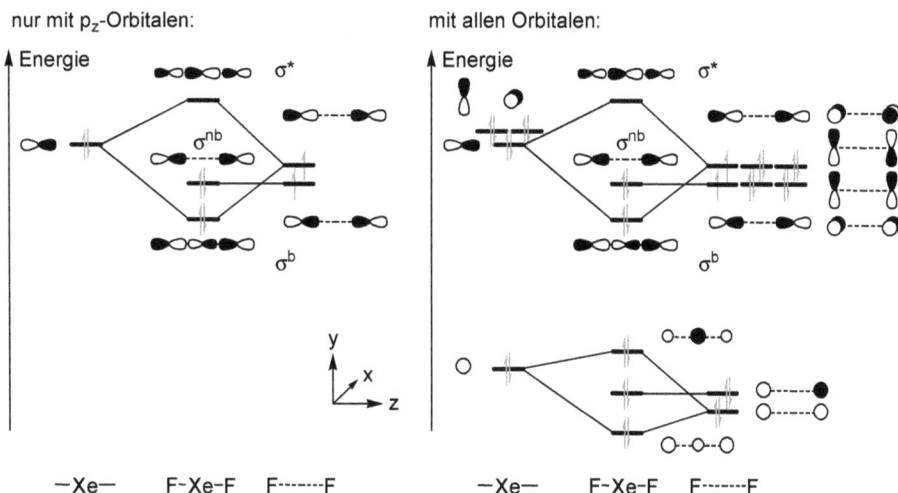

nur mit $p_z$-Orbitalen:                          mit allen Orbitalen:

Energie                    $\sigma^*$             Energie                    $\sigma^*$

$\sigma^{nb}$                                     $\sigma^{nb}$

$\sigma^b$                                        $\sigma^b$

y
x
z

—Xe—    F–Xe–F    F······F              —Xe—    F–Xe–F    F······F

Interpretation nur mit $p_z$-Orbitalen: Für $XeF_2$ gibt es ein F–Xe–F-bindendes MO ($\sigma^b$), das aus dem Xe-$p_z$-Orbital mit dem passenden (antisymmetrischen) F···F-Fragmentorbital gebildet wird. Das symmetrische F···F-Fragmentorbital verbleibt als nichtbindendes Orbital ($\sigma^{nb}$). Diese Orbitale werden von den vier Valenzelektronen der Bindungspartner besetzt. Es liegt eine *3-Zentren-4-Elektronen-(Mehrzentren-)Bindung* vor. Für die beiden Xe–F-Bindungen steht nur ein Orbital mit zwei Elektronen zur Verfügung. Der Xe–F-Bindungsgrad ist ½ für jede Xe–F-Bindung.

Das F–Xe–F-antibindende MO ($\sigma^*$) bleibt unbesetzt.

Die Orbitale der elektronegativeren F-Atome liegen energetisch etwas tiefer als die Orbitale des Xe-Atoms. Entsprechend hat das bindende $\sigma$-Orbital etwas mehr F-Atomorbitalcharakter, das antibindende $\sigma^*$-Orbital hat etwas mehr Xe-Atomorbitalcharakter.

Der energetische Abstand des Xe- und F-s-Orbitals ist relativ groß, so dass sein Beitrag in einer ersten Näherung vernachlässigt werden kann. Vergleiche dazu die Nichtmischung der Fluor-s- und -p-Orbitale im MO-Diagramm für das $F_2$-Molekül (siehe Abb. 2.66 in Riedel/Janiak, Anorganische Chemie, 10. Aufl. und Riedel/Meyer, Allgemeine und Anorganische Chemie, 12. Aufl., Abb. 2.51).

Werden die s-Orbitale am Xe- und den F-Atomen hinzugenommen, so kommt es zwischen diesen besetzten Orbitalen zu keiner bindenden Wechselwirkung (*2-Orbital-4-Elektronen-Wechselwirkung*). In guter Näherung kann daher insgesamt der Beitrag der s-Orbitale an Xe und F für die Xe–F-Bindungen vernachlässigt werden. Dasselbe gilt für die Hinzunahme der vollständig besetzten $p_x$- und $p_y$-Orbitale an den Bindungspartnern. Letztere würden *2-Orbital-4-Elektronen-$\pi$-Wechselwirkungen* ausbilden. Die $\pi$-Überlappung bringt wegen der Besetzung von bindender ($\pi^b$) und antibindender ($\pi^*$) Kombination ebenfalls keinen Beitrag und kann zur

Vereinfachung des MO-Schemas weggelassen werden. Aus Gründen der Übersicht-lichkeit wurden die $\pi$-MOs nicht mehr in das rechte obige Diagramm eingezeichnet.

Das symmetrische Xe-s-Orbital kann allerdings mit dem symmetrischen s- und $p_z$-Orbitalsatz des F$\cdots$F-Fragments eine 3-Orbital-Wechselwirkung eingehen. Alle drei resultierenden MOs sind aber mit Elektronen besetzt, so dass kein neuer Bindungs-beitrag resultiert.

Die Bindungsbeschreibung für XeF$_2$ mit einer mesomeren Lewis-Formel unter Beachtung der Oktettregel

$$|\overline{F}-\overline{\underline{X}}\overset{\oplus}{e}|\ |\overline{\underline{F}}|^{\ominus} \;\longleftrightarrow\; {}^{\ominus}|\overline{\underline{F}}|\ |\overset{\oplus}{\underline{X}}e-\overline{F}|$$

stimmt mit dem MO-Modell insofern überein, als dass es nur zwei bindende Elekt-ronen gibt, die über die beiden F–Xe–F-Bindungen verteilt sind (Bindungsgrad ½, Mehrzentrenbindung). Die Lewis-Formel mit ionischen Grenzstrukturen zeigt bes-ser als das qualitative MO-Bild die Polarität der Xe–F-Bindungen, die für die Mo-lekülstabilität wichtig ist, denn die Existenz von hyperkoordinierten Molekülen wird im Wesentlichen durch genügend polare Bindungen bedingt (vgl. Aufg. 2.46).

Ein ähnliches vereinfachtes MO-Diagramm (linker Teil der obigen Abbildung) kann für das isovalenzelektronische Triiodidion I$_3^-$ und andere dreiatomige Poly-halogenidionen, wie Br$_3^-$, ICl$_2^-$, IBrF$^-$ usw., verwendet werden.

**2.104**  MO-Diagramm für N$_3^-$:

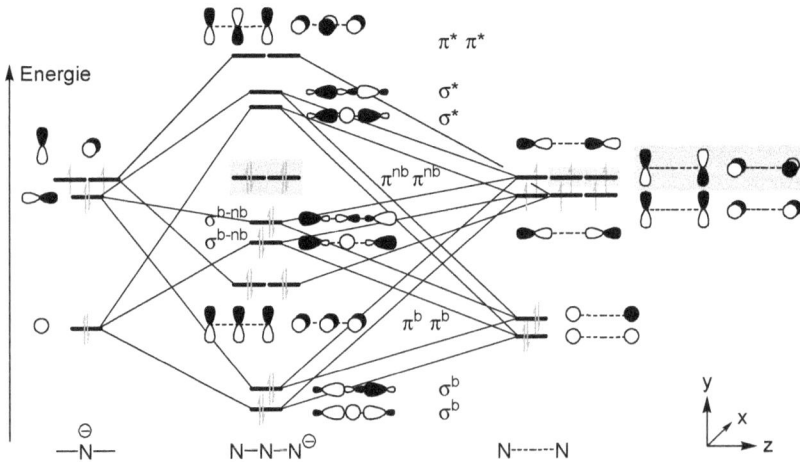

Interpretation: Für N$_3^-$ gibt es zwei N–N–N-bindende MOs ($\sigma^b$), zwei schwach N–N–N-bindende MOs ($\sigma^{b-nb}$) und zwei anbindende MOs ($\sigma^*$), die aus den drei N-s- und den drei N-$p_z$-Orbitalen in jeweils einer 3-Orbital-Wechselwirkung gebildet werden. Es liegen dabei zwei Sätze von $\sigma^b$, $\sigma^{b-nb}$ und $\sigma^*$-Orbitalen vor: Ein symmet-rischer Satz (mit dem zentralen N-s-Orbital) und ein antisymmetrischer Satz (mit dem zentralen N-$p_z$-Orbital). Der symmetrische s- und $p_z$-Orbitalsatz an den terminalen N-Atomen kann mischen. Ebenso der antisymmetrische s- und $p_z$-Orbitalsatz. Es kommt an den terminalen N-Atomen zu einer s-p-Orbitalmischung. Vergleiche dazu die sp-Mischung der Stickstoff-s- und -p-Orbitale im MO-Diagramm für das $N_2$-Molekül (siehe Abb. 2.68 in Riedel/Janiak, Anorganische Chemie, 10. Aufl. und Riedel/Meyer, Allgemeine und Anorganische Chemie, 12. Aufl., Abb. 2.53).

Dazu kommen zwei energiegleiche bindende $\pi$-Orbitale ($\pi^b$) und zwei antibindende $\pi$-Orbitale ($\pi^*$) aus der symmetrischen Kombination der $p_x$- und $p_y$-Orbitale.

Die antisymmetrischen $p_x$- und $p_y$-Kombinationen an den terminalen N-Atomen (grau-unterlegt) verbleiben als nichtbindende Orbitale ($\pi^{nb}$).

Alle bindenden, schwach- und nichtbindenden Orbitale sind mit den 16 Valenzelektronen ($3 \times 5 + 1$ negative Ladung) besetzt. Damit liegen zwei $\sigma$-Bindungen ($\sigma^b$), zwei $\pi$-Bindungen ($\pi^b$) und vier „freie" Elektronenpaare ($\sigma^{b\text{-}nb}$ und $\pi^{nb}$) vor. Letztere sind an den terminalen N-Atomen lokalisiert. Die MO-Bindungsbeschreibung für $N_3^-$ stimmt mit den mesomeren Lewis-Formeln überein:

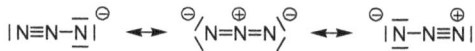

$$|N\equiv N-\underline{\overline{N}}|^{\ominus} \longleftrightarrow {}^{\ominus}\!\diagup_{N=N=N}^{\oplus}\!\diagdown^{\ominus} \longleftrightarrow {}^{\ominus}|\underline{\overline{N}}-N\equiv N|^{\oplus}$$

Ein ähnliches MO-Diagramm haben die isoelektronischen 16-Valenzelektronen-Teilchen $CO_2$, $N_2O$, $NO_2^+$, $NCO^-$, die alle linear gebaut sind.

## Koordinationsgitter mit Atombindungen · Molekülgitter

**2.105** a) In Atomgittern ist die Koordinationszahl eines Atoms durch die Anzahl der Atombindungen bestimmt, die das Atom ausbildet. Sie hängt nicht – wie in Ionenkristallen – von den Größenverhältnissen ab.

b) In SiC bildet jedes Siliciumatom vier $\sigma$-Bindungen mit den vier benachbarten Kohlenstoffatomen und benutzt dazu vier tetraedrisch ausgerichtete $sp^3$-Hybridorbitale. In gleicher Weise sind die Kohlenstoffatome an je vier Siliciumatome gebunden. SiC kristallisiert im Zinkblendegitter (vgl. Aufg. 2.13).

c) SiC ist hart, der Schmelzpunkt liegt bei etwa 2700 °C.

Die festen Bindungen in Atomkristallen führen zu harten, hochschmelzenden Stoffen.

**2.106** a) Jedes Germaniumatom kann mit seinen $sp^3$-Hybridorbitalen vier tetraedrisch ausgerichtete $\sigma$-Bindungen ausbilden. Die Koordinationszahl ist vier. Germanium kristallisiert daher in der Diamantstruktur.

b) Germanium ist hart und hat einen Schmelzpunkt von 958 °C.

**2.107**  Werden im Zinkblendegitter alle Plätze durch gleiche Atome besetzt, liegt das
Diamantgitter vor.

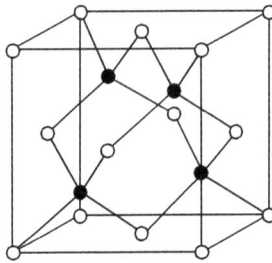

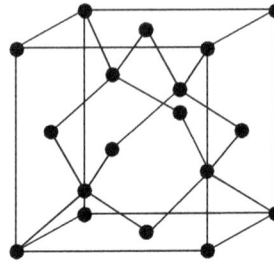

Zinkblendegitter                    Diamantgitter

**2.108**  Die Summe der Valenzelektronen muss acht sein.

| Beispiele | Valenzelektronen |
|-----------|------------------|
| SiC | 4 + 4 |
| GaAs | 3 + 5 |
| CdSe | 2 + 6 |

Da jeweils zwei Atome der beiden Elemente zusammen 8 Valenzelektronen besitzen, können sie wie die Elemente der 4. Hauptgruppe vier tetraedrische $sp^3$-Hybrid-
bindungen ausbilden.

**2.109**  In Atomgittern sind die Gitterbausteine Atome. Sie sind durch kovalente Bindungen
dreidimensional verknüpft. Die Bausteine in Molekülgittern sind isolierte Moleküle.
Zwischen den Molekülen existieren nur schwache van-der-Waals-Bindungskräfte.

**2.110**

| Kristallbausteine | Art der Bindung zwischen den Gitterbausteinen | Stärke der Bindung | Aggregatzustand unter normalen Bedingungen | Stoffe |
|-------------------|------------------|--------------------|--------------------|--------|
| Ionen | Coulomb-Anziehung | stark | fest | BaO |
| Atome | Atombindung | stark | fest | Si |
| Moleküle | van-der-Waals-Bindung | schwach | gasförmig | CO |

**2.111** a) gasförmig: $SO_2$, $NH_3$, $C_2H_6$, ClF, HCl, $H_2S$

b) fest: AlP und BN (beide Atomgitter), KBr, MgO, CaO, $Al_2O_3$ und $Fe_2O_3$ (alle Ionengitter)

Die unter a) genannten Stoffe bestehen aus Molekülen, in denen die Atome bindungsmäßig abgesättigt sind. Auf Grund der schwachen zwischenmolekularen Anziehungskräfte sind sie bei 1 bar und 25 °C gasförmig.

Da in den unter b) genannten Stoffen starke Bindungskräfte auftreten, sind diese Stoffe bei der Temperatur von 25 °C fest.

**2.112** a) Sdp. $(Cl_2)$     <     Sdp. $(I_2)$

b) Sdp. $(C_3H_8)$    <     Sdp. $(C_4H_{10})$

c) Sdp. $(CS_2)$     >     Sdp. $(CO_2)$

Die größere Elektronenhülle ist leichter polarisierbar und es entstehen stärkere Wechselwirkungen durch induzierte Dipole.

Je voluminöser die Elektronenhülle ist, umso größer sind daher die zwischenmolekularen Anziehungskräfte. Dies hat höhere Schmelzpunkte und Siedepunkte zur Folge (siehe van-der-Waals-Kräfte, Antworten zu Aufg. 2.177–2.184).

# Der metallische Zustand

## Kristallstrukturen der Metalle

**2.113** a) Kubisch-dichteste Packung: I, II und V; KZ = 12.

Dass es sich bei diesen Atomanordnungen um dieselbe Struktur handelt, zeigt die folgende Abbildung.

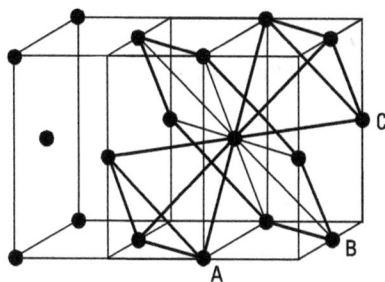

Kubisch-raumzentriert: III; KZ = 8

Hexagonal-dichteste Packung: IV; KZ = 12

b) Die Raumerfüllung ist gleich, weil bei den Strukturen mit kdp und hdp die Abstände zwischen den Schichten dichtester Packung gleich sind. Die Strukturen unterscheiden sich nur in der Schichtenfolge.

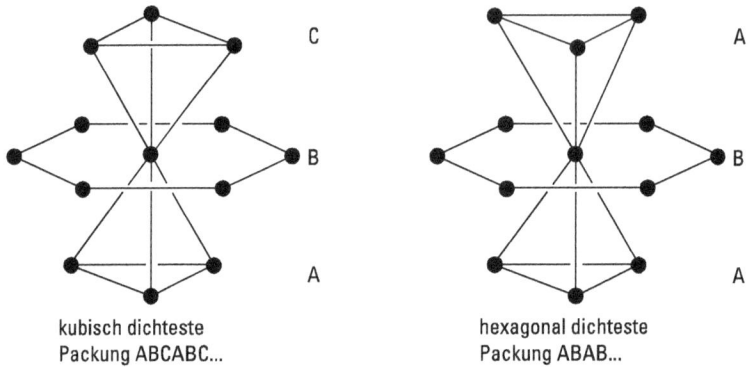

kubisch dichteste
Packung ABCABC...

hexagonal dichteste
Packung ABAB...

**2.114** Senkrecht zu den 4 Raumdiagonalen des Würfels liegen die Ebenen dichtester Packung (vgl. Antwort zu Aufg. 2.113a).

**2.115** In der Struktur mit kubisch-dichtester Packung gibt es 4 Scharen dichtest besetzter Ebenen, die senkrecht zu den vier Raumdiagonalen des Würfels liegen. Bei Verformung ist die Wahrscheinlichkeit, dass Gleitebenen dichtester Packung parallel zur Angriffskraft liegen, größer als bei Metallen mit hexagonal-dichtester Packung.

**2.116** Ein Metall ist polymorph, wenn es in mehreren Kristallstrukturen auftritt. Beispiel: $\alpha$-Fe $\rightleftharpoons$ $\gamma$-Fe

Oberhalb 906 °C tritt $\gamma$-Fe mit der kdp-Struktur auf, unterhalb 906 °C ist $\alpha$-Fe mit der krz-Struktur die stabile Modifikation.

**2.117** Roheisen enthält 3,5–4,5% Kohlenstoff gelöst und ist daher weder schmiedbar noch walzbar. Stahl enthält meist weniger als 1% Kohlenstoff und ist verformbar.

### Physikalische Eigenschaften von Metallen · Elektronengas

**2.118** Typische Eigenschaften von Metallen sind:
– gute elektrische Leitfähigkeit (> $10^4\ \Omega^{-1}\ cm^{-1}$),
– gute Wärmeleitfähigkeit,
– plastische Verformbarkeit (Duktilität),
– hohes Lichtreflexionsvermögen (Metallglanz).
Der Metallglanz tritt nur bei glatten Oberflächen auf. Bei feiner Verteilung (Pulver) sehen die Metalle grau oder schwarz aus, z. B. fein verteiltes Silber in der fotografischen Schicht.

**2.119** Ähnlich wie sich die Gasatome im Gasraum frei bewegen können, können sich die Valenzelektronen der Metallatome im Metallgitter frei bewegen. Diese frei beweglichen Elektronen werden daher als Elektronengas bezeichnet. Beim Anlegen eines elektrischen Feldes wandern die Valenzelektronen in Richtung des Feldes.

**2.120** Beim Gleiten von Gitterebenen bleibt bei den Metallen der Gitterzusammenhalt durch das Elektronengas erhalten.

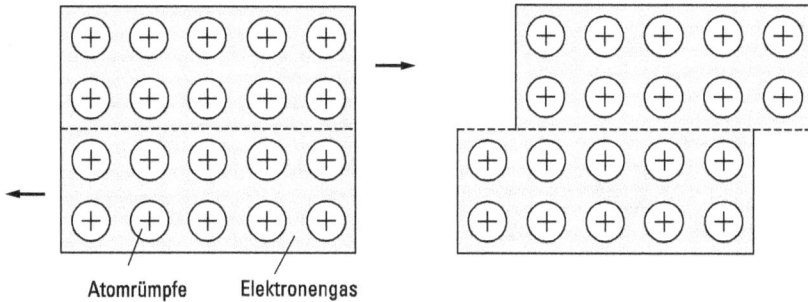

Atomrümpfe     Elektronengas

Bei Ionenkristallen führt Gleitung zum Bruch, da bei der Verschiebung von Gitterebenen gleichartig geladene Ionen übereinander zu liegen kommen und Abstoßung erfolgt. Bei Atomkristallen werden durch mechanische Deformation Elektronenpaarbindungen zerstört, so dass ein Kristall in kleine Einheiten zerbricht. Ionenkristalle und Atomkristalle sind spröde.

**2.121**

|              | Valenzelektronen | Bindungen   |
|--------------|------------------|-------------|
| Metallgitter | delokalisiert    | ungerichtet |
| Ionengitter  | lokalisiert      | ungerichtet |
| Atomgitter   | lokalisiert      | gerichtet   |

In Metallkristallen sind die Gitterplätze durch positive Atomrümpfe besetzt. Zwischen den Metallionen und dem Elektronengas, in das sie eingebettet sind, treten ungerichtete Anziehungskräfte auf.

**2.122** Zwischen den Natriumatomen im Metallgitter ist eine geringe Elektronendichte vorhanden, die von dem bindenden Elektronengas herrührt. Bei der gerichteten Atombindung zwischen den Kohlenstoffatomen im Diamantgitter ist die Elektronendichte wesentlich größer (vgl. Aufg. 2.69).

Atombindung

metallische Bindung

Elektronendichte →

Elektronendichte →

C                    C
(a)    Elektronenpaarbindung

Na                    Na
(b)     Elektronengas

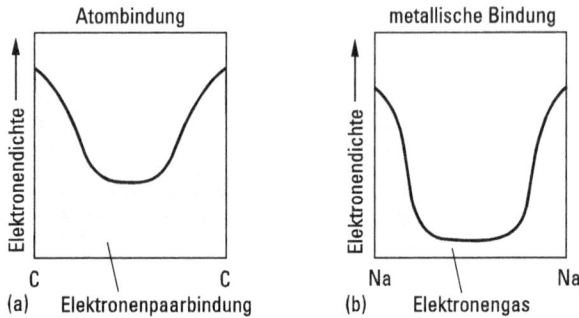

**2.123** a) Da die Bindungskräfte nicht gerichtet sind und die Gitterbausteine gleich groß sind, treten bei Metallstrukturen die hohen Koordinationszahlen 12 und 8 auf. Bei Ionenkristallen kommen wegen der unterschiedlichen Radienquotienten Koordinationszahlen von 2 bis 12 vor. Außerdem können in einem Ionengitter verschiedene Koordinationszahlen gleichzeitig auftreten.

b) Bei Nichtmetallen, die ja bevorzugt kovalente Moleküle bilden, gibt es kein Element das 12-bindig ist. Allerdings bildet Bor in seinen Elementmodifikationen $B_{12}$-Ikosaeder, die in der Kristallstruktur des $\alpha$-rhomboedrischen Bors kubisch-dichtest gepackt sind. Die Koordination der einzelnen Boratome ist aber nur sechs oder sieben.

In der Sandwich-Verbindung Dibenzolchrom, $(C_6H_6)_2Cr$ und analogen Dibenzolverbindungen anderer Metalle sind die 12 Kohlenstoffatome der zwei Benzolringe gleichartig um das Metallatom zwischen den beiden Benzolliganden gebunden. Die Benzol-Metall-Bindung hat starke kovalente Anteile. Auch Metallatome in anderen Metall-$\pi$-Komplexen mit organischen Liganden können 12 Bindungspartner haben, z. B. das Titanatom in Titanocendichlorid, $(C_5H_5)_2TiCl_2$. Die Koordinationsgeometrien sind aber keine „dichtesten" Kugelpackungen.

Die Koordinationszahl 12 findet man auch bei den großen Metallatomen der Lanthanoide und Actinoide. Ein Beispiel ist der Hexanitratocerat(II)-Komplex, $[Ce(NO_3)_6]^{4-}$, in dem jeder Nitrato-Ligand zweizähnig, d. h. mit zwei Sauerstoffatomen chelatartig an das Cer-Ion bindet. Allerdings hat die koordinative Metall-Ligand-Bindung auch starke ionische Anteile.

**2.124**

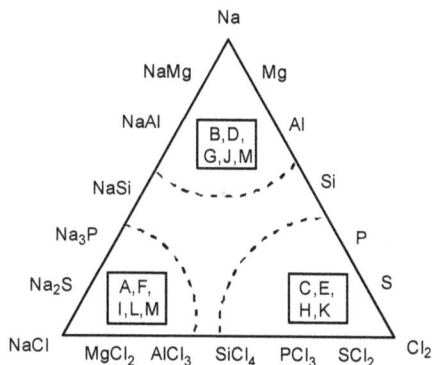

## Energiebandschema von Metallen

**2.125**  a) Die s-Orbitale der $N$ Atome spalten in ein Energieband mit $N$ Energiezuständen auf.

b) Da jedes s-Niveau eines Atoms aus 2 Quantenzuständen besteht (Spin $+\frac{1}{2}$ und $-\frac{1}{2}$), gibt es im s-Band eines Kristalls mit $N$ Atomen $2 \cdot N$ Quantenzustände.

**2.126**  $6\,N$ Quantenzustände.

Jede p-Unterschale eines Atoms besteht aus drei p-Orbitalen, also 6 Quantenzuständen.

**2.127**  Die Bänder überstreichen einen Energiebereich der Größenordnung von 1 eV (vgl. Abb. der Aufg. 2.125).

Die Abstände bei $10^{20}$ Energieniveaus liegen in der Größenordnung von $10^{-20}$ eV. Die Folge der Energieniveaus ist also quasi kontinuierlich, daher die Bezeichnung Energieband.

**2.128**  b) und e) sind richtig.

**2.129**  b) ist richtig.

Da das Pauli-Prinzip gilt, kann jeder Quantenzustand nur mit einem Elektron besetzt werden. Also ist die Antwort $6\,N$ richtig.

**2.130**  Da jedes Natriumatom *ein* 3s-Elektron besitzt, sind im 3s-Band gerade die Hälfte aller Quantenzustände besetzt (halbbesetztes Band).

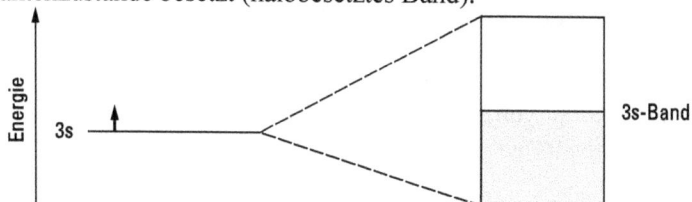

**2.131** Da sich die meisten 3s-Elektronen im Metall auf niedrigeren Energieniveaus befinden als in den isolierten Atomen, wird bei der Bildung des Natriumkristalls Energie frei. Im Natriumkristall sind also die 3s-Elektronen die bindenden Elektronen, die den Zusammenhalt der Atome bewirken (vgl. Aufg. 2.121 und 2.122).

### Metalle · Isolatoren · Halbleiter

**2.132** a) Isolator       b) Metall        c) Eigenhalbleiter

Bei Metallen ist immer ein teilweise besetztes Band vorhanden. Sowohl Isolatoren als auch Eigenhalbleiter besitzen bei T = 0 K ein vollbesetztes Valenzband und ein leeres Leitungsband, die durch eine verbotene Zone getrennt sind. Bei Isolatoren ist die verbotene Zone breit (einige eV), bei Eigenhalbleitern schmal (Größenordnung 1 eV und darunter).

Die Bänderschemata a) und c) gelten z. B. für Stoffe, die im Diamantgitter kristallisieren.

Aus den s- und p-Orbitalen der Valenzschale einzelner Atome entstehen im Diamantgitter zwei Bänder, die durch eine verbotene Zone getrennt sind und die jeweils 4 Quantenzustände pro Atom besitzen.

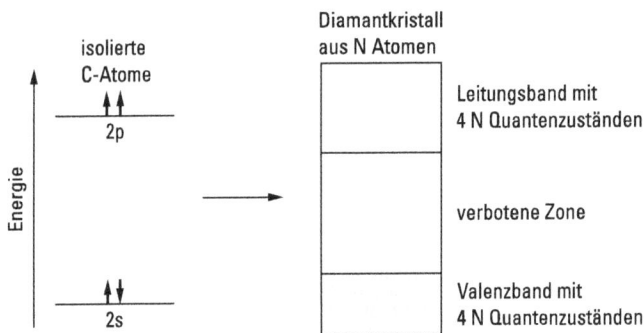

**2.133** a) Mindestens 5 eV.

b) Der Energiebetrag liegt in der Größenordnung von $10^{-20}$ eV.

c) Mindestens 1 eV.

**2.134** Alle Quantenzustände im Valenzband sind besetzt. Kein Elektron kann seinen Quantenzustand verlassen, da es ja keine unbesetzten Quantenzustände vorfindet. Für die Elektronen gibt es daher keine Bewegungsmöglichkeit. Ein Quantensprung in das Leitungsband wäre nur durch Aufnahme der hohen Energie von 5 eV möglich. Dies kommt bei Zimmertemperatur nur äußerst selten vor.

**2.135** Im obersten Energieband gibt es unbesetzte Quantenzustände. Schon bei der geringen Energiezufuhr von etwa $10^{-20}$ eV können Elektronen ihre Quantenzustände ändern. Die Elektronen sind beweglich. Sie sind nicht bestimmten Atomen zugeordnet, sie sind delokalisiert. Die Elektronen dieses Bandes entsprechen dem frei beweglichen Elektronengas der klassischen Theorie.

**2.136** Da die Energieunterschiede zwischen den s- und p-Orbitalen gleicher Hauptquantenzahl klein sind, überlappen die aufgespaltenen Bänder. Das 3s- und das 3p-Band verhalten sich wie ein einziges teilweise besetztes Band. Die Elektronen besetzen nun teilweise auch 3p-Zustände.

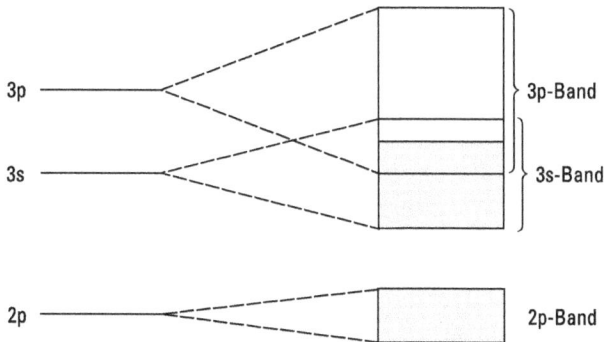

Bei den Metallen überlappt das von den Orbitalen der Valenzelektronen gebildete Valenzband immer mit dem nächsthöheren Band. Auch bei den Alkalimetallen überlappen das s- und das p-Band.

**2.137** a) Da die verbotene Zone schmal ist, besitzen schon bei Zimmertemperatur einige Elektronen genügend thermische Energie, um aus dem Valenzband in das Leitungsband zu gelangen.

b) Je höher die Temperatur ist, umso mehr Elektronen gelangen ins Leitungsband, da die Zahl der Elektronen, die die dazu erforderliche Energie besitzen, mit wachsender Temperatur zunimmt. Die Zunahme der Leitfähigkeit durch Erhöhung der Zahl der Leitungselektronen ist wesentlich größer als die Abnahme der Beweglichkeit durch Gitterschwingungen, die bei Metallen zu einer Abnahme der Leitfähigkeit mit steigender Temperatur führt.

Bei Eigenhalbleitern findet auch Leitung im Valenzband statt. Vergleichen Sie dazu die folgenden Aufgaben.

**2.138** Durch den Übergang von Elektronen aus dem Valenzband in das Leitungsband entstehen im Valenzband positiv geladene Stellen (Löcher). Durch das Nachrücken von Elektronen des Valenzbandes in die Löcher wandern diese durch den Kristall. Man beschreibt daher zweckmäßig die Leitung im Valenzband so, als ob Teilchen mit einer positiven Elementarladung für die Leitung verantwortlich seien. Diese fiktiven Teilchen nennt man Defektelektronen.

**2.139**

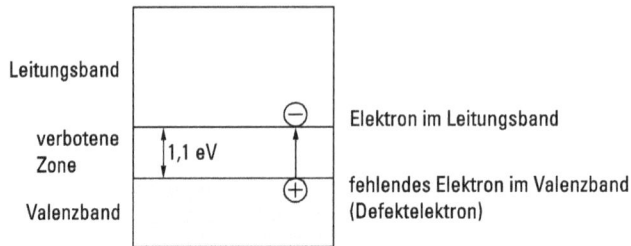

Im Leitungsband findet Elektronenleitung, im Valenzband Defektelektronenleitung (Löcherleitung) statt.

**2.140**  a) Die Elektronen des Valenzbandes sind die bindenden Elektronen. Jedes Si-Atom ist mit vier Si-Atomen in tetraedrischer Koordination durch Atombindungen (Elektronenpaarbindungen) verknüpft. Die Atombindungen können durch Überlappung von $sp^3$-Hybridorbitalen beschrieben werden. Damit übereinstimmend enthält das Valenzband pro Si-Atom vier Quantenzustände (vgl. Antwort zu Aufg. 2.132).

b) Dem Übergang eines Elektrons aus dem Valenzband in das Leitungsband im Bändermodell entspricht im Bindungsbild das Herauslösen eines Elektrons aus einer Atombindung. Die Energie, die dazu erforderlich ist, ist umso größer, je fester die Bindung ist.

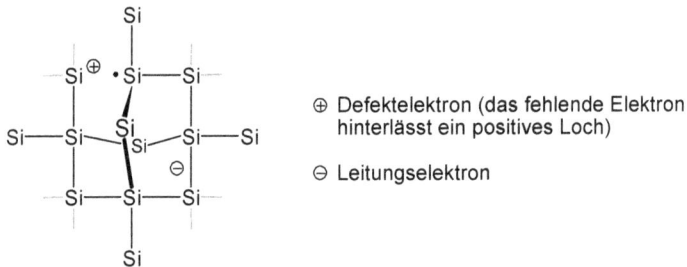

**2.141**  Mit geringerer Bindungsfestigkeit wird die Breite der verbotenen Zone kleiner. Das Herauslösen eines Elektrons aus der Bindung erfordert weniger Energie.

|            | Breite der verbotenen Zone in eV |
|------------|----------------------------------|
| C (Diamant) | 5,3                             |
| Si         | 1,1                              |
| Ge         | 0,7                              |
| Sn (grau)  | 0,08                             |

**2.142** III-V-Verbindungen besitzen das gleiche Bänderschema wie Stoffe, die im Diamantgitter kristallisieren. Die verbotene Zone kann sehr unterschiedlich breit sein; es treten Isolatoren (z. B. AlP) und Halbleiter (z. B. GaAs) auf. Mit wachsender Ordnungszahl der Atome nimmt die Breite der verbotenen Zone ab.

| | Breite der verbotenen Zone in eV |
|---|---|
| GaP | 2,3 |
| GaAs | 1,4 |
| GaSb | 0,7 |

**2.143** a) Arsen besitzt ein Valenzelektron mehr als Silicium. Dieses wird nicht zur Ausbildung von Atombindungen im Gitter benötigt. Durch dieses Elektron wird die elektrische Leitfähigkeit verursacht.

Abgabe des überschüssigen
Valenzelektrons des As-Atoms
in das Si-Gitter

$\ominus$ Leitungselektron

b)

Leitungsband

Donatorniveaus
der As-Atome

Valenzband

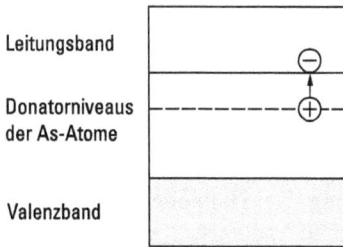

Das nicht an der Bindung beteiligte Elektron des As-Atoms kann durch geringe Energieaufnahme in das Leitungsband gelangen und sich dann frei bewegen. Man bezeichnet daher die Energieniveaus dieser Elektronen als Donatorniveaus.

c) Die Ladungsträger sind negative Teilchen, daher entsteht ein n-Leiter.

**2.144** a) Indium besitzt ein Valenzelektron weniger als Silicium. Zur Ausbildung von 4 Atombindungen fehlt also ein Elektron. Das fehlende Elektron kann durch geringe Energieaufnahme von einem Si-Atom zur Verfügung gestellt werden. Am Si-Atom entsteht ein Defektelektron. Durch die Defektelektronen wird die elektrische Leitfähigkeit verursacht.

Übergang eines Si-Valenz-
elektrons zu einem In-Atom

⊕ Defektelektron

b)

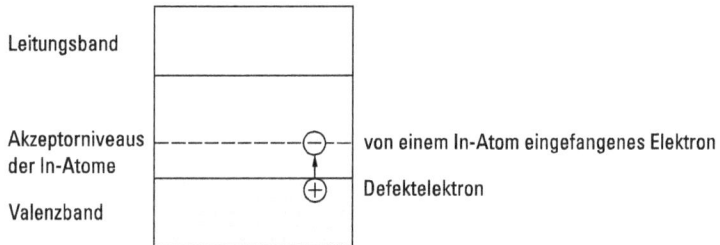

Leitungsband

Akzeptorniveaus                          ⊖   von einem In-Atom eingefangenes Elektron
der In-Atome

Valenzband                               ⊕   Defektelektron

Man bezeichnet das leere Energieniveau eines In-Atoms als Akzeptorniveau. Durch
Übergang eines Elektrons aus dem Valenzband auf ein Akzeptorniveau entsteht ein
frei bewegliches Defektelektron.

c) Die Ladungsträger sind positive Teilchen, daher entsteht ein p-Leiter.

**2.145**  Durch geringe Verunreinigungen werden die Leitfähigkeit und der Leitungsmechanismus des Siliciums in unkontrollierter Weise stark beeinflusst.

**2.146**  Die Aussage b) ist richtig.

Elektrolyte sind Ionenleiter, Halbleiter sind wie Metalle Elektronenleiter.

Die Aussagen a) und c) sind falsch. Es gibt sowohl feste als auch flüssige Ionenleiter, ebenso feste und flüssige Halbleiter. Bei Halbleitern steigt mit zunehmender
Temperatur die Anzahl der beweglichen Ladungsträger (Elektronen, Defektelektronen); bei Elektrolyten nimmt die Beweglichkeit der Ionen mit steigender Temperatur zu.

**2.147**  a) Die elektrische Leitung erfolgt nicht durch Elektronenbewegung in Leitungsbän-
dern, sondern durch thermisch angeregtes „Hüpfen" der Elektronen von einem
Atom zu einem benachbarten Atom.

b) Beispiele sind die Spinelle $Fe^{3+}(Fe^{2+}Fe^{3+})O_4$ und $Li(Mn^{3+}Mn^{4+})O_4$. Auf den
Oktaederplätzen des Spinellgitters erfolgt ein schneller Elektronenaustausch zwischen $Fe^{2+}$- und $Fe^{3+}$- bzw. $Mn^{3+}$- und $Mn^{4+}$-Ionen.

**2.148**  Leuchtdioden sind keine Temperaturstrahler wie Glühlampen und Halogenlampen,
sondern Halbleiterlichtquellen. Bei Übergang von Elektronen aus dem Leitungs-

band in das Valenzband eines n- und p-dotierten Halbleiters erfolgt Emission von Lichtquanten. Beim dotierten Halbleiter GaN (Bandlücke 3,4 eV) z. B. wird blaues Licht emittiert.

Etwa 19% (!) der weltweit erzeugten elektrischen Energie wird für Beleuchtungszwecke verwendet und häufig verschwendet. Verschwendung auch deshalb, da bei Glüh- und Halogenlampen ca. 95% der eingesetzten elektrischen Energie in Wärme und nur 5% in Licht umgewandelt wird.

## Supraleitung

**2.149** Unterhalb einer charakteristischen Temperatur (Sprungtemperatur) sinkt der elektrische Widerstand schlagartig auf null. Meist ist dazu eine Abkühlung mit flüssigem Helium (Siedepunkt 4 K, –269 °C) erforderlich. Beispiele: $Nb_3Ge$ 23K, $MgB_2$ 39K.

**2.150** Es sind oxidische Verbindungen, deren Sprungtemperatur höher ist als die Siedetemperatur von Stickstoff (Siedepunkt 77 K, –196 °C). Bekannt sind Cupratverbindungen, wie $YBa_2Cu_3O_{7-\delta}$ („Y-Ba-Cu's"), deren Strukturen sich von der Perowskit-Struktur ableiten. Der Leitungsmechanismus wird – wenn auch noch nicht vollständig geklärt – mit weit voneinander entfernten Elektronen, die als Paare assoziiert sind (Cooper-Paare), nach der modifizierten BCS-Theorie gedeutet (BCS = Bardeen, Cooper, Schrieffer).

## Schmelzdiagramme von Zweistoffsystemen

**2.151** b), c) und d) sind richtig.

Mischkristalle werden auch als feste Lösungen bezeichnet.

**2.152** Substitutionsmischkristalle treten z. B. im System Silber-Gold auf. Die Gitterpunkte können statistisch durch Au- und Ag-Atome besetzt werden. Bei Einlagerungsmischkristallen werden Lücken im Metallgitter durch kleine Atome, z. B. C oder N, besetzt.

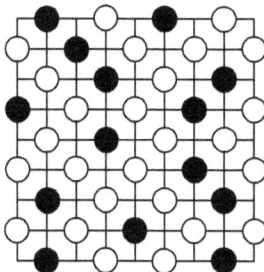

(a)  Substitutionsmischkristall          (b)  Einlagerungsmischkristall

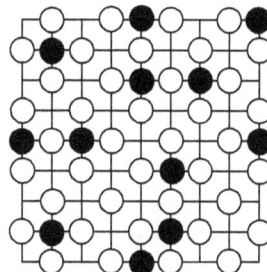

**2.153** Zwei kristalline Stoffe sind im festen Zustand unbegrenzt mischbar, wenn sie in jedem Verhältnis miteinander Mischkristalle bilden. Es erfolgt lückenlose Mischkristallbildung.

Unbegrenzte Mischbarkeit tritt z. B. zwischen Silber und Gold auf. Beide Metalle kristallisieren im kubisch-flächenzentrierten Gitter. Die Gitterpunkte können in jedem beliebigen Verhältnis mit Ag- und Au-Atomen besetzt werden.

**2.154**  Die Bedingungen b), c) und d) müssen gleichzeitig erfüllt sein. Stoffe, die im gleichen Strukturtyp kristallisieren, nennt man isotyp. Beispiele für Systeme mit unbegrenzter Mischbarkeit sind Ag-Au, Cu-Ni, Au-Pd. Völlige Nichtmischbarkeit im festen Zustand liegt z. B. bei den Systemen Na-K und Au-Bi vor.

**2.155**  a) und b)

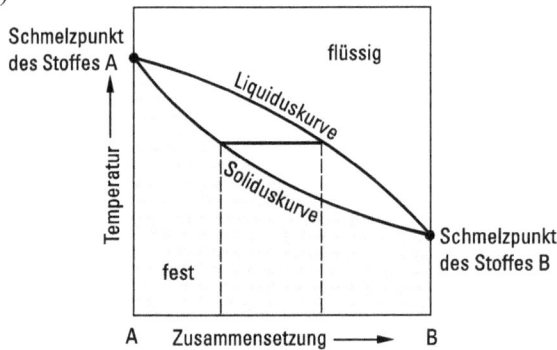

Die Liquiduskurve begrenzt den Existenzbereich der flüssigen Phase, die Soliduskurve den der festen Phase.

c) Die Zusammensetzung einer Schmelze und die Zusammensetzung des Mischkristalls, der mit dieser Schmelze im Gleichgewicht steht, werden durch die Schnittpunkte der waagerechten Linie (Isotherme) mit der Liquiduskurve und der Soliduskurve angegeben.

**2.156**  a)

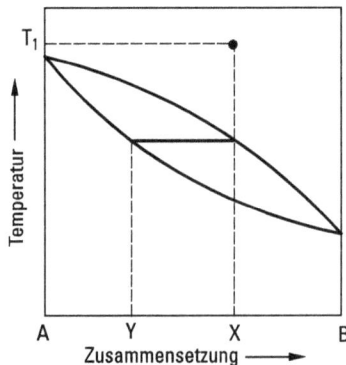

Wird eine Schmelze der Zusammensetzung X abgekühlt, entspricht das im Diagramm einer senkrecht nach unten verlaufenden Linie. Beim Erreichen der Liquiduskurve setzt eine Kristallisation ein. Zeichnet man bei dieser Temperatur die

Isotherme ein, dann erhält man aus dem Schnittpunkt mit der Soliduskurve die Zusammensetzung der sich ausscheidenden Kristalle (im Diagramm durch Y gekennzeichnet).

b) Im Mischkristall nimmt nach innen die Konzentration an A zu.

Da sich Kristalle ausscheiden, die reicher an A sind als die Schmelze, reichert sich im Verlauf der Kristallisation die Schmelze an B an. Beim Wachsen eines Kristalls muss daher die Konzentration an A im Kristall abnehmen.

c) Die Schmelze besteht am Ende der Kristallisation aus B.

d) Beim extrem langsamen Abkühlen homogenisieren sich die Mischkristalle. Die Mischkristalle müssen die Zusammensetzung X haben, denn nach vollständigem Erstarren der Schmelze müssen ja die homogenen Mischkristalle dieselbe Zusammensetzung haben wie die Ausgangsschmelze.

**2.157**

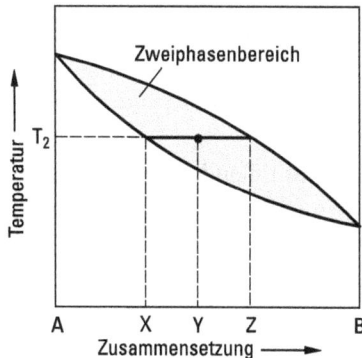

Aus Mischkristallen der Zusammensetzung Y entstehen bei der Temperatur $T_2$ Mischkristalle der Zusammensetzung X und eine Schmelze der Zusammensetzung Z. Die Zusammensetzung Y liegt bei $T_2$ im Zweiphasenbereich.

**2.158** a) Es scheiden sich Kristalle des Metalls Cadmium aus.

b) Die gesamte Schmelze erstarrt. Es scheidet sich ein Gemisch zweier Kristallsorten, nämlich des Metalls Cadmium und des Metalls Bismut, aus. Dieses Gemisch nennt man eutektisches Gemisch. Es darf nicht mit Mischkristallen verwechselt werden. Im System Cd-Bi ist keine Mischkristallbildung möglich.

c) Das eutektische Gemisch besitzt den tiefsten Schmelzpunkt des Systems.

d) Da im Verlauf der Kristallisation die Schmelze ärmer an Cadmium wird, nimmt die Erstarrungstemperatur laufend ab, und zwar so lange, bis der eutektische Punkt erreicht ist. Dann kristallisiert das eutektische Gemisch aus.

**2.159** Das Kristallgemisch schmilzt. Der Stoff A schmilzt vollständig, der Stoff B nur teilweise. Die Schmelze der Zusammensetzung C befindet sich im Gleichgewicht mit festem B.

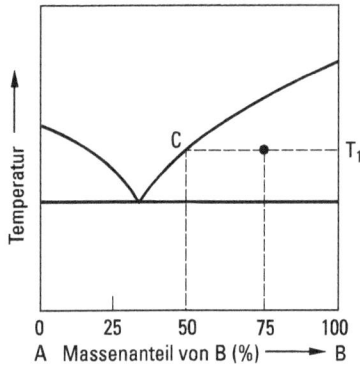

**2.160** a) Am eutektischen Punkt erstarrt die gesamte Schmelze. Dabei bilden sich zwei Sorten von Mischkristallen mit den Zusammensetzungen U und V. Bei U ist die maximal mögliche Menge Pb in Sn gelöst, bei V die maximal mögliche Menge von Sn in Pb.

b) Die Breite der Mischungslücke bei 150 °C ist durch die dick ausgezogene Linie wiedergegeben.

c) Die Löslichkeit von Sn in Pb nimmt mit fallender Temperatur ab.

d) Nein, diese Zusammensetzung liegt bei allen Temperaturen innerhalb der Mischungslücke.

e) Ja, aber nur zwischen den Temperaturen $T_1$ und $T_2$.

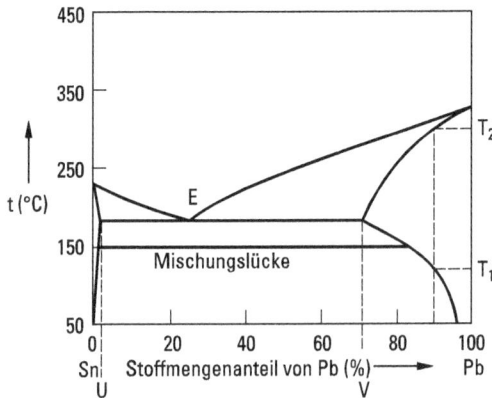

**2.161**

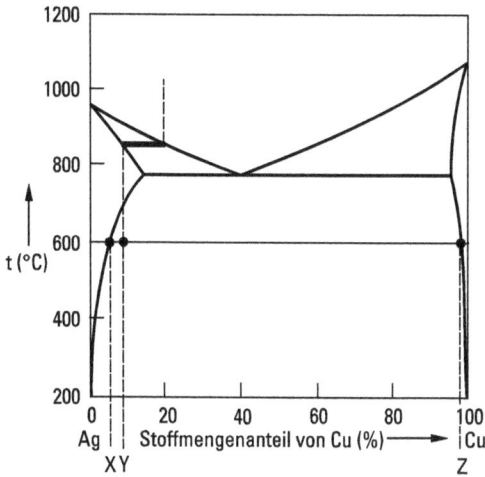

a) Die Mischkristalle haben die Zusammensetzung Y.

b) Bei 600 °C liegt die Zusammensetzung Y innerhalb der Mischungslücke. Im Gleichgewichtszustand können nur Kristalle mit der Zusammensetzung X und Z vorliegen. In diesen Mischkristallen ist jeweils die bei 600 °C maximal mögliche Menge von Cu in Ag bzw. Ag in Cu gelöst. Aus den Kristallen der Zusammensetzung Y scheidet sich daher das überschüssige Kupfer als kupferreicher Mischkristall Z aus. Die im Gleichgewicht neben Z vorliegenden Mischkristalle X sind natürlich im Überschuss vorhanden.

c) Beim Abschrecken stellt sich kein Gleichgewicht ein. Die Mischkristalle der Zusammensetzung Y sind bei Zimmertemperatur metastabil.

**2.162**

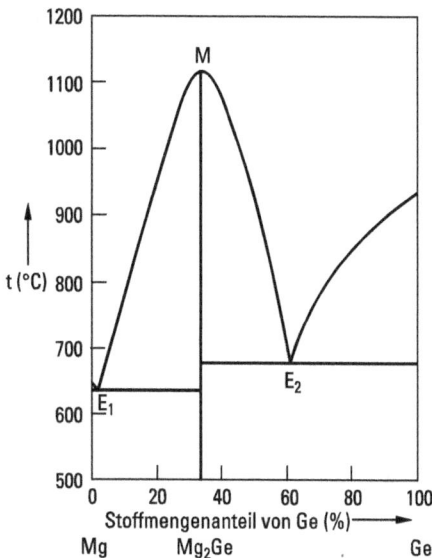

a) Die eutektischen Punkte sind $E_1$ und $E_2$. M bezeichnet das Schmelzpunktsmaximum.

b) Mg und Ge bilden die intermetallische Verbindung $Mg_2Ge$. $Mg_2Ge$ kristallisiert in einem anderen Strukturtyp als Mg und Ge.

c) Nein, die drei Phasen Mg, Ge und $Mg_2Ge$ bilden miteinander keine Mischkristalle.

**2.163**

| Zusammensetzung der Schmelze | Stoff |
|---|---|
| X | $Mg_2Ge$ |
| Y | $Mg_2Ge + Ge$ |
| Z | Ge |

**2.164** a) Beim inkongruenten Schmelzen zerfällt die intermetallische Phase in eine andere feste Phase und eine Schmelze. Die neu entstehende feste Phase und die Schmelze haben natürlich eine andere Zusammensetzung als die zerfallende Phase.

b) Beim kongruenten Schmelzen geht die intermetallische Phase unmittelbar in die Schmelze gleicher Zusammensetzung über. Kongruent schmelzende Phasen haben ein Schmelzpunktsmaximum (vgl. Aufg. 2.162).

**2.165** a)  1. Es tritt jeweils eine intermetallische Phase auf.

2. Es bilden sich keine Mischkristalle.

b)  1. Die Phase $Mg_2Ge$ schmilzt kongruent, die Phase $Na_2K$ inkongruent.

2. Im System Mg-Ge existieren zwei Eutektika, im System Na-K gibt es nur ein Eutektikum.

**2.166**

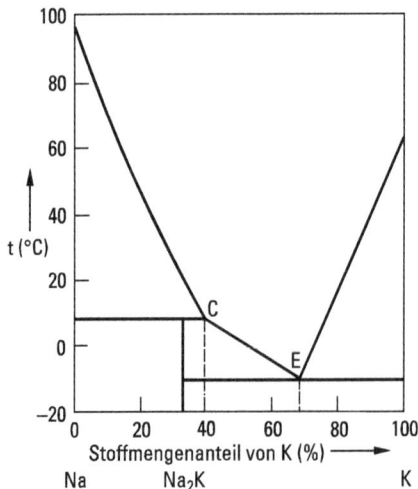

a) Am peritektischen Punkt zerfällt $Na_2K$ in Na und eine Schmelze der Zusammensetzung C. $Na_2K$ schmilzt inkongruent.

b) $Na_2K$ kristallisiert nur aus Schmelzen aus, deren Zusammensetzungen zwischen C und E liegen.

**2.167** Nach Erreichen der Erstarrungstemperatur scheidet sich solange nur Natrium aus, bis die peritektische Temperatur erreicht wird. Bei der peritektischen Temperatur bildet sich $Na_2K$, das mit festem Natrium und der Schmelze der Zusammensetzung C (vgl. Abb. der Aufg. 2.166) im Gleichgewicht steht. Unterhalb der peritektischen Temperatur ist nur noch die Verbindung $Na_2K$ vorhanden. Das feste Natrium hat sich mit der Schmelze zu $Na_2K$ umgesetzt.

**2.168** Im System Mg-Sn bildet sich die stöchiometrisch zusammengesetzte intermetallische Verbindung $Mg_2Sn$. Im System Hg-Tl hat die intermetallische Phase einen Homogenitätsbereich, d. h., ihre Zusammensetzung kann innerhalb gewisser Grenzen schwanken. Formal lässt sich der Homogenitätsbereich als Mischkristallbereich zwischen der stöchiometrisch zusammengesetzten Phase $Hg_5Tl_2$ mit Hg bzw. Tl auffassen.

**2.169** a) In beiden Systemen tritt eine intermetallische Phase auf, die inkongruent schmilzt.

b) Im System Au-Bi bilden sich keine Mischkristalle, die Phase $Au_2Bi$ hat keinen Homogenitätsbereich. Im System Pb-Bi besitzt die intermetallische Phase einen Homogenitätsbereich. Außerdem bildet Pb mit Bi und Bi mit Pb in begrenztem Umfang Mischkristalle.

**2.170** Ionenverbindungen und kovalente Verbindungen sind stöchiometrisch zusammengesetzt. Die Zusammensetzung ist durch die Zahl der Valenzelektronen der Bindungspartner festgelegt. Bei Verbindungen zwischen Metallen schwankt die Zusammensetzung häufig innerhalb weiter Grenzen (vgl. Aufg. 2.168 und 2.169). Treten in intermetallischen Systemen stöchiometrisch zusammengesetzte Verbindungen auf, z. B. $Na_2K$, so entsteht die Stöchiometrie meist auf Grund der möglichen geometrischen Anordnung der Bausteine im Gitter und nicht auf Grund der chemischen Wertigkeit. Daher wird statt des Begriffs intermetallische Verbindung häufig die Bezeichnung intermetallische Phase verwendet.

**2.171**

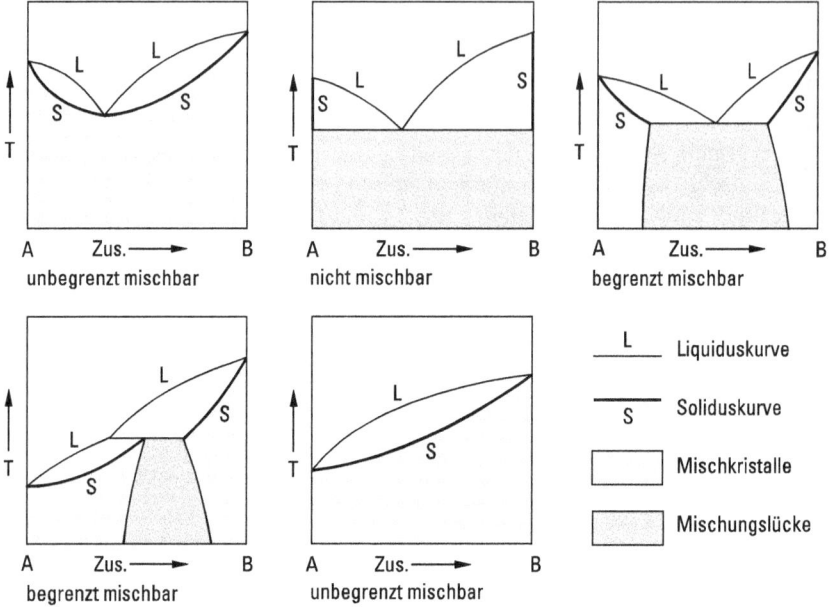

**2.172**

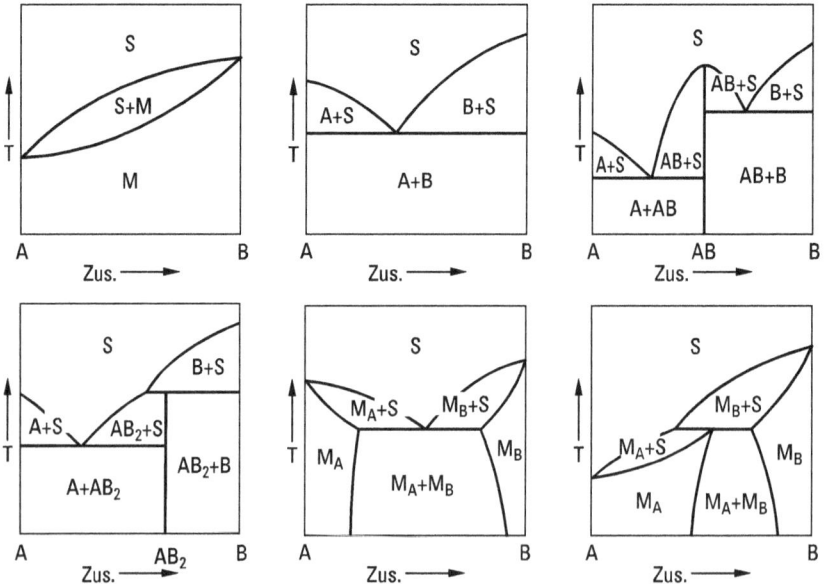

**2.173**

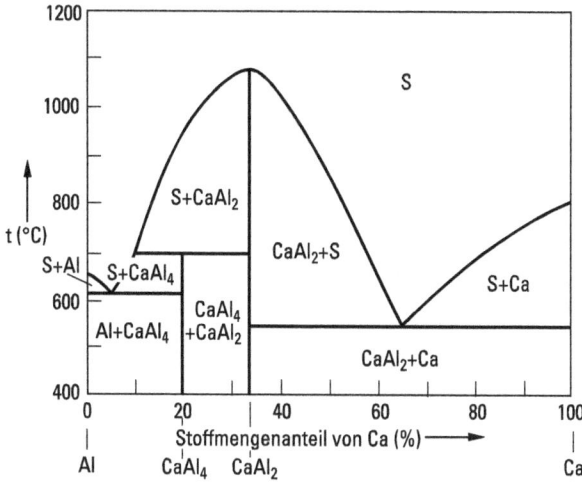

**2.174**

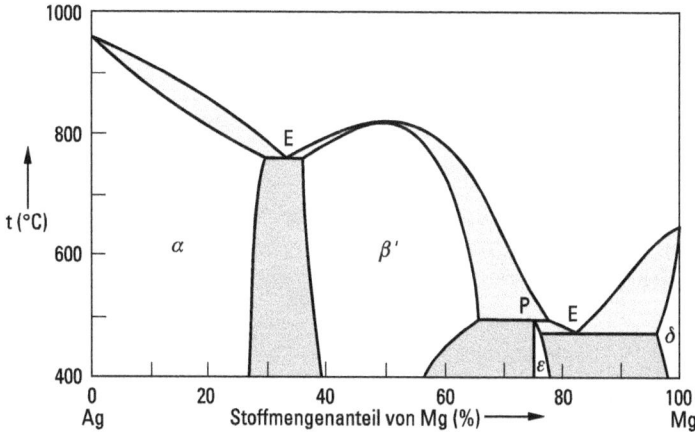

# Wasserstoff-Brückenbindungen

**2.175**  a) Richtig.        b) Richtig.       c) Falsch.        d) Falsch.
e) Falsch.        f) Richtig        g) Falsch.        h) Falsch.
i) Richtig.       j) Falsch.        k) Falsch.        l) Richtig.
m) Falsch.        n) Richtig.       o) Falsch.        p) Richtig.
q) Richtig        r) Richtig.

**2.176**  Über H-Brücken (gestrichelte Linien) sind vier $H_2O$-Moleküle um ein zentrales $H_2O$-Molekül gebunden, davon zwei als Akzeptoren, zwei als Donoren. Die zwei kovalent gebundenen H-Atome und die beiden H-Brücken umgeben das zentrale

$H_2O$-Molekül tetraedrisch. Die H⋯O-Brücken sind länger als die kovalenten O–H-Bindungen. Der H–O–H-Bindungswinkel beträgt 104,5°.

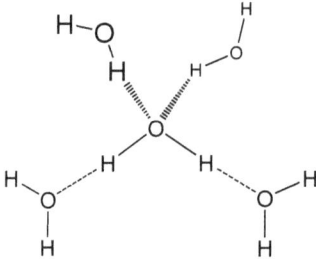

# van-der-Waals-Kräfte

**2.177** Wechselwirkung permanenter Dipol – permanenter Dipol (Richteffekt)

Wechselwirkung permanenter Dipol – induzierter Dipol (Induktionseffekt)

Wechselwirkung fluktuierender Dipol – induzierter Dipol (Dispersionseffekt)

**2.178** Am stärksten ist die Wechselwirkung beim Dispersionseffekt.

**2.179** Bei allen Atomen und Molekülen entstehen durch Schwankungen der Ladungsdichte der Elektronenhülle fluktuierende (sich dauernd verändernde) Dipole.

**2.180** a) Mit zunehmender Größe der Atome sind die Elektronen leichter verschiebbar und Dipole lassen sich leichter induzieren. Der Dispersionseffekt nimmt zu und damit auch die erforderliche Temperatur um die zunehmende Verdampfungsenergie zu erzeugen.

b) n-Hexan (68,8 °C)  < n-Heptan (98,4 °C),

$CCl_4$ (76,72 °C) > $CF_4$ (–127,8 °C),

$CF_4$ (–127,8 °C) < $SiF_4$ (–95.2 °C, sublimiert),

$CH_4$ (–161,6 °C) < $SiH_4$ (–112 °C),

$F_2$ (–188,1 °C) > $H_2$ (–252,9 °C),

$H_2Se$ (–41,3 °C) < $H_2Te$ (–2,2 °C),

Mit zunehmender Größe der Moleküle nimmt die van-der-Waals-Anziehung zu, der Siedepunkt liegt höher; aber $NH_3$ (–33 °C) > $PH_3$ (–87,8 °C), wegen der bei $NH_3$ vorherrschenden H-Brückenbindung.

c) Die Erwartung wäre, dass mit zunehmender Größe der Moleküle und van-der-Waals-Anziehung der Siedepunkt in der Reihe $CCl_4$ < $SiCl_4$ < $GeCl_4$ < $SnCl_4$ stetig zunimmt. Tatsächlich findet man aber $CCl_4$ (76,72 °C) > $SiCl_4$ (57,65 °C) < $GeCl_4$ (83 °C) < $SnCl_4$ (114 °C), d. h. ein Minimum bei $SiCl_4$.

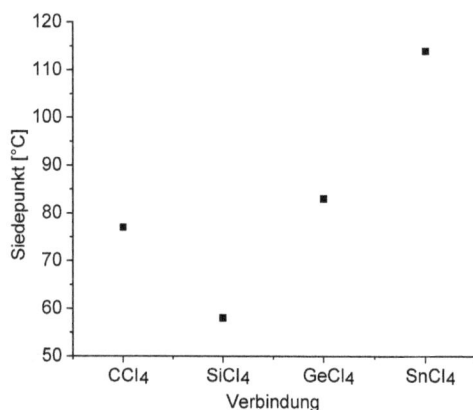

Dabei liegt der Siedepunkt für $SiCl_4$ anscheinend im Trend mit den schwereren Homologen $GeCl_4$ und $SnCl_4$, d. h. der Siedepunkt von $CCl_4$ scheint im Vergleich zu hoch zu liegen.

Einen analogen Trend findet man auch bei den Siedepunkten der Bromide von C bis Sn: $CBr_4$ (189,5 °C) > $SiBr_4$ (153 °C) < $GeBr_4$ (186,5 °C) < $SnBr_4$ (202 °C) und bei den Schmelzpunkten dieser Chloride und Bromide.

$CCl_4$ und $CBr_4$ zeigen also auf den ersten Blick scheinbar eine Anomalie mit ihren hohen Schmelz- und Siedepunkten, obwohl die in der jeweiligen Reihe kleinsten Moleküle die geringsten van-der-Waals-(vdW-)Anziehungen erwarten ließen.

Der Trend wird mit dem Elektronegativitätsunterschied zwischen den Atomen der Si–X (Ge–X und Sn–X) Bindung, und damit der Polarität dieser Bindung erklärt, der deutlich größer ist als bei der C–X-Bindung. $\Delta EN(Si–Cl) = 1.2$, $\Delta EN(C–Cl) = 0.5$, $\Delta EN(Si–Br) = 1.0$, $\Delta EN(C–Br) = 0.3$ (nach Pauling). Mit ihrer tetraedrischen Symmetrie sind die $EX_4$ Moleküle insgesamt unpolar. Allerdings sind die Halogenid-Enden der Bindungen aufgrund der Bindungsdipole leicht negativ. Die „Oberfläche" der $CX_4$- und $SiX_4$-Moleküle hat einen leichten Überschuss an negativer Ladung. Dieser Überschuss an negativer Oberflächenladung ist bei $SiX_4$ aufgrund der größeren EN-Differenz und damit größeren Si–X Bindungsdipole deutlich größer (und auch noch bei $GeX_4$) als bei $CX_4$. Die elektrostatische Abstoßung zwischen diesen Oberflächenladungen verringert die vdW-Anziehungskräfte zwischen benachbarten Molekülen in der flüssigen Phase. Dieser Effekt ist groß genug, um den Siedepunkt von $SiX_4$ und auch noch von $GeX_4$ unter den Wert zu senken, der aufgrund der vdW-Anziehungskräfte allein zu erwarten wäre. Wahrscheinlich liegt auch der Siedepunkt von $SnX_4$ deshalb noch etwas zu niedrig. Verbindet man die Siedepunke von $CCl_4$ und $SnCl_4$ in der vorstehenden Abbildung dann sollten $SiCl_4$ und $GeCl_4$ mit nur vdW-Anziehung, d. h. ohne die elektrostatische Abstoßung, mindestens auf dieser Linie liegen. Nicht $CCl_4$ und $CBr_4$ zeigen also eine Anomalie, sondern $SiCl_4$ und $GeCl_4$ und ihre Bromide, mit zu niedrigen Siedepunkten. Für Siedepunkte gibt es nur sehr wenige Beispiele, die diese Art von anomalem Verhalten zeigen.

**2.181** Weiche Atome sind leicht, harte Atome schwer zu polarisieren.

**2.182** Die Polarisierbarkeit wächst mit der Atomgröße. F ist härter als Br, O härter als Se und N härter als As.

**2.183** a) Molekülkristalle (ohne Wasserstoffbrücken!). Beispiele: $CO_2$, $H_2$, $Cl_2$, $P_{weiß}$.

b) Typische Eigenschaften: niedrige Schmelzpunkte, geringe Härte, elektrisch nichtleitend.

**2.184** Graphit und $Arsen_{grau}$ kristallisieren in Schichtstrukturen bei denen zwischen den Schichten aus Kohlenstoff oder Arsen van-der-Waals-Kräfte wirksam sind. $Selen_{grau}$ kristallisiert in einer Kettenstruktur bei der zwischen den Se-Ketten van-der-Waals-Kräfte wirksam sind. Im Talk existieren zwischen Schichtpaketen aus Mg-Silicaten nur schwache van-der-Waals-Bindungen. Graphit, $As_{grau}$ und $Se_{grau}$ unterscheiden sich dadurch wesentlich von den jeweils anderen C-, As- und Se-Modifikationen. Talk ist das weichste aller Mineralien.

## Molekülsymmetrie

**2.185** a) $-x, -y, z$

b) $x, y, -z$

c) $-x, -y, -z$

d) $-x, -y, -z$ ($S_2$ entspricht Punktspiegelung i)

**2.186** a) 180°-Drehung um die y-Achse ($C_2$-Achse kolinear mit y-Achse)

b) mehrere Möglichkeiten:

- $(x, y, z) \xrightarrow{\text{Spiegelung in xy-Ebene}} (x, y, -z) \xrightarrow{\text{Spiegelung in xz-Ebene}} (x, -y, -z)$

- $(x, y, z) \xrightarrow{\text{Spiegelung in xz-Ebene}} (x, -y, z) \xrightarrow{\text{Spiegelung in xy-Ebene}} (x, -y, -z)$

- $(x, y, z) \xrightarrow{\text{Punktspiegelung im Ursprung}} (-x, -y, -z) \xrightarrow{\text{Spiegelung in yz-Ebene}} (x, -y, -z)$

- $(x, y, z) \xrightarrow{\text{Spiegelung in yz-Ebene}} (-x, y, z) \xrightarrow{\text{Punktspiegelung im Ursprung}} (x, -y, -z)$

- $(x, y, z) \xrightarrow{\text{180°-Drehung um y-Achse}} (-x, y, -z) \xrightarrow{\text{180°-Drehung um z-Achse}} (x, -y, -z)$

- $(x, y, z) \xrightarrow{\text{180°-Drehung um z-Achse}} (-x, -y, z) \xrightarrow{\text{180°-Drehung um y-Achse}} (x, -y, -z)$

Die Punktspiegelung i kann durch eine $S_2$-Operation ersetzt werden.

c) $C_4$-Operation (Drehung um 90°) mit $C_4$-Achse kolinear zur z-Achse:

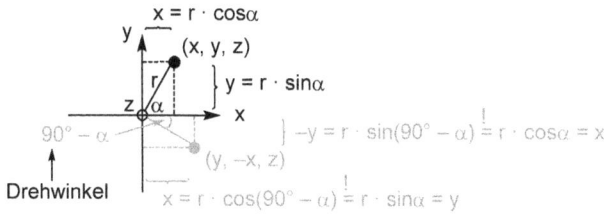

$$x = r \cdot \cos\alpha$$
$$(x, y, z)$$
$$y = r \cdot \sin\alpha$$
$$\} -y = r \cdot \sin(90° - \alpha) \overset{!}{=} r \cdot \cos\alpha = x$$
$$(y, -x, z)$$
$$x = r \cdot \cos(90° - \alpha) \overset{!}{=} r \cdot \sin\alpha = y$$

Drehwinkel

**2.187** a) $C_2$-Drehachse durch N-Atom entlang Winkelhalbierender; 2 Spiegelebenen ($\sigma_v$) in Molekülebene und senkrecht zu Molekülebene durch N-Atom:

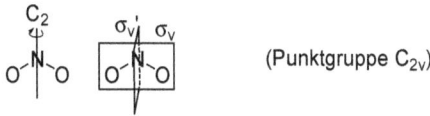

(Punktgruppe $C_{2v}$)

b) $C_3$-Drehachse kolinear mit As–O-Bindung; 3 Spiegelebenen ($\sigma_v$) in jeweils O–As–Cl-Ebene:

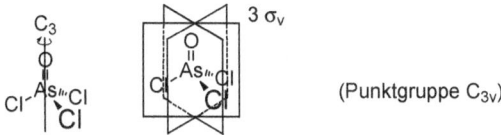

(Punktgruppe $C_{3v}$)

c) $C_3$-Drehachse und $S_3$-Drehspiegelachse senkrecht zu Molekülebene durch N-Atom; 3 $C_2$-Drehachsen senkrecht zu $C_3$-Hauptachse und jeweils kolinear mit N–O-Bindung; Spiegelebene senkrecht zu Hauptachse ($\sigma_h$) in Molekülebene; 3 Spiegelebenen ($\sigma_v$) jeweils eine N–O-Bindung enthaltend und senkrecht zu Molekülebene:

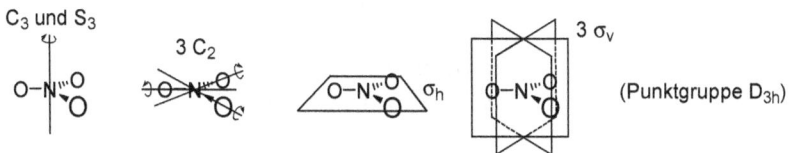

(Punktgruppe $D_{3h}$)

d) siehe c) mit $C_3$- und $S_3$-Achse kolinear mit F–P–F-Achse usw.

e) Einziges Symmetrieelement ist Spiegelebene ($\sigma$) in Molekülebene:

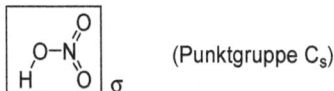

(Punktgruppe $C_s$)

f) $C_2$-Drehachse senkrecht zu $As_2O_2$-Ringebene durch Ringmittelpunkt; Spiegelebene senkrecht zu Hauptachse ($\sigma_h$) in $As_2O_2$-Ringebene; Inversionszentrum (i oder $S_2$) in $As_2O_2$-Ringmittelpunkt:

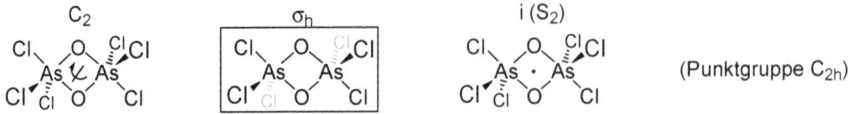

g) $C_2$-Drehachse durch mittlere Xe–F-Bindung; 2 Spiegelebenen ($\sigma_v$) in Molekül-ebene und senkrecht zu Molekülebene entlang mittlerer Xe–F-Bindung:

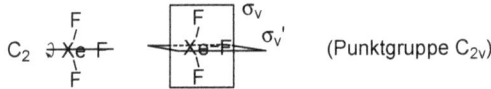

(Punktgruppe $C_{2v}$)

h) $C_2$-Drehachse (Hauptachse) senkrecht zu Molekülebene durch Mittelpunkt der C=C-Bindung; Spiegelebene senkrecht zu Hauptachse ($\sigma_h$) in Molekülebene; Inver-sionszentrum (i oder $S_2$) in Mittelpunkt der C=C-Bindung:

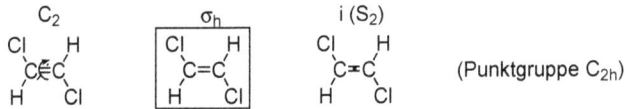

(Punktgruppe $C_{2h}$)

i) $C_2$-Drehachse (Hauptachse) senkrecht zu Molekülebene durch Mittelpunkt der inneren C–C-Bindung; 2 $C_2$-Drehachsen senkrecht zu $C_2$-Hauptachse – entlang und senkrecht zu innerer C–C-Bindung; Spiegelebene senkrecht zu Hauptachse ($\sigma_h$) in Molekülebene; 2 Spiegelebenen ($\sigma_v$, enthalten Hauptachse) senkrecht zu Molekül-ebene und entlang sowie senkrecht zu innerer C–C-Bindung; Inversionszentrum (i oder $S_2$) in Mittelpunkt der inneren C–C-Bindung:

(Punkt-gruppe $D_{2h}$)

j) $C_3$-Drehachse (Hauptachse) senkrecht zu Molekülebene durch Mittelpunkt; 3 $C_2$-Drehachsen senkrecht zu $C_2$-Hauptachse – durch Mittelpunkte der jeweils gegen-überliegenden C–C-Bindungen; 3 Spiegelebenen ($\sigma_d$, enthalten Hauptachse) – je-weils durch gegenüberliegende C-Atome; Inversionszentrum (i oder $S_2$) in Mittel-punkt; $S_6$-Achse kolinear mit $C_3$-Achse:

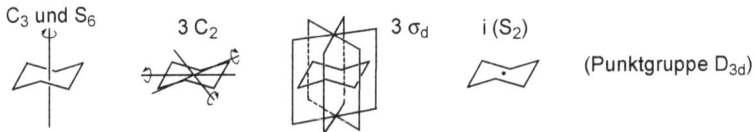

(Punktgruppe $D_{3d}$)

k) $C_2$-Drehachse durch Winkelhalbierende; 2 Spiegelebenen ($\sigma_v$) in F–S–F-Ebenen:

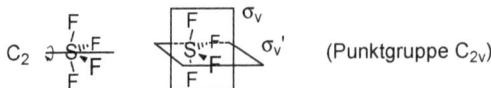

(Punktgruppe $C_{2v}$)

l) $C_6$-Drehachse (Hauptachse) senkrecht zu Molekülebene durch Mittelpunkt; 6 $C_2$-Drehachsen senkrecht zu $C_6$-Hauptachse – 3 durch Mittelpunkte der jeweils gegenüberliegenden C–C-Bindungen und 3 durch jeweils gegenüberliegende C-Atome; Spiegelebene senkrecht zu Hauptachse ($\sigma_h$) in Molekülebene; 6 Spiegelebenen ($\sigma_v$, enthalten Hauptachse) senkrecht zu Molekülebene – 3 durch Mittelpunkte der jeweils gegenüberliegenden C–C-Bindungen und 3 durch jeweils gegenüberliegende C-Atome; Inversionszentrum (i oder $S_2$) in Mittelpunkt; $S_6$-Achse kolinear mit $C_6$-Achse:

$C_6$ und $S_6$      6 $C_2$     $\sigma_h$        6 $\sigma_v$    i ($S_2$)

(Punktgruppe $D_{6h}$)

# 3. Die chemische Reaktion

## Mengenangaben bei chemischen Reaktionen

### Mol · Avogadro-Konstante · Stoffmenge

**3.1**    Ein Mol ist die Stoffmenge, die genau 6,022 140 76 · $10^{23}$ eines bestimmten Einzelteilchens enthält. Diese Zahl entspricht der jetzt auf einen exakten Zahlenwert festgelegten Avogadro-Konstante $N_A$ mit der Einheit $mol^{-1}$. Seit 2019 ist das Mol so neu definiert worden. Bis 2019 galt: Ein Mol ist die Stoffmenge, in der so viele Teilchen enthalten sind, wie Atome in 12 g des Kohlenstoffisotops $^{12}$C. Das Einheitenzeichen für das Mol ist mol.

**3.2**    Masse = Stoffmenge · molare Masse

a) Molekülmasse: $(32,1 + 2 \times 16,0)$ g $mol^{-1}$ = 64,1 g $mol^{-1}$

Die Masse von 1 mol $SO_2$ beträgt 1 mol × 64,1 g $mol^{-1}$ = 64,1 g

b) Formelmasse: $(2 \times 23,0 + 32,1 + 4 \times 16,0)$ g $mol^{-1}$ = 142,1 g $mol^{-1}$

1 mol $Na_2SO_4$ sind 142,1 g.

Die Formelmasse ist zahlenmäßig gleich der molaren Masse in g $mol^{-1}$. Oder anders ausgedrückt: Ein Mol eines Stoffes sind so viel Gramm, wie die Formelmasse angibt. Die Formelmasse ist gleich der Summe der Atommassen der in der Formel enthaltenen Atome. Der Begriff Molekülmasse (Molekulargewicht) bezieht sich strenggenommen nur auf einen Stoff, der tatsächlich aus Molekülen aufgebaut ist, wie z. B. $SO_2$.

**3.3**    a) 120,3 g Ca sind $\dfrac{120,3 \text{ g}}{40,1 \text{ g mol}^{-1}} = 3$ mol

b) 120 g CaO sind 2,14 mol.

c) 120 g MgO sind 2,98 mol.

**3.4**    2 mol Fe verbinden sich mit 3 mol O: 111,6 g Fe verbinden sich also mit 48 g O.

100 g Eisen verbinden sich folglich mit $\dfrac{48 \text{ g} \times 100 \text{ g}}{111,6 \text{ g}} = 43$ g Sauerstoff.

**3.5**    Es reagiert 1 mol $H_2$ mit $\frac{1}{2}$ mol $O_2$, also 2 g $H_2$ mit 16 g $O_2$.

Das Massenverhältnis ist 1 : 8.

https://doi.org/10.1515/9783110701067-008

**3.6**   a) 0,54 g $H_2O$ enthalten 0,06 g H, das sind 0,06 mol H.

1,32 g $CO_2$ enthalten 0,36 g C, das sind 0,03 mol C.

Das Atomverhältnis von C zu H ist 1 : 2. Die allgemeine Formel lautet $C_nH_{2n}$. Es könnte sich um ein Alken (Olefin) wie $C_2H_4$ (Ethen) oder $CH_3–CH=CH_2$ (Propen), ein Polyolefin wie $(CH_2)_n$ (Polyethylen) oder $(-CH(CH_3)–CH_2-)$ (Polypropen), ein Cycloalkan wie $C_3H_6$ (Cyclopropan) oder $C_6H_{12}$ (Cyclohexan) handeln.

Es genügt eine Angabe, da man die Masse des anderen Elements als Differenz zur Masse der verbrannten Verbindung erhält.

Beispiel:

Masse der Verbindung – Masse des Wasserstoffs  = Masse des Kohlenstoffs

     0,42 g              –              0,06 g         =              0,36 g

b) Der bei einer Verbrennungsanalyse nicht zu bestimmende Sauerstoffanteil ergibt sich indirekt als Differenz zu 100%, wenn keine anderen Elemente vorhanden sind: 100% – 39,91% – 6,81% = 53,28% O.

Division der Werte der Prozentanteile durch die relativen Atommassen gibt das atomare Verhaltnis der Elemente:

C: 39,91 / 12,011 = 3,32

H: 6,81 / 1,008 = 6,76

O: 53,28 / 15,999 = 3,33

Das Verhältnis 3,32 : 6,76 : 3,33 entspricht 1 : 2 : 1 (C : H : O). Dabei ist zu beachten, dass eine experimentelle Analyse eine Ungenauigkeit haben wird. Selbst eine gute CHN-Analyse kann um ±0,2% (absolut) vom theoretischen Wert abweichen. Für eine Verbindung $CH_2O$ sind die theoretischen Prozentanteile 40,00% C, 6,71% H, 53,29% O.

**3.7**   2,24 g Fe sind 0,04 mol Fe.

Der Sauerstoffgehalt des Eisenoxids beträgt 3,20 g – 2,24 g = 0,96 g, das sind 0,06 mol O.

Das Atomverhältnis Fe zu O beträgt 0,04 : 0,06 = 2 : 3.

Die Formel lautet $Fe_2O_3$.

**3.8**   Bei der Reaktion von einem Mol eines Stoffes A mit einem Mol eines Stoffes B nach der Reaktionsgleichung A + B → AB reagieren dieselben Teilchenzahlen von A und B miteinander. Im Gegensatz zur Mengenangabe in Gramm erhält man bei Verwendung von Stoffmengen sofort das Verhältnis der miteinander reagierenden Teilchen.

**3.9**   Mol-/Formelmasse $BCl_3$: 117,3 g/mol; $LiAlH_4$: 37,9 g/mol; $B_2H_6$: 27,6 g/mol.

a) 3,0 g $BCl_3$ entsprechen $\dfrac{3,0\ g}{117,3\ g/mol} = 0,0256\ mol = 25,6\ mmol.$

Es werden $\frac{3}{4} \times 25{,}6$ mmol $= 19{,}2$ mmol $LiAlH_4$,

entsprechend $19{,}2$ mmol $\times 37{,}9$ g/mol $= 0{,}73$ g $LiAlH_4$ benötigt.

b) Bei quantitativer Ausbeute sollten $\frac{1}{2} \times 25{,}6$ mmol $= 12{,}8$ mmol $B_2H_6$, entsprechend $12{,}8$ mmol $\times 27{,}6$ g/mol $= 0{,}35$ g $B_2H_6$ entstehen

c) $0{,}24$ g $/ 0{,}35$ g $\times 100\% = 69\%$

d) $4\ BCl_3 + 3\ LiAlH_4 \rightarrow 2\ B_2H_6 + 3\ LiAlCl_4$

| $4\ BCl_3$ | $3\ LiAlH_4$ | $2\ B_2H_6$ |
|---|---|---|
| 3,0 g | 0,73 g | 0,35 g |
| 25,6 | 19,2 | 12,8 |
| mmol | mmol | mmol |
| | | 100% |

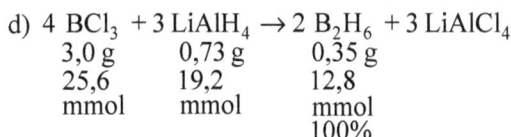

**3.10** Formelmassen $CuCl_2$ 134,5 g/mol; KI 166,0 g/mol; CuI 190,4 g/mol.

2,0 g CuI entsprechen $\dfrac{2{,}0\ \text{g}}{190{,}4\ \text{g/mol}} = 0{,}0105$ mol $= 10{,}5$ mmol.

Bei nur erwarteten 80% Ausbeute ist diese Stoffmenge für die Edukte mit

$\dfrac{1}{0{,}8} = 1{,}25$ zu multiplizieren. Es müssen also 13,2 mmol $CuCl_2$, entsprechend

13,2 mmol $\times 134{,}5$ g/mol $= 1{,}77$ g $CuCl_2$ und $2 \times 13{,}2$ mmol $= 26{,}4$ mmol KI, entsprechend 26,4 mmol $\times 166{,}0$ g/mol $= 4{,}38$ g KI eingesetzt werden.

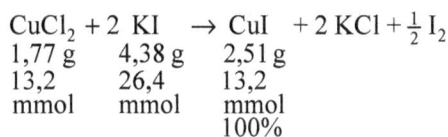

$CuCl_2 + 2\ KI \rightarrow CuI + 2\ KCl + \frac{1}{2} I_2$

| $CuCl_2$ | $2\ KI$ | $CuI$ | |
|---|---|---|---|
| 1,77 g | 4,38 g | 2,51 g | |
| 13,2 | 26,4 | 13,2 | |
| mmol | mmol | mmol | |
| | | 100% | |

**3.11** Summenformel: $C_{30}H_{24}FeN_8O_6$, Formelmasse: 648,42 g/mol.

$\%C = \dfrac{30 \times 12{,}011}{648{,}42} 100\% = 55{,}57;\ \%H = \dfrac{24 \times 1{,}008}{648{,}42} 100\% = 3{,}73;$

$\%N = \dfrac{8 \times 14{,}007}{648{,}42} 100\% = 17{,}28.$

**3.12** Formelmasse M von $[Ni(NH_3)_6]Cl_2 = H_{18}Cl_2N_6Ni$: M $= 231{,}78$ g/mol, benötigte Stoffmenge n $=$ c·V $= 10^{-2}$ mol/$l \times 50 \cdot 10^{-3}\ l = 5 \cdot 10^{-4}$ mol $= 0{,}5$ mmol, gesuchte Masse m $=$ n·M $= 0{,}5$ mmol·231,78 g/mol $= 115{,}9$ mg für 50 ml Lösung.

**3.13** Reaktionsgleichung:

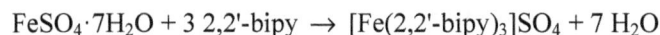

$FeSO_4 \cdot 7H_2O + 3\ 2{,}2'\text{-bipy} \rightarrow [Fe(2{,}2'\text{-bipy})_3]SO_4 + 7\ H_2O$

Formelmasse M von $FeSO_4 \cdot 7H_2O$: M $= 278{,}01$ g/mol

Molmasse von 2,2'-Bipyridin $= C_{10}H_8N_2$: M $= 156{,}18$ g/mol

Formelmasse M von $[Fe(2{,}2'\text{-bipy})_3]SO_4 = [Fe(C_{10}H_8N_2)_3]SO_4$: M $= 620{,}46$ g/mol

Bei 75% Ausbeute und gewünschten 250 mg Produkt (Endstoff) muss der Ansatz auf 250 mg / 0,75 = 333,33 mg geplant werden. Das entspricht einer geplanten Stoffmenge an Produkt: n = m/M = 333,33 mg / 620,46 g/mol = 0,537 mmol.

Für einen stöchiometrischen Ansatz nach der obigen Reaktionsgleichung müssen 0,537 mmol $FeSO_4 \cdot 7H_2O$, entsprechend m = n·M = 0,537 mmol × 278,01 g/mol = 149,3 mg $FeSO_4 \cdot 7H_2O$ eingewogen werden.

Für 2,2'-Bipyridin sind 3 × 0,537 mmol = 1,611 mmol notwendig, entsprechend m = n·M = 1,611 mmol × 156,18 g/mol = 251,6 mg.

# Zustandsänderungen, Gleichgewichte und Kinetik

### Gasgesetz · Partialdruck

**3.14**  Gase verhalten sich ideal, wenn die Anziehungskräfte zwischen den Gasteilchen vernachlässigt werden können und wenn das Volumen der Gasteilchen vernachlässigbar klein ist gegen das Volumen des Gasraums.

Das ist der Fall, wenn wenige Teilchen pro Volumen vorhanden sind (geringer Druck) und wenn ihre Geschwindigkeit so groß ist, dass diese durch die Anziehungskräfte praktisch nicht beeinflusst wird (hohe Temperatur).

Die Tendenz, den idealen Zustand zu erreichen, ist also in den Fällen b), c) und e) gegeben.

**3.15**  123 K sind –150 °C.

Zwischen der absoluten Temperatur T in K und der Temperatur t in °C besteht die Beziehung T/K = 273,15 + t/°C.

**3.16**  a) 4 K, –269 °C; b) 77 K, –196 °C.

**3.17**  Die Zustandsgleichung für ideale Gase lautet

$$p \, V = n \, R \, T$$

$$V = \frac{n \, R \, T}{p} = \frac{1 \text{ mol} \cdot 0,08314 \, l \text{ bar mol}^{-1} K^{-1} \cdot 273,15 \text{ K}}{1 \text{ bar}} = 22,71 \, l$$

Alle Gase, die sich ideal verhalten, haben bei 0 °C (273,15 K) und 1 bar dasselbe Molvolumen von 22,71 l. Es heißt molares Normvolumen.

In der Chemie sind eine Reihe von Größen auf einen Standarddruck bezogen. Der Standarddruck ist 1 bar. Bis 1982 war der Standarddruck 1 atm = 1,013 bar, womit das molare Normvolumen 22,41 l war. Im SI (Système International d'Unités) sind die Einheiten des Drucks das Pascal und das Bar

| 1 Pa | = | $1 \text{ Nm}^{-2}$ |
|---|---|---|
| 1 bar | = | $10^5 \text{ Pa} = 10^3 \text{ hPa}$ |
| 1 atm | = | $1,013 \text{ bar} = 1,013 \cdot 10^5 \text{ Pa}$ |

**3.18** Wenn sich die Stoffmenge nicht ändert, kann man verschiedene Zustände einer beliebigen Gasmenge unmittelbar vergleichen:

Aus $p_1 V_1 = n\,R\,T_1$ und $p_2 V_2 = n\,R\,T_2$ erhält man durch Division

$$\frac{p_1\,V_1}{p_2\,V_2} = \frac{T_1}{T_2}.$$

Da $V_1 = V_2$ ist, erhält man den Druck bei 100 °C nach

$$\frac{p}{0,98 \text{ bar}} = \frac{373 \text{ K}}{293 \text{ K}} = 1,27$$

$$p = 1,25 \text{ bar}$$

**3.19** $V = 1,27\ l$

**3.20** a) Die Zahl der Mole des Gases erhält man aus der Masse des Gases (m) dividiert durch die molare Masse (M).

$$n = \frac{m}{M}$$

Aus $\quad p\,V = \dfrac{m}{M}\,R\,T \quad$ folgt

$$M = \frac{m\,R\,T}{p\,V}$$

$$M = \frac{0,229 \text{ g} \cdot 0,08314\ l \text{ bar K}^{-1} \text{ mol}^{-1} \cdot 373 \text{ K}}{0,5 \text{ bar} \cdot 0,5\ l} = 28,4 \text{ g mol}^{-1}$$

Die Molekülmasse beträgt ca. 28 g/mol (vgl. Aufg. 3.2).

b) Es könnte sich z. B. um $N_2$, CO oder $C_2H_4$ (Ethen) handeln.

**3.21** Gleiche Volumina verschiedener idealer Gase enthalten bei gleicher Temperatur und gleichem Druck dieselbe Anzahl von Teilchen (Avogadro'sches Gesetz).

Danach ist im Gasgemisch das Verhältnis der Volumenanteile von $H_2$ und $N_2$ gleich dem Verhältnis der Stoffmengen von $H_2$ und $N_2$.

$$\frac{n_{H_2}}{n_{N_2}} = \frac{70}{30}$$

Für die Partialdrücke gilt nach der Zustandsgleichung für ideale Gase

$$p_{H_2}\,V = n_{H_2}\,R\,T \qquad \text{und}$$

$$p_{N_2}\,V = n_{N_2}\,R\,T$$

Daraus folgt

$$\frac{p_{H_2}}{p_{N_2}} = \frac{n_{H_2}}{n_{N_2}} = \frac{70}{30}$$

Die Summe der Partialdrücke ist gleich dem Gesamtdruck:

$$p_{H_2} + p_{N_2} = 10 \text{ bar}$$

$$p_{H_2} = 7 \text{ bar}$$

$$p_{N_2} = 3 \text{ bar}$$

**3.22**  Der Partialdruck von Argon beträgt 0,01 bar.

## Phasendiagramm · Kritischer Punkt · Dampfdruck

**3.23**  a) p V = n R T   geht über in

  p V = const.      (Boyle-Mariotte'sches Gesetz)

b) Aus  p V = const.      folgt

$$p = \frac{const.}{V}$$

Diese Funktion wird durch eine Hyperbel wiedergegeben. Dafür gilt

$$p_1 V_1 = p_2 V_2 = const.$$

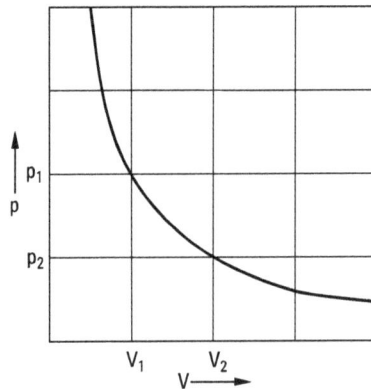

c) und d)

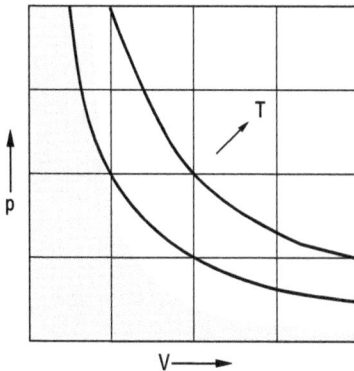

Mit steigender Temperatur wird die Konstante größer. Die eingezeichneten Kurven nennt man Isothermen.

Bei kleinen Volumina und bei tiefen Temperaturen sind die Wechselwirkungen zwischen den Teilchen nicht mehr zu vernachlässigen. In diesem Bereich darf das ideale Gasgesetz nicht angewendet werden. Im schraffierten Bereich müssen die Isothermen daher einen anderen Verlauf haben.

**3.24** Beim Komprimieren steigt der Druck mit abnehmendem Volumen bis der Punkt K erreicht wird. Von K bis S nimmt das Volumen von $V_D$ auf $V_F$ ab, ohne dass dabei der Druck weiter steigt. Den Vorgang, der bei K einsetzt, nennt man Kondensation eines Gases (Verflüssigung). Bei S ist die Kondensation beendet. Weiteres Komprimieren bewirkt auch bei sehr starkem Druckanstieg nur eine äußerst geringe Volumenabnahme der Flüssigkeit ($V_D$ = Volumen des Dampfes, $V_F$ = Volumen der Flüssigkeit).

**3.25**   a)

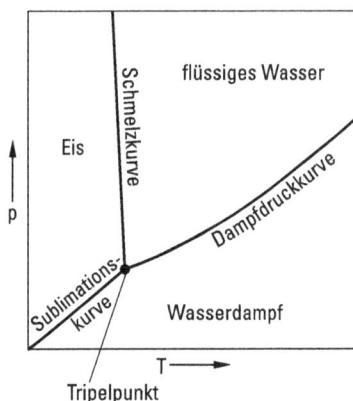

Tripelpunkt

Die drei Kurven können auch als Erstarrungskurve, Siedekurve oder Resublimationskurve bezeichnet werden.

Die drei Kurven geben die Beziehung zwischen Druck und Temperatur an, bei der sich immer zwei Phasen miteinander im Gleichgewicht befinden. Innerhalb der Gebiete I, II und III kann jeweils nur eine Phase existieren.

b) Der Schnittpunkt der drei Gleichgewichtskurven heißt Tripelpunkt. Nur bei dem Druck und der Temperatur des Tripelpunktes sind alle drei Phasen miteinander im Gleichgewicht. Der Tripelpunkt des Wassers liegt bei 0,01 °C und 0,0061 bar.

**3.26**   a) Der Tripelpunkt des $CO_2$ muss oberhalb von 1 bar liegen. Er liegt bei 5,2 bar.

b) $CO_2$ kann nur bei Temperaturen unterhalb –57 °C sublimieren. Bei 1 bar muss festes $CO_2$ (Trockeneis) demnach kälter als –57 °C sein.

**3.27**   a) Wasserstoff und Sauerstoff sind permanente Gase, da die kritische Temperatur unterhalb der Raumtemperatur liegt. Sie lassen sich daher bei Raumtemperatur nicht verflüssigen. Propan und Butan liegen verflüssigt vor.

b) Bei $H_2$ und $O_2$ nimmt der Druck kontinuierlich ab. Bei Propan und Butan bleibt der Druck solange konstant, bis die Flüssigkeit verbraucht ist, dann nimmt er schnell ab (wie beim Gasfeuerzeug).

**3.28**   Die in Spraydosen verwendeten Treibgase müssen bei Raumtemperatur verflüssigbar sein. Nach einer Gasentnahme stellt sich durch Verdampfen der Flüssigkeit immer wieder der Gleichgewichtsdampfdruck ein. Bei permanenten Gasen könnte eine entsprechende Gasmenge nur bei sehr hohen Drücken in der Dose vorhanden sein.

**3.29**

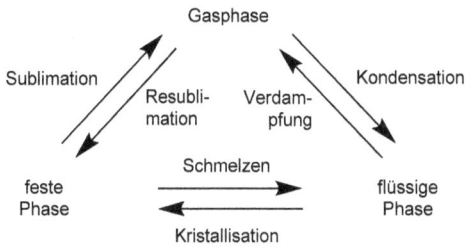

**3.30** Dampfdruckkurve I: Lösungsmittel, Dampfdruckkurve II: Lösung. Bei einer Lösung ist der Sättigungsdampfdruck bei gegebener Temperatur niedriger als beim reinen Lösungsmittel.

A: Dampfdruck der Lösung bei der Temperatur $T_1$.

B: Siedetemperatur $T_1$ des Lösungsmittels bei 1 bar. C: Siedetemperatur $T_2$ der Lösung bei 1 bar.

D: Dampfdruck des Lösungsmittels bei der Temperatur $T_2$.

C---B mit der Differenz $T_2 - T_1$ kennzeichnet die Siedepunktserhöhung bei 1 bar.

**3.31** Nur b) ist richtig. Alle anderen Aussagen sind falsch. Siehe auch die Antwort zur nächsten Aufgabe, da die Sachverhalte bezüglich Siedepunktserhöhung und Gefrierpunktserniedrigung einander entsprechen.

**3.32** Eine Schmelz-(Gefrierpunkts-)erniedrigung ist unabhängig davon, welche Substanz gelöst ist, aber ist proportional der beim Lösen gebildeten Anzahl der Teilchen. Eine Lösung von $Na_3PO_4$ zeigt den niedrigsten Schmelzpunkt, da beim Lösen durch Dissoziation des Salzes vier Teilchen entstehen ($4b$). Bei $Na_2SO_4$ werden nur drei ($3b$) und bei NaOH und $CH_3COONa$ nur jeweils zwei Teilchen ($2b$) gebildet.

Gefrierpunktserniedrigung einer wässrigen Lösung: $\Delta t_g = E_g\, b$ ($E_s = -1{,}86$ K kg $mol^{-1}$). Mit der Molalität $b = 1$ mol/kg ergibt sich $\Delta t_g(Na_3PO_4) = E_g\, 4b = -7{,}44$ K oder als Schmelzpunkt $-7{,}44$ °C. Analog Schmelzpunkt mit $Na_2SO_4$ $-5{,}58$ °C, mit NaOH oder $CH_3COONa$ $-3{,}72$ °C.

## Reaktionsenthalpie · Satz von Heß · Standardbildungsenthalpie

**3.33** Die Reaktionsgleichung gibt an, in welchen Stoffmengenverhältnissen die Stoffe miteinander reagieren. Die Gleichung bedeutet also:

1. Ein Wasserstoffmolekül verbindet sich mit einem Chlormolekül zu zwei Chlorwasserstoffmolekülen.

2. Ein Mol $H_2$ verbindet sich mit einem Mol $Cl_2$ zu zwei Mol HCl.

**3.34** a) $\Delta$ vor einer Größe, die sich auf eine chemische Reaktion bezieht, bedeutet die Änderung dieser Größe pro Formelumsatz. Formelumsatz heißt für dieses Beispiel die gesamte Umsetzung von 1 mol $H_2$ mit 1 mol $Cl_2$ zu 2 mol HCl.

b) Bei jeder chemischen Reaktion wird Energie umgesetzt. $\Delta H$ ist die frei werdende oder aufgenommene Reaktionswärme pro Formelumsatz, wenn die Reaktion bei konstantem Druck abläuft. Man nennt diese Größe Reaktionsenthalpie. Auch wenn eine Reaktion unvollständig abläuft, bezieht sich $\Delta H$ immer auf den gesamten, durch die Gleichung angegebenen Umsatz, also auf die Differenz zwischen dem durch die Gleichung angegebenen Endzustand und Anfangszustand.

c)   $\frac{1}{2} H_2 + \frac{1}{2} Cl_2 \rightarrow HCl$        $\Delta H = -92{,}3$ kJ/mol (bei 298 K)

Bei der Bildung von 1 mol HCl aus $\frac{1}{2}$ mol $H_2$ und $\frac{1}{2}$ mol $Cl_2$ werden 92,3 kJ abgegeben.

Im internationalen Einheitensystem SI werden die Reaktionswärmen in kJ angegeben, die vorher übliche Einheit war kcal.

   1 kcal = 4,187 kJ

**3.35**

|  |  |  | Beispiel |
|---|---|---|---|
| Energie wird frei | $\Delta H$ negativ | exotherme Reaktion | $C + O_2 \rightarrow CO_2$ $\Delta H = -393{,}5$ kJ/mol |
| Energie muss zugeführt werden | $\Delta H$ positiv | endotherme Reaktion | $N_2 + O_2 \rightarrow 2\,NO$ $\Delta H = +182{,}6$ kJ/mol |

**3.36**    Die Angabe von Druck und Temperatur ist notwendig, weil $\Delta H$ druck- und temperaturabhängig ist.

**3.37**    a) Durch den Index ° werden Standardgrößen gekennzeichnet.

Für Standardgrößen, wie z. B. die Standardreaktionsenthalpie $\Delta H°$, wird festgelegt, dass alle Ausgangsstoffe und Endprodukte in Standardzuständen vorliegen sollen. Als Standardzustände wählt man bei Gasen den idealen Zustand, bei festen und flüssigen Stoffen den Zustand der reinen Phase, jeweils bei 1 bar Druck. Bei Elektrolytlösungen wählt man als Standardzustand eine Lösung der Konzentration 1 mol/l.

Die Aggregatzustände werden durch die Zusätze (s – „solid", fest), (l – „liquid", flüssig) und (g – „gaseous", gasförmig) gekennzeichnet. Stoffe ohne Indizes liegen gasförmig vor.

b) $\Delta H°_{293}$ ist die Standardreaktionsenthalpie für 293 K.

**3.38**    Bei dieser Reaktion ist der gasförmige Aggregatzustand bei 1 bar und 298 K der Standardzustand von $H_2O$. Dieser Zustand ist für $H_2O$ zwar nicht realisierbar, kann aber rechnerisch erfasst werden.

**3.39**    $\Delta H$ ist nur vom Anfangs- und Endzustand abhängig und unabhängig davon, auf welchem Reaktionsweg der Endzustand erreicht wird.

**3.40**

$$S + 3/2\,O_2 \xrightarrow[\Delta H_1 = -395{,}7\ kJ/mol]{Weg\ I} SO_3$$

$\Delta H_2 = -296{,}8\ kJ/mol$      $SO_2 + 1/2\,O_2$      $\Delta H_3 = -98{,}9\ kJ/mol$

Weg II

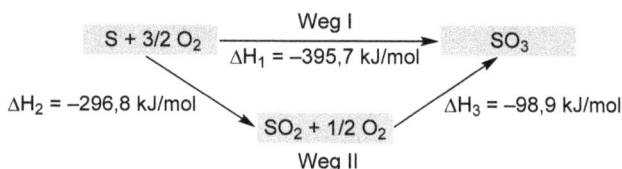

Nach dem Satz von Heß gilt:

$$\Delta H_I = \Delta H_{II}$$

$$\Delta H_1 = \Delta H_2 + \Delta H_3$$

$$\Delta H_3 = -395{,}7\ kJ/mol + 296{,}8\ kJ/mol = -98{,}9\ kJ/mol$$

Einfacher erhält man das Ergebnis direkt aus den Reaktionsgleichungen. Zur Berechnung der Reaktionsenthalpien kann man die chemischen Gleichungen wie mathematische Gleichungen behandeln.

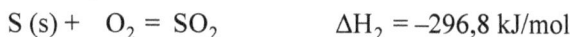

$$S\,(s) + \tfrac{3}{2}\,O_2 = SO_3 \qquad \Delta H_1 = -395{,}7\ kJ/mol$$

$$S\,(s) + \ \ O_2 = SO_2 \qquad \Delta H_2 = -296{,}8\ kJ/mol$$

Durch Subtraktion erhält man

$$\tfrac{1}{2}\,O_2 = SO_3 - SO_2 \qquad \Delta H_1 - \Delta H_2 = -98{,}9\ kJ/mol$$

und hieraus durch Umformung die gewünschte Gleichung:

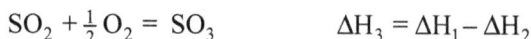

$$SO_2 + \tfrac{1}{2}\,O_2 = SO_3 \qquad \Delta H_3 = \Delta H_1 - \Delta H_2$$

**3.41**    $\Delta H_I = \Delta H_{II} - \Delta H_{III}$

$\Delta H_I = -393{,}5\ kJ/mol + 283{,}0\ kJ/mol = -110{,}5\ kJ/mol$

Für die Reaktion $C\,(s) + \tfrac{1}{2}\,O_2 \rightarrow CO$ beträgt $\Delta H^{\circ}_{298} = -110{,}5\ kJ/mol$.

**3.42**    Die Standardbildungsenthalpie einer Verbindung ist die Enthalpie, die bei der Bildung von 1 mol der Verbindung im Standardzustand aus den Elementen auftritt. Diese Bildungsenthalpie ist bezogen auf die bei 298 K und 1 bar stabile Modifikation der Elemente. Als Reaktionstemperatur wählt man vorzugsweise 298 K (25 °C).

**3.43**    Die Bildungsenthalpien sind stets auf 1 mol bezogen. Die stabilen Modifikationen bei 1 bar und 298 K sind bei den Elementen Sauerstoff und Wasserstoff die Moleküle $O_2$ und $H_2$, nicht aber die Atome O und H oder das Molekül $O_3$.

Aus b) erhält man den Wert für die Standardbildungsenthalpie von $H_2O$ (g):

$$\Delta H^{\circ}_B = -241{,}8\ kJ/mol.\ \text{d) gibt die Standardbildungsenthalpie für } H_2O\ (l)\ \text{an:}$$

$$\Delta H^{\circ}_B = -285{,}8\ kJ/mol.$$

**3.44**    Die bei 298 K und 1 bar stabile Modifikation von Kohlenstoff ist Graphit mit der Enthalpie Null. Diamant hat bei 298 K die Standardbildungsenthalpie

$\Delta H_B^o (C_{Diamant}) = +1,9$ kJ/mol. Die Standardbildungsenthalpie von $CO_2$ ist daher $\Delta H_B^o (CO_2) = -393,5$ kJ/mol.

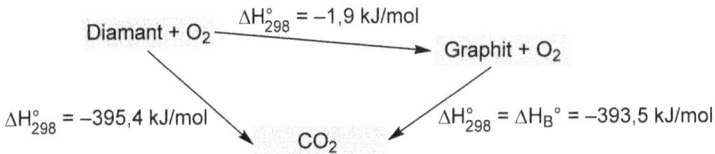

**3.45**   a)        $\frac{1}{2} O_2 \to O$                   $\Delta H_{298}^o (O) = \Delta H_B^o (O) = +249,2$ kJ/mol

b)        $\Delta H_{298}^o = \Delta H_B^o (NO) - \Delta H_B^o (O)$

$\Delta H_{298}^o = +91,3$ kJ/mol $- 249,2$ kJ/mol $= -157,9$ kJ/mol

Während die Bildung von NO aus den Molekülen $N_2$ und $O_2$ eine endotheme Reaktion ist, ist die Bildung von NO aus $N_2$ und Sauerstoffatomen eine exotherme Reaktion. Die stabilste Form eines Elements hat bei 298 K und 1 bar die Enthalpie Null, d. h. hier sind $\Delta H_B^o$ von $O_2$ und $N_2$ jeweils Null.

Die Standardreaktionsenthalpie bei 298 K, $\Delta H_{298}^o$ berechnet sich als Differenz der Standardbildungsenthalpien der Endstoffe und Ausgangsstoffe:

$\Delta H_{298}^o = \text{Summe} \Delta H_B^o (\text{Endstoffe}) - \text{Summe} \Delta H_B^o (\text{Ausgangsstoffe})$

Dabei müssen die stöchiometrischen Koeffizienten berücksichtigt werden. Für die allgemeine Reaktion $a A + b B \to c C + d D$ beträgt die Reaktionsenthalpie

$\Delta H_{298}^o = c \times \Delta H_B^o (C) + d \times \Delta H_B^o (D) - a \times \Delta H_B^o (A) - b \times \Delta H_B^o (B)$.

**3.46**   a) $\Delta H_{298}^o = \Delta H_B^o (FeO(s)) - \Delta H_B^o (H_2O(l)) = -267$ kJ/mol $- (-286$ kJ/mol$) = +19$ kJ/mol.

b) $\Delta H_{298}^o = 2 \times \Delta H_B^o (CO) - 2 \times \Delta H_B^o (CH_4) = -2 \cdot 110,5$ kJ/mol $- 2 \cdot (-74,6$ kJ/mol$) = -71,8$ kJ/mol.

Die Enthalpie der Elemente Fe, $H_2$ und $O_2$ ist bei 298 K und 1 bar Null.

## Chemisches Gleichgewicht · Massenwirkungsgesetz (MWG) · Prinzip von Le Chatelier

**3.47**   a) 1. Bei der Bildung von 1 mol $SO_3$ muss sich 1 mol $SO_2$ mit $\frac{1}{2}$ mol $O_2$ umsetzen.

2. Die Reaktion ist exotherm.

3. Bei vollständigem Umsatz von 1 mol $SO_2$ mit $\frac{1}{2}$ mol $O_2$ zu $SO_3$ bei 25 °C und 1 bar werden 99 kJ frei.

b) Nein, eine Reaktionsgleichung sagt nichts über die Vollständigkeit des Ablaufs einer Reaktion aus.

**3.48**   Ein chemisches Gleichgewicht wird durch einen Doppelpfeil gekennzeichnet:

$$SO_2 + \tfrac{1}{2} O_2 \rightleftharpoons SO_3$$

**3.49**

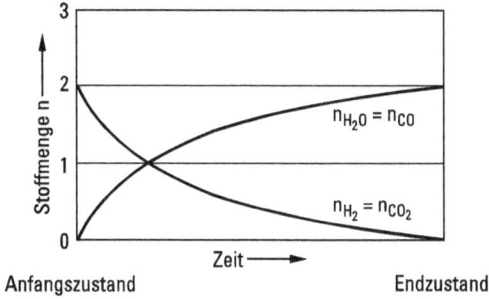

Die Aufgabe ist richtig gelöst, wenn Sie erkannt haben, dass die Abnahme von $H_2$ gleich der Abnahme von $CO_2$ ist und dass eine entsprechende Menge an $H_2O$ und CO gebildet wird.

**3.50**   a)

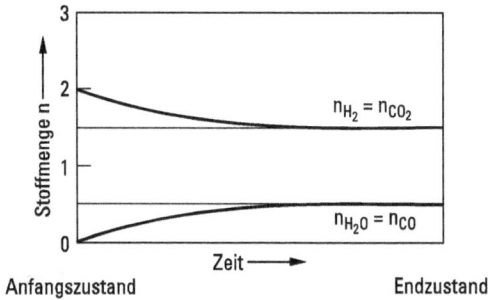

Im Endzustand ist von allen vier Stoffen eine endliche Menge vorhanden. Dieser Zustand ist der Gleichgewichtszustand. Die Zusammensetzung im Gleichgewichtszustand hängt von der jeweiligen Reaktionstemperatur ab.

b)

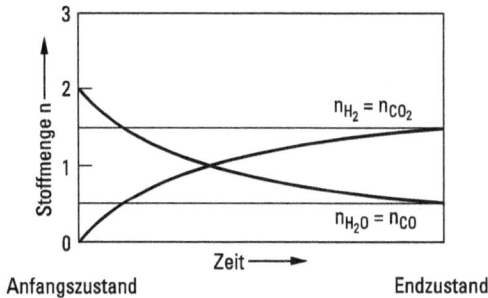

Da die Reaktion bei derselben Temperatur wie unter a) abläuft, ist Ihre Antwort nur dann richtig, wenn Sie dieselbe Gleichgewichtszusammensetzung wie bei a) eingezeichnet haben.

c)

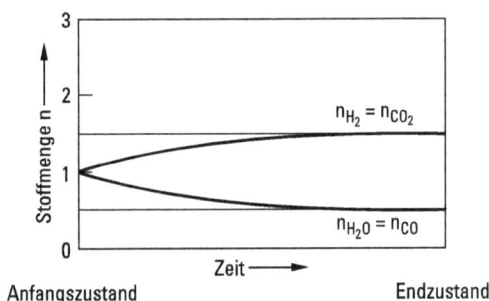

Auch in diesem Fall muss sich derselbe Gleichgewichtszustand einstellen. Der Schnittpunkt der Kurven im Diagramm b) entspricht dem Anfangszustand in Aufgabe c).

**3.51**  a) Die möglichen Konzentrationsverhältnisse der Reaktionsteilnehmer im Gleichgewicht sind durch das Massenwirkungsgesetz (MWG) festgelegt. Für die Reaktion

$$H_2 + CO_2 \rightleftharpoons H_2O \, (g) + CO$$

lautet das MWG:

$$\frac{[H_2O] \, [CO]}{[H_2] \, [CO_2]} = K$$

Die Konzentrationen werden in mol/l angegeben und durch eckige Klammern symbolisiert.

Für den Gleichgewichtszustand mit 1,5 mol/l $H_2O$, 1,5 mol/l CO, 0,5 mol/l $H_2$ und 0,5 mol/l $CO_2$ (vgl. Aufg. 3.50) erhält man:

$$K = \frac{0,5 \cdot 0,5}{1,5 \cdot 1,5} = 0,11$$

Auf Grund des MWG gilt bei gleicher Temperatur für alle möglichen Gleichgewichtszustände K = 0,11. Für den Zustand mit 0,5 mol/l $H_2O$, 0,5 mol/l CO, 3,5 mol/l $H_2$ und 1,5 mol/l $CO_2$ erhält man:

$$\frac{0,5 \cdot 0,5}{3,5 \cdot 1,5} = 0,05$$

Das MWG ist nicht erfüllt, dieser Zustand kann also kein Gleichgewichtszustand sein.

b) Wenn 0,7 mol CO entstanden sind, müssen außerdem 0,7 mol $H_2O$, 1,3 mol $CO_2$ und 3,3 mol $H_2$ vorhanden sein.

$$\frac{0,7 \cdot 0,7}{3,3 \cdot 1,3} = 0,11$$

Das MWG ist erfüllt. Das Gleichgewicht ist erreicht.

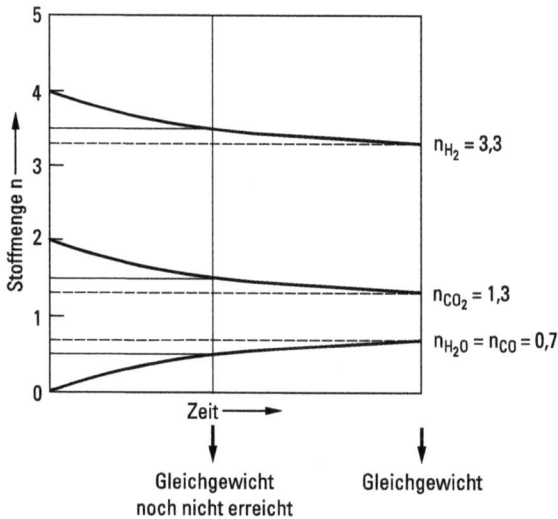

**3.52**

a) $\dfrac{[NO_2]^2}{[NO]^2\,[O_2]} = K_c$

b) $\dfrac{[H_2]\,[CO]}{[H_2O]} = K_c$

c) $\dfrac{p_I^2}{p_{I_2}} = K_p$

d) $\dfrac{p_{CO}^2}{p_{CO_2}} = K_p$

Die Konzentrationen und Partialdrücke im MWG sind die Konzentrationen oder Partialdrücke, die sich im Gleichgewicht eingestellt haben. Die Konzentrationen werden in mol/l angegeben und durch eckige Klammern symbolisiert. Die Konzentrationen oder Partialdrücke werden multiplikativ verknüpft. Stöchiometrische Zahlen treten daher als Exponenten auf.

Beispiel:

$$I_2 \rightleftharpoons 2\,I$$

$$K_c = \frac{[I]\,[I]}{[I_2]} = \frac{[I]^2}{[I_2]}$$

Achten Sie darauf, dass im MWG die Konzentrationen der *reagierenden Teilchen* stehen. Sie müssen z. B. die Konzentration der $I_2$-Moleküle von der Konzentration der I-Atome unterscheiden.

Bei homogenen Gleichgewichten liegt nur *eine* Phase vor, z. B. die Gasphase oder *eine* flüssige Phase. Bei heterogenen Gleichgewichten treten mehrere Phasen auf.

Bei heterogenen Gleichgewichten treten im MWG die Konzentrationen reiner fester Phasen, wie z. B. C, CaO, $CaCO_3$, nicht auf.

Die Gleichgewichte a) und c) sind homogene Gleichgewichte, b) und d) sind heterogene Gleichgewichte.

Dem Zwang durch Druckerniedrigung wird durch Erhöhung der Teilchenzahl im Gasraum ausgewichen.

a) Verschiebung nach links zu $2\,NO + O_2$.

b) Verschiebung nach rechts zu $H_2 + CO$.

c) Verschiebung nach rechts zu 2 I.

d) Verschiebung nach rechts zu 2 CO.

**3.53**  a) Der Wert bedeutet, dass die Reaktion (fast) vollständig von links nach rechts abläuft. Das Gleichgewicht liegt vollständig auf der rechten Seite. Die Reaktion ist exergon, d. h. $\Delta G < 0$ womit eine *spontane* Reaktion von Wasserstoff mit Sauerstoff vorliegt. Der Wert bedeutet nicht, dass Wasserstoff *sofort* mit Sauerstoff reagiert. Auch für eine *spontane* Reaktion (d. h. $\Delta G < 0$) muss eine Aktivierungsenergie zugeführt werden. Erst dann läuft die Reaktion von selbst weiter.

b) Das Gleichgewicht liegt auf der Seite des Glucose-6-phosphats. Im Gleichgewicht ist die Konzentration von Glucose-6-phosphat ca. 20mal so hoch, wie die Konzentration von Glucose-1-phosphat.

**3.54**
$$K_p = \frac{p_{HI}}{p_{I_2}^{1/2} \cdot p_{H_2}^{1/2}}$$

$$K_p' = \frac{p_{HI}^2}{p_{I_2} \cdot p_{H_2}}$$

$$K_p' = K_p^2$$

Bei der Benutzung von Gleichgewichtskonstanten ist darauf zu achten, für welche Reaktionsgleichungen diese angegeben sind.

**3.55**  a) $K_p' = K_p^2$      $\lg K_p' = 2\lg K_p$      $\lg K_p' = 33,4$

b) $K_p'' = \dfrac{1}{K_p}$      $\lg K_p'' = -\lg K_p$      $\lg K_p'' = -16,7$

Bei der Benutzung von Tabellen müssen Sie darauf achten, auf welcher Seite der Reaktionsgleichung die Reaktionsteilnehmer stehen.

**3.56**   Das MWG lautet:

$$\frac{[H_2O]\,[CO]}{[H_2]\,[CO_2]} = 1$$

Auf Grund der Beziehung $c = \dfrac{n}{V}$ erhält man das MWG in der Form:

$$\frac{n_{H_2O} \cdot n_{CO}}{n_{H_2} \cdot n_{CO_2}} = 1$$

Stoffmengen (mol) des                        Stoffmengen (mol) im
Ausgangszustandes                            Gleichgewichtszustand

| | | | | | |
|---|---|---|---|---|---|
| $n_{CO}$ | $= 0$ | | $n_{CO}$ | $= x$ |
| $n_{H_2}$ | $= 1$ | | $n_{H_2}$ | $= 1 - x$ |
| $n_{CO_2}$ | $= 2$ | | $n_{CO_2}$ | $= 2 - x$ |
| $n_{H_2O}$ | $= 1$ | | $n_{H_2O}$ | $= 1 + x$ |
| $n_{ges.}$ | $= 4$ | | $n_{ges.}$ | $= 4$ |

Durch Einsetzen der Gleichgewichtsstoffmengen in das MWG erhält man

$$\frac{(1+x)\,x}{(1-x)\,(2-x)} = 1 \qquad \text{und} \qquad x = 0,5 \text{ mol.}$$

Da das Reaktionsvolumen 100 *l* beträgt, sind die Gleichgewichtskonzentrationen in mol/l:

$$[CO] = 0,005; \; [H_2O] = 0,015; \; [H_2] = 0,005; \; [CO_2] = 0,015$$

**3.57**   Die Gleichgewichtskonzentrationen in mol/l betragen:

$$[CO] = 0,0025; \; [H_2O] = 0,0225; \; [H_2] = 0,0075; \; [CO_2] = 0,0075$$

**3.58**   $K_p = \dfrac{p_I^2}{p_{I_2}} \qquad K_c = \dfrac{c_I^2}{c_{I_2}}$

Auf Grund des idealen Gasgesetzes gilt: $p = \dfrac{n}{V}\,R\,T = c\,R\,T$.

Für die Partialdrücke von I und $I_2$ gelten also die Beziehungen

$$p_I = c_I\,RT \qquad \text{und} \qquad p_{I_2} = c_{I_2}\,R\,T$$

$$K_p = \frac{(c_I\,R\,T)^2}{c_{I_2}\,R\,T} = \frac{c_I^2}{c_{I_2}}\,R\,T$$

$$K_p = K_c\,R\,T$$

$K_p$ ist nur dann gleich $K_c$, wenn keine Stoffmengenänderung der gasförmigen Komponenten auftritt. Ein Beispiel für eine Reaktion ohne Stoffmengenänderung ist die Reaktion $I_2 + H_2 \rightleftharpoons 2\,HI$.

**3.59**   Übt man auf ein System, das sich im Gleichgewicht befindet, durch Konzentrations-, Druck- oder Temperaturänderung einen Zwang aus, so verschiebt sich die Gleichgewichtslage derart, dass sich ein neues Gleichgewicht einstellt, bei dem dieser Zwang vermindert ist.

**3.60**   Nach dem Prinzip von Le Chatelier verschiebt sich die Gleichgewichtslage mit steigendem Druck nach links.

Dem Zwang durch Druckerhöhung wird durch Verminderung der Teilchenzahl im Gasraum ausgewichen.

**3.61**   Durch Anwendung des MWG erhält man

$$\frac{p_{CO}^2}{p_{CO_2}} = K_p$$

Die Summe der Partialdrücke ist gleich dem Gesamtdruck.

$$p_{CO} + p_{CO_2} = p$$

Die Kombination beider Gleichungen ergibt

$$p_{CO} + \frac{p_{CO}^2}{K_p} = p$$

$$p_{CO} = -\frac{K_p}{2} + \sqrt{\frac{K_p^2}{4} + p \cdot K_p}$$

a) $p_{CO} = 1$ bar, $p_{CO_2} = 1$ bar

Bei 2 bar enthält das Gas im Gleichgewicht 50% CO und 50% $CO_2$.

b) $p_{CO} = 9{,}5$ bar, $p_{CO_2} = 90{,}5$ bar

Bei 100 bar enthält das Gas im Gleichgewicht 9,5% CO und 90,5% $CO_2$. Die Rechnung bestätigt also das Prinzip von Le Chatelier, dass durch Erhöhung des Druckes das Gleichgewicht in Richtung der Seite kleinerer Stoffmengen der gasförmigen Stoffe verschoben wird.

**3.62**   a) $p_2 = 1$ bar

$$p_{CO_2} = K_p$$

Auf Grund des MWG muss $p_{CO_2}$ konstant bleiben, solange noch $CaCO_3$ und $CaO$ vorhanden sind. Der Druck des Kohlenstoffdioxids bleibt bei der Volumenverkleinerung dadurch konstant, dass sich gerade die Hälfte der ursprünglichen Menge

$CO_2$ mit CaO zu $CaCO_3$ umsetzt. Das Gleichgewicht verschiebt sich also nach links.

b) $p_2 = 2$ bar

$$\frac{p_{CO_2}}{p_{CO}} = K_p$$

Die Gleichgewichtslage dieser Reaktion wird durch Druckänderung nicht beeinflusst, da bei der Reaktion die Stoffmengen der gasförmigen Stoffe konstant bleiben. Die Partialdrücke verdoppeln sich, also beträgt der Gesamtdruck 2 bar.

c) 1 bar $< p_2 <$ 2 bar

$$\frac{p_{CO} \cdot p_{H_2}}{p_{H_2O}} = K_p$$

Würde keine Reaktion eintreten, dann würden sich alle Partialdrücke verdoppeln, das MWG wäre nicht mehr erfüllt. Bei der Volumenverminderung muss daher $H_2$ mit CO zu $H_2O$ und C reagieren. Die Partialdrücke von $H_2$ und CO nehmen daher weniger stark zu als der Partialdruck von $H_2O$. Der Gesamtdruck liegt zwischen 1 bar und 2 bar. Das Gleichgewicht ist druckabhängig und verschiebt sich mit steigendem Druck nach links.

**3.63**

| | Verschiebung der Gleichgewichtslage bei | |
| --- | --- | --- |
| | Temperaturerhöhung | Druckerhöhung |
| Reaktion a | nach rechts | keine Verschiebung |
| Reaktion b | nach links | nach rechts |

Dem Zwang der Temperaturerhöhung kann nur durch Wärmeverbrauch ausgewichen werden. Daher verschiebt sich bei exothermen Reaktionen das Gleichgewicht in Richtung der Ausgangsprodukte, bei endothermen Reaktionen in Richtung der Endprodukte. Die Verschiebung der Gleichgewichtslage bei Temperaturänderungen ist auf die Temperaturabhängigkeit der Gleichgewichtskonstante zurückzuführen.

**3.64** a) nach rechts

b) nach links

**3.65** 1. Durch Abfangen der $H_3O^+$-Ionen (Protonen) mit einer Base.

2. Durch Verdünnen der Lösung. Bei undissoziierten Molekülen von schwachen Elektrolyten wird der Dissoziationsgrad mit der Verdünnung erhöht. Aus der Dissoziation eines Essigsäure-Moleküls entstehen mit Acetat und Proton zwei Teilchen. Damit entspricht die Gleichgewichtsverschiebung bei der Verdünnung der Druckerniedrigung bei einer Gas-Reaktion in der sich die Teilchenzahl erhöht. Umgekehrt führt eine Erhöhung der Konzentration zur Gleichgewichtsverschiebung auf die Seite der undissoziierten Essigsäure (vgl. Druckerhöhung bei Gas-Gleichgewichten auf die Seite mit kleinerer Teilchenzahl).

**3.66**   a) $W + 3\,I_2 \underset{\geq 700\,°C}{\overset{\leq 700\,°C}{\rightleftharpoons}} WI_6$

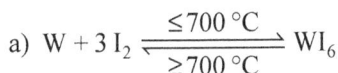

b) Durch Rücktransport von verdampftem Wolfram zum W-Glühfaden kann dessen Temperatur und damit die Lichtausbeute gesteigert werden.

c) Chemische Transportreaktion.

**3.67**   a) Reinstdarstellung von Ti, Zr, Hf, V und Ni (Mond-Verfahren).

b) $Ti + 2\,I_2 \rightleftharpoons TiI_4$

$Ni + 4\,CO \rightleftharpoons Ni(CO)_4$

**3.68**   a) Falsch. Die Gibbs-Helmholtz-Gleichung lautet $\Delta G = \Delta H - T\Delta S$.

b) Falsch. Für eine freiwillig ablaufende Reaktion muss $\Delta G < 0$ (negativ) sein.

c) Richtig. Im Gleichgewicht einer Reaktion ist $\Delta G = 0$.

d) Falsch, nicht notwendigerweise. Der Einfluss von $-T\Delta S$ in der Gibbs-Helmholtz-Gleichung kann dazu führen, dass bei $\Delta H < 0$ die freie Reaktionsenthalpie positiv wird ($\Delta G > 0$), die Reaktion also endergon verläuft und nur erzwungen werden kann. So wird z.B. die Bildung von $NH_3$ bei 1300 K ($\Delta H^o_{298} = -45{,}9$ kJ/mol,

$-T\Delta S^o_{1300} = +129{,}1$ kJ/mol) endergon ($\Delta G^o_{1300} = +83{,}2$ kJ/mol).

e) Falsch. $\Delta G^o_{\text{Reaktion}} = \Delta G^o_B(\text{Endstoffe}) - \Delta G^o_B(\text{Ausgangsstoffe})$. Für

$\Delta G^o_B(\text{Endstoffe}) < \Delta G^o_B(\text{Ausgangsstoffe})$ wird $\Delta G^o_{\text{Reaktion}} < 0$ und ist damit exergon.

f) Richtig. $\Delta G^o_{\text{Reaktion}} = -RT\ln K$ und $\Delta G^o_{\text{Reaktion}} < 0$ (exergon) für K > 1.

g) Richtig. Je negativer $\Delta G$, desto größer die Triebkraft der Reaktion. Sobald der Gleichgewichtszustand erreicht ist, hat die Reaktion keine Triebkraft mehr, $\Delta G = 0$.

h) Falsch. Die $\Delta G$-Werte sagen nichts darüber aus, wie schnell eine Reaktion abläuft. Die Reaktionsgeschwindigkeit hängt von den den Konzentrationen der Reaktionspartner und über die Reaktionsgeschwindigkeitskonstante von der Aktivierungsenergie und Temperatur ab.

**3.69**   $\Delta H^o_{298} = 6\Delta H^o_B(CO_2) + 6\Delta H^o_B(H_2O(l)) - \Delta H^o_B(C_6H_{12}O_6(s))$ und analog für $\Delta G^o_{298}$.

$\Delta H^o_{298} = [6\cdot(-393{,}5) + 6\cdot(-285{,}8) - (-1273{,}3)]$ kJ/mol $= -2802{,}5$ kJ/mol

$\Delta G^o_{298} = [6\cdot(-394{,}4) + 6\cdot(-237{,}1) - (-910{,}6)]$ kJ/mol $= -2878{,}4$ kJ/mol

$\Delta S^o_{298} = \dfrac{\Delta G^o_{298} - \Delta H^o_{298}}{-T} = \dfrac{-75{,}9 \text{ kJ/mol}}{-298 \text{ K}} = 0{,}255$ kJ/K·mol $= 255$ J/K·mol

Vergleich

$$\Delta S_{298}^o = 6S^o(CO_2) + 6S^o(H_2O(l)) - S^o(C_6H_{12}O_6(s)) - 6S^o(O_2)$$

$$\Delta S_{298}^o = [6 \cdot 213,8 + 6 \cdot 70,0 - 209,2 - 6 \cdot 205,2] \text{ J/K·mol} = 262 \text{ J/K·mol}$$

Die Entropieänderungen stimmen sehr gut überein.

Interpretation: $\Delta S_{298}^o > 0$, die Entropie nimmt zu. Der Wert ist auch relativ groß. Die Teilchenzahl nimmt von 7 auf 12 zu. Aus einem Mol fester Glucose entstehen sieben Mol flüssiges Wasser, womit sich eine Entropiezunahme von 210,8 J/K·mol ergibt. Die Überführung von sechs $O_2$- in sechs $CO_2$ (beide gasförmig) erhöht die Entropie nur um 51,6 J/K·mol.

## Reaktionsgeschwindigkeit · Aktivierungsenergie · Katalyse

**3.70** a) falsch

b) richtig

Da bei höherer Temperatur Wasser gebildet wird, muss nach dem Prinzip von Le Chatelier bei tieferer Temperatur das Gleichgewicht noch weiter auf der rechten Seite liegen. Die Ursache dafür, dass sich $H_2$ und $O_2$ bei Raumtemperatur nicht umsetzen, ist also nicht die Gleichgewichtslage, sondern eine Reaktionshemmung. Reaktionshemmung bedeutet, dass die Reaktionsgeschwindigkeit sehr klein ist.

**3.71** Die Reaktionsgeschwindigkeit hängt im Wesentlichen ab
– von der Temperatur,
– der Größe der Aktivierungsenergie und
– der Konzentration der Reaktionsteilnehmer.

**3.72** Die Ausgangsstoffe können nur miteinander reagieren, wenn sie zunächst in einen aktivierten Zwischenzustand übergehen. Um die Teilchen in diesen Zwischenzustand zu bringen, ist ein bestimmter Energiebetrag, die Aktivierungsenergie, erforderlich. Der aktivierte Zwischenzustand kann u. a. dadurch erreicht werden, dass die Teilchen mit einer bestimmten Mindestenergie zusammenstoßen.

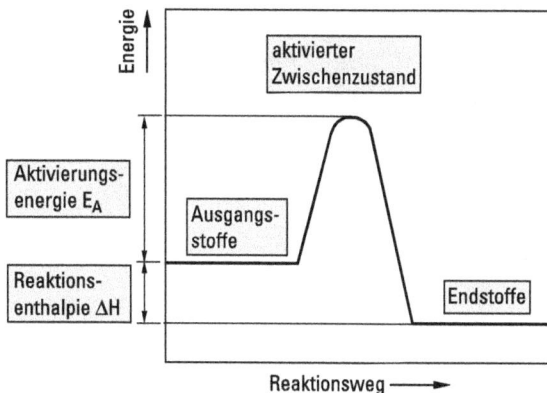

**3.73**  a) Durch Logarithmieren der Gleichung $v = A\,e^{-E_A/RT}$ erhält man

$$\lg v = \lg A - \frac{E_A}{RT}\lg e = \lg A - \frac{E_A}{2,3\,RT}$$

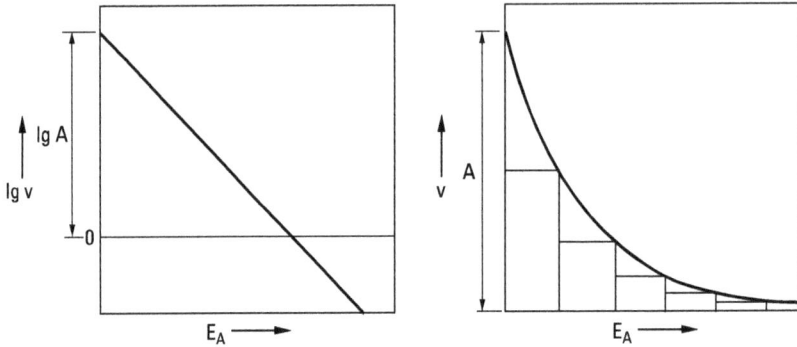

Bei konstanter Temperatur nimmt die Reaktionsgeschwindigkeit mit wachsender Aktivierungsenergie exponentiell ab.

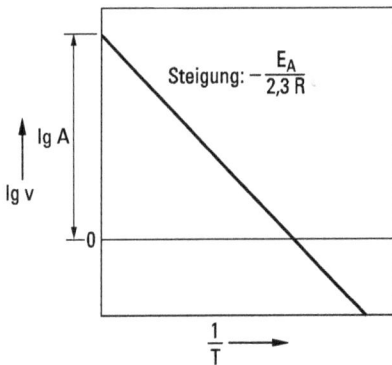

Bei konstanter Aktivierungsenergie nimmt die Reaktionsgeschwindigkeit mit steigender Temperatur zu. Im (lg v)–1/T-Diagramm erhält man eine Gerade, aus deren Steigung sich $E_A$ ermitteln lässt.

**3.74**  Je höher die Temperatur ist, umso mehr Teilchen besitzen die für die Reaktion erforderliche Mindestenergie und können den aktivierten Zwischenzustand erreichen (vgl. Aufg. 3.72). Die Reaktionsgeschwindigkeit wird also größer, wenn die Temperatur erhöht wird.

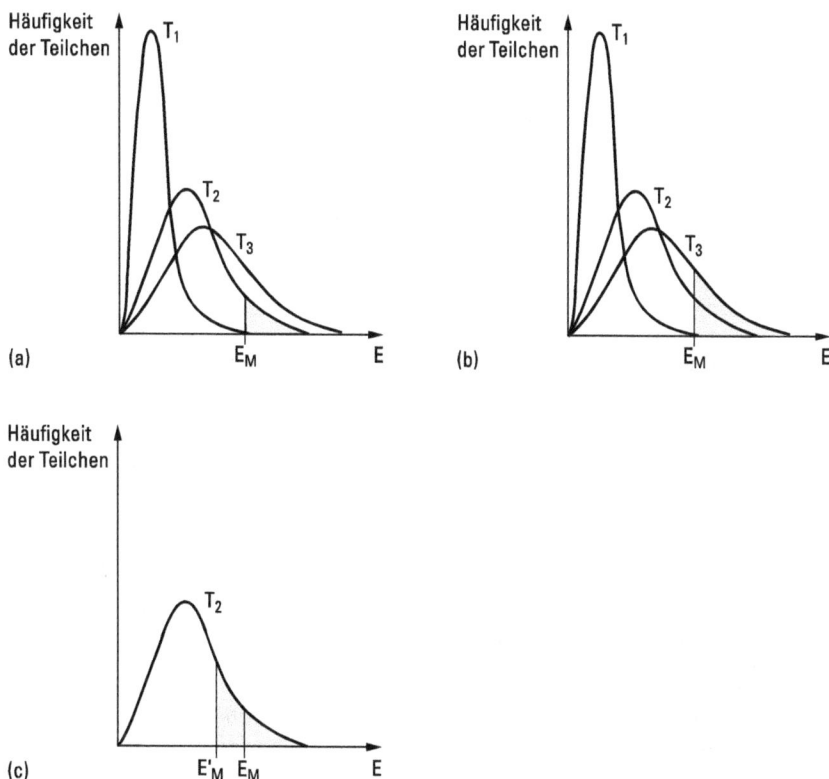

Je kleiner die Aktivierungsenergie ist, umso geringer ist auch die für die Reaktion notwendige Mindestenergie der Teilchen. Da bei gegebener Temperatur mit abnehmender Mindestenergie die Zahl der reaktionsfähigen Teilchen wächst, nimmt die Reaktionsgeschwindigkeit zu (vgl. Aufg. 3.73).

d) Ein Katalysator verändert den Reaktionsmechanismus. Die Reaktion läuft über einen Weg mit niedrigerer Aktivierungsenergie $E_A$. Damit haben bei gegebener Temperatur mehr Teilchen die notwendige Energie $E_A$ mit $E_A < E_M$ in Abb. A oder hier (a) bei $T_1$. In Abb. B oder hier (c) wäre z.B. $E_A$ (mit Katalysator) = $E'_M$; die Reaktion wird gegenüber $E_M$ (ohne Katalysator) beschleunigt.

**3.75**  a) Ein metastabiles System befindet sich nicht im Gleichgewicht. Das Gleichgewicht $2\,NO \rightleftharpoons N_2 + O_2$ liegt bei Zimmertemperatur auf der rechten Seite.

b) Die Aktivierungsenergie ist so groß, dass die Reaktion bei Zimmertemperatur nicht abläuft und daher NO als metastabile Verbindung existieren kann.

Man muss aber beachten, dass der Begriff metastabil sich auf ein abgeschlossenes System bezieht. In Gegenwart von z. B. Sauerstoff (Luft) reagiert NO bei Zimmertemperatur sofort zu $NO_2$:

$$2\,NO + O_2 \rightleftharpoons 2\,NO_2$$

Reaktionsgeschwindigkeit $-\dfrac{1}{2}\dfrac{dc_{NO}}{dt} = -\dfrac{dc_{O_2}}{dt} = k\, c_{NO}^2\, c_{O_2}$

Es müssen alle drei Moleküle im Übergangszustand des reaktionsbestimmenden Schritts in einer trimolekularen Reaktion zusammentreffen.

**3.76**  a) ist falsch. Ein Katalysator verschiebt ein Gleichgewicht nicht.

b) ist falsch. Ein Katalysator liefert keine Energie.

c) ist richtig.

**3.77**  a), b) und g) sind richtig.

c), d), e) und f) sind falsch.

zu c: Durch einen Katalysator wird wie bei einer Temperaturerhöhung der Reaktionsablauf beschleunigt. Im Gegensatz zur Temperaturerhöhung beeinflusst aber ein Katalysator die Gleichgewichtslage nicht.

zu e: Ein Katalysator wird bei der eigentlichen Reaktion nicht verbraucht. In der Realität führen Verunreinigungen zu Katalysator-Desaktivierungen („Vergiftungen") oder Katalysator-Anteile werden aus dem Reaktor ausgetragen, so dass Katalysatoren ersetzt werden müssen.

zu f: Da ein Katalysator die Gleichgewichtslage nicht verändert, wird auch der Netto-Stoffumsatz (Anteil umgesetzter Ausgangsstoff) nicht geändert, nur der Stoffumsatz pro Zeiteinheit wird über die Reaktionsbeschleunigung erhöht.

zu g: Ein Katalysator beschleunigt eine Gleichgewichtsreaktion in beide Richtungen.

**3.78**  a) Nein.

b) Ja.

c) Ja.

d) Nein, nach dem Prinzip von Le Chatelier verringert sich die $NH_3$-Konzentration.

e) Ja, durch Erhöhung des Drucks erhöht sich auch die $NH_3$-Konzentration. Beim Haber-Bosch-Verfahren verwendet man Drücke größer als 200 bar.

**3.79**

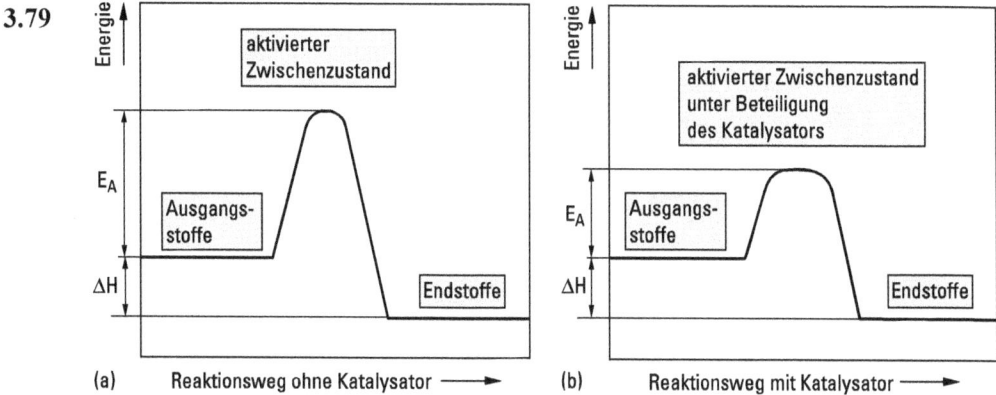

Durch den Katalysator wird die Aktivierungsenergie erniedrigt. Die Wirkungsweise des Katalysators besteht darin, dass er den Mechanismus der Reaktion verändert. Die Reaktion läuft in Gegenwart des Katalysators über einen anderen aktivierten Zwischenzustand ab. Die Energie der Ausgangsstoffe und der Endstoffe muss in beiden Fällen jeweils dieselbe sein.

Zusammengefasst ergibt sich folgender Sachverhalt:

Durch Temperaturerhöhung wird den reagierenden Teilchen Energie zugeführt. Dadurch wird die Zahl der Teilchen, die die zur Reaktion notwendige Aktivierungsenergie besitzen, vergrößert. Durch den Katalysator wird die Aktivierungsenergie erniedrigt, dadurch haben bei gleichbleibender Temperatur mehr Teilchen die notwendige erniedrigte Aktivierungsenergie. Die Gleichgewichtslage wird durch den Katalysator nicht verändert.

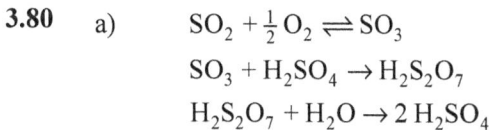

**3.80** a) $$SO_2 + \tfrac{1}{2} O_2 \rightleftharpoons SO_3$$
$$SO_3 + H_2SO_4 \rightarrow H_2S_2O_7$$
$$H_2S_2O_7 + H_2O \rightarrow 2\, H_2SO_4$$

$SO_3$ wird in $H_2SO_4$ gelöst, da sich $SO_3$ nur langsam in Wasser löst.

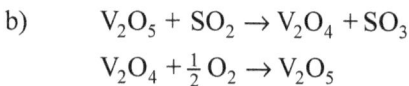

b) $$V_2O_5 + SO_2 \rightarrow V_2O_4 + SO_3$$
$$V_2O_4 + \tfrac{1}{2} O_2 \rightarrow V_2O_5$$

Der Katalysator verringert die Aktivierungsenergie der Oxidation von $SO_2$, verglichen mit der Oxidation mit $O_2$. Der Katalysator ist bei 420–440 °C wirksam und bei dieser Temperatur sind 90% $SO_3$ im Gleichgewicht vorhanden.

**3.81** An der Katalysatoroberfläche werden Gasmoleküle nicht nur physikalisch adsorbiert, sondern es findet auch eine chemische Aktivierung statt. Dadurch wird die Aktivierungsenergie einer Reaktion herabgesetzt und die Reaktion beschleunigt.

**3.82**  Der geschwindigkeitsbestimmende Schritt ist die dissoziative Adsorption (Chemisorption) von $N_2$. Es erfolgt dann eine stufenweise Reaktion von N-Atomen mit H-Atomen der chemisorbierten $H_2$-Moleküle.

**3.83**  Durch unterschiedliche Katalysatoren entstehen aus gleichen Ausgangsstoffen unterschiedliche Reaktionsprodukte.

# Gleichgewichte bei Säuren, Basen und Salzen

### Elektrolyte · Konzentration

**3.84**  a) und b) richtig

c) falsch

Elektrolyte bilden in Lösungen oder Schmelzen bewegliche Ionen. Dazu ist das Anlegen eines elektrischen Feldes nicht erforderlich. Bei Anlegen eines elektrischen Feldes erfolgt Ionenleitung. Kristallisieren die Elektrolyte bereits im festen Zustand in Ionengittern, so nennt man sie echte Elektrolyte. Die Ionenleitung erfolgt bei diesen Stoffen auch in der Schmelze. Polare Molekülverbindungen, die mit Wasser unter Bildung von Ionen reagieren, nennt man potentielle Elektrolyte.

**3.85**  a) KCl, NaF

b) $NH_3$, HCl

c) Zucker, Alkohol

Nur die unter a) und b) genannten Stoffe bilden in wässriger Lösung Ionen. Bei Zucker und Alkohol liegen in der Lösung neutrale Moleküle vor.

**3.86**
$$KCl \xrightarrow{\text{Wasser}} K^+(aq) + Cl^-(aq) \qquad \text{echter Elektrolyt}$$

$$\left.\begin{array}{l} NH_3 + H_2O \rightarrow NH_4^+(aq) + OH^-(aq) \\ HCl + H_2O \rightarrow H_3O^+(aq) + Cl^-(aq) \end{array}\right\} \text{ potentielle Elektrolyte}$$

Die Ionen sind in wässriger Lösung hydratisiert.

**3.87**

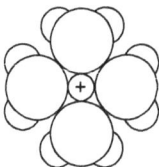

Wassermoleküle sind Dipole:

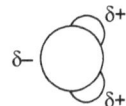

Die Wasserdipole lagern sich mit der negativen Seite an das Kation an.

**3.88**  Die Konzentration ist die Stoffmenge, die in einem bestimmten Volumen vorhanden ist. Die übliche Einheit ist mol/l.

Für die Konzentration eines Stoffes A benutzt man die beiden Schreibweisen $c_A$ oder $[A]$.

Zur Vereinfachung der Schreibweise werden manchmal nur die Zahlenwerte der Konzentrationen angegeben, ihre Einheit ist dann immer mol/l.

**3.89** b) ist richtig, denn 58 g NaCl in 1 $l$ Wasser gelöst, ergeben nicht genau 1 $l$ Lösung.

**3.90** a) In 100 ml sind 0,01 mol NaCl enthalten.

b) 0,01 mol · 58 g/mol = 0,58 g

c) 0,58% NaCl

Bei kleinen Konzentrationen ist die Masse von 1 $l$ einer wässrigen Lösung näherungsweise 1 kg.

**3.91** Die Stoffmenge n in einem Lösungsvolumen ändert sich bei dessen Verdünnen nicht: $n_1$(vor Verdünnung) = $n_2$(nach Verdünnung)

Verdünnungsgesetz: $c_1 V_1 = c_2 V_2$

$$0,5 \text{ mol/l} \cdot V_1 = 0,03 \text{ mol/l} \cdot 1000 \text{ ml}$$

$V_1$ = 60 ml der ursprünglichen Lösung werden mit einer Vollpipette entnommen, in einen 1 $l$ Messkolben gegeben und bis zur Markierung aufgefüllt.

### Säuren · Basen

**3.92** Säuren sind Wasserstoffverbindungen, die in wässriger Lösung durch Dissoziation $H^+$-Ionen bilden. Basen sind Hydroxide, die in wässriger Lösung durch Dissoziation $OH^-$-Ionen bilden.

**3.93** Säuren sind Stoffe, die Protonen abspalten können. Basen sind Stoffe, die Protonen anlagern können.

Nach der Theorie von Brønsted steht eine Säure im Gleichgewicht mit ihrer konjugierten Base.

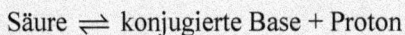

Säure $\rightleftharpoons$ konjugierte Base + Proton

S $\rightleftharpoons$ B + Proton

**3.94**

| Säure | konjugierte Base |
| --- | --- |
| HCN | $CN^-$ |
| $HS^-$ | $S^{2-}$ |
| $NH_4^+$ | $NH_3$ |
| $H_2O$ | $OH^-$ |

| $H_3O^+$ | $H_2O$ |
|---|---|
| $HSO_4^-$ | $SO_4^{2-}$ |
| $H_2SO_4$ | $HSO_4^-$ |
| HF | $F^-$ |

**3.95**

| Säure | konjugierte Base |
|---|---|
| HCl | $Cl^-$ |
| $HCO_3^-$ | $CO_3^{2-}$ |
| $H_2SO_4$ | $HSO_4^-$ |
| $H_3O^+$ | $H_2O$ |
| $[Fe(H_2O)_6]^{3+}$ | $[Fe(H_2O)_5OH]^{2+}$ |

**3.96**   a) Anionensäuren:      $HSO_4^-$

b) Anionenbasen:      $OH^-$, $HSO_4^-$, $Cl^-$

c) Neutralsäuren:      $H_2O$, HCl

d) Neutralbasen:      $H_2O$, $NH_3$

**3.97**   Beispiele für Kationensäuren sind: $H_3O^+$, $NH_4^+$, $[Fe(H_2O)_6]^{3+}$

**3.98**   Bei chemischen Reaktionen treten freie Protonen nicht auf. Eine Säure kann daher nur dann Protonen abgeben, wenn gleichzeitig eine Base vorhanden ist, die die Protonen aufnimmt.

**3.99**   a) Säure

b) Säure

c) Base

d) Säure

e) Base

**3.100**   $H_2O$ und $H_2PO_4^-$ sind Ampholyte.

Teilchen, die sowohl als Säure als auch als Base reagieren können, nennt man Ampholyte.

**3.101** a)

| $S_1$ | + | $B_2$ | $\rightleftharpoons$ | $B_1$ | + | $S_2$ |
|---|---|---|---|---|---|---|
| HCl | + | $H_2O$ | $\rightleftharpoons$ | $Cl^-$ | + | $H_3O^+$ |
| $H_2S$ | + | $H_2O$ | $\rightleftharpoons$ | $HS^-$ | + | $H_3O^+$ |
| $H_2O$ | + | $H_2O$ | $\rightleftharpoons$ | $OH^-$ | + | $H_3O^+$ |
| $NH_4^+$ | + | $H_2O$ | $\rightleftharpoons$ | $NH_3$ | + | $H_3O^+$ |

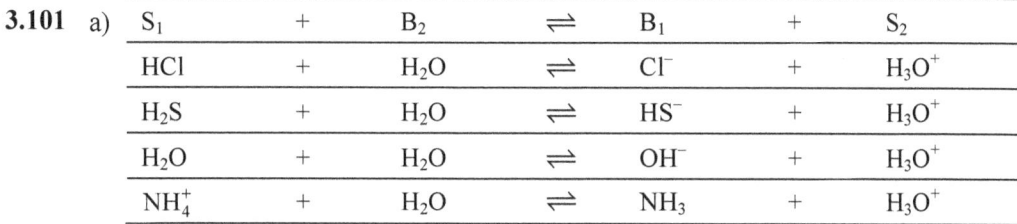

b) Bei diesen Protolysereaktionen tritt immer das Säure-Base-Paar $H_3O^+/H_2O$ auf.

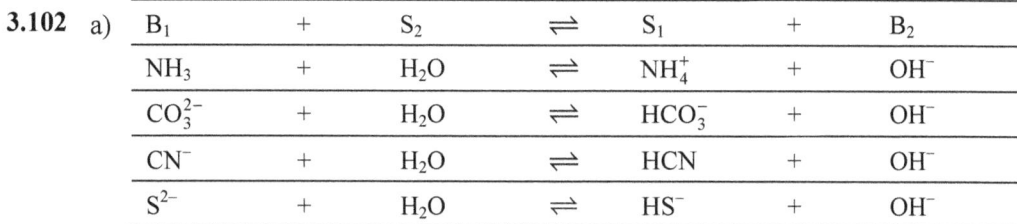

**3.102** a)

| $B_1$ | + | $S_2$ | $\rightleftharpoons$ | $S_1$ | + | $B_2$ |
|---|---|---|---|---|---|---|
| $NH_3$ | + | $H_2O$ | $\rightleftharpoons$ | $NH_4^+$ | + | $OH^-$ |
| $CO_3^{2-}$ | + | $H_2O$ | $\rightleftharpoons$ | $HCO_3^-$ | + | $OH^-$ |
| $CN^-$ | + | $H_2O$ | $\rightleftharpoons$ | $HCN$ | + | $OH^-$ |
| $S^{2-}$ | + | $H_2O$ | $\rightleftharpoons$ | $HS^-$ | + | $OH^-$ |

b) Bei diesen Protolysereaktionen tritt das Säure-Base-Paar $H_2O/OH^-$ auf.

**3.103** Nach Arrhenius sind Säuren und Basen bestimmte Stoffklassen. Bei Brønsted sind Säuren und Basen nicht fixierte Stoffklassen, sondern sie sind durch ihre Funktion, Protonen abgeben oder aufnehmen zu können, charakterisiert. Dies zeigt sich z. B. darin, dass bestimmte Teilchen je nach Reaktionspartner sowohl als Säure als auch als Base reagieren können ($H_2O$, $HSO_4^-$).

Basen sind nach Arrhenius nur die Metallhydroxide. Nach Brønsted können auch Stoffe, die keine Hydroxidionen enthalten, als Basen fungieren ($NH_3$, $CO_3^{2-}$).

Nach Arrhenius sind Säuren und Basen neutrale Stoffe. Nach Brønsted können auch Ionen Säuren und Basen sein ($NH_4^+$, $S^{2-}$).

## Stärke von Säuren und Basen · pK$_s$-Wert · saure/basische Salze

**3.104** Die Reaktionsgleichung lautet:

$$HF + H_2O \rightleftharpoons H_3O^+ + F^-$$

Die Anwendung des MWG ergibt:

$$\frac{[H_3O^+]\,[F^-]}{[HF]\,[H_2O]} = K$$

In verdünnten wässrigen Lösungen wird im Vergleich zur Gesamtmenge des Wassers so wenig $H_2O$ umgesetzt, dass die Konzentration des Wassers praktisch konstant bleibt. $[H_2O]$ kann daher in die Konstante einbezogen werden. In reinem Wasser ist $[H_2O] = 55,5$ mol/l.

$$\frac{[H_3O^+]\,[F^-]}{[HF]} = K_S$$

$K_S$ nennt man Säurekonstante.

**3.105** Der $pK_S$-Wert ist der negative dekadische Logarithmus des numerischen Wertes der Säurekonstante.

$$pK_S = -\lg K_S$$

Der $pK_S$-Wert von HF beträgt 3,15.

**3.106** Eine Säure ist umso stärker, je größer ihr $K_S$-Wert und je kleiner ihr $pK_S$-Wert ist.

**3.107**      $CN^- + H_2O \rightleftharpoons HCN + OH^-$

$$\frac{[HCN]\,[OH^-]}{[CN^-]} = K_B$$

Diese Massenwirkungskonstante wird Basenkonstante genannt. Eine Base ist umso stärker, je größer der $K_B$-Wert und je kleiner der $pK_B$-Wert ist.

**3.108**      $NH_3 + H_2O \rightleftharpoons NH_4^+ + OH^-$

$$\frac{[NH_4^+]\,[OH^-]}{[NH_3]} = K_B$$

**3.109** a) Man erhält das Ionenprodukt des Wassers durch Anwendung des MWG auf die Autoprotolyse des Wassers.

$$2\,H_2O \rightleftharpoons H_3O^+ + OH^-$$
$$[H_3O^+]\,[OH^-] = K\,[H_2O]^2$$
$$[H_3O^+]\,[OH^-] = K_W \text{ (Ionenprodukt des Wassers)}$$

Die Konstante $K_W$ hat bei 25 °C den Wert $10^{-14}$ mol$^2$/l$^2$, sie wird mit steigender Temperatur etwas größer.

In reinem Wasser ist: $[H_3O^+] = [OH^-] = 10^{-7}$ mol/l

**3.110** Für die Reaktion $HCN + H_2O \rightleftharpoons H_3O^+ + CN^-$ gilt:

$$\frac{[H_3O^+]\,[CN^-]}{[HCN]} = K_S$$

Für die Reaktion $CN^- + H_2O \rightleftharpoons HCN + OH^-$ gilt:

$$\frac{[HCN]\,[OH^-]}{[CN^-]} = K_B$$

Durch Multiplikation beider Gleichungen erhält man

$$K_S \cdot K_B = [H_3O^+]\,[OH^-] = 10^{-14}\ mol^2/l^2$$

und daraus durch Logarithmieren:

$$pK_S + pK_B = 14$$

Diese Beziehung gilt für jedes Säure-Base-Paar. Es genügt also, für Säure-Base-Paare nur die $pK_S$-Werte zu tabellieren.

Der $pK_B$-Wert von $CN^-$ ist $14 - 9{,}2 = 4{,}8$.

**3.111**

| Säure-stärke | Säure | Base | Basen-stärke | $pK_S$ | $pK_B$ |
|---|---|---|---|---|---|
| ↑ | HCl | $Cl^-$ | | | ↑ |
| | $H_3O^+$ | $H_2O$ | | | |
| | $CH_3COOH$ | $CH_3COO^-$ | | | |
| | $NH_4^+$ | $NH_3$ | | | |
| | $HCO_3^-$ | $CO_3^{2-}$ | ↓ | ↓ | |
| | $H_2O$ | $OH^-$ | | | |

Je stärker eine Säure ist, umso schwächer ist die konjugierte Base und umgekehrt (vgl. Tab. 7 im Anhang).

**3.112**  a) links

b) links

c) rechts

d) rechts

e) links

f) rechts

Bei einer Säure-Base-Reaktion liegt das Gleichgewicht immer auf der Seite der schwächeren Säure und der schwächeren Base.

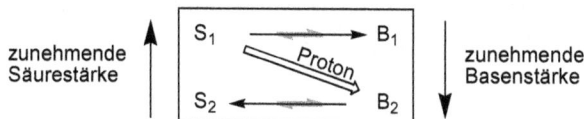

$$S_1\,(stark) + B_2\,(stark) \rightleftharpoons B_1\,(schwach) + S_2\,(schwach)$$

Ordnet man die Säure-Base-Paare wie in Aufg. 3.111, so gilt die Regel „links oben reagiert mit rechts unten".

**3.113** a) Der Säurecharakter von hydratisierten Metallionen beruht darauf, dass $H_2O$-Moleküle der Hydrathülle Protonen abgeben können, weil diese vom positiv geladenen Zentralion „abgestoßen" werden:

$$[Al(H_2O)_6]^{3+} \rightarrow [Al(H_2O)_5OH]^{2+} + \text{Proton}$$

b) Die Säurestärke eines hydratisierten Metallions ist umso größer, je kleiner und höher geladen das Zentralion ist.

**3.114**

| | | |
|---|---|---|
| $K_2CO_3$ | basisch | $CO_3^{2-} + H_2O \rightarrow HCO_3^- + OH^-$ |
| $KNO_3$ | neutral | – |
| $Na_2S$ | basisch | $S^{2-} + H_2O \rightarrow HS^- + OH^-$ |
| $Al_2(SO_4)_3$ | sauer | $[Al(H_2O)_6]^{3+} + H_2O \rightarrow [Al(H_2O)_5OH]^{2+} + H_3O^+$ |

Als erster Schritt findet eine Dissoziation des Salzes unter gleichzeitiger Hydratation der Ionen statt. Ob dann eine saure oder basische Reaktion erfolgt, hängt davon ab, wie stark die vorliegenden Ionen als Brønsted-Säuren bzw. Brønsted-Basen reagieren. Wenn für eine Säure $pK_S > 14$ und für eine Base $pK_B > 14$ ist, macht sich die saure oder basische Reaktion in wässriger Lösung nicht mehr bemerkbar, d. h., es findet praktisch keine Protolyse statt.

Beispiel:  $K_2CO_3 \rightarrow 2\,K^+ + CO_3^{2-}$ (Dissoziation)

$CO_3^{2-} + H_2O \rightarrow HCO_3^- + OH^-$ (Protolyse)

Die extrem schwache Säure $K^+(aq)$ protolysiert nicht.

**3.115**

| sauer | neutral | basisch |
|---|---|---|
| $FeCl_3$ | $NaClO_4$ | $NaCN$ |
| $(NH_4)_2SO_4$ | $BaCl_2$ | $Na_3PO_4$ |

## pH-Werte

**3.116** a) Der pH-Wert ist der negative dekadische Logarithmus des Zahlenwertes der in mol/l angegebenen $H_3O^+$-Konzentration.

$$pH = -lg\left(\frac{[H_3O^+]}{1\,mol\,l^{-1}}\right)$$

Der pH-Wert ist – wie der pK-Wert – ein dimensionsloser Zahlenwert.

In reinem Wasser ist:

$[H_3O^+] = [OH^-]$

$[H_3O^+] = 10^{-7}$ mol/l

$pH = 7$

b) Mit abnehmendem pH-Wert steigt die $H_3O^+$-Konzentration exponentiell an.

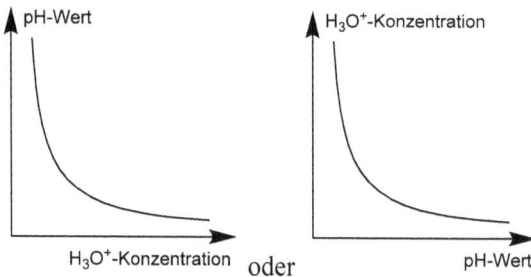

c) Die Konzentration der $OH^-$-Ionen ist gleich der NaOH-Konzentration: $[OH^-] = 10^{-2}$ mol/l. Aus dem Ionenprodukt des Wassers erhält man:

$$[H_3O^+] = \frac{K_W}{[OH^-]}$$

$$[H_3O^+] = \frac{10^{-14}\ mol^2/l^2}{10^{-2}\ mol/l} = 10^{-12}\ mol/l \quad \Rightarrow \quad pH = 12{,}0$$

oder $pH = 14 + \lg c_{Base} = 14 + \lg 10^{-2} = 12{,}0$

d) $[H_3O^+] = 10^{-pH}$ mol/l

$[H_3O^+] = 10^{-5}$ mol/l bei pH = 5 und $[H_3O^+] = 10^{-7}$ mol/l bei pH = 7, also $10^2$ oder 100mal höher.

e) Geordnet nach steigendem pH-Wert:

| | |
|---|---|
| Magensaft/~säure | pH ≈ 1 (nüchtern)–4 (voll) |
| Zitronensaft-Konzentrat | pH ≈ 2 |
| Cola | pH ≈ 2–3 |
| Wein | pH ≈ 3–4 |
| Orangensaft (100%) | pH ≈ 3,5–4 |
| Bier | pH ≈ 4–4,5 |
| Kaffee | pH ≈ 5 |
| Mineralwasser | pH ≈ 5,5 (durch gelöstes $CO_2$) |
| Milch | pH ≈ 6,5 |
| Blut | pH ≈ 7,4 (gepuffert) |
| Seifenlösung | pH ≈ 9 |
| Lösung aus Geschirrspül-Tabs | pH ≈ 10–10,5 |

**3.117** $pH = -\lg c_{Säure}$

Es handelt sich um eine $HNO_3$-Lösung der Konzentration $10^{-3}$ mol/l.

**3.118**  a) pH = 6,99 ≈ 7

In reinem Wasser ist $[H_3O^+] = [OH^-] = 10^{-7}$ mol/l. Eine $10^{-9}$ mol/l $H_2SO_4$-Lösung liefert dazu $2 \cdot 10^{-9}$ mol/l $H_3O^+$. Die Menge ist im Vergleich zu $10^{-7}$ mol/l verschwindend klein, so dass pH = $-\lg (10^{-7} + (2 \cdot 10^{-9})) = 6,99 ≈ 7$.

Diese Aufgabe zeigt, dass die Beziehung pH = $-\lg c_{Säure}$ nur anwendbar ist, wenn $c_{Säure} > 10^{-7}$ mol/l ist.

b) $[H_3O^+] = 10^{-1}$ mol/l bei pH = 1 und $[H_3O^+] = 10^{-4}$ mol/l bei pH = 4, also um den Faktor $10^3$ oder 1000 muss verdünnt werden.

**3.119**  a) pH = 12,0

NaOH ist eine starke Base, HCl eine starke Säure, also jeweils vollständig dissoziiert. Zunächst Umrechnung der Massen in Stoffmengen, Mol:

NaOH: 0,596 g / 40 g/mol = 0,015 mol

HCl: 0,182 g / 36,46 g/mol = 0,005 mol

Differenz Stoffmenge NaOH – HCl: 0.010 mol, d. h. 0,010 mol NaOH werden nicht neutralisiert. In 1 Liter Lösung ist dann $c_{Base} = 10^{-2}$ mol/l. Für die starke Base NaOH gilt. pH = $14 + \lg c_{Base}$.

b) pH = 4,75

Zunächst Umrechnung der Massen in Stoffmengen, Mol:

Essigsäure, $CH_3COOH$, HAc: 12,01 g / 60,05 g/mol = 0,20 mol

Natronlauge, NaOH: 4,00 g / 40,00 g/mol = 0,10 mol

Differenz Stoffmenge Essigsäure – NaOH: 0,10 mol, d. h. 0,10 mol Essigsäure werden durch NaOH nicht neutralisiert. Bei der Neutralisation der übrigen 0,10 mol Essigsäure entsteht 0,10 mol Natriumacetat, NaAc.

Beachten Sie, dass kein Lösungsvolumen gegeben war. Damit ist die Essigsäure-Konzentration nicht bekannt. Jetzt wäre auch *nicht* der pH-Wert einer Essigsäure-Lösung mit der Formel für schwache Säuren zu berechnen. Denn die Essigsäure und ihr Salz bilden ein Puffersystem (siehe unten) mit den Konzentrationen [HAc] = [Ac⁻], so dass nach der Pufferformel (siehe Antwort zu Aufg. 3.128) pH = $pK_S$(HAc). Beachten Sie, dass für die Lösung dieser Aufgabe das Volumen der Lösung nicht gegeben sein musste, da es für den pH-Wert einer Pufferlösung nur auf das Verhältnis von Säure und Salz ankommt.

**3.120**  pH = 2,1

$$\frac{[H_3O^+]\,[F^-]}{[HF]} = K_S$$

Bei der Reaktion von einem Molekül HF mit einem Molekül $H_2O$ entstehen ein $F^-$-Ion und ein $H_3O^+$-Ion, also gilt:

$$[H_3O^+] = [F^-]$$

Durch Einsetzen in das MWG erhält man:

$$\frac{[H_3O^+]\,[H_3O^+]}{c_{\text{Säure}}} = K_S$$

$$[H_3O^+] = \sqrt{K_S \cdot c_{\text{Säure}}}$$

$$pH = \tfrac{1}{2}(pK_S - \lg c_{\text{Säure}})$$

$$pH = \tfrac{1}{2}(3,2 - \lg 0,1)$$

Man sollte nicht vergessen, dass diese Formel eine Näherungsformel ist, die nur gilt, wenn $[HF] \approx c_{\text{Säure}}$ ist. Exakt gilt:

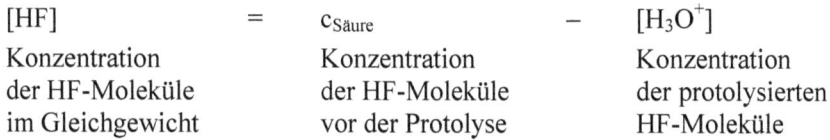

| [HF] | = | $c_{\text{Säure}}$ | − | $[H_3O^+]$ |
|---|---|---|---|---|
| Konzentration der HF-Moleküle im Gleichgewicht | | Konzentration der HF-Moleküle vor der Protolyse | | Konzentration der protolysierten HF-Moleküle |

Die Anwendbarkeit von Näherungsformeln wird in Aufg. 3.124 behandelt.

**3.121**

| Konzentration | $10^{-1}$ mol/l | $10^{-3}$ mol/l |
|---|---|---|
| a) pH-Wert | 3 | 4 |
| b) Protolysegrad $\alpha$ | 0,01 | 0,1 |

Bei hundertfacher Verdünnung nimmt die $H_3O^+$-Konzentration der Essigsäure nur auf $\frac{1}{10}$ ab, da gleichzeitig der Protolysegrad von 1% auf 10% anwächst.

a) Der pH-Wert wird nach der Gleichung $pH = \tfrac{1}{2}(pK_S - \lg c_{\text{Säure}})$ berechnet (s. Aufg. 3.120).

b) Protolysegrad = $\dfrac{\text{Konzentration protolysierter Säuremoleküle}}{\text{Konzentration der Säuremoleküle vor der Protolyse}}$

$$\alpha = \frac{[H_3O^+]}{c_{\text{Säure}}}$$

Durch Einsetzen der Näherungsformel $[H_3O^+] = \sqrt{K_S \cdot c_{\text{Säure}}}$ (s. Aufg. 3.120) erhält man:

$$\alpha = \sqrt{\frac{K_S}{c_{\text{Säure}}}}$$

Man beachte, dass auch diese Gleichung eine Näherung ist.

**3.122** pH = 10,6

KCN dissoziiert vollständig in $K^+$ und $CN^-$. $K^+$(aq) protolysiert nicht, braucht also nicht berücksichtigt zu werden. $CN^-$ ist eine Brønsted-Base und reagiert nach

$$CN^- + H_2O \rightleftharpoons HCN + OH^-$$

Da aus jedem mit $H_2O$ reagierenden $CN^-$ ein HCN und ein $OH^-$ entstehen, ist
$[HCN] = [OH^-]$. Mit Hilfe des MWG erhält man:

$$\frac{[OH^-][HCN]}{[CN^-]} = \frac{[OH^-]^2}{[CN^-]} = K_B$$

$$[OH^-] = \sqrt{K_B\,[CN^-]}$$

Da nur wenig $CN^-$-Ionen mit $H_2O$ reagieren, kann man für die Gleichgewichtskonzentration $[CN^-]$ die Gesamtkonzentration an gelöstem KCN setzen.

$$[OH^-] = \sqrt{K_B \cdot c_{Base}}$$

$$pOH = \tfrac{1}{2}(pK_B - \lg c_{Base})$$

Mit den Werten $c_{Base} = 10^{-2}$ mol/l und $pK_B = 14 - pK_S = 4{,}8$ erhält man:

$$pOH = \tfrac{1}{2}(4{,}8 + 2) = 3{,}4$$

$$pH = 14 - pOH = 10{,}6$$

**3.123** a)      $pH = \tfrac{1}{2}(3{,}75 + 0{,}15) = 1{,}95$

        b)      $pOH = \tfrac{1}{2}(6{,}8 + 3) = 4{,}9$

               $pH = 9{,}1$

**3.124**   Nach der Näherungsformel erhält man $pH = 4{,}6$.

Dieses Ergebnis muss jedoch falsch sein, da selbst bei vollständiger Protolyse der pH-Wert nicht kleiner als 6 werden kann. Sie sehen also, dass man diese Formel nicht kritiklos anwenden darf. Man muss sich bei Näherungsformeln über die Grenzen der Anwendbarkeit im Klaren sein.

Anwendbarkeit von Näherungsformeln zur pH-Berechnung.

Für eine exakte Berechnung des pH-Wertes muss man die Gleichung

$$\frac{[H_3O^+]^2}{c_{Säure} - [H_3O^+]} = K_S$$

lösen. Sie folgt aus dem MWG

$$\frac{[H_3O^+]\,[A^-]}{[HA]} = K_S$$

unter Berücksichtigung der Beziehungen $[H_3O^+] = [A^-]$ und $[HA] = c_{Säure} - [H_3O^+]$. Da diese Berechnung umständlich ist, benutzt man Näherungsgleichungen. Die Näherungsgleichung I

$$pH = -\lg c_{Säure} \qquad\qquad (I)$$

gilt für den Fall praktisch vollständiger Protolyse. Mit I kann man ohne großen Fehler rechnen, wenn die Bedingung

$$c_{\text{Säure}} \leq K_S$$

gilt. In diesem Bereich ist der Protolysegrad

$$\alpha \geq 0{,}62$$

Die Näherungsgleichung II

$$pH = \tfrac{1}{2}(pK_S - \lg c_{\text{Säure}}) \;(II)$$

gilt für den Fall, dass wenige Säuremoleküle protolysieren:

$$[HA] \approx c_{\text{Säure}}$$

Mit II kann man dann rechnen, wenn die Bedingung

$$c_{\text{Säure}} \geq K_S$$

erfüllt ist; hier ist $\alpha \leq 0{,}62$.

Die Näherungsgleichungen I und II werden identisch, wenn

$$c_{\text{Säure}} = K_S$$

ist. Der Protolysegrad beträgt dann gerade $\alpha = 0{,}62$. Der Fehler der Näherungsberechnung ist an diesem Punkt am größten. Da aber auch dann nur ein um 0,2 pH-Einheiten zu kleiner Wert berechnet wird, ist eine exakte Berechnung nur notwendig, wenn man sehr genaue pH-Werte braucht.

Bei der Anwendung der Näherungsgleichungen ist also nicht nur der $pK_S$-Wert, sondern auch die Konzentration der Säure zu beachten.

Zur Berechnung des pH-Wertes einer HF-Lösung der Konzentration $10^{-6}$ mol/l muss die Näherungsgleichung I benutzt werden, da $pK_S = 3{,}2$ ist. Man erhält

$$pH = 6$$

Diese HF-Lösung hat einen Protolysegrad von annähernd 1. Die Näherung II kann also auf keinen Fall richtig sein.

**3.125**  pH = 10

Für die pOH-Berechnung von Basen gelten analoge Näherungsgleichungen wie für die pH-Berechnung von Säuren.

Im Bereich $c_{\text{Base}} \leq K_B$ gilt:

$$pOH = -\lg c_{\text{Base}}$$

Im Bereich $c_{\text{Base}} \geq K_B$ gilt:

$$pOH = \tfrac{1}{2}(pK_B - \lg c_{\text{Base}})$$

Für $PO_4^{3-}$ ist $pK_B = 1{,}7$. Man muss also mit der ersten Näherungsgleichung rechnen

$$pOH = 4 \text{ und } pH = 10.$$

Mit der zweiten Näherungsgleichung erhielte man die falschen Werte

$$pOH = 2{,}85 \text{ und } pH = 11{,}15.$$

### Pufferlösungen · Indikatoren

**3.126** Der pH-Wert nimmt zu, da das Gleichgewicht

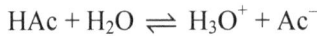

$$HAc + H_2O \rightleftharpoons H_3O^+ + Ac^-$$

durch Zugabe von $Ac^-$ nach links verschoben wird ($HAc = CH_3COOH$, $Ac^- = CH_3COO^-$).

**3.127** Der pH-Wert nimmt ab. Das Gleichgewicht

$$NH_3 + H_2O \rightleftharpoons NH_4^+ + OH^-$$

wird durch Erhöhung der $NH_4^+$-Konzentration nach links verschoben.

**3.128** pH = 4,75

Aus dem MWG $\qquad \dfrac{[H_3O^+]\,[Ac^-]}{[HAc]} = K_S$

erhält man $\qquad [H_3O^+] \; = \; K_S \cdot \dfrac{[HAc]}{[Ac^-]}$

und $\qquad pH = pK_S + \lg \dfrac{[Ac^-]}{[HAc]}$

Für $[Ac^-] = [HAc]$ ist pH = $pK_S$.

**3.129** a) Pufferlösungen werden zur Konstanthaltung von pH-Werten benutzt.

Bei Zugabe kleiner Mengen Säure oder Base ändert sich der pH-Wert einer Puffer-lösung nur geringfügig.

b) Pufferlösungen bestehen aus einem Gemisch einer Säure und ihrer konjugierten Base. Beide dürfen nur unvollständig protolysieren.

c) Die beste Pufferwirkung, d .h. die beste pH-Konstanz geben äquimolare (1: 1) Mischungen oder Puffer mit dem Start-pH-Wert pH = $pK_S$.

d) Die quantitative Leistung oder Kapazität eines gegebenen Volumens einer Puf-fer-Lösung steigt mit der Konzentration der Pufferlösung und der Nähe des Start-pH-Wertes zum $pK_S$-Wert des Puffersystems.

**3.130** a) Ein Acetatpuffer besteht aus einem Gemisch von Essigsäure und Natriumacetat.

b) $H_3O^+$-Ionen reagieren mit Acetationen unter Bildung von Essigsäuremolekülen.

$$H_3O^+ + Ac^- \rightarrow HAc + H_2O$$

$OH^-$-Ionen reagieren mit Essigsäuremolekülen unter Bildung von Acetationen.

$$HAc + OH^- \rightarrow Ac^- + H_2O$$

**3.131**  a) Den pH-Wert erhält man nach $pH = pK_S + \lg \dfrac{[Ac^-]}{[HAc]}$ (vgl. Aufg. 3.128).

| $\dfrac{[Ac^-]}{[HAc]}$ | pH | $\dfrac{[Ac^-]}{[Ac^-] + [HAc]} \cdot 100\%$ |
|:---:|:---:|:---:|
| 0,01 | 3 | 1,0 |
| 0,1 | 4 | 9,1 |
| 1 | 5 | 50 |
| 10 | 6 | 90,9 |
| 100 | 7 | 99,0 |

Die im Diagramm eingezeichnete Kurve wird als Pufferkurve bezeichnet.

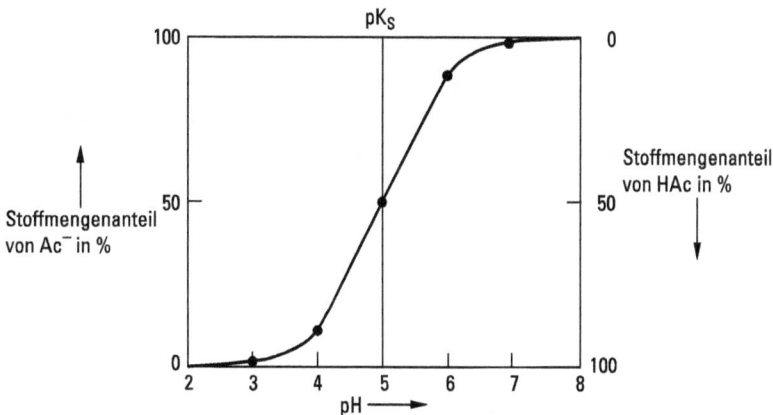

c) Die beste Pufferwirkung hat ein Acetatpuffer bei $pH = pK_S = 5$ (genau 4,75), $\dfrac{[Ac^-]}{[HAc]} = 1$. Sowohl bei Zugabe von $H_3O^+$- als auch von $OH^-$-Ionen ändert sich bei diesem pH-Wert das Verhaltnis $\dfrac{[Ac^-]}{[HAc]}$ und damit der pH-Wert am wenigsten.

d) Bei einer Essigsäure der Konzentration 0,1 mol/l ist $pH = 3$ und das Verhältnis $\dfrac{[Ac^-]}{[HAc]} = 0,01$ (vgl. Aufg. 3.121).

**3.132**  a) Geeignet ist das Puffergemisch $NH_3 / NH_4^+$. Es puffert am besten bei $pH = pK_S = 9,2$ ($pK_S + pK_B = 14$).

b) Der physiologische Bereich hat pH = 7. Dafür ist ein Puffer mit pH = $pK_S$ = 7 am besten geeignet, also der Dihydrogenphosphat/Monohydrogenphosphat-Puffer $H_2PO_4^-$/$HPO_4^{2-}$.

**3.133** Man muss Natriumacetat und Essigsäure im Verhältnis 4 : 1 mischen.

$$\lg \frac{[Ac^-]}{[HAc]} = pH - pK_S$$

$$\lg \frac{[Ac^-]}{[HAc]} = 5{,}35 - 4{,}75 = 0{,}6$$

$$\frac{[Ac^-]}{[HAc]} = 10^{0{,}6} = 4$$

**3.134** Der pH-Wert ändert sich von 4,75 auf 4,74.

Durch Zugabe der Säure läuft die Reaktion

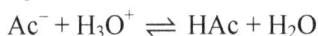

$$Ac^- + H_3O^+ \rightleftharpoons HAc + H_2O$$

praktisch vollständig nach rechts ab. Dadurch wächst [HAc] um denselben Betrag um den [Ac$^-$] abnimmt. Die Zugabe von 1 ml der HCl-Lösung zu einem Liter entspricht einer Zunahme der $H_3O^+$-Konzentration um $10^{-3}$ mol/l.

$$pH = pK_S + \lg \frac{[Ac^-]}{[HAc]}$$

Vor der Zugabe ist

$$pH = pK_S = 4{,}75$$

Nach der Zugabe ist

$$pH = 4{,}75 + \lg \frac{0{,}1 - 0{,}001}{0{,}1 + 0{,}001} = 4{,}74$$

Durch Zugabe von 1 ml NaOH-Lösung der Konzentration 1 mol/l würde sich der pH-Wert auf 4,76 erhöhen.

**3.135**

| Lösung | pH-Wert vor dem Zusatz | pH-Wert nach dem Zusatz |
|--------|------------------------|-------------------------|
| a) | 5 | 3 |
| b) | 9 | 3 |
| c) | 4,75 | 4,66 |
| d) | 4,75 | 4,74 |

Das Ergebnis c) erhält man nach

$$pH = 4{,}75 + \lg \frac{0{,}01 - 0{,}001}{0{,}01 + 0{,}001} = 4{,}66$$

Verglichen mit den Lösungen a) und b) hat sich bei den Pufferlösungen c) und d) der pH-Wert nur unwesentlich geändert. Die Pufferkapazität der konzentrierten Lösung ist besser.

**3.136** In wässrigen Lösungen existiert das pH-abhängige Gleichgewicht

$$\text{Ind}^- \quad + \quad H_3O^+ \quad \rightleftharpoons \quad \text{HInd} \quad + \quad H_2O$$

Farbe 1                                                    Farbe 2
Indikatorbase                                              Indikatorsäure

Bei Änderung des pH-Wertes ändert sich das Konzentrationsverhältnis [HInd]/[Ind$^-$] und damit die Farbe.

**3.137** a) Der pH-Bereich, in dem sich die Farbe des Indikators sichtbar ändert, nennt man den Umschlagbereich.

b) Durch Anwendung des MWG auf die Reaktion

$$\text{HInd} + H_2O \rightleftharpoons H_3O^+ + \text{Ind}^-$$

erhält man:

$$pH = pK_S + \lg \frac{[\text{Ind}^-]}{[\text{HInd}]}$$

Das Auge nimmt im Wesentlichen nur die Farbe der Indikatorbase Ind$^-$ bzw. der Indikatorsäure HInd wahr, wenn das Verhältnis [Ind$^-$] zu [HInd] größer als 10 oder kleiner als 0,1 ist. In dem dazwischen liegenden Bereich, der dem Bereich pH = pK$_S$ ± 1 entspricht, treten Mischfarben auf.

**3.138** Man verwendet immer nur so geringe Indikatormengen, dass sie den pH-Wert der zu messenden Lösung praktisch nicht beeinflussen.

**3.139** n = c·V: n(NaOH) = 0,10 mol/l·5,5·10$^{-3}$ l = 5,5·10$^{-4}$ mol = 0,55 mmol = n(HCl).
c(HCl) = 0,55 mmol / 30·10$^{-3}$ l = 18,33 mmol/l.

## Löslichkeitsprodukt · Aktivität

**3.140** a)  $[Ba^{2+}] \, [SO_4^{2-}] = K_{L(BaSO_4)}$

b)  $[Ca^{2+}] \, [F^-]^2 = K_{L(CaF_2)}$

Das Löslichkeitsprodukt L ist eine von der Temperatur abhängige Konstante. Die Zahlenwerte der Löslichkeitsprodukte sind für 25 °C tabelliert. (Vgl. Tabelle 8 im Anhang.)

**3.141**  $[Ca^{2+}][SO_4^{2-}] = 10^{-2} \cdot 10^{-4} \; mol^2/l^2 = 10^{-6} \; mol^2/l^2 < K_{L(CaSO_4)}$

Die Lösung ist also ungesättigt.

**3.142**  In dieser $CaF_2$-Lösung ist $[Ca^{2+}] = 10^{-4}$ mol/l und $[F^-] = 2 \cdot 10^{-4}$ mol/l, da $[F^-] = 2\,[Ca^{2+}]$. Die Konzentration der $F^-$-Ionen ist doppelt so groß wie die der $Ca^{2+}$-Ionen.

$$[Ca^{2+}][F^-]^2 = 10^{-4} \cdot (2 \cdot 10^{-4})^2 \; mol^3/l^3 = 4 \cdot 10^{-12} \; mol^3/l^3 < K_{L(CaF_2)}$$

Die Lösung ist noch ungesättigt und kann also hergestellt werden.

**3.143**  $K_{L(BaF_2)} = 9 \cdot 10^{-3} \cdot (2 \cdot 9 \cdot 10^{-3})^2 \; mol^3/l^3 = 2,9 \cdot 10^{-6} \; mol^3/l^3$

**3.144**  In 100 ml dieser NaCl-Lösung lösen sich $10^{-8}$ mol AgCl.

Für die Reaktion $AgCl \rightleftharpoons Ag^+ + Cl^-$ gilt im Gleichgewicht:

$$[Ag^+]\,[Cl^-] = 10^{-10} \; mol^2/l^2$$

Da NaCl vollständig dissoziiert, ist $[Cl^-] = 10^{-3}$ mol/l. $[Ag^+]$ kann daher maximal $10^{-7}$ mol/l betragen. In einem Liter lösen sich demnach $10^{-7}$ mol AgCl.

**3.145**  a)        $[Ag^+] = [Cl^-]$

$[Ag^+]\,[Cl^-] = [Ag^+]^2 = 10^{-10} \; mol^2/l^2$

$[Ag^+] = 10^{-5}$ mol/l

Die Löslichkeit von AgCl beträgt $10^{-5}$ mol/l.

b)        $[Ag^+] = 2\,[CrO_4^{2-}]$

$[Ag^+]^2\,[CrO_4^{2-}] = 4\,[CrO_4^{2-}]^3 = 4 \cdot 10^{-12} \; mol^3/l^3$

$[CrO_4^{2-}] = 10^{-4}$ mol/l  und  $[Ag^+] = 2 \cdot 10^{-4}$ mol/l

Die Löslichkeit von $Ag_2CrO_4$ beträgt $10^{-4}$ mol/l.

c) $Ag_2CrO_4$ ist besser löslich als AgCl.

Beim Vergleich von Löslichkeitsprodukten muss man die stöchiometrische Zusammensetzung beachten.

**3.146**  Zuerst fällt $CaSO_4$ aus.

Es liegt gerade eine gesättigte $CaSO_4$-Lösung vor. Die $BaSO_4$-Lösung ist noch untersättigt. Beim Verdunsten muss daher zuerst $CaSO_4$ ausfallen, obwohl $BaSO_4$ schwerer löslich ist.

**3.147**  c) ist richtig.

Um voraussagen zu können, welche Verbindung zuerst ausfällt, müssen die Konzentrationen der in der Lösung vorliegenden Ionen bekannt sein. Nur wenn die Löslichkeitsprodukte sehr unterschiedlich sind, ist eine Voraussage ohne Angabe der Konzentrationen möglich.

**3.148**  b) ist richtig.

Im Unterschied zur vorhergehenden Aufgabe sind die Löslichkeitsprodukte hier sehr unterschiedlich. Auch bei sehr kleinen $Hg^{2+}$-Konzentrationen fällt zuerst HgS aus.

**3.149**  Bei Erhöhung der $H_3O^+$-Konzentration muss sich das Gleichgewicht II nach rechts verschieben, die $S^{2-}$-Konzentration nimmt ab. Dadurch wird auch das Gleichgewicht I nach rechts verschoben, die Konzentration von $Pb^{2+}$ muss zunehmen.

Bei Zugabe von genügend Säure löst sich PbS auf. Ob sich ein schwerlösliches Sulfid bei Zugabe von Säure auflöst oder nicht, hängt 1. von der Größe des Löslichkeitsproduktes und 2. von der $H_3O^+$-Konzentration ab.

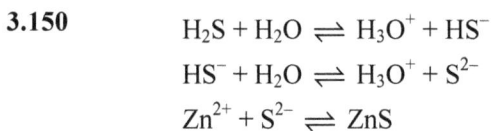

**3.150**
$$H_2S + H_2O \rightleftharpoons H_3O^+ + HS^-$$
$$HS^- + H_2O \rightleftharpoons H_3O^+ + S^{2-}$$
$$Zn^{2+} + S^{2-} \rightleftharpoons ZnS$$

In saurer Lösung nimmt die Konzentration von $S^{2-}$ so weit ab, dass das Löslichkeitsprodukt von ZnS nicht überschritten wird.

**3.151**  a) Konzentrationen dürfen im MWG nur bei idealen Lösungen verwendet werden. Ideale Lösungen sind sehr verdünnte Lösungen, in denen keine Wechselwirkungen zwischen den gelösten Teilchen auftreten. Bei konzentrierten Lösungen können diese Wechselwirkungskräfte nicht mehr vernachlässigt werden.

b) Die Wechselwirkung der Teilchen wird durch den Aktivitätskoeffizienten f berücksichtigt, mit dem die Konzentrationen zu multiplizieren sind. Die Aktivität $a = f \cdot c$ ist die „wirksame Konzentration", die ins MWG eingesetzt wird. Für ideale Lösungen ist $f = 1$, d. h., in diesem Fall ist die Aktivität gleich der Konzentration.

**3.152**  In einer konzentrierten $KNO_3$-Lösung sind die Wechselwirkungen zwischen den gelösten Teilchen nicht mehr zu vernachlässigen. Der Aktivitätskoeffizient der Ionen wird kleiner als eins. Da das Produkt der Aktivitäten

$$a_{Pb^{2+}} \cdot a_{Cl^-}^2 = f_{Pb^{2+}} \cdot [Pb^{2+}] \cdot f_{Cl^-}^2 [Cl^-]^2 = K_L$$

eine Konstante ist, müssen die Konzentrationen im Gleichgewicht zunehmen, wenn die Aktivitätskoeffizienten kleiner werden.

# Redoxvorgänge

## Oxidation · Reduktion · Redoxgleichungen

Oxidation ist Elektronenabgabe, dabei wird die Oxidationszahl erhöht:
$$A \rightleftharpoons A^{n+} + n\,e^-$$

Reduktion ist Elektronenaufnahme, dabei wird die Oxidationszahl erniedrigt:
$$B + m\,e^- \rightleftharpoons B^{m-}$$

**3.153**  a), d) und e) sind Oxidationsvorgänge,

b) und c) sind Reduktionsvorgänge.

Es treten vier Redoxpaare auf. Bei c) und e) handelt es sich um dasselbe Redoxpaar:

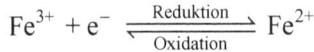

$$Fe^{3+} + e^- \underset{\text{Oxidation}}{\overset{\text{Reduktion}}{\rightleftharpoons}} Fe^{2+}$$

Für ein Redoxpaar gilt allgemein:

Oxidierte Form + Elektronen $\rightleftharpoons$ Reduzierte Form

**3.154**

| Oxidierte Form | Reduzierte Form |
|---|---|
| $Cu^+$ | $Cu$ |
| $Cu^{2+}$ | $Cu^+$ |
| $Cl_2$ | $Cl^-$ |
| $Al^{3+}$ | $Al$ |
| $Cu^{2+}$ | $Cu$ |

Beachten Sie, dass $Cu^+$ sowohl oxidierte Form als auch reduzierte Form sein kann.

Formulierung von Redoxpaaren

Etwas kompliziertere Redoxpaare lassen sich nach folgendem Schema, das am Beispiel $SO_4^{2-}/SO_3^{2-}$ erläutert sei, aufstellen:

1. Ermittlung der Oxidationszahlen.

$$\overset{+6}{S}O_4^{2-} \rightleftharpoons \overset{+4}{S}O_3^{2-}$$

2. Aus der Differenz der Oxidationszahlen erhält man die Zahl auftretender Elektronen.

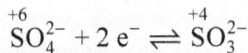

$$\overset{+6}{S}O_4^{2-} + 2\,e^- \rightleftharpoons \overset{+4}{S}O_3^{2-}$$

3. Prüfung der Ladungsbilanz (Elektroneutralitätsbedingung):

Die Ladungssumme muss auf beiden Seiten gleich sein. Die Differenz kann für Reaktionen in wässriger Lösung durch Hinzuschreiben von $H_3O^+$ oder $OH^-$ ausgeglichen werden.

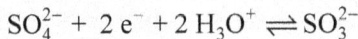

$$SO_4^{2-} + 2\,e^- + 2\,H_3O^+ \rightleftharpoons SO_3^{2-}$$

oder

$$SO_4^{2-} + 2\,e^- \rightleftharpoons SO_3^{2-} + 2\,OH^-$$

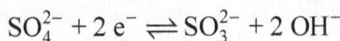

4. Prüfung der Stoffbilanz: Auf beiden Seiten muss für jede Atomsorte die gleiche Anzahl an Atomen vorhanden sein.

$$SO_4^{2-} + 2\,e^- + 2\,H_3O^+ \rightleftharpoons SO_3^{2-} + 3\,H_2O$$

oder

$$SO_4^{2-} + 2\,e^- + H_2O \rightleftharpoons SO_3^{2-} + 2\,OH^-$$

Für Reaktionen in einer Carbonatschmelze muss man die Ladungsbilanz durch $CO_3^{2-}$ ausgleichen.

Ladungsbilanz $\qquad SO_4^{2-} + 2\,e^- \rightleftharpoons SO_3^{2-} + CO_3^{2-}$

Stoffbilanz $\qquad SO_4^{2-} + 2\,e^- + CO_2 \rightleftharpoons SO_3^{2-} + CO_3^{2-}$

**3.155** a) $\overset{+5}{H}NO_3 + 3\,H_3O^+ + 3\,e^- \rightleftharpoons \overset{+2}{N}O + 5\,H_2O$

b) $\overset{+6}{Cr}O_4^{2-} + 4\,H_2O + 3\,e^- \rightleftharpoons \overset{+3}{Cr}(OH)_3 + 5\,OH^-$

c) $\overset{+7}{Mn}O_4^- + 8\,H_3O^+ + 5\,e^- \rightleftharpoons Mn^{2+} + 12\,H_2O$

**3.156** a) $\overset{+6}{Cr_2}O_7^{2-} + 14\,H_3O^+ + 6\,e^- \rightleftharpoons 2\,Cr^{3+} + 21\,H_2O$

b) $\overset{0}{O_2} + 2\,\overset{-2}{H_2O} + 4\,e^- \rightleftharpoons 4\,\overset{-2}{O}H^-$

Wenn die Gleichung von rechts nach links abläuft, werden zwei der vier OH⁻-Ionen zu $O_2$ oxidiert, die anderen beiden werden zum Ladungsausgleich benötigt.

c) $2\,\overset{+6}{Cr}O_4^{2-} + 5\,CO_2 + 6\,e^- \rightleftharpoons \overset{+3}{Cr_2}O_3 + 5\,CO_3^{2-}$

**3.157** $MnO_4^-$ ist das Oxidationsmittel, $H_2O_2$ ist das Reduktionsmittel.

Das Reduktionsmittel $H_2O_2$, genauer $O^{-1}$ in $H_2O_2$ wird oxidiert zu $O_2$ (Oxidationsstufe null im Element).

Das Oxidationsmittel $MnO_4^-$, genauer $Mn^{+7}$ in $MnO_4^-$ wird reduziert zu $Mn^{2+}$.

**3.158** a) $\overset{+6}{Mn}O_4^{2-} + 4\,CO_2 + 4\,e^- \rightleftharpoons Mn^{2+} + 4\,CO_3^{2-}$

b) $\overset{+4}{Pb}O_2 + 4\,H_3O^+ + 2\,e^- \rightleftharpoons Pb^{2+} + 6\,H_2O$

c) $\overset{0}{O_2} + 2\,\overset{-2}{H_2O} + 2\,e^- \rightleftharpoons \overset{-1}{H_2O_2} + 2\,\overset{-2}{O}H^-$

d) $2\,\overset{+1}{H}_3O^+ + 2\,e^- \rightleftharpoons \overset{0}{H_2} + 2\,\overset{+1}{H_2}O$

**3.159** Bei chemischen Reaktionen treten freie Elektronen nicht auf. Die Oxidation (Reduktion) eines Stoffes kann nur dann erfolgen, wenn gleichzeitig ein anderer Stoff reduziert (oxidiert) wird.

**3.160** Reaktionen mit gekoppelter Oxidation und Reduktion nennt man Redoxreaktionen. An einer Redoxreaktion sind immer zwei Redoxpaare beteiligt.

Aufstellen von Redoxgleichungen

Beispiel: $\quad\quad\quad Cu + NO_3^- \rightarrow Cu^{2+} + NO$

Redoxpaar 1: $\quad\quad Cu \rightleftharpoons Cu^{2+} + 2\,e^- \quad\quad\quad\quad\quad\quad\quad\quad \times 3$

Redoxpaar 2: $\quad\quad NO_3^- + 3\,e^- + 4\,H_3O^+ \rightleftharpoons NO + 6\,H_2O \quad\quad \times 2$

Redoxpaar 1 muss mit drei, Redoxpaar 2 mit zwei multipliziert werden, damit in der Redoxgleichung keine Elektronen auftreten. Die Redoxgleichung erhält man dann durch Addition beider Gleichungen.

Redoxgleichung: $\quad 3\,Cu + 2\,NO_3^- + 8\,H_3O^+ \rightarrow 3\,Cu^{2+} + 2\,NO + 12\,H_2O$

Man kann auch folgendermaßen verfahren:

1. Man schreibt die Zahlen der pro Redoxpaar ausgetauschten Elektronen auf:

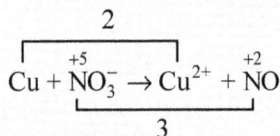

$$\overset{+5}{Cu} + \overset{}{NO_3^-} \rightarrow Cu^{2+} + \overset{+2}{NO}$$

2. Man multipliziert die beiden Redoxpaare wie oben angegeben:

$$3\,Cu + 2\,NO_3^- \rightarrow 3\,Cu^{2+} + 2\,NO$$

3. Ladungsbilanz und

4. Stoffbilanz

werden wie bei der Formulierung von Redoxpaaren ausgeglichen.

**3.161**

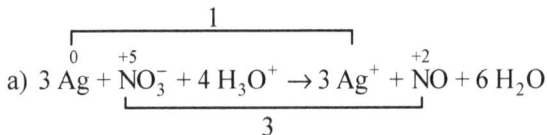

a) $3\,\overset{0}{Ag} + \overset{+5}{NO_3^-} + 4\,H_3O^+ \rightarrow 3\,\overset{}{Ag^+} + \overset{+2}{NO} + 6\,H_2O$

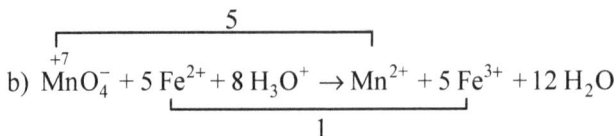

b) $\overset{+7}{MnO_4^-} + 5\,Fe^{2+} + 8\,H_3O^+ \rightarrow Mn^{2+} + 5\,Fe^{3+} + 12\,H_2O$

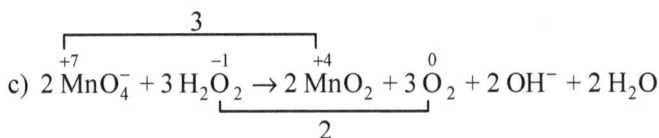

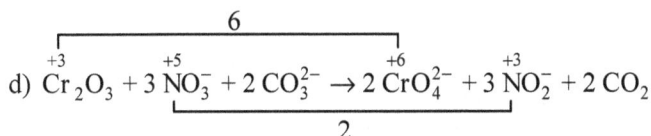

c) $2 \overset{+7}{Mn}O_4^- + 3 H_2 \overset{-1}{O}_2 \rightarrow 2 \overset{+4}{Mn}O_2 + 3 \overset{0}{O}_2 + 2 OH^- + 2 H_2O$

d) $\overset{+3}{Cr}_2O_3 + 3 \overset{+5}{N}O_3^- + 2 CO_3^{2-} \rightarrow 2 \overset{+6}{Cr}O_4^{2-} + 3 \overset{+3}{N}O_2^- + 2 CO_2$

**3.162**  a) $3 Fe^{2+} + NO_3^- + 4 H_3O^+ \rightarrow 3 Fe^{3+} + NO + 6 H_2O$

b) $Cr_2O_7^{2-} + 3 SO_2 + 2 H_3O^+ \rightarrow 2 Cr^{3+} + 3 SO_4^{2-} + 3 H_2O$

c) $Mn^{2+} + H_2O_2 + 2 OH^- \rightarrow MnO_2 + 2 H_2O$

d) $Mn_2O_3 + 3 NO_3^- + 2 CO_3^{2-} \rightarrow 2 MnO_4^{2-} + 3 NO_2^- + 2 CO_2$

## Spannungsreihe · Nernst'sche Gleichung

**3.163**

| Oxidierte Form | Reduzierte Form | $E^\circ$ (V) |
|---|---|---|
| $Na^+$ | Na | −2,71 |
| $Zn^{2+}$ | Zn | −0,76 |
| $2 H_3O^+$ | $2 H_2O + H_2$ | 0 |
| $Fe^{3+}$ | $Fe^{2+}$ | +0,77 |
| $Ag^+$ | Ag | +0,80 |
| $NO_3^- + 4 H_3O^+$ | $6 H_2O + NO$ | +0,96 |
| $Cl_2$ | $2 Cl^-$ | +1,36 |
| $MnO_4^- + 8 H_3O^+$ | $12 H_2O + Mn^{2+}$ | +1,51 |

wachsendes Reduktionsvermögen der reduzierten Form

wachsendes Oxidationsvermögen der oxidierten Form

Die Anordnung von Redoxpaaren nach ihrem Standardpotential nennt man Spannungsreihe.

Die Standardpotentiale sind ein Maß für das Redoxverhalten eines Redoxpaars in wässriger Lösung. Je positiver das Standardpotential ist, umso stärker ist die oxidierende Wirkung der oxidierten Form, je negativer das Standardpotential ist, umso stärker ist die reduzierende Wirkung der reduzierten Form.

**3.164** Folgende Reaktionen können ablaufen:

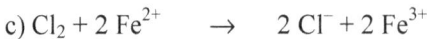

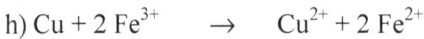

a) $Zn + 2\,Ag^+ \quad \rightarrow \quad Zn^{2+} + 2\,Ag$

c) $Cl_2 + 2\,Fe^{2+} \quad \rightarrow \quad 2\,Cl^- + 2\,Fe^{3+}$

d) $2\,Na + 2\,H_3O^+ \quad \rightarrow \quad 2\,Na^+ + H_2 + 2\,H_2O$

h) $Cu + 2\,Fe^{3+} \quad \rightarrow \quad Cu^{2+} + 2\,Fe^{2+}$

Es ist natürlich klar, dass überhaupt nur eine „reduzierte Form" eines Redoxpaares und eine „oxidierte Form" eines anderen Redoxpaares miteinander reagieren können. Daher findet in den Fällen b), f) und g) keine Reaktion statt.

Die reduzierte Form eines Redoxpaares kann nur dann Elektronen an die oxidierte Form eines anderen Redoxpaares abgeben, wenn Letzteres ein positiveres Potential hat.

Ordnet man die Paare so wie in Aufg. 3.163, dann gilt die Regel „rechts oben reagiert mit links unten".

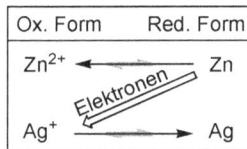

In den Fällen e) und i) kann daher ebenfalls keine Reaktion ablaufen.

**3.165** a) Es können sich nur solche Metalle lösen, die ein negativeres Potential als das Paar $H_2/H_3O^+$ besitzen, also z. B. Na und Zn, nicht aber Ag.

Einige unedle Metalle lösen sich nicht in Säuren. Die Ursache wird in der Aufg. 3.209 behandelt.

b) Aluminium ist mit einen Standardpotential $E° = -1{,}66$ V noch einmal deutlich unedler als Zink ($E° = -0{,}76$ V). Aluminium wird aber (wie Zink) durch eine festanhaftende, geschlossene und in neutralem Wasser unlösliche Oxidschicht passiviert. Diese Passivierung verhindert, dass sich Aluminium in neutralem Wasser (pH = 7, $E_H = -0{,}41$ V) auflöst. Die Schicht von $Al_2O_3$ kann durch die anodische Oxidation von Aluminium weiter verstärkt werden (Eloxal-Verfahren). Allerdings löst sich die Oxidschicht in stärker sauren oder basischen Lösungen auf, was dann auch zur Redoxreaktion von Al mit $H_2O$ und zur Auflösung von Aluminium unter $H_2$-Entwicklung führt.

c) Edle Metalle haben ein positives Standardpotential. Diese Metalle, wie Cu, Ag, Au, stehen in der Spannungsreihe unterhalb von $H_3O^+/H_2$. Sie können sich nicht in Säuren unter $H_2$-Entwicklung lösen. Unedle Metalle stehen in der Spannungsreihe oberhalb des Redoxpaares $H_3O^+/H_2$, d. h. haben ein negatives Normalpotential. Sie sind prinzipiell in Säuren unter Wasserstoff-Entwicklung löslich (siehe aber die Antwort zu Aufg. 3.209).

**3.166** Nach der Regel „rechts oben reagiert mit links unten" sind drei Reaktionen möglich:

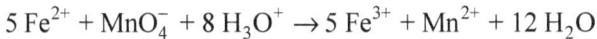

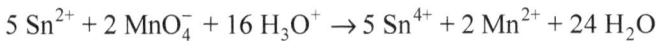

$$Sn^{2+} + 2\,Fe^{3+} \rightarrow Sn^{4+} + 2\,Fe^{2+}$$

$$5\,Fe^{2+} + MnO_4^- + 8\,H_3O^+ \rightarrow 5\,Fe^{3+} + Mn^{2+} + 12\,H_2O$$

$$5\,Sn^{2+} + 2\,MnO_4^- + 16\,H_3O^+ \rightarrow 5\,Sn^{4+} + 2\,Mn^{2+} + 24\,H_2O$$

**3.167** $MnO_4^-$ reagiert mit $Sn^{2+}$ (vgl. Aufg. 3.166).

Auf Grund der Standardpotentiale kann $MnO_4^-$ sowohl mit $Fe^{2+}$ als auch mit $Sn^{2+}$ reagieren, es reagiert aber zuerst mit dem stärkeren Reduktionsmittel $Sn^{2+}$. Erst nach vollständiger Oxidation von $Sn^{2+}$ wird auch $Fe^{2+}$ oxidiert.

**3.168** Es gibt drei Kombinationen.

1. $Sn^{2+}$, $Sn^{4+}$, $Fe^{2+}$
2. $Sn^{4+}$, $Fe^{2+}$, $Fe^{3+}$
3. $Sn^{4+}$, $Fe^{3+}$, $MnO_4^-$

**3.169** $R = 8,314\ \text{J mol}^{-1}\ \text{K}^{-1}$ (J = V A s). $F = 96\,485\ \text{C mol}^{-1}$ (C = A s). Ein Faraday ist die Ladungsmenge von 1 mol Elektronen. Der Umrechnungsfaktor von ln in lg ist 2,30. Für die Temperatur wird 25 °C (T = 298 K) gewählt.

$$\frac{RT}{F}\ln\frac{[Ox]}{[Red]} = \frac{8,314\ \text{J mol}^{-1}\ \text{K}^{-1} \cdot 298\ \text{K}}{96\,485\ \text{C mol}^{-1}}\,2,30\,\lg\frac{[Ox]}{[Red]} = 0,059\ \text{V}\,\lg\frac{[Ox]}{[Red]}$$

Die Nernst'sche Gleichung in der Form

$$E = E° + \frac{0,059\ \text{V}}{z}\,\lg\frac{[Ox]}{[Red]}$$

gilt also nur für die Temperatur 25 °C.

**3.170** a) $E = 0,77\ \text{V} + \dfrac{0,059\ \text{V}}{1}\,\lg\dfrac{[Fe^{3+}]}{[Fe^{2+}]}$

Bei diesem Redoxpaar tritt *ein* Elektron auf: z = 1. Für $[Fe^{3+}]$ und $[Fe^{2+}]$ sind die numerischen Werte der Konzentrationen einzusetzen.

b) $E = 0,80\ \text{V} + 0,059\ \text{V}\,\lg[Ag^+]$

Konzentrationen reiner fester Phasen treten in den Nernst'schen Gleichungen nicht auf.

c) $E = -2,71\ \text{V} + 0,059\ \text{V}\,\lg[Na^+]$

d) $E = -0,76\ \text{V} + \dfrac{0,059\ \text{V}}{2}\,\lg[Zn^{2+}]$

e) $E = 1,36\ \text{V} + \dfrac{0,059\ \text{V}}{2}\,\lg\dfrac{p_{Cl_2}}{[Cl^-]^2}$

Wie bei der Schreibweise des MWG erscheinen die stöchiometrischen Faktoren als Exponenten der Konzentrationen. Treten in einem Redoxpaar Gase auf, so ist in die Nernst'sche Gleichung der Partialdruck der Gase einzusetzen. Da das Standardpotential für den Standarddruck $p° = 1$ bar festgelegt ist, muss in die Nernst'sche Gleichung der auf 1 bar bezogene Partialdruck eingesetzt werden. Im SI wird der Druck in bar angegeben (vgl. Aufg. 3.17). Der Standarddruck beträgt 1 bar, in die Nernst'sche Gleichung wird der auf 1 bar bezogene Partialdruck eingesetzt.

Beispiel: $p_{Cl_2} = 0,5$ atm $= 0,5065$ bar

$$\frac{p_{Cl_2}}{p^o_{Cl_2}} = \frac{0,5065 \text{ bar}}{1 \text{ bar}} = 0,5065$$

In die Nernst'sche Gleichung wird der Zahlenwert 0,5065 eingesetzt.

f) $E = \dfrac{0,059 \text{ V}}{2} \lg \dfrac{[H_3O^+]^2}{p_{H_2}}$

Da $H_2O$ im großen Überschuss vorhanden ist, ist $[H_2O]$ praktisch konstant und im Zahlenwert des Standardpotentials enthalten.

g) $E = 0,96 \text{ V} + \dfrac{0,059 \text{ V}}{3} \lg \dfrac{[NO_3^-][H_3O^+]^4}{p_{NO}}$

Wie beim MWG werden die Konzentrationen multiplikativ verknüpft.

h) $E = 1,51 \text{ V} + \dfrac{0,059 \text{ V}}{5} \lg \dfrac{[MnO_4^-][H_3O^+]^8}{[Mn^{2+}]}$

**3.171**   a) $E = -0,76 \text{ V} + \dfrac{0,059 \text{ V}}{2} \lg 1 = -0,76 \text{ V}$

b) $E = -0,76 \text{ V} + \dfrac{0,059 \text{ V}}{2} \lg 10^{-2} = -0,82 \text{ V}$

Bei der Konzentration $[Zn^{2+}] = 1$ mol/l hat E gerade die Größe des Standardpotentials, da das konzentrationsabhängige Glied der Nernst'schen Gleichung null ist.

**3.172**   f), g) und h)

Alle Redoxpaare, bei denen $H_3O^+$-Ionen an der Reaktion beteiligt sind, besitzen ein pH-abhängiges Redoxpotential.

**3.173**   $E = E° + \dfrac{0,059 \text{ V}}{5} \lg \dfrac{[H_3O^+]^8[MnO_4^-]}{[Mn^{2+}]}$

$E = 1,51 \text{ V} + \dfrac{0,059 \text{ V}}{5} \lg [H_3O^+]^8$

$E = 1,51 \text{ V} - 8 \cdot \dfrac{0,059 \text{ V}}{5} \text{ pH}$

a) $E = 0,85$ V

b) $E = 1,04$ V

c) $E = 1,51$ V

In saurer Lösung wirkt $MnO_4^-$ stärker oxidierend als in neutraler Lösung.

**3.174** a) Bei pH = 0 nach rechts.

b) Bei pH = 5 nach links.

Das Redoxpotential des Redoxpaares $Cl_2/Cl^-$ beträgt

$$E = E^\circ + \frac{0,059 \text{ V}}{2} \text{ lg } \frac{p_{Cl_2}}{[Cl^-]^2}$$

$$E = 1,36 \text{ V} + \frac{0,059 \text{ V}}{2} \text{ lg } \frac{1}{10^{-2}} = 1,42 \text{ V}$$

Es ist nicht pH-abhängig.

Das Potential des Redoxpaares $MnO_4^-/Mn^{2+}$ ist bei pH = 0 positiver ($E = 1,51$ V) und bei pH = 5 negativer ($E = 1,04$ V) als das Potential des Redoxpaares $Cl_2/Cl^-$ ($E = 1,42$ V). Die Reaktionsrichtung ergibt sich aus der Regel „rechts oben reagiert mit links unten".

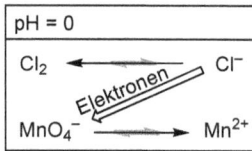

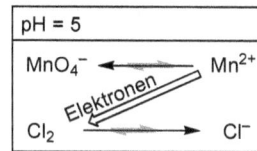

**3.175** Das Redoxpaar ist pH-abhängig. Das Standardpotential $E^\circ$ gilt für die Konzentration $[H_3O]^+ = 1$ mol/l, pH = 0. Das Potential $E = +0.82$ V entspricht nach der Nernst'schen Gleichung einem physiologischen pH-Wert von 7.

$$E = E^\circ + \frac{0,059 \text{ V}}{4} \text{ lg } [H_3O^+]^4 \, p_{O_2}$$

$$E = 1,23 \text{ V} + \frac{0,059 \text{ V}}{4} \text{ lg } (10^{-7})^4 \, p_{O_2} = 1,23 \text{ V} + 0,059(-7) + \frac{0,059 \text{ V}}{4} \text{ lg } p_{O_2}$$

$E = 0,82$ für $p_{O_2} = 1$ bar.

## Galvanische Elemente

**3.176** a) ist richtig.

b) Die Kombination zweier Redoxpaare ist zwar eine notwendige, aber nicht hinreichende Bedingung für ein galvanisches Element. Die Besonderheit eines galvanischen Elements ist, dass die beiden Redoxvorgänge räumlich getrennt ablaufen.

**3.177** a) Die Zinkelektrode kann im Reaktionsraum I nur mit $Zn^{2+}$-Ionen ein Redoxpaar bilden. Entsprechend ist im Reaktionsraum II das Paar $Cu^{2+}/Cu$ vorhanden.

b) $E_I = E_{Zn}^o + \dfrac{0,059\ V}{2}\ lg\,[Zn^{2+}]$

$E_{II} = E_{Cu}^o + \dfrac{0,059\ V}{2}\ lg\,[Cu^{2+}]$

c) I    $Zn \rightarrow Zn^{2+} + 2\ e^-$

   II    $Cu^{2+} + 2\ e^- \rightarrow Cu$

Gesamtreaktion: $Zn + Cu^{2+} \rightarrow Zn^{2+} + Cu$

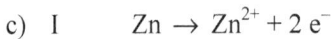

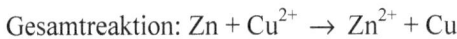

Die Reaktionsrichtung wird durch die Potentiale der beiden Redoxpaare bestimmt.

| Ox. Form | Red. Form | E° (V) |
|----------|-----------|--------|
| $Zn^{2+}$ ⟵ | Zn | −0,76 |
| $Cu^{2+}$ ⟶ | Cu | +0,34 |

*Elektronen*

d) Da an der Zinkelektrode die Reaktion $Zn \rightarrow Zn^{2+} + 2\ e^-$ abläuft, entsteht dort ein Elektronenüberschuss. Die Elektronen fließen zur Kupferelektrode, die Kupferelektrode ist also der positive Pol.

e) Im Raum I entsteht durch die Reaktion $Zn \rightarrow Zn^{2+} + 2\ e^-$ in der Lösung ein Überschuss an positiven Ladungen. Im Raum II entsteht durch die Reaktion $Cu^{2+} + 2\ e^- \rightarrow Cu$ in der Lösung ein Mangel an positiven Ladungen. Diese Ladungsdifferenz kann dadurch ausgeglichen werden, dass ein Anionenstrom durch die Salzbrücke vom Raum II nach Raum I fließt.

**3.178** a) und d) sind richtig.

Durch Stromentnahme sinkt die Spannung. Die EMK kann also nur stromlos gemessen werden.

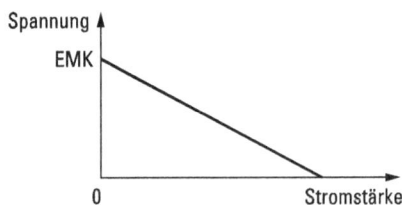

**3.179** Nach Konvention: EMK, $\Delta E = E_{II} - E_I$

Spannung = Potential rechte Elektrode − Potential linke Elektrode

$\Delta E = E_{Cu}^o + \dfrac{0,059\ V}{2}\ lg\,[Cu^{2+}] - E_{Zn}^o - \dfrac{0,059\ V}{2}\ lg\,[Zn^{2+}]$

$$\Delta E = E^o_{Cu} - E^o_{Zn} + \frac{0,059 \text{ V}}{2} \text{ lg} \frac{[Cu^{2+}]}{[Zn^{2+}]}$$

$$\Delta E = 0,34 \text{ V} - (-0,76 \text{ V}) + \frac{0,059 \text{ V}}{2} \text{ lg} \frac{0,1}{0,1} = 1,10 \text{ V}$$

Wenn $[Cu^{2+}] = [Zn^{2+}]$, ist die EMK gleich der Differenz der Standardpotentiale.

**3.180** An der Kupferelektrode müssen sich genauso viele Ionen abscheiden, wie an der Zinkelektrode in Lösung gehen.

a) $[Zn^{2+}] = 0,1 + 0,09$

$\quad [Cu^{2+}] = 0,1 - 0,09$

$$\Delta E = 0,34 \text{ V} - (-0,76 \text{ V}) + \frac{0,059 \text{ V}}{2} \text{ lg} \frac{0,01}{0,19} = 1,10 \text{ V} - 0,04 \text{ V} = 1,06 \text{ V}$$

b) $[Zn^{2+}] = 0,1 + 0,0999$

$\quad [Cu^{2+}] = 0,1 - 0,0999$

$$\Delta E = 0,34 \text{ V} - (-0,76 \text{ V}) + \frac{0,059 \text{ V}}{2} \text{ lg} \frac{0,0001}{0,1999} = 1,10 \text{ V} - 0,10 \text{ V} = 1,00 \text{ V}$$

Bei einem galvanischen Element nimmt beim Betrieb die EMK ab (Ausnahmen sind galvanische Elemente mit Elektroden 2. Art; vgl. Aufg. 3.185).

Die Abnahme der EMK durch Konzentrationsänderung darf nicht verwechselt werden mit dem Abfall der Spannung bei Stromentnahme.

**3.181**
$$\Delta E = E^o_{Cu} - E^o_{Zn} + \frac{0,059 \text{ V}}{2} \text{ lg} \frac{[Cu^{2+}]}{[Zn^{2+}]} = 0 \qquad \left( -\text{lg} \frac{[Cu^{2+}]}{[Zn^{2+}]} = \text{lg} \frac{[Zn^{2+}]}{[Cu^{2+}]} \right)$$

$$\text{lg} \frac{[Zn^{2+}]}{[Cu^{2+}]} = \frac{2 (E^o_{Cu} - E^o_{Zn})}{0,059 \text{ V}} = \frac{2 (0,34 + 0,76) \text{ V}}{0,059 \text{ V}} = 37$$

$$\frac{[Zn^{2+}]}{[Cu^{2+}]} = 10^{37}$$

Die Redoxreaktion $Zn + Cu^{2+} \rightarrow Zn^{2+} + Cu$ läuft vollständig nach rechts ab. Sie lässt sich durch Änderung der Konzentrationsverhältnisse nicht umkehren. Nur bei einem nicht realisierbaren Verhältnis $[Zn^{2+}] / [Cu^{2+}] > 10^{37}$ wäre das Potential $Cu^{2+}/Cu$ negativer als das Potential $Zn^{2+}/Zn$.

**3.182** Verallgemeinert kann man mit Rosten die Oxidation (Korrosion) von unedlen Metallen an feuchter Luft zu Metalloxiden bezeichnen. Rosten ist aber insbesondere die Umsetzung des (unedlen) Metalls Eisen (auch in Form seiner Legierungen) mit dem Sauerstoff der Luft in Gegenwart von (Luft-)Feuchtigkeit oder Wasser unter Bildung von Eisenoxidhydrat und Eisenoxidhydroxid. Mit dem Begriff Rosten ist meistens die Korrosion beim Eisen gemeint. Beim Rosten gibt das elementare Eisen

Elektronen ab. Es wird zum drei- oder zweiwertigen Kation oxidiert: $Fe \rightarrow Fe^{2+ \text{ oder } 3+} + 2\ e^-$ oder $3\ e^-$. Die relevanten Eisen-Redoxpaare sind $Fe^{2+}/Fe^0$ ($E° = -0{,}41$ V), $Fe^{3+}/Fe^0$ ($E° = -0{,}36$ V) und $Fe^{3+}/Fe^{2+}$ ($E° = +0{,}77$ V).

Der Sauerstoff nimmt die Elektronen auf. Er wird zu $O^{-2}$ im Wassermolekül oder Hydroxid-Ion reduziert: $O_2 + 4\ H_3O^+ + 4\ e^- \rightarrow 6\ H_2O$ oder $O_2 + 2\ H_2O + 4\ e^- \rightarrow 4\ OH^-$ ($E° = +1{,}23$ V oder $+0{,}41$ V, je nach pH-Wert).

Bei leicht sauren pH-Werten um 5,5 reagieren $Fe^{2+}$ und $Fe^{3+}$ mit dem $OH^-$-Anteil im Wasser zu Eisen(II)- und Eisen(III)-hydroxid, die unter Wasserabspaltung zu Eisenoxidhydrat und ~hydroxid weiterreagieren. Das Rosten läuft über $Fe(OH)_2$ und $Fe(OH)_3$ gefolgt von Wasserabspaltung zu einem Gemisch aus wasserhaltigem FeO und $Fe_2O_3$ als Eisen(II)-Eisen(III)-oxidhydrat. Für Rost findet man auch die Formel FeO(OH) als Eisen(III)-oxidhydroxid. Der Rost ist beim Eisen porös, wodurch das darunterliegende Eisenmetall nicht vor weiterer Oxdiation (Korrosion) geschützt wird, anders als bei den unedlen Metallen Aluminium, Zink, Chrom u.a., die eine geschlossene Metalloxid-Schicht bilden.

Elektrochemisch bilden $Fe^{2+}/Fe^0$ oder $Fe^{3+}/Fe^0$ mit Fe als Reduktionsmittel und $O_2/H_2O$ als Oxidationsmittel ein galvanisches Element. Das Rosten ist ein freiwillig ablaufender Vorgang, eine kalte Verbrennung. Die räumliche Trennung der Redoxreaktionen ist die Grundlage des Eisen-Luft-Akkus.

**3.183**  a)

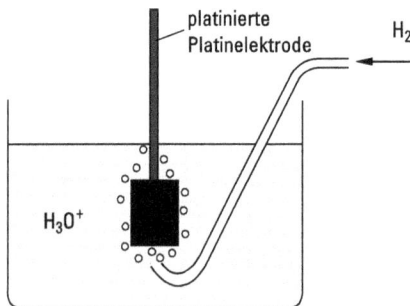

b) $2\ H_3O^+ + 2\ e^- \rightleftharpoons H_2 + 2\ H_2O$

c) $E = 0\ V + \dfrac{0{,}059\ V}{2}\ \lg \dfrac{[H_3O^+]^2}{p_{H_2}}$

d) $E = -0{,}059$ pH
   pH $= 7$; $E = -0{,}41$ V
   pH $= 0$; $E = 0$ V

**3.184**  a) 25 °C

b) $[H_3O^+] = 1$ mol/l; pH $= 0$

c) $p_{H_2} = 1$ bar

d) $E = E° = 0$ V

Die Standardpotentiale aller Redoxpaare sind Relativwerte, bezogen auf die Standardwasserstoffelektrode, deren Standardpotential willkürlich null gesetzt wurde.

**3.185** a) $\Delta E = E_{Ag}^o + 0,059 \text{ V lg} [Ag^+]_I - E_{Ag}^o - 0,059 \text{ V lg} [Ag^+]_{II}$

$$\Delta E = 0,059 \text{ V lg} \frac{[Ag^+]_I}{[Ag^+]_{II}}$$

$$\Delta E = 0,059 \text{ V lg} \frac{10^{-1}}{10^{-5}} = 0,236 \text{ V}$$

b) Wenn die Cl⁻-Konzentration größer als $10^{-5}$ mol/l ist, wird das Löslichkeitsprodukt $K_{L(AgCl)}$ überschritten. Es fällt AgCl aus, die $Ag^+$-Konzentration nimmt ab. Dadurch wird die Potentialdifferenz vergrößert.

c) $\Delta E = E_{Ag}^o + 0,059 \text{ V lg} [Ag^+]$

$[Ag^+] [Cl^-] = K_{L(AgCl)}$

$$\Delta E = E_{Ag}^o + 0,059 \text{ V lg} \frac{K_{L(AgCl)}}{[Cl^-]}$$

Das Potential dieser Elektrode ist also nicht mehr durch die $Ag^+$-Konzentration, sondern durch die Cl⁻-Konzentration bestimmt. Man nennt solch eine Elektrode eine Elektrode 2. Art.

$$\Delta E = E_{Ag}^o + 0,059 \text{ V lg} [Ag^+]_I - E_{Ag}^o - 0,059 \text{ V lg} \frac{K_{L(AgCl)}}{[Cl^-]}$$

$$\Delta E = 0,059 \text{ V lg} \frac{[Ag^+]_I}{K_{L(AgCl)}} + 0,059 \text{ V lg} [Cl^-]$$

$$\Delta E = 0,53 \text{ V} + 0,059 \text{ V lg} [Cl^-]$$

**3.186** Nur Sekundärelemente sind wiederaufladbar.

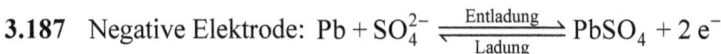

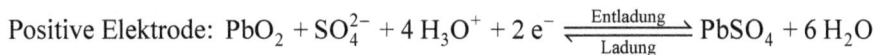

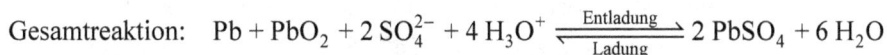

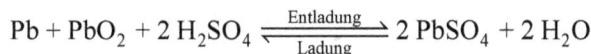

**3.187** Negative Elektrode: $Pb + SO_4^{2-} \xrightleftharpoons[\text{Ladung}]{\text{Entladung}} PbSO_4 + 2 \text{ e}^-$

Positive Elektrode: $PbO_2 + SO_4^{2-} + 4 H_3O^+ + 2 \text{ e}^- \xrightleftharpoons[\text{Ladung}]{\text{Entladung}} PbSO_4 + 6 H_2O$

Gesamtreaktion: $Pb + PbO_2 + 2 SO_4^{2-} + 4 H_3O^+ \xrightleftharpoons[\text{Ladung}]{\text{Entladung}} 2 PbSO_4 + 6 H_2O$

$Pb + PbO_2 + 2 H_2SO_4 \xrightleftharpoons[\text{Ladung}]{\text{Entladung}} 2 PbSO_4 + 2 H_2O$

**3.188** Das nicht vollständig zu entsorgende toxische Cadmium wird durch das nicht toxische Metallhydrid ersetzt.

**3.189**  In Brennstoffzellen wird elektrochemisch ein gasförmiger Brennstoff (z. B. Wasser-stoff, Erdgas) mit Sauerstoff (Luft) umgesetzt und damit Gleichspannungsenergie erzeugt.

**3.190**  Negative Elektrode: $H_2 \rightarrow 2\,H^+ + 2\,e^-$

Positive Elektrode: $\frac{1}{2}\,O_2 + 2\,e^- \rightarrow O^{2-}$

Gesamtreaktion: $H_2 + \frac{1}{2}\,O_2 \rightarrow H_2O$

## Elektrolyse · Äquivalent · Überspannung

**3.191**  c) und d) sind richtig.

a) Selbst bei höchstmöglicher $Zn^{2+}$-Konzentration kann die Reaktion nicht nach links ablaufen; dies wäre nur bei einem Verhältnis $[Zn^{2+}] / [Cu^{2+}] > 10^{37}$ möglich (vgl. Aufg. 3.181).

b) Mit einer Wechselspannung würde sich die Reaktionsrichtung dauernd umkehren.

c) und d)

Durch Anlegen einer Gleichspannung kann die Reaktion nur dann umgekehrt wer-den, wenn der negative Pol am Zn und der positive Pol am Cu liegt. Diesen Vor-gang nennt man Elektrolyse.

**3.192**  a) Da jedes $Zn^{2+}$-Ion 2 Elektronen bei der Abscheidung aufnehmen muss, benötigt man 2 mol Elektronen.

b) Man nennt diese Einheit ein Faraday.

1 Faraday = 96 485 Coulomb $mol^{-1}$ = 26,8 Ah $mol^{-1}$.

**3.193**  a) $Au^+$, $\frac{1}{3}\,Au^{3+}$, $\frac{1}{2}\,O^{2-}$

b) 197 g Au (1 mol Au)

67,5 g Au ($\frac{1}{3}$ mol Au)

8 g $O_2$ ($\frac{1}{4}$ mol $O_2$)

Ein Äquivalent ist der Bruchteil $\dfrac{1}{z^*}$ eines Teilchens. $z^*$ heißt Äquivalentzahl. Ein Ionenäquivalent ist der Bruchteil eines Ions, der gerade eine positive oder eine ne-gative Ladung besitzt. Für z. B. $Mg^{2+}$, $Fe^{3+}$, $SO_4^{2-}$ sind die Ionenäquivalente $\frac{1}{2}\,Mg^{2+}$, $\frac{1}{3}\,Fe^{3+}$, $\frac{1}{2}\,SO_4^{2-}$. Durch 1 Faraday wird gerade die molare Masse eines Io-nenäquivalents abgeschieden.

**3.194**  a) 107,9 g Ag    (1 mol Ag)

b)  31,75 g Cu  ($\frac{1}{2}$ mol Cu)

c)  63,5 g Cu   (1 mol Cu)

d)  8,67 g Cr  ($\frac{1}{6}$ mol Cr)

**3.195**  a) Zur Abscheidung der molaren Masse des Ionenäquivalents von $Al^{3+}$, das sind 9 g, benötigt man 26,8 Ah. Für 1 kg sind 2 980 Ah erforderlich.

b) Energie = Spannung × Stromstärke × Zeit

Zur Abscheidung von 1 kg Al braucht man 20,86 kWh. Sie kosten 2,09 EUR.

**3.196**  a)  1 mol $Fe^{3+}$

b)  $\frac{1}{5}$ mol $MnO_4^-$

c)  $\frac{1}{6}$ mol $Cr_2O_7^{2-}$

d)  $\frac{1}{2}$ mol $I_2$

Ein Redoxäquivalent ist der Bruchteil eines Teilchens, der bei Redoxreaktionen 1 Elektron aufnimmt oder abgibt. Beim Redoxpaar $MnO_4^-/Mn^{2+}$ ist für $MnO_4^-$ das Redoxäquivalent $\frac{1}{5} MnO_4^-$. Beträgt die Konzentration von $MnO_4^-$ 1 mol/l, dann beträgt die Äquivalentkonzentration 5 mol/l.

Bei gleichen Äquivalentkonzentrationen werden die gleichen Konzentrationen an Elektronen übetragen.

**3.197**  a) 0,1 mol

b) 0,1 mol

c) 0,05 mol

**3.198**  a) Cu $\rightarrow Cu^{2+} + 2\,e^-$

Zn$^{2+} + 2\,e^- \rightarrow$ Zn

b) Die Elektronen fließen von der Kupferelektrode zum Pluspol der Spannungsquelle und vom Minuspol der Spannungsquelle zur Zinkelektrode.

c) Cu $+ Zn^{2+} \rightarrow Cu^{2+} +$ Zn

Durch Zufuhr elektrischer Arbeit wird eine Umkehrung des freiwillig ablaufenden galvanischen Prozesses erzwungen.

d) Die Umkehrung des Elektronenflusses kann nur erzwungen werden, wenn die angelegte Spannung größer ist als die EMK, die das entsprechende galvanische Element besitzt (vgl. Aufg. 3.179).

Die Mindestspannung, die überschritten werden muss, damit eine Elektrolyse erfolgen kann, nennt man Zersetzungsspannung.

Die Zersetzungsspannung ist bei den gegebenen Konzentrationen gleich der Differenz der Standardpotentiale, also 1,10 Volt.

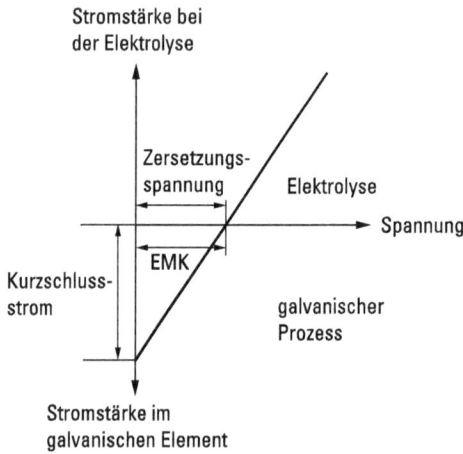

Stromstärke bei
der Elektrolyse

Zersetzungs-
spannung    Elektrolyse

EMK                         Spannung

Kurzschluss-
strom                       galvanischer
                            Prozess

Stromstärke im
galvanischen Element

**3.199** Man muss den negativen Pol der Spannungsquelle an den negativen Pol des galvanischen Elements legen. Das Aufladen eines galvanischen Elements ist eine Elektrolyse.

In der Elektrochemie nennt man die Elektrode, an der eine Oxidation stattfindet, Anode und die Elektrode, an der eine Reduktion stattfindet, Kathode. Beim Wiederaufladen eines galvanischen Elements vertauschen sich also Anode und Kathode, nicht aber Pluspol und Minuspol.

**3.200** a) Kathodenreaktion:

$$2\,H_3O^+ + 2\,e^- \rightarrow H_2 + 2\,H_2O$$

Anodenreaktion:

$$2\,Cl^- \rightarrow Cl_2 + 2\,e^-$$

b) $E_{Cl_2/Cl^-} = E^o_{Cl_2/Cl^-} + \dfrac{0{,}059\,V}{2}\,\lg\dfrac{p_{Cl_2}}{[Cl^-]^2}$

$E_{H_3O^+/H_2} = \dfrac{0{,}059\,V}{2}\,\lg\dfrac{[H_3O^+]^2}{p_{H_2}}$

Die Gase $H_2$ und $Cl_2$ können nur dann aus der Lösung austreten, wenn der (mittlere) Umgebungsdruck von 1,013 bar erreicht wurde. Für die Zersetzungsspannung gilt also $p_{H_2} = 1{,}013\,bar$, $p_{Cl_2} = 1{,}013\,bar$ (vgl. Aufg. 3.170). Für $[H_3O^+] = 1$ mol/l und $[Cl^-] = 1$ mol/l erhält man:

$$\Delta E = E_{Cl_2/Cl^-} - E_{H_3O^+/H_2} = E^o_{Cl_2/Cl^-} = 1{,}36\,V$$

Die Zersetzungsspannung ist in diesem Fall gleich dem Standardpotential des Redoxpaares $Cl_2/Cl^-$.

Auf Grund der Standardpotentiale hätte sich an Stelle von $Cl_2$ eigentlich $O_2$ abscheiden müssen. Wegen der Überspannung von Sauerstoff scheidet sich Chlor ab (vgl. Aufg. 3.208).

**3.201**

$$E_{Cl_2/Cl^-} = E^o_{Cl_2/Cl^-} + \frac{0{,}059\ V}{2} \lg \frac{1}{(10^{-3})^2}$$

$$E_{H_3O^+/H_2} = E^o_{H_3O^+/H_2} + \frac{0{,}059\ V}{2} \lg \frac{(10^{-3})^2}{1}$$

$$E = E_{Cl_2/Cl^-} - E_{H_3O^+/H_2}$$

$$E = 1{,}72\ V$$

**3.202** Zuerst wird das edlere Metall Silber abgeschieden, dann das Kupfer.

An der Kathode werden zuerst die Stoffe mit dem jeweils positivsten Potential reduziert.

**3.203** Zuerst werden die $I^-$-Ionen, dann die $Br^-$-Ionen entladen.

An der Anode werden zuerst die Stoffe mit dem jeweils negativsten Redoxpotential oxidiert.

**3.204** An der Kathode werden nicht $Na^+$-Ionen, sondern $H_3O^+$-Ionen entladen, es entwickelt sich Wasserstoff. Das Redoxpaar $H_3O^+/H_2$ hat ein positiveres Potential als das Redoxpaar $Na^+/Na$.

$E^o_{Na} = -2{,}7\ V$; bei $pH = 7$ ist $E_{H_3O^+/H_2} = -0{,}41\ V$ (vgl. Aufg. 3.183).

**3.205** Es scheidet sich zuerst Kupfer, dann Wasserstoff ab. Aluminium kann nicht durch Elektrolyse wässriger Lösungen hergestellt werden.

**3.206** In vielen Fällen ist die Zersetzungsspannung größer als die Differenz der Elektrodenpotentiale ($\Delta E$). Man bezeichnet diese Spannungserhöhung als Überspannung.

Zersetzungsspannung = Differenz der Elektrodenpotentiale + Überspannung

**3.207**

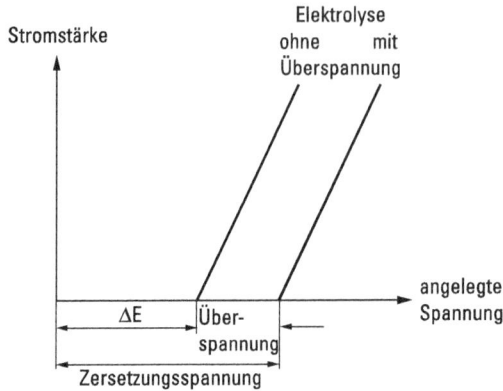

**3.208**  Die Aussagen b), d) und e) treffen zu.

Für die Abscheidung von Wasserstoff ist die Überspannung groß an Hg, Pb und Zn. An platiniertem Platin ist sie für Wasserstoff null. Für die Abscheidung von Sauerstoff ist die Überspannung an Platin groß.

**3.209**  a) Auf Grund des Standardpotentials von –0,76 Volt müsste sich Zink in $H_2SO_4$-Lösung lösen: $Zn + 2\,H_3O^+ \rightarrow Zn^{2+} + H_2 + 2\,H_2O$

Die große Überspannung, die für die Abscheidung von Wasserstoff an Zink erforderlich ist, verhindert die Auflösung.

b) Kupfer kann auf Grund des positiven Standardpotentials durch $H_3O^+$ nicht oxidiert werden.

c) Wenn $[Pb^{2+}] = 1$ mol/l ist, müsste sich bei pH < 2 Wasserstoff entwickeln.

Diese Reaktion findet jedoch wegen der Überspannung nicht statt. An der Anode müsste sich auf Grund der Standardpotentiale Sauerstoff entwickeln. Auch diese Reaktion läuft wegen der Überspannung nicht ab. Nur das Vorhandensein der Überspannung ermöglicht das Aufladen eines Bleiakkus.

# 4. Elementchemie

**4.1**   Isoelektronische Beziehungen:

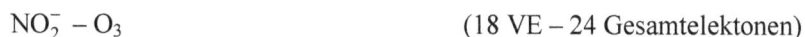

$NO_2^+ - CO_2 - N_2O - NCO^- - N_3^-$ $\qquad$ (16 VE – 22 Gesamtelektronen)

$SiO_4^{4-} - PO_4^{3-} - SO_4^{2-} - ClO_4^-$ $\qquad$ (32 VE – 50 Gesamtelektronen)

$CN^- - CO - NO^+ - N_2$ $\qquad$ (10 VE – 14 Gesamtelektronen)

$C_6H_6 - B_3N_3H_6$ $\qquad$ (30 VE – 42 Gesamtelektronen)

$C_2H_6 - H_3BNH_3$ $\qquad$ (14 VE – 18 Gesamtelektronen)

$NO_2^- - O_3$ $\qquad$ (18 VE – 24 Gesamtelektonen)

Isovalenzelektronische Beziehungen

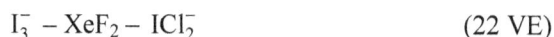

$NO_2^- - SO_2 - O_3$ $\qquad$ (18 VE)

$I_3^- - XeF_2 - ICl_2^-$ $\qquad$ (22 VE)

Die restlichen Teilchen in der Tabelle verbleiben ohne iso(valenz)elektronische Beziehungen.

Als isoelektronisch bezeichnet man Moleküle, Ionen oder Formeleinheiten, in denen bei gleicher Anzahl der Atome die gleiche Zahl und Anordnung von Elektronen vorliegt. Die Ladung der Teilchen kann unterschiedlich sein.

Im engeren Sinne bezieht sich „gleiche Zahl von Elektronen" auf die Gesamtzahl und nicht die Zahl der Valenzelektronen. Im weiteren Sinne werden auch Teilchen mit nur der gleichen Valenzelektronenzahl (und -konfiguration) als isoelektronisch (genauer dann isovalenzelektronisch) bezeichnet.

Abweichend von „gleicher Anzahl der Atome" bezeichnet man auch Teilchen, in denen ein freies Elektronenpaar durch ein H-Atom ersetzt ist, als isoelektronisch. Diese speziellere isoelektronische Beziehung heißt Grimm'scher Hydrid-Verschiebungssatz.

Beispiele:  $CH_4 - NH_3 - H_2O - HF$

$\qquad\qquad OH^- - F^-$

$\qquad\quad HC{\equiv}CH - N{\equiv}N$

https://doi.org/10.1515/9783110701067-009

**4.2**

| | Ausgangsstoffe | Produkte (Endstoffe) |
|---|---|---|
| a) Rochow-Synthese | Si + RCl (R = Me, Ph) | $R_3SiCl$, $R_2SiCl_2$, $RSiCl_3$ |
| b) Anthrachinon-Verfahren | $H_2 + O_2$ | $H_2O_2$ |
| | (Anthrachinon und Pd fungieren nur als Katalysator) | |
| c) Kontakt-Verfahren | $SO_2 + O_2$ | $SO_3$ |
| | $+ H_2O$ | $H_2SO_4$ |
| | ($H_2S_2O_7$ ist nur Zwischenprodukt) | |
| d) Steam-Reforming-Verfahren | Methan ($CH_4$), niedere Kohlenwasserstoffe $+ H_2O$ | $H_2 + CO$ |
| e) Ostwald-Verfahren | $NH_3 + O_2$ | NO ($+ H_2O$) |
| f) Solvay-Prozess | $NaCl/H_2O + CaCO_3$ | $Na_2CO_3 \cdot 10\,H_2O$ (Soda + $CaCl_2$) |
| | ($NH_3 + CO_2$ sind Intermediate, die im Kreis geführt werden) | |

**4.3**  a)  Kathode:   $2\,H_2O + 2\,e^- \rightarrow H_2 + 2\,OH^-$

Anode:   $2\,Cl^- \rightarrow Cl_2 + 2\,e^-$

Gesamtreaktion: $2\,Na^+ + 2\,Cl^- + 2\,H_2O \rightarrow H_2 + Cl_2 + 2\,Na^+ + 2\,OH^-$

b)  Kathode:   $Na^+ + e^- \xrightarrow{Hg} NaHg_x$ (Na-Amalgam)

Anode:   $Cl^- \rightarrow \frac{1}{2}\,Cl_2 + e^-$

Zersetzung des Amalgams: $Na + H_2O \rightarrow Na^+ + OH^- + \frac{1}{2}\,H_2$

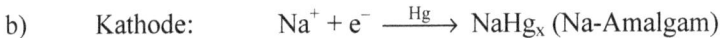

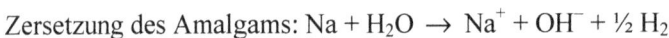

c) Anoden- und Kathodenraum sind durch eine ionenselektive Membran getrennt, die durchlässig für $Na^+$-Ionen, aber nicht durchlässig für $Cl^-$-Ionen und $OH^-$-Ionen ist. Man erhält eine chloridfreie Natronlauge.

d) Diese Trennung ist notwendig, um die Bildung von Chlorknallgas ($H_2 + Cl_2$), die Entladung von $OH^-$ zu $O_2$ und die Reaktion von Chlor mit Lauge zu Hypochlorit zu verhindern.

**4.4**  a) $Al_2O_3$ ist amphoter. Amphotere Stoffe lösen sich sowohl in Säuren als auch in Basen. $Fe_2O_3$ löst sich nicht in Basen.

Bauxit + NaOH → $Na[Al(OH)_4]$ (gelöst) + $Fe_2O_3$ (s)

b) $Al_2O_3$ wird in Kryolith, $Na_3AlF_6$, gelöst, der bei 1000 °C schmilzt. Mit $Al_2O_3$ bildet sich ein Eutektikum, das bei 960 °C schmilzt.

c) Dissoziation in der Schmelze: $Al_2O_3 \rightarrow 2\,Al^{3+} + 3\,O^{2-}$

Reaktion an der Kathode:   $Al^{3+} + 6\,e^- \rightarrow 3\,Al$

Reaktion an der Anode:     $3\,O^{2-} \rightarrow 1{,}5\,O_2 + 6\,e^-$

$1{,}5\,O_2 + 3\,C \rightarrow 3\,CO$

**4.5**  a) als $P_4O_{10}$ mit Adamantanstruktur;

b) als $S_8$-Ring mit Kronenstruktur;

c) als $B_2H_6$;

d) als $HP(=O)(OH)_2$ oder anders formuliert $H_2PHO_3$, zweibasige Phosphonsäure;

e) als graues Arsen, mit gewellten Schichten aus kondensierten Sechsringen;

f) als helikale (spiralige) $Te_\infty$-Ketten;

g) als $P_{weiß}$, $P_{rot}$ oder $P_{schwarz}$ mit $P_4$-Tetraedern, unregelmäßigem dreidimensionalem Netzwerk oder Doppelschichtstruktur; $P_{schwarz}$ ist die thermodynamisch stabilste Modifikation;

h) als hexagonales Bornitrid mit zweidimensionaler Graphitstruktur oder als kubisches Bornitrid mit dreidimensionaler Diamantstruktur, $(BN)_\infty$.

Für Zeichnungen der Strukturen siehe z. B. Riedel/Janiak, Anorganische Chemie, 10. Aufl., Kapitel 4.

**4.6**  a) Ursachen der Sonderstellung:

– In seinen ganz speziellen Modifikationen hat Bor Koordinationszahlen vier bis neun.

– Es gibt eine ungewöhnliche Vielzahl verschiedener Metallboride.

– Einzigartig sind auch die Wasserstoffverbindungen und die Car(ba)borane.

b) Schrägbeziehung im Periodensystem.

**4.7**  a) $B_4H_{10}$: Gerüstelektronen 12 $(4B \times 3) + 10\,(10H) - 8\,(4BH \times 2) = 14$

7 Gerüstelektronenpaare $= n + 3$ (mit $n = 4$ Gerüstatomen)

Strukturtyp arachno-Boran, (n+2)-Ecken-(hier 6-Ecken-)Polyeder mit zwei freien Ecken, also Oktaeder mit zwei freien Ecken.

$B_4H_{10}$ Bor-Polyeder:   $B_5H_8^-$ Bor-Polyeder:   $B_5CH_9$ B,C-Polyeder:

Oktaeder mit zwei unbesetzten Ecken, arachno-Tetraboran(10)   Oktaeder mit einer unbesetzten Ecke, nido-Pentaboranat(8)   pentagonale Bipyramide mit einer unbesetzten Ecke

b) $B_5H_8^-$: Gerüstelektronen 15 $(5B \times 3) + 8\,(8H) + 1$ (Ladung) $- 10\,(5BH \times 2) = 14$

7 Gerüstelektronenpaare $= n + 2$ (mit $n = 5$ Gerüstatomen)

Strukturtyp nido-Boran, (n+1)-Ecken-(hier 6-Ecken-)Polyeder mit einer freien Ecke, also Oktaeder mit einer freien Ecke.

c) $B_5CH_9$:

Gerüstelektronen 15 (5B × 3) + 4 (C) + 9 (9H) – 12 ((5BH + CH) × 2) = 16

8 Gerüstelektronenpaare = n + 2 (mit n = 5B + C = 6 Gerüstatomen)

Strukturtyp nido-Carboran, (n+1)-Ecken-(hier 7-Ecken-)Polyeder mit einer freien Ecke, also pentagonale Bipyramide mit einer freien Ecke.

d) $B_8C_2H_{10}$:

Gerüstelektronen 24 (8B × 3) + 8 (2C) + 10 (10H) – 20 ((8BH + 2CH) × 2) = 22

11 Gerüstelektronenpaare = n + 1 (mit n = 8B + 2C = 10 Gerüstatomen)

Strukturtyp closo-Carboran, n-Ecken-(hier 10-Ecken-)Polyeder ohne freie Ecke, überkapptes quadratisches Antiprisma.

$B_8C_2H_{10}$ B,C-Polyeder:                                    $B_9C_2H_{11}{}^{2-}$ B,C-Polyeder:

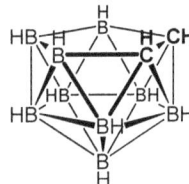

überkapptes quadratisches
Antiprisma, keine freie Ecke,
Stellungsisomere der beiden
C-Atome

$7,8$-$B_9C_2H_{11}{}^{2-}$                          $7,9$-$B_9C_2H_{11}{}^{2-}$

Ikosaeder mit einer unbesetzten Ecke,
Stellungsisomere der beiden C-Atome

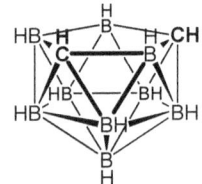

e) $B_9C_2H_{11}^{2-}$: Gerüstelektronen 27 (9B × 3) + 8 (2C) + 11 (11H) + 2 (Ladungen) – 22 ((9BH + 2CH) × 2) = 26

13 Gerüstelektronenpaare = n + 2 (mit n = 9B + 2C = 11 Gerüstatomen)

Strukturtyp nido-Carboran, (n+1)-Ecken-(hier 11-Ecken-)Polyeder mit einer freien Ecke, Ikosaeder mit einer unbesetzten Ecke.

f) $B_5H_9$: Gerüstelektronen 15 (5B × 3) + 9 (9H) – 10 (5BH × 2) = 14

7 Gerüstelektronenpaare = n + 2 (mit n = 5B = 5 Gerüstatomen)

Strukturtyp nido-Boran, (n+1)-Ecken-(hier 6-Ecken-)Polyeder mit einer freien Ecke, also Oktaeder mit einer freien Ecke.

g) $B_6H_{12}$: Gerüstelektronen 18 (6B × 3) + 12 (12H) – 12 (6BH × 2) = 18

9 Gerüstelektronenpaare = n + 3 (mit n = 6B = 6 Gerüstatomen)

Strukturtyp arachno-Boran, (n+2)-Ecken-(hier 8-Ecken-)Polyeder mit zwei freien Ecken.

**4.8**   a) Nur $PdH_2$ ist ein metallisches Hydrid.

b) NaH und $CaH_2$ sind salzartige Hydride. $BeH_2$, $SnH_4$ und $AlH_3$ sind kovalente Hydride (mit negativ polarisierten H-Atomen).

c) ‚Metallisches Hydrid' bedeutet nicht nur ein Metall als Bindungspartner des H-Atoms, sondern metallische Eigenschaften, wie metallisches Aussehen und Leitfähigkeit (auch als Halbleiter).

d) Die Elektronegativität (EN) des Bindungspartners entscheidet über die Eingruppierung. Kovalente Hydride werden von den elektronegativen Nichtmetallen und schwach elektropositiven Metallen (Sn, Pb mit EN 1,8–1,9) gebildet. Auch die stärker elektropositiven Metalle Be und Al (beide EN 1,5) bilden noch kovalente Bindungen in den polymeren Hydriden. Salzartige Hydride werden von den stark elektropositiven Alkali- und Erdalkalimetallen (EN ≈ 1,0) gebildet. Metallische Hydride werden von den Übergangsmetallen durch Einlagerung von H-Atomen in das Metallgitter gebildet.

**4.9** Folgende Eigenschaften sind denen der Halogene ähnlich:

• Existenz von Dicyan, $(CN)_2$ (analog zu Dihalogen, $X_2$) mit photolytischer oder thermischer Spaltung in Cyan-Radikale, ·CN (analog zu Halogen-Radikalen, ·X).

• Dicyan gibt mit $H_2$ wie die Halogene eine radikalische Kettenreaktion.

• Es existiert die gasförmige, saure Wasserstoffverbindung HCN (analog zu Halogenwasserstoff, HX); HCN ist in wässriger Lösung allerdings schwächer sauer als HX.

• Es gibt Verbindungen mit Halogenen oder anderen Pseudohalogenen, z. B. Bromcyan, Br–CN, oder Cyanazid, $NC–N_3$ (analog zu Interhalogenverbindungen X–X').

• In alkalischer Lösung erfolgt Disproportionierung von $(CN)_2$ zu $CN^-$ und $OCN^-$ (analog zu $X_2 + OH^- \rightarrow X^- + OX^-$).

• Es existieren Cyanidometallat-Komplexe, $[M(CN)_n]^{c-}$ (allgemein Pseudohalogenidometallat-Komplexe analog zu Halogenidometallat-Komplexen, $[MX_n]^{c-}$).

Es gibt aber auch Pseudohalogene, bei denen nicht alle Analogien erfüllt sind. So gibt es z. B. für das Pseudohalogenid Azid, $N_3^-$, kein neutrales Pseudo-Dihalogen $(N_3)_2$.

Weitere Pseudohalogenide sind Azid, $N_3^-$, Thiocyanat, $SCN^-$ (Rhodanid), und Cyanat, $OCN^-$.

**4.10** $SiO_2$, $GeO_2$, $P_4O_{10}$, $As_2O_5$, $B_2O_3$

**4.11** physikalische Eigenschaften:

Links stehen mit $Na_2O$, MgO und $Al_2O_3$ höher bis hochschmelzende Feststoffe, die Ionengitter bilden.

Rechts stehen mit $SO_2$, $SO_3$, $Cl_2O$ oder $ClO_2$ Gase (niedriger Schmelzpunkt), die aus kovalenten Molekülen bestehen.

Dazwischen steht mit $SiO_2$ ein kovalentes dreidimensionales Gitter mit polaren Bindungen und mit $P_4O_6$ oder $P_4O_{10}$ ein Käfigmolekül.

chemische Eigenschaften:

Die links stehenden Metalloxide $Na_2O$ und $MgO$ reagieren in Wasser über das enthaltene Oxidion stark basisch, $Al_2O_3$ ist amphoter.

Die rechts stehenden Oxide, einschließlich der Phosphoroxide, sind Säureanhydride.

**4.12**  Hartstoff: Siliciumcarbid, kubisches Bornitrid;

Radikal: Chlordioxid, $O_2$ (Diradikal), Stickstoffdioxid, $S_3^-$;

Lewis-Säure: $H_3BO_3$, Arsenpentafluorid;

technisches Oxidationsmittel: Chlordioxid, $H_2O_2$, Nitrate, $O_2$, Hypochlorite, Ozon, $N_2O$;

technisches Reduktionsmittel: $H_2$, CO, $SO_2$, Natriumsulfit;

Desinfektionsmittel: Chlordioxid, $H_2O_2$, Hypochlorite, Ozon, $SO_2$, $H_3BO_3$;

Inertgas: Argon, $N_2$, $CO_2$ (mit Einschränkungen);

giftiges Gas: Chlordioxid, $SO_2$, Stickstoffdioxid, CO, Ozon;

Konservierungsmittel: $SO_2$, $NaNO_2$, Natriumsulfit;

Düngemittel: Nitrate, Hydrogenphosphate;

Treibhausgas: $H_2O$, Distickstoffoxid, $CO_2$.

(keine Zuordnungen: Silicone, $Ca_3(PO_4)_2$ – Düngemittel erst nach Aufschluss, Arsenik, Phosphazene)

**4.13**

| Oxidations-stufe | −3 | −2 | −1 | −1/3 | 0 | +1 | +2 | +3 | +4 | +5 |
|---|---|---|---|---|---|---|---|---|---|---|
| Beispiel | $NH_3$ | $N_2H_4$ | $NH_2OH$ | $N_3^-$ | $N_2$ | $N_2O$ | NO | $N_2O_3$ $HNO_2$ | $NO_2$ | $N_2O_5$ $HNO_3$ |

**4.14**  $B(OH)_3 + 2\,H_2O \rightleftharpoons [B(OH)_4]^- + H_3O^+$

Borsäure ist eine Lewis- und keine Brønsted-Säure.

**4.15**  SiC (Siliciumcarbid, Carborundum), $B_{13}C_2$ (Borcarbid), TiC (Titancarbid), WC (Wolframcarbid).

SiC und $B_{13}C_2$ sind kovalente Carbide; TiC und WC sind metallische (interstitielle) Carbide.

**4.16**  Das Kohlenstoffatom bildet mit zwei Doppelbindungen zu den Sauerstoffatomen ein dreiatomiges kleines Molekül ohne Dipolmoment und mit nur geringen zwischenmolekularen Wechselwirkungen. Es ist daher ein Gas mit einem niedrigen Siede- und Schmelzpunkt.

Das Siliciumatom kann nicht wie das Kohlenstoffatom stabile $(p–p)\pi$-Bindungen zum Sauerstoffatom bilden (vgl. Doppelbindungsregel). Si bildet in $SiO_2$ vier Si–O-Einfachbindungen und eine dreidimensionale Kristallstruktur, in dem jedes Si-Atom tetraedrisch von vier O-Atomen umgeben ist. Zusammen mit einer hohen Bindungsenergie für die Si–O-Bindung erklärt sich der hohe Schmelz- und Siedepunkt des polymeren Festkörpers ($SiO_2$ tritt in mehreren Modifikationen auf).

**4.17**  Beispiele: Si, SiC, BN(kubisch), ZnS (Zinkblende), Ge

ähnliche Eigenschaften:

- Härte,

- hoher Schmelzpunkt

- „diamantartige" Struktur, die Koordinationszahl ist immer vier. Jedes Atom in den Beispielen ist tetraedrisch von vier anderen Atomen umgeben.

**4.18**  a) $NO_2 + O_2 \rightleftharpoons \boxed{NO} + \boxed{O_3}$          Ozonbildung/-abbau in Troposphäre

b) $CaCO_3 + \boxed{SO_2} + \frac{1}{2} O_2 \rightarrow CaSO_4 + \boxed{CO_2}$       Rauchgasentschwefelung

c) $\boxed{Si} + 3\,HCl \rightarrow SiHCl_3 + \boxed{H_2}$       Reinigungsschritt bei Si-Herstellung

d) $2\,H_2S + \boxed{SO_2} \rightarrow 3\,S + \boxed{2\,H_2O}$         Teil des Claus-Prozesses

e) $2\,NO + \boxed{2\,CO} \rightarrow \boxed{N_2} + 2\,CO_2$         Autoabgasreinigung

f) $\boxed{PBr_3} + \boxed{3\,H_2O} \rightarrow 3\,HBr + H_3PO_3$      techn. Herstellung von HBr

g) $\boxed{Ca_3(PO_4)_2} + 5\,C \rightarrow 3\,CaO + \boxed{5\,CO} + 2\,P$    Darstellung von weißem Phosphor

h) $C + \boxed{H_2O} \rightarrow \boxed{CO} + H_2$    Kohlevergasung zu Wassergas (Synthesegas)

**4.19**  Die $^{19}F$-, $^{31}P$- oder $^{29}Si$-NMR-Spektroskopie, da diese Nuklide den Kernspin ½ (wie $^1H$ und $^{13}C$) haben. $^{19}F$ und $^{31}P$ sind darüber hinaus Reinelemente, d. h. ihre natürliche Häufigkeit ist 100%. Die NMR-Empfindlichkeit von $^{19}F$ entspricht der von $^1H$.

**4.20**  a) ortho-Borsäure $H_3BO_3$; ortho-Kieselsäure $H_4SiO_4$; ortho-Phosphorsäure $H_3PO_4$.

b) $H_3PO_2$ ist eine einbasige Säure, zwei H-Atome sind direkt am P gebunden und nicht acid, nur ein acides H-Atom ist über -OH gebunden. Durch die Schreibweise $H$PH_2O_2 oder $H_2PO(OH)$ kann der Unterschied der H-Atome ausgedrückt werden ($H$ = acides H-Atom) (vgl. die Antwort zu Aufg. 4.22).

$H_3PO_3$ ist eine zweibasige Säure; ein nicht-acides H-Atom direkt am P, zwei acide H-Atome über -OH gebunden, was durch die Schreibweise $H_2PHO_3$ oder $HPO(OH)_2$ ausgedrückt werden kann.

$H_6TeO_6$ ist sechsbasig, alle Protonen können zum $TeO_6^{6-}$-Ion abgespalten werden.

$H_3BO_3$ ist eine einbasige Säure, aber keine Protonen- sondern eine Lewis-Säure. Über die Anlagerung von $OH^-$ aus $H_2O$ bzw. die Polarisierung eines koordinierten $H_2O$-Moleküls zur Protonenabspaltung wird die saure Reaktion bewirkt, siehe die Antwort zu Aufg. 4.13.

$H_5IO_6$ ist fünfbasig, allerdings in Wasser nur wenig protolysiert. Für die Abspaltung des dritten Protons von $H_3IO_6^{2-}$ zu $H_2IO_6^{3-}$ ist $K_S$ nur $2 \cdot 10^{-12}$. Allerdings gibt es das $IO_6^{5-}$-Ion in $Ag_5IO_6$.

**4.21**    Wiederholungseinheiten:

Die isoelektronische Beziehung zwischen der –N=P– und der –O–Si– Einheit des Polymerrückgrates macht die ähnlichen Eigenschaften plausibel.

**4.22**    Am P-Atom können mehrere verschiedene Gruppen mit stabiler Bindung vorliegen. Dabei gelten folgende Regeln:

1) Es muss ein doppelt gebundenes Sauerstoffatom, also eine P=O-Gruppierung vorliegen.

2) Es muss wenigstens eine OH-Funktion, also eine P–OH-Gruppe vorliegen. Auf dieser Einheit beruht die Säurefunktion.

(Eine Ausnahme zu dieser Regel bilden nur die verzweigten Ultraphosphorsäuren, bei denen die P-Atome der Verzweigungsstelle neben der P=O-Funktion nur P–O–P-Gruppen aufweisen; s. unten.)

3) Daneben können die Gruppen P–H (nicht acid), P–P oder P–O–P vorhanden sein.

Wichtig ist, dass die sauren Eigenschaften der Phosphorsäuren nur durch die P–OH- und nicht durch P–H-Gruppen bedingt werden.

Bauprinzip von Phosphorsäuren:

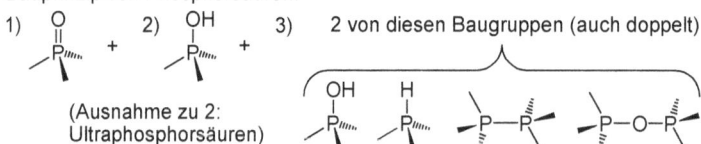

**4.23** (Pfeilrichtung = Zunahme)

| E | Metallcharakter | $H_2E$-Stabilität | Stabilität von E=O-Doppelbindungen | Stabilität von polymeren Element-Modifikationen | Stabilität der Oxidationsstufe +6 | saurer Charakter der Oxide | Koordinationszahl von E in $EO_2$-Verbindungen | Zahl der Element-Modifikationen | $H_2E$-Säurestärke | Oxidationswirkung von $H_2EO_6$ |
|---|---|---|---|---|---|---|---|---|---|---|
| S | | | | | | | | | | |
| Se | ↓ | ↑ | ↑ | ↓ | ↑ | ↑ | ↓ | ↑ | ↓ | ↓ |
| Te | | | | | | | | | | |

**4.24** Die umkreisten Bindungsstriche können auf Grund der zur Verfügung stehenden Elektronen oder der Verletzung der Oktettregel nicht für klassische 2-Zentren/2-Elektronen-Bindungen stehen.

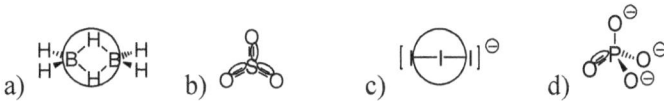

a)   b)   c)   d) 

In b) und d) ist je einer der Doppelbindungsstriche umkreist.

**4.25**

a)   b)   c)   d) 

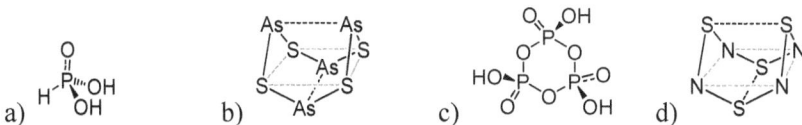

Die grau gestrichelten Linien in b) und d) sind topologische Hilfslinien, der ein Quadrat-bildenden jeweils elektronegativeren S oder N Atome. Die schwarz gestrichelten Linien sind As---As oder S---S Teilbindungen. Der Sechsring der Trimetaphosphorsäure $(HPO_3)_3$ in c) ist nicht planar.

**4.26** a) Isolatoren: Schwefel, Diamant

b) metallische Leiter: Graphit, Aluminium

c) Halbleiter: Silicium

**4.27** a) $NO_2$ – die übrigen Teilchen sind mit 16 Valenzelektronen (22 Gesamtelektronen) isoelektronisch zueinander.

b) NO – die übrigen Teilchen sind mit 10 Valenzelektronen (14 Gesamtelektronen) isoelektronisch zueinander.

c) $SCl_2$ – die übrigen Teilchen sind mit 18 Valenzelektronen isovalenzelektronisch zueinander.

d) TlCl – die übrigen Verbindungen sind mit 2+6 (ZnS), 3+5 (InP, GaN, GaAs) oder 4+4 (SiSi) Valenzelektronen isovalenzelektronisch zueinander und verhalten sich als Halbleiter, sogenannte II-VI (ZnS) und III-V (InP, GaN, GaAs) Halbleiter.

**4.28** Richtige Antworten sind grau unterlegt.

a) Welche Verbindung/en gilt/gelten <u>nicht</u> als Treibhausgas/e?

□ $H_2O$        □ $N_2O$        □ $NI_3$        □ $NF_3$        □ $SF_6$

b) Welche Verbindung/en ist/sind <u>kein</u> Radikal?

□ $O_2$        □ $ClO_2$        □ NO        □ $NO_2$        □ CO

c) Welche Verbindung/en <u>ist/sind ein</u> Hartstoff?

□ SiC        □ Graphit        □ Silicone        □ Phosphazene        □ Iod

d) Welche Verbindung/en <u>ist/sind</u> eine Lewis-Säure?

□ $H_2O$        □ CO        □ $NH_3$        □ HCl        □ $AsF_5$

e) Welche/r Stoff/e wird/werden als Inertgas/e verwendet?

□ $H_2$        □ CO        □ $O_2$        □ $N_2$        □ $F_2$        □ $SF_6$

f) Welche/r Stoff/e <u>ist/sind</u> Düngemittel?

□ $KNO_3$        □ NaCl        □ $Ca_3(PO_4)_2$        □ $Ca(H_2PO_4)_2$        □ $CaSO_4$

g) Welche/r Stoff/e ist/sind <u>kein/e</u> Desinfektionsmittel?

□ $H_2O_2$        □ $BF_3$        □ $H_3BO_3$        □ $ClO^-$        □ $Cl_2$        □ $ClO_2$

h) Welche/r Stoff/e <u>ist/sind</u> Konservierungsmittel?

□ $SO_3$        □ $Na_2SO_4$        □ $NaNO_2$        □ $NaNO_3$        □ $Na_3PO_4$

i) Welche/s Gas/e ist/sind <u>nicht</u> hochgiftig?

□ CO        □ $H_2S$        □ HCN        □ $N_2O$        □ $PH_3$

j) Welche/r Stoff/e ist/sind <u>keine</u> technischen Oxidationsmittel?

□ $H_2SO_4$        □ $O_2$        □ $O_3$        □ $H_2O_2$        □ $ClO_2$

**4.29** a) $CO_2 + C\,(s) \rightleftharpoons 2\,CO$        $\Delta H° = +173$ kJ/mol

b) Herstellung von Roheisen im Hochofen (Eisen ist das wichtigste Gebrauchsmetall).

c) Der Hochofen wird abwechselnd mit Schichten aus Koks und Erz beschickt. Wenn in unteren Schichten Eisenerz durch CO reduziert wird, entsteht $CO_2$. Dieses wird in der darüberliegenden Koksschicht nach dem Boudouard-Gleichgewicht wieder zu CO reduziert und steht erneut für die Reduktion von Erz zur Verfügung.

**4.30** Die Abbildung in c) zeigt die Doppelschicht-Struktur von schwarzem Phosphor

c)

**4.31** Die Skizze in f) zeigt das Grundgerüst im Diamantgitter.

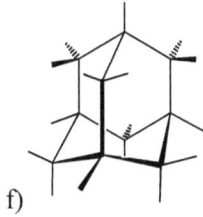

f)

**4.32** Das Ikosaeder in c) ist das vorherrschende Polyeder in den Bor-Strukturen. Das Ikosaeder steht nicht wie gewohnt auf einer Spitze, sondern liegt auf der Seite.

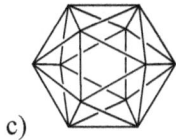

c)

**4.33**

| Oxidations-stufe | −1 | 0 | +1 | +3 | +4 | +5 | +7 |
|---|---|---|---|---|---|---|---|
| Beispiel | $Cl^-$ | $Cl_2$ | $ClO^-$ | $ClO_2^-$ | $ClO_2$ | $ClO_3^-$ | $ClO_4^-$ |

**4.34** a) Die <u>falsche</u> Aussage ist

□ Wasserstoff wird technisch hauptsächlich durch Elektrolyse gewonnen.

b) Die <u>richtige</u> Aussage ist

□ Die Halogene bilden auch Polyhalogenid-Ionen, z.B. $I_3^-$.

c) Die <u>falschen</u> Aussagen sind

□ Anders als Arsen gilt Antimon nicht als toxisch.

□ $[SbF_6]^-$ oder $[Sb_2F_{11}]^-$ sind stark koordinierende Anionen.

d) Die <u>richtige</u> Aussage ist

□ Aus der Rauchgasentschwefelung wird Gips gewonnen.

e) Die <u>falsche</u> Aussage ist

□ Die Stabilität der Schwefel-Modifikationen nimmt von $S_6$ über $S_8$ zu $S_{12}$ zu.

f) Die <u>richtige</u> Aussage ist

□ Die Verbindung $NO_2$ führt in der Troposphäre zur Ozonbildung.

g) Die <u>richtige</u> Aussage ist

□ Man kennt Edelgas-Edelmetall-Verbindungen, z.B. $[AuXe_4]^{2+}$.

h) Die <u>falsche</u> Aussage ist

□ Das Element Bor ist das erste (leichteste) Nichtmetall-Element im Periodensystem.

**4.35**  a) Die Berechnung für nicht-benachbarte Spezies nach

$$E° = \frac{n_1 E°(1) + n_2 E°(2) + n_3 E°(3) + ...}{n_1 + n_2 + n_3 + ...}$$

führt zu einer mit der Differenz der Oxidationszahlen gewichteten Mittelung der gegebenen Standardpotentiale. $n_i$ ist die Differenz der Oxidationszahlen der Spezies des Redoxpaares:

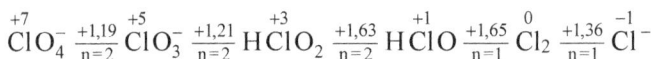

$$\overset{+7}{Cl}O_4^- \underset{n=2}{\overset{+1,19}{\longrightarrow}} \overset{+5}{Cl}O_3^- \underset{n=2}{\overset{+1,21}{\longrightarrow}} \overset{+3}{H}ClO_2 \underset{n=2}{\overset{+1,63}{\longrightarrow}} \overset{+1}{H}ClO \underset{n=1}{\overset{+1,65}{\longrightarrow}} \overset{0}{Cl}_2 \underset{n=1}{\overset{+1,36}{\longrightarrow}} \overset{-1}{Cl}^-$$

Zwischen nicht-benachbarten Spezies können die Standardpotentiale dann nicht höher oder niedriger sein, als die bereits gegebenen Potentiale der benachbarten Spezies.
E° für $ClO_4^-/HClO_2$ +1,20 V, $ClO_4^-/HClO$ +1,34 V, $ClO_4^-/Cl_2$ +1,39 V, $ClO_4^-/Cl^-$ +1,38 V, $ClO_3^-/HClO$ +1,42 V, $ClO_3^-/Cl_2$ +1,47 V, $ClO_3^-/Cl^-$ +1,45 V, $HClO_2/Cl_2$ +1,64 V, $HClO_2/Cl^-$ +1,57 V, $HClO/Cl^-$ +1,51 V.

b) Ergänzung der Oxidationsstufen und deren Differenz im Potentialdiagramm:

$$\overset{+6}{S}O_4^{2-} \underset{n=1}{\overset{-0,22}{\longrightarrow}} \overset{+5}{S}_2O_6^{2-} \underset{n=1}{\overset{+0,56}{\longrightarrow}} \overset{+4}{S}O_2(aq) \underset{n=1}{\overset{-0,08}{\longrightarrow}} \overset{+3}{H}S_2O_4^- \underset{n=1}{\overset{+0,88}{\longrightarrow}} \overset{+2}{H}S_2O_3^- \underset{n=2}{\overset{+0,50}{\longrightarrow}} \overset{0}{S}_8 \underset{n=2}{\overset{+0,14}{\longrightarrow}} \overset{-2}{H}_2S$$

$E°(S_2O_6^{2-}/S_8) = +0,47$ V (siehe die allgemeine Gleichung unter a).
Die Standardpotentiale der folgenden Redoxpaare liegen (bei pH = 0) zwischen +0,30 und +0,40 V: $SO_4^{2-}/S_8$ +0,36 V, $SO_4^{2-}/H_2S$ +0,30 V, $S_2O_6^{2-}/H_2S$ +0,38 V, $SO_2(aq)/HS_2O_3^-$ +0,40 V, $SO_2(aq)/H_2S$ +0,35 V.
Die Disproportionierung einer Spezies A mit einer mittleren Oxidationsstufe n in eine Verbindung mit höherer (>n) und niedrigerer Oxidationsstufe (<n) erfolgt, wenn das Potential $E(A^{>n}/A^n)$ kleiner ist als das Potential $E(A^n/A^{<n})$. Es gibt also zwei Redoxpaare mit $A^n$. Für eine Disproportionierung hat das Redoxpaar mit niedrigerem Redoxpotential $A^n$ als reduzierte Form, das mit höherem $A^n$ als oxidierte Form.

| Ox $\rightleftharpoons$ | Red | E/V |
|---|---|---|
| $A^{>n} + e^- \rightleftharpoons$ | $A^n$ | E(1) |
| $A^n + e^- \rightleftharpoons$ | $A^{<n}$ | E(2) |
| | | (E(1) < (E(2)) |

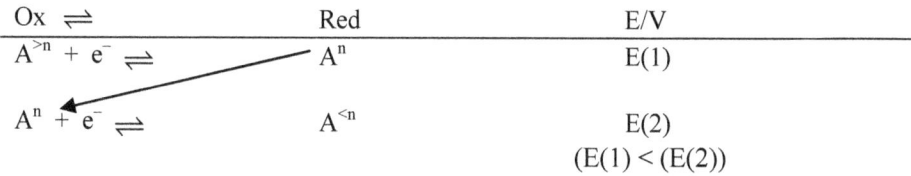

Die Verbindungen mit Schwefel in den mittleren Oxidationsstufen +5 bis 0 könnten disproportionieren. Für alle Redoxpaare müssen zur Prüfung die Normalpotentiale berechnet und entsprechend der vorstehenden Tabelle verglichen werden.

| Ox (Ox.zahl S) | Red (Ox.zahl S) | $E°/V$ |
|---|---|---|
| $SO_4^{2-}$ (+6) | $S_2O_6^{2-}$ (+5) | $-0{,}22$ |
| $SO_2$ (+4) | $HS_2O_4^-$ (+3) | $-0{,}08$ |
| $SO_4^{2-}$ (+6) | $HS_2O_4^-$ (+3) | $+0{,}09$ |
| $S_8$ (0) | $H_2S$ (−2) | $+0{,}14$ |
| $SO_4^{2-}$ (+6) | $SO_2$ (+4) | $+0{,}17$ |
| $S_2O_6^{2-}$ (+5) | $HS_2O_4^-$ (+3) | $+0{,}24$ |
| $SO_4^{2-}$ (+6) | $HS_2O_3^-$ (+2) | $+0{,}29$ |
| $SO_4^{2-}$ (+6) | $H_2S$ (−2) | $+0{,}30$ |
| $HS_2O_3^-$ (+2) | $H_2S$ (−2) | $+0{,}32$ |
| $SO_2$ (+4) | $H_2S$ (−2) | $+0{,}35$ |
| $SO_4^{2-}$ (+6) | $S_8$ (0) | $+0{,}36$ |
| $S_2O_6^{2-}$ (+5) | $H_2S$ (−2) | $+0{,}38$ |
| $SO_2$ (+4) | $HS_2O_3^-$ (+2) | $+0{,}40$ |
| $HS_2O_4^-$ (+3) | $H_2S$ (−2) | $+0{,}43$ |
| $S_2O_6^{2-}$ (+5) | $HS_2O_3^-$ (+2) | $+0{,}45$ |
| $SO_2$ (+4) | $S_8$ (0) | $+0{,}45$ |
| $S_2O_6^{2-}$ (+5) | $S_8$ (0) | $+0{,}47$ |
| $HS_2O_3^-$ (+2) | $S_8$ (0) | $+0{,}50$ |
| $S_2O_6^{2-}$ (+5) | $SO_2$ (+4) | $+0{,}56$ |
| $HS_2O_4^-$ (+3) | $S_8$ (0) | $+0{,}63$ |
| $HS_2O_4^-$ (+3) | $HS_2O_3^-$ (+2) | $+0{,}88$ |

Dithionat, $S_2O_6^{2-}$, Sulfit, $SO_2$(aq), Dithionit, $S_2O_4^{2-}$ und Thiosulfat, $HS_2O_3^-$ disproportionieren. Schwefel, $S_8$ disproportioniert in saurer Lösung nicht (nur in basischer Lösung).

Es sind mehrere Disproportionierungswege möglich. Die in der Literatur angegebenen Disproportionierungen (in saurer Lösung) sind mit einem Pfeil markiert. Es sind:

$$S_2O_6^{2-} \rightarrow SO_2(aq) + SO_4^{2-}$$

$$SO_2(aq) \rightarrow S_8 + SO_4^{2-} \text{ und intermediär } SO_2(aq) \rightarrow HS_2O_3^- + SO_4^{2-}$$

$$S_2O_4^{2-} \rightarrow HS_2O_3^- + SO_2(aq)$$

$$HS_2O_3^- \rightarrow S_8 + SO_4^{2-} \text{ und } HS_2O_3^- \rightarrow S_8 + SO_2(aq)$$

**4.36** Die nachfolgenden Zusammenstellungen enthalten Beispiele (kein Anspruch auf Vollständigkeit).

a) Halbleiter (darunter auch dotierte und nichtstöchiometrische Phasen sowie ternäre Gemische der gegebenen Stoffe):

B, C(Nanoröhren), $C_{60}$, Si, Ge, Sn(grau), P(schwarz), As(grau), Sb, Se(grau), Te, $I_2$(fest)

BN(hexagonal, h-BN), BN(kubisch, c-BN), SiC,

III-V-Verbindungen wie AlP, AlAs, GaN, GaP, GaAs, InN, InP, InAs,

II-VI-Verbindungen wie ZnO, ZnS, ZnSe, ZnTe, CdS, CdSe, CdTe,

Spinelle $LiNi_2O4$, $LiMn_2O_4$, $Fe_3O_4$ (Hopping-Halbleiter)

NiO, $Cu_2O$, $TiO_{2-x}$, $Ti_2O_3$, $Ti_3O_5$, $MoS_2$, $RuS_2$, $OsS_2$,

$La_xBa_{1-x}Ti_2O_3$

b) Kältemittel: flüssiges He, flüssiges $N_2$, flüssiges $NH_3$, festes $CO_2$ auch im Gemisch mit Aceton oder Alkohol.

c) Hartstoffe: $B_{13}C_2$, $B_4C$, BN(kubisch, c-BN), AlN, C(Diamant), SiC, $Si_3N_4$, TiN, ZrN, HfN, TiC, WC (Widia).

d) anorganische Desinfektionsmittel: $Cl_2$, $ClO^-$ (Hypochlorit-Bleichlaugen), $Ca(OCl)_2$, Ca(OCl)Cl (Chlorkalk), $ClO_2$, $I_2$ (Lösung), $O_3$, $H_2O_2$, $SO_2$.

e) technisch eingesetzte Oxidationsmittel: „$H^+$" in Säuren (z. B. zum Ätzen), $PbO_2$ (im Blei-Akku), $HNO_3$ und Nitrate ($NO_3^-$), $^1O_2$ (Singulett-Sauerstoff), $O_3$, $Na_2O_2$, $H_2O_2$, Peroxodisulfate ($S_2O_8^{2-}$), Chlorsauerstoffsäuren und Salze (HClO, $ClO_3^-$, $ClO_4^-$), $ClO_2$, $V_2O_5$, Chromate/Dichromate ($CrO_4^{2-}$/$Cr_2O_7^{2-}$), $MnO_2$, Permanganat ($MnO_4^-$).

f) technische eingesetzte Reduktionsmittel: $H_2$, NaH, $CaH_2$, $LiAlH_4$ (allg. salzartige Hydride), Na, Mg, Ca, Al, C, CO, $N_2H_4$, $NH_2OH$, Nitrite ($NO_2^-$), $H_3PO_3$/$H_2PHO_3$ (Phosphonsäure), $SO_2$, Sulfite ($SO_3^{2-}$), Dithionite ($S_2O_4^{2-}$), Thiosulfate ($S_2O_3^{2-}$), Zn.

**4.37** Die Ozonschicht ist für das Leben auf der Erde absolut notwendig. Sie absorbiert die gefährliche UV-B-Strahlung (Bereich 240–310 nm).

**4.38** Fluorchlorkohlenwasserstoffe (z. B. $CCl_3F$) und Halone (z. B. $CF_3Br$).

**4.39** Cl-Atome (Radikale) entstehen durch Spaltung mit UV-Strahlung aus Fluorchlorkohlenwasserstoffen, z. B. $CF_3Cl \rightarrow CF_3\cdot + \cdot Cl$. Die Cl-Atome zerstören die $O_3$-Moleküle, jedes Cl-Atom im Mittel Tausende $O_3$-Moleküle.

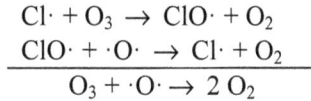

$$Cl\cdot + O_3 \rightarrow ClO\cdot + O_2$$
$$\underline{ClO\cdot + \cdot O\cdot \rightarrow Cl\cdot + O_2}$$
$$O_3 + \cdot O\cdot \rightarrow 2\,O_2$$

**4.40** a) Über der Antarktis nimmt jährlich im Oktober und September die Ozonkonzentration deutlich ab. Später verschwindet dieses Ozonloch weitgehend (zum Mechanismus der Entstehung siehe Riedel/Janiak, Anorganische Chemie, 10. Aufl., Abschn. 4.11.1.1).

b) Das Ozonloch kann die Fläche von Nordamerika erreichen, das Doppelte der Fläche der Antarktis.

**4.41** a) $CO_2$, $CH_4$, $N_2O$, FCKW; den größten Anteil hat $CO_2$

b) Von der Erde wird einfallende Sonnenstrahlung als Infrarot-(IR-)Strahlung reflektiert. Treibhausgase absorbieren IR-Strahlung und verursachen einen „Wärmestau" und damit eine Erhöhung der mittleren Temperatur der Erdoberfläche.

**4.42** a) 412 ppm (im Jahr 2020)

b) Die Zunahme beträgt 47%. Der vorindustrielle Wert der $CO_2$-Konzentration war 280 ppm.

**4.43** a) Verbrennung fossiler Brennstoffe.

b) Abholzen der Regenwälder

**4.44** a) Zunahme der globalen Oberflächentemperatur (im 20. Jhdt. um 0,74 °C)

b) Anstieg des Meeresspiegels (im 20. Jhdt. um 0,17 m)

c) Gletscherschmelze und Schmelze des Meereises der Arktis

d) Wetterextreme (z. B. Starkniederschläge, Dürren, Zyklonintensität)

**4.45** Es ist zwischen dem natürlichen und dem anthropogenen Treibhauseffekt zu unterscheiden. Der natürliche Treibhauseffekt ist für das hochentwickelte Leben auf der Erde essentiell. Ohne den natürlichen Treibhauseffekt läge die mittlere Temperatur der Erdoberfläche bei −18 °C und große Teile der Erde wären von Eis bedeckt. Es könnten höchstwahrscheinlich nur niedere Formen des Lebens existieren. Das Leben auf der Erde mit seinen vielfältigen und hochentwickelten Arten konnte sich über die Jahrmillionen nur durch die über den natürlichen Treibhauseffekt geschaffenen (warmen) Klimabedingungen entwickeln.

**4.46** Kohlendioxid, $CO_2$ ist einer der Ausgangsstoffe für die Photosynthese und damit ein Nährstoff für die Pflanzen und Grundlage des Lebens. Ein Anstieg bedeutet für die Pflanzen ein erhöhtes Nährstoffangebot, eine erhöhte Photosyntheserate und in der Folge ein stärkeres Wachstum.

Ein Absinken des $CO_2$-Gehalts unter den vorindustriellen Wert von 280 ppm hätte eine deutliche Abkühlung des Klimas zur Folge und könnte sogar zu einer Eiszeit führen.

**4.47**  Die $CO_2$-Abtrennung aus Rauchgasen und nachfolgende Speicherung („$CO_2$-Sequestrierung") verbraucht etwa 30% der erzeugten Energie und verteuert die Energie erheblich. Die CCS-Technik (Carbon Dioxide Capture and Storage) wird bei dem wachsenden Energiebedarf aber in großtechnischem Maßstab nicht rechtzeitig verfügbar sein, um die $CO_2$-Konzentration zu stabilisieren.

# 5. Koordinationschemie

## Aufbau und Eigenschaften von Komplexen

**5.1**   a) Zentralatom: $Ag^+$

b) Liganden: $CN^-$

c) Ladung: $-1$

d) Koordinationszahl: 2

Komplexe Ionen werden in eckige Klammern gesetzt. Die Ladung wird außerhalb der Klammer hochgestellt hinzugefügt. Sie ergibt sich aus der Summe der Ladungen aller Teilchen, aus denen der Komplex zusammengesetzt ist.

**5.2**   a) $Ag^+ + 2\,NH_3 \;\rightleftharpoons\; [Ag(NH_3)_2]^+$

b) $Fe^{2+} + 6\,CN^- \;\rightleftharpoons\; [Fe(CN)_6]^{4-}$

c) $Cu^{2+} + 4\,H_2O \;\rightleftharpoons\; [Cu(H_2O)_4]^{2+}$

a) $Cu^{2+} + 4\,NH_3 \;\rightleftharpoons\; [Cu(NH_3)_4]^{2+}$

b) $Co^{2+} + 4\,Cl^- \;\rightleftharpoons\; [CoCl_4]^{2-}$

c) $Fe^{3+} + 6\,CN^- \;\rightleftharpoons\; [Fe(CN)_6]^{3-}$

**5.3**

|    | Komplex | KZ | Oxidationszahl |
|----|---------|----|----------------|
| a) | $[Co(CN)_6]^{3-}$ | 6 | +3 |
| b) | $[Cu(CN)_4]^{3-}$ | 4 | +1 |
| c) | $[CrCl_2(H_2O)_4]^+$ | 6 | +3 |

**5.4**   Durch Komplexbildung können typische Ionenreaktionen der einzelnen Teilchen des Komplexes ausbleiben. Man sagt, die Ionen sind maskiert.

Beispiele:

$Fe^{3+}$ bildet mit $OH^-$ schwerlösliches braunes $Fe(OH)_3$. Der Komplex $[Fe(CN)_6]^{3-}$ dagegen zeigt mit $OH^-$ keine Reaktion.

$Ag^+$-Ionen reagieren mit $Cl^-$-Ionen zu festem AgCl. In Gegenwart von $NH_3$ bilden sich $[Ag(NH_3)_2]^+$-Ionen und mit $Cl^-$ erfolgt keine Fällung von AgCl.

https://doi.org/10.1515/9783110701067-010

**5.5**   – Bei Komplexbildung ist häufig eine Farbänderung zu beobachten.

Beispiele:

$[Cu(H_2O)_4]^{2+}$ ist in wässriger Lösung hellblau, $[CuCl_4]^{2-}$ hellgrün, $[Cu(NH_3)_4]^{2+}$ dunkelblau.

$[Ni(H_2O)_6]^{2+}$ ist in wässriger Lösung hellgrün, $[Ni(NH_3)_6]^{2+}$ blau.

– Wenn Komplexbildung mit geladenen Teilchen erfolgt, ist die elektrolytische Leitfähigkeit geringer, als bei Vorliegen der einzelnen Ionen zu erwarten wäre.

Beispiel:

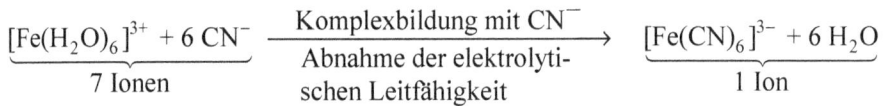

$$\underbrace{[Fe(H_2O)_6]^{3+} + 6\,CN^-}_{7\ \text{Ionen}} \xrightarrow[\substack{\text{Abnahme der elektrolyti-}\\ \text{schen Leitfähigkeit}}]{\text{Komplexbildung mit } CN^-} \underbrace{[Fe(CN)_6]^{3-} + 6\,H_2O}_{1\ \text{Ion}}$$

**5.6**   Einzähnige Liganden besetzen in einem Komplex eine Koordinationsstelle, mehrzähnige Liganden mehrere Koordinationsstellen.

Beispiele für zweizähnige Liganden:

$C_2O_4^{2-}$, Oxalat-Ion:                    $C_2H_4(NH_2)_2$, Ethylendiamin:

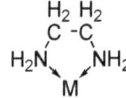

**5.7**

|   | Oxidationszahl | $d^n$-Konfiguration | Koordinationsgeometrie |
|---|---|---|---|
| a) Diacetyldioxim-nickel(II) | +2 | $d^8$ | quadratisch-planar |
| b) $[Ag(NH_3)_2]^+$ | +1 | $d^{10}$ | linear |
| c) $[Ni(PF_3)_4]$ | 0 | $d^{10}$ | tetraedrisch |
| d) $[Cu(CN)_4]^{3-}$ | +1 | $d^{10}$ | tetraedrisch |
| e) $[Cd(CN)_4]^{2-}$ | +2 | $d^{10}$ | tetraedrisch |
| f) $[PtCl_2(NH_3)_2]$ | +2 | $d^8$ | quadratisch-planar |
| g) $[Co(NCS)_4]^{2-}$ | +2 | $d^7$ | tetraedrisch |
| h) $[AuCl_4]^-$ | +3 | $d^8$ | quadratisch-planar |
| i) $[HgI_4]^{2-}$ | +2 | $d^{10}$ | tetraedrisch |
| j) $[RhCl(PPh_3)_3]$ | +1 | $d^8$ | quadratisch-planar |

Verallgemeinerungen:

Eine $d^8$-Konfiguration bedingt meistens einen quadratisch-planaren Koordinationspolyeder (Ausnahme $Ni^{2+}$ mit schwachen Liganden, vgl. Aufg. 5.36).

Eine $d^{10}$-Konfiguration bedingt meistens einen tetraedrischen Koordinationspolyeder. Deutlich weniger häufig findet man für $d^{10}$ eine lineare oder trigonale Koordination.

Für die $d^7$-Konfiguration bei $Co^{2+}$ findet man neben der oktaedrischen Geometrie
eine größere Zahl tetraedrischer Komplexe (Maximum der Ligandenfeldstabilisierungsenergie für $d^7$ beim Tetraeder).

**5.8**  a) $[CoBr(NH_3)_4(NO_2)]Cl$: cis/trans, bei Tausch von Br und Cl Ionenisomerie

b) $[Co(en)_2(N_3)(NMe_3)]CO_3$: cis/trans, optische I. für cis-Form

c) $[CoCl_3(NH_3)_3]$: fac/mer

d) $NH_4[Cr(NCS)_4(NH_2Me)_2]$: cis/trans, evtl. Bindungsisomerie

e) $[Fe(HSO_3)_2(phen)_2]$ (phen = 1,10-Phenanthrolin): optische I. für cis-Form

f) $[Co(H_2O)_3(NO_2)_3]$: fac/mer, evtl. Bindungsisomerie

Das Vorliegen von Isomerie ist an dieselbe chemische Zusammensetzung geknüpft,
bei unterschiedlichem Aufbau oder Anbindung. Insbesondere für die Bindungsisomerie bedeutet das, dass es für d) identisch zusammengesetzte Komplexe geben
muss, von denen der eine den NSC-Liganden über N als Isothiocyanato der andere
über S als Thiocyanato gebunden enthält. Entsprechend für den $NO_2$-Liganden in
f) als Nitro (Nitrito-$N$) oder Nitrito-$O$.

Die optische Isomerie in b) und e) kommt für die cis-Form durch die beiden
Chelatliganden (en, phen) zustande. Bei trans-Stellung der einzähnigen Liganden in
b) und e) liegt die nicht-chirale meso-Form vor.

## Nomenklatur von Komplexverbindungen

Schema für die Nomenklatur von Komplexverbindungen

Beispiel $Na[Ag(CN)_2]$

| Natrium | – di | cyanid o | argent | at | (I) |
|---------|------|----------|--------|-----|-----|
| Kation | – Liganden-zahl | Ligand | Zentralatom | at | Oxidations-zahl |

| Kation | – | komplexes Anion |
|--------|---|-----------------|

Beispiel [Ag(NH$_3$)$_2$]Cl

| Di | ammin | silber | (I) | – chlorid |
|---|---|---|---|---|
| Ligandenzahl | Ligand | Zentralatom | Oxidationszahl | – Anion |

| komplexes Kation | – Anion |
|---|---|

Die Ligandenzahl wird durch griechische Zahlen angegeben (mono, di, tri, tetra, penta, hexa). Häufige Liganden sind: H$_2$O (aqua), NH$_3$ (ammin), CO (carbonyl), CN$^-$ (cyanido, früher cyano), Cl$^-$ (chlorido, früher chloro), OH$^-$ (hydroxido, früher hydroxo). Anionische Liganden enden auf o. Bei komplexen Anionen erhält das Zentralatom die Endung at, dabei wird häufig der Stamm des lateinischen Namens des Zentralatoms verwendet, z. B. argent(um), cupr(um), ferr(um).

**5.9**  a) [CoCl$_4$]$^{2-}$

b) K$_3$[Fe(CN)$_6$]

c) [Cu(NH$_3$)$_4$]SO$_4$

**5.10**  a) Hexaamminchrom(III)-chlorid

b) Tetracyanidocuprat(I)

c) Tetraaquakupfer(II)

**5.11**  a) [CrCl$_2$(H$_2$O)$_4$]$^+$

b) [PtCl$_4$]$^{2-}$

c) [FeF$_6$]$^{3-}$

d) Tetracarbonylnickel(0)

e) Kalium-hexacyanidoferrat(II)

f) Natrium-tetrahydroxidoaluminat

Bei Aluminium ist die Angabe der Oxidationszahl überflüssig, da in anorganischen Komplexen nur die Oxidationszahl +3 vorkommt.

**5.12**  a) Trioxalatochromat(III); [Cr(C$_2$O$_4$)$_3$]$^{3-}$

b) drei zweizähnige Liganden

c) KZ = 6

d) Oktaeder. Es liegt allerdings nur noch eine pseudo-oktaedrische Symmetrie vor. Durch die Chelatliganden sind einige Symmetrieelemente des Oktaeders nicht mehr vorhanden. Es fehlen die 3C$_4$-, drei der 4C$_3$- und drei der 6C$_2$'-Drehachsen, die 3σ$_h$-, 6σ$_d$-Spiegelebenen, das Inversionszentrum i, die 3S$_4$- und 4S$_6$-Drehspiegelachsen. Die einzigen Symmetrieelemente des Trioxalatochromat(III)-Komplexes sind eine C$_3$- und 3C$_2$'-Drehachsen. Die 3C$_2$'-Achsen stehen senkrecht auf der C$_3$-Achse. Die

Punktgruppe ist $D_3$. Liegen die Liganden-Donoratome aber hinreichend nahe an den Eckpunkten eines Oktaeders, dann kann in guter Näherung eine Oktaederaufspaltung des Kristallfeldes verwendet werden.

e) $Cr^{3+}$ hat drei ungepaarte Elektronen, Gesamtspin S = 3/2. Für die erste Hälfte der 3d-Ionen gilt die „spin-only"-Formel $\mu_{eff} = 2\sqrt{S(S+1)}\,\mu_B$. Mit S = 3/2 wird $\mu_{eff} =$ 3,87 $\mu_B$.

**5.13**  a) i) $[CrCl_2(CN)_4]^{3-}$,       ii) $[Co(NO_2)_3(H_2O)_3]^0$,
Strukturformel:

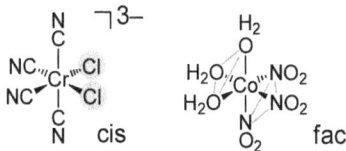

b) Isomere Formen sind i) trans, ii) mer.

c) i) $Cr^{3+}$ hat $d^3$-Konfiguration, d. h. 3 ungepaarte Elektronen.

ii) $Co^{3+}$ hat $d^6$-Konfiguration, was je nach Liganden-/Kristallfeldstärke 4 (high-spin) oder 0 (low-spin) ungepaarte Elektronen bedeuten kann. Eine Verifizierung der Zahl der ungepaarten Elektronen kann über eine magnetische Messung erfolgen.

## Stabilität und Reaktivität von Komplexen

**5.14**  a) Jeder Komplex dissoziiert zum Teil in seine Bestandteile.

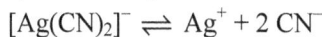

$[Ag(CN)_2]^- \rightleftharpoons Ag^+ + 2\,CN^-$

Je weiter das Gleichgewicht auf der Seite des Komplexes liegt, umso größer ist seine thermodynamische Stabilität.

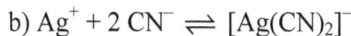

b) $Ag^+ + 2\,CN^- \rightleftharpoons [Ag(CN)_2]^-$

$$\frac{[[Ag(CN)_2]^-]}{[Ag^+]\,[CN^-]^2} = \beta$$

$\beta$ nennt man Bruttokomplexbildungskonstante oder Bruttostabilitätskonstante. $\beta$ ist ein Maß für die thermodynamische Stabilität eines Komplexes. Beachten Sie, dass die eckigen Klammern sowohl zur Charakterisierung des Komplexes dienen als auch Konzentrationen bezeichnen.

Kinetisch stabile Komplexe, bei denen die Gleichgewichtseinstellung infolge einer hohen Aktivierungsenergie sehr langsam erfolgt, nennt man inerte Komplexe.

**5.15**  In einer wässrigen Lösung dissoziiert AgBr in sehr geringem Maße. Wenn durch die Bildung eines Komplexes die $Ag^+$-Konzentration so stark erniedrigt wird, dass das Löslichkeitsprodukt von AgBr unterschritten wird, tritt Auflösung ein.

Die größere Stabilitätskonstante muss der Komplex $[Ag(S_2O_3)_2]^{3-}$ besitzen. Bei $[Ag(S_2O_3)_2]^{3-}$ wird im Gleichgewicht die $Ag^+$-Konzentration so gering, dass das Löslichkeitsprodukt von AgBr nicht mehr erreicht wird. Daher muss sich AgBr auflösen. Bei dem stärker dissoziierten Komplex $[Ag(NH_3)_2]^+$ bleibt die $Ag^+$-Konzentration so groß, dass das Löslichkeitsprodukt nicht unterschritten wird, AgBr löst sich daher nicht auf (vgl. Aufg. 3.141).

**5.16**  Zwischenstufen mit zugeordneten individuellen Komplexbildungskonstanten:

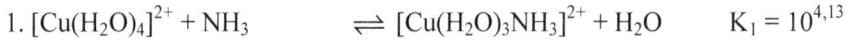

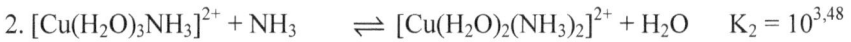

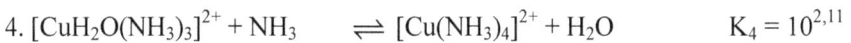

1. $[Cu(H_2O)_4]^{2+} + NH_3 \rightleftharpoons [Cu(H_2O)_3NH_3]^{2+} + H_2O$   $K_1 = 10^{4,13}$

2. $[Cu(H_2O)_3NH_3]^{2+} + NH_3 \rightleftharpoons [Cu(H_2O)_2(NH_3)_2]^{2+} + H_2O$   $K_2 = 10^{3,48}$

3. $[Cu(H_2O)_2(NH_3)_2]^{2+} + NH_3 \rightleftharpoons [CuH_2O(NH_3)_3]^{2+} + H_2O$   $K_3 = 10^{2,87}$

4. $[CuH_2O(NH_3)_3]^{2+} + NH_3 \rightleftharpoons [Cu(NH_3)_4]^{2+} + H_2O$   $K_4 = 10^{2,11}$

Fast immer gilt K(1. Stufe) > K(2. Stufe) usw.

Bruttokomplexbildungskonstante: $\beta = K_1 \cdot K_2\, K_3 \cdot K_4 = 10^{12,59}$

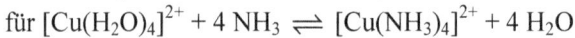

für $[Cu(H_2O)_4]^{2+} + 4\, NH_3 \rightleftharpoons [Cu(NH_3)_4]^{2+} + 4\, H_2O$

freie Standardreaktionsenthalpie: $\Delta G° = -RT\, \ln\beta = -8{,}314 \cdot 298 \cdot \ln 10^{12,59}$ kJ/mol = $-71{,}8$ kJ/mol

**5.17**  a) Skizze:

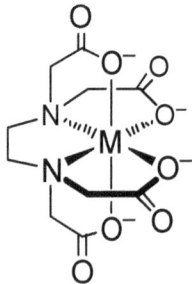

b) Der Komplex enthält fünf fünfgliedrige Chelatringe. Die beiden N-Atome können nur cis/nebeneinander stehen. Die O-Atome stehen cis und trans/gegenüber zueinander.

c) Komplexbildungsgleichgewicht: $M^{2+} + EDTA^{4-} \rightleftharpoons [M(EDTA)]^{2-}$

$$\beta = \frac{[[M(EDTA)]^{2-}]}{[M^{2+}]\,[EDTA^{4-}]}$$

Die pH-Abhängigkeit des Komplex-Bildungsgleichgewichtes, d. h. der $EDTA^{4-}$-Konzentration wird aus dem Quotienten nicht direkt ersichtlich. $EDTA^{4-}$ ist das Tetra-Anion der Säure $H_4EDTA$, die nur bei entsprechend hohen (basischen) pH-Werten vollständig deprotoniert wird. Die Komplex-Stabilität ist daher pH-abhängig, d. h. der Komplex bildet sich je nach $\beta$-Wert erst bei höheren pH-Werten.

Bei niedrigeren pH-Werten erfolgt Zersetzung (vgl. Antwort zu Aufg. 5.23 und 5.25).

**5.18**   a) Im ersten Komplex $[Cr(EDTA)]^{2-}$ hat Chrom die Oxidationszahl +II.

Im zweiten, stabileren Komplex $[Cr(EDTA)]^-$ hat Chrom die Oxidationszahl +III. $Cr^{3+}$ hat eine höhere Ladung als $Cr^{2+}$, weshalb im Vergleich für $Cr^{3+}$ stabilere Komplexe auf Grund des höheren Beitrags der Coulomb-Energie zu erwarten sind. Außerdem hat $Cr^{3+}$ mit der $d^3$-Konfiguration einen höheren Beitrag aus der Kristallfeldstabilisierungsenergie als $Cr^{2+}$ mit der high-spin $d^4$-Konfiguration. Für $[Cr^{II}(EDTA)]^{2-}$ wird wegen der schwachen Sauerstoff-Donoratome ein high-spin Komplex erwartet

b) Für beide Komplexe ist optische Isomerie zu erwarten, da Chelat-Komplexe mit in erster Näherung oktaedrischen Koordinationspolyedern vorliegen:

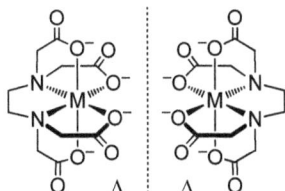

c) Als Besonderheit ist bei $[Cr^{II}(EDTA)]^{2-}$ mit Cr(II) und $d^4$-Konfiguration, wegen der schwachen O-Liganden ein high-spin Komplex mit dann Jahn-Teller Verzerrung zu erwarten.

**5.19**   a) $NH_3$ bildet im Reaktionsraum I den Komplex $[Ag(NH_3)_2]^+$, die $Ag^+$-Konzentration wird dadurch stark erniedrigt. Da dies eine Vergrößerung des Konzentrationsunterschieds der Kette bedeutet, muss sich die Potentialdifferenz erhöhen.

b) Da die Stabilitätskonstante von $[Ag(S_2O_3)_2]^{3-}$ größer ist als die von $[Ag(NH_3)_2]^+$, wird die $Ag^+$-Konzentration in I weiter erniedrigt, die Potentialdifferenz steigt daher weiter an.

**5.20**   Zunächst ist eine Ergänzung der Oxidationsstufen und deren Differenz im Potentialdiagramm sinnvoll:

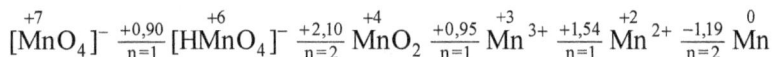

$$[\overset{+7}{Mn}O_4]^- \xrightarrow[n=1]{+0{,}90} [\overset{+6}{H}MnO_4]^- \xrightarrow[n=2]{+2{,}10} \overset{+4}{Mn}O_2 \xrightarrow[n=1]{+0{,}95} \overset{+3}{Mn}{}^{3+} \xrightarrow[n=1]{+1{,}54} \overset{+2}{Mn}{}^{2+} \xrightarrow[n=2]{-1{,}19} \overset{0}{Mn}$$

Die Disproportionierung einer Spezies A mit einer mittleren Oxidationsstufe n in eine Verbindung mit höherer (>n) und niedrigerer Oxidationsstufe (<n) erfolgt, wenn das Potential $E(A^{>n}/A^n)$ kleiner ist als das Potential $E(A^n/A^{<n})$. Es gibt also zwei Redoxpaare mit $A^n$. Für eine Disproportionierung hat das Redoxpaar mit niedrigerem Redoxpotential $A^n$ als reduzierte Form, das mit höherem $A^n$ als oxidierte Form. (vgl. die Antwort zu Aufg. 4.35).

Die Verbindungen mit Mangan in den mittleren Oxidationsstufen +6 bis +2 könnten disproportionieren. Für alle Redoxpaare müssen zur Prüfung die Normalpotentiale berechnet und entsprechend der vorstehenden Tabelle verglichen werden.

| Ox (Ox.zahl S) | Red (Ox.zahl S) | $E°/V$ |
|---|---|---|
| $Mn^{2+}$ | $Mn$ (0) | $-1,19$ |
| $MnO_2$ (+4) | $Mn$ (0) | $+0,33$ |
| $[MnO_4]^-$ (+7) | $[HMnO_4]^-$ (+6) | $+0,90$ |
| $[MnO_4]^-$ (+7) | $Mn$ (0) | $+0,91$ |
| $[HMnO_4]^-$ (+6) | $Mn$ (0) | $+0,92$ |
| $MnO_2$ (+4) | $Mn^{3+}$ | $+0,95$ |
| $MnO_2$ (+4) | $Mn^{2+}$ | $+1,25$ |
| $[MnO_4]^-$ (+7) | $Mn^{3+}$ | $+1,51$ |
| $[MnO_4]^-$ (+7) | $Mn^{2+}$ | $+1,52$ |
| $Mn^{3+}$ | $Mn^{2+}$ | $+1,54$ |
| $[HMnO_4]^-$ (+6) | $Mn^{2+}$ | $+1,67$ |
| $[MnO_4]^-$ (+7) | $MnO_2$ (+4) | $+1,70$ |
| $[HMnO_4]^-$ (+6) | $Mn^{3+}$ | $+1,72$ |
| $[HMnO_4]^-$ (+6) | $MnO_2$ (+4) | $+2,10$ |

Manganat(VI), $[HMnO_4]^-$ und $Mn^{3+}$ disproportionieren. $MnO_2$ und $Mn^{2+}$ disproportionieren nicht.

Es sind für Manganat(VI), $[HMnO_4]^-$ mehrere Disproportionierungswege möglich. Die in der Literatur gegebene Disproportionierung (in saurer Lösung) ist mit einem Pfeil markiert. Die vollständigen Gleichungen für die Disproportionierung sind:

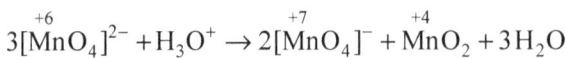

$$3[\overset{+6}{Mn}O_4]^{2-} + H_3O^+ \rightarrow 2[\overset{+7}{Mn}O_4]^- + \overset{+4}{Mn}O_2 + 3H_2O$$

$$2Mn^{3+} + 6H_2O \rightarrow Mn^{2+} + \overset{+4}{Mn}O_2 + 4H_3O^+$$

**5.21** a) Durch Komplexbildung wird die $Au^{3+}$-Konzentration sehr klein, so dass das Potential $Au^{3+}/Au$ sehr stark erniedrigt wird $(E_{Au} = E^o_{Au} + \dfrac{0{,}059\ V}{3}\ \lg\ [Au^{3+}])$. Auf Grund des erniedrigten Oxidationspotentials kann $HNO_3$ in Gegenwart von HCl Gold oxidieren. Dasselbe gilt auch für Platin.

b) Aus $\beta = \dfrac{[[AuCl_4]^-]}{[Au^{3+}][Cl^-]^4} = 10^{24} \, l^4/mol^4$ erhält man mit den Werten für eine ange-

nommene $[AuCl_4]^-$-Konzentration von $10^{-3}$ mol/l und $[Cl^-] = 8$ mol/l (ungefähre Chlorid-Konzentration in Königswasser ausgehend von ca. 12 mol/l Salzsäure) die sehr niedrige Konzentration $[Au^{3+}] = 2{,}44 \cdot 10^{-31}$ mol/l.

$$E_{Au} = 1{,}50 \text{ V} + \frac{0{,}059 \text{ V}}{3} \lg 2{,}44 \cdot 10^{-31} = (1{,}50 - 0{,}60) \text{ V} = 0{,}90 \text{ V}.$$

Das Normalpotential ($[NO_3^-] = 1$ mol/l) für $NO_3^-/NO$ bei pH = 0 ist E° = 0,96 V. Steigt die Nitrat-Konzentration auf 3 mol/l, erhöht sich das Potential nur unwesentlich um ~0,01 V (dabei sei weiterhin pH = 0 und $p_{NO} = 1$ bar):

$$E_{NO} = E_{NO}^o + \frac{0{,}059 \text{ V}}{3} \lg \frac{[NO_3^-][H_3O^+]^4}{p_{NO}} = 0{,}96 \text{ V} + \frac{0{,}059 \text{ V}}{3} \lg 3 = 0{,}97 \text{ V}.$$

Auf jeden Fall reicht die Oxidationswirkung von konz. $HNO_3$ gegenüber dem verringerten Potential für $Au^{3+}/Au$ jetzt aus.

**5.22**  Chelate sind Komplexe mit mehrzähnigen Liganden. Als Chelateffekt bezeichnet man die erhöhte thermodynamische Stabilität dieser Komplexe gegenüber Komplexen mit vergleichbaren einzähnigen Liganden.

Beispiel:

| Komplex | $\beta$ |
|---|---|
| $[Ni(NH_3)_6]^{2+}$ | $10^9 \, l^6/mol^6$ |
| $[Ni(en)_3]^{2+}$ | $10^{18} \, l^3/mol^3$ |

en = Ethylendiamin (vgl. Aufg. 5.6)

**5.23**  (Lewis-)Basen sind Elektronenpaar-Donoren.

Viele Liganden sind konjugierte Basen zu schwachen Säuren und damit protonierbar. Der pH-Wert der wässrigen Lösung wird so zu einer wichtigen Einflussgröße. Die effektive Komplexstabilität ($K_{eff}$) hängt nicht nur von der Komplexbildungskonstanten (K), sondern auch vom pH-Wert ab:

Eine tabellierte Komplexbildungskonstante K für eine Komplexbildungsreaktion

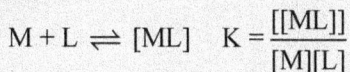

$$M + L \rightleftharpoons [ML] \quad K = \frac{[[ML]]}{[M][L]}$$

gilt nur, wenn alle Ligandenteilchen für die Komplexbildung als L zur Verfügung stehen (vorliegen). K ist damit die maximal mögliche Komplexstabilität. (Aus Gründen der Übersichtlichkeit wird in diesem Abschnitt auf die Angabe evtl. Ladungen am Metall M, Proton H und Liganden L verzichtet. Der Ligand L wird nur als einfach protonierbar angenommen).

Ist der Ligand L als Base protonierbar, z. B. bei L = NH$_3$, CN$^-$, CH$_3$COO$^-$, F$^-$ (allgemein konjugierte Base oder Anion von schwacher Säure), so ist er gleichzeitig Teil des Säure-Base-Gleichgewichts und liegt teilweise als HL vor:

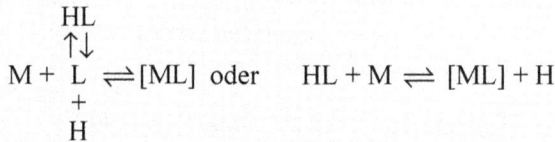

$$HL$$
$$\uparrow\downarrow$$
$$M + \; L \;\rightleftharpoons [ML] \quad oder \quad HL + M \rightleftharpoons [ML] + H$$
$$+$$
$$H$$

Anschaulich konkurrieren Metallion und Proton um die Ligandenanbindung:

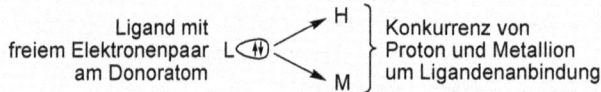

Ist die Lösung sauer, d. h. die Protonenkonzentration [H] (= [H$_3$O$^+$]) hoch (pH-Wert niedrig), so wird das Komplexgleichgewicht auf die Seite des freien Metallions verschoben. Der Komplex wird zerstört.

Ist die Lösung neutral bis basisch, d. h. die Protonenkonzentration [H] niedrig (pH-Wert hoch), so wird das Komplexgleichgewicht auf die Seite des Metallkomplexes verschoben. Der Komplex wird optimal gebildet. Allerdings kann in diesem Fall die Konkurrenz der Metallhydroxidbildung und -fällung greifen. (Auch Hydroxid ist ein möglicher Komplexligand.)

Die pH-Abhängigkeit lässt sich durch Einführung einer effektiven Komplexbildungskonstante beschreiben, bei der [L'] die Konzentration aller nichtkomplexierten L-Anteile ist. Die Ligandenspezies können als L und als HL vorliegen:

$$K_{eff} = \frac{[[ML]]}{[M][L']} \qquad mit \; [L'] = [L] + [HL]$$

Die Konzentration von HL lässt sich über das Protolysegleichgewicht und die Säurekonstante K$_S$ ausdrücken:

$$HL \xrightleftharpoons{H_2O} H + L \qquad K_S = \frac{[H][L]}{[HL]} \qquad \Rightarrow [HL] = \frac{[H][L]}{K_S}$$

$$\Rightarrow [L'] = [L] + [HL] = [L] + \frac{[H][L]}{K_S} = [L](1 + \frac{[H]}{K_S})$$

Der Ausdruck $(1 + \frac{[H]}{K_S})$ = $\alpha_H$ enthält die pH-Abhängigkeit und wird als Wasserstoffkoeffizient $\alpha_H$ bezeichnet. Mit [L'] = [L] $\alpha_H$ ergibt sich

$$K_{eff} = \frac{[ML]}{[M][L]\alpha_H}$$

Für [H] $\to$ 0 (stark basisch) geht $\alpha_H$ gegen 1 (minimaler Wert) und K$_{eff}$ $\to$ K (maximale Komplexstabilität).

Für [H] = 1 (pH = 0, stark sauer) und $K_S = 10^{-5}$ ($\approx$ Essigsäure/Acetat) bis $10^{-9}$ ($\approx$ HCN/CN⁻, $NH_4^+/NH_3$) geht $\alpha_H$ gegen $10^5$ bis $10^9$. Der Ausdruck im Nenner von $K_{eff}$ wird sehr groß und damit $K_{eff}$ sehr klein (minimale Komplexstabilität).

**5.24** Für die Erklärung siehe Aufg. 5.23. Der Cyanidligand ist das basische Anion der schwachen Säure HCN und damit Teil des HCN/CN⁻-Protolysegleichgewichts, das im stark sauren auf die Seite von HCN verschoben ist. Die hohe Komplexbildungskonstante für den Cyanidokomplex gilt nur, wenn alle Cyanidteilchen als CN⁻ vorliegen.

Der Chloridligand als Anion der starken Säure HCl zeigt in wässriger Lösung kein merkliches Protolysegleichgewicht. Damit wird die Komplexstabilität des Chloridokomplexes durch den pH-Wert kaum beeinflusst.

**5.25** Mit allen nicht-komplexierten EDTA-Spezies lautet die Formel für eine effektive Komplexbildungskonstate

$$K_{eff} = \frac{[[M(EDTA)]^{2-}]}{[M^{2+}]\,([EDTA^{4-}]+[HEDTA^{3-}]+...+[H_4EDTA])}$$

Entsprechend der einzelnen Protolyse-Gleichgewichte kann man $[HEDTA^{3-}]$, ... $[H_4EDTA]$ ersetzen:

$$[HEDTA^{3-}] = \frac{[EDTA^{4-}][H^+]}{K_4}$$

$$[H_2EDTA^{2-}] = \frac{[HEDTA^{3-}][H^+]}{K_3} = \frac{[EDTA^{4-}][H^+]^2}{K_3 \cdot K_4}$$

$$[H_3EDTA^-] = \frac{[H_2EDTA^{2-}][H^+]}{K_2} = \frac{[EDTA^{4-}][H^+]^3}{K_2 \cdot K_3 \cdot K_4}$$

$$[H_4EDTA] = \frac{[H_3EDTA^-][H^+]}{K_1} = \frac{[EDTA^{4-}][H^+]^4}{K_1 \cdot K_2 \cdot K_3 \cdot K_4}$$

Einsetzen und Ausklammern von $[EDTA^{4-}]$ ergibt:

$$K_{eff} = \frac{[[M(EDTA)]^{2-}]}{[M^{2+}][EDTA^{4-}](1+\dfrac{[H^+]}{K_4}+\dfrac{[H^+]^2}{K_3 \cdot K_4}+\dfrac{[H^+]^3}{K_2 \cdot K_3 \cdot K_4}+\dfrac{[H^+]^4}{K_1 \cdot K_2 \cdot K_3 \cdot K_4})}$$

Akzeptiert man einen Fehler von 0,01 = 1% für die $EDTA^{4-}$-Konzentration im Gleichgewicht, dann wird

für pH > 12,3 ($[H^+] < 10^{-12,3}$) der erste Term $\dfrac{[H^+]}{K_4} < 10^{-2} = 0,01$ und damit gegenüber 1 vernachlässigbar. Alle anderen Terme werden noch deutlich kleiner.

Für pH > 9,3 ([H$^+$] < $10^{-9,3}$) wird $\dfrac{[H^+]^2}{K_3 \cdot K_4} = \dfrac{(10^{-9,3})^2}{10^{-6,2} \cdot 10^{-10,3}} < 10^{-2} = 0{,}01$ und alle

weitere Terme << 0,01 und damit gegenüber 1 vernachlässigbar.

Für pH > 7,1 ([H$^+$] < $10^{-7,1}$) werden die beiden letzten Terme

$\dfrac{[H^+]^3}{K_2 \cdot K_3 \cdot K_4} = \dfrac{(10^{-7,1})^3}{10^{-19,2}} < 10^{-2} = 0{,}01$ und damit gegenüber 1 vernachlässigbar.

Für pH > 5,8 ([H$^+$] < $10^{-5,8}$) wird nur der letzte Term $\dfrac{[H^+]^4}{K_1 \cdot K_2 \cdot K_3 \cdot K_4} = \dfrac{(10^{-5,8})^4}{10^{-21,2}} <$

$10^{-2} = 0{,}01$ und damit gegenüber 1 vernachlässigbar.

**5.26**  a) Das Anion des gelben Blutlaugensalzes ist der oktaedrische Komplex
[Fe(CN)$_6$]$^{4-}$ mit Fe(II).

Das Anion des roten Blutlaugensalzes ist der oktaedrische Komplex [Fe(CN)$_6$]$^{3-}$
mit Fe(III).

Das Anion [Fe$^{III}$(CN)$_6$]$^{3-}$ hat mit lgβ = 44 gegenüber [Fe$^{II}$(CN)$_6$]$^{4-}$ mit lgβ = 35 die
höhere Komplexbildungskonstante (siehe Tabelle 5.4 in Riedel/Janiak, Anorgani-
sche Chemie, 10. Aufl.). Das Anion des roten Blutlaugensalzes ist thermodynamisch also deutlich (um den Faktor $10^9$) stabiler als das Anion des gelben Blutlaugensalzes. Ursache ist die höhere Ladung des Fe(III)-Ions, die zu einem höheren
Coulomb-Energiebeitrag aus der elektrostatischen Wechselwirkung mit den negativen Cyanid-Ionen führt als mit dem Fe(II)-Ion.

Allerdings ist das rote Blutlaugensalz in wässriger Lösung unbeständiger (labiler)
als das gelbe und die Lösung von [Fe$^{III}$(CN)$_6$]$^{3-}$ enthält spurenweise Cyanid-Ionen
oder Blausäure HCN (je nach pH-Wert). Die höhere Labilität kann mit der iono-
generen Fe(III)-cyanid-Bindung erklärt werden, die eine effektivere Hydratisierung
der Ionen im Gleichgewicht ermöglicht im Vergleich zu einer kovalenteren Fe(II)-
cyanid-Bindung.

Cyanid ist ein starker Ligand und die sechs d-Elektronen von Fe(II) besetzen gepaart das t$_{2g}$-Niveau, die Konfiguration ist t$_{2g}^6$. Die fünf d-Elektronen von Fe(III)
besetzen die t$_{2g}$-Orbitale, die Konfiguration ist t$_{2g}^5$. Die etwas höhere Kristall-/
Ligandenfeldstabilisierungsenergie bei [Fe$^{II}$(CN)$_6$]$^{4-}$ im Vergleich zu [Fe$^{III}$(CN)$_6$]$^{3-}$
fällt gegenüber dem deutlich höheren Coulomb-Energiebeitrag mit Fe(III) bei der
thermodynamischen Stabilität kaum ins Gewicht.

Das Redoxpotential für [Fe$^{III}$(CN)$_6$]$^{3-}$ + e$^-$ ⇌ [Fe$^{II}$(CN)$_6$]$^{4-}$ mit E° = +0,355 V liegt
über dem für Fe$^{3+}$ + e$^-$ ⇌ Fe$^{2+}$ mit E° = ~+0,77 V. Im Vergleich ist die Oxidationsstufe +3 in [Fe$^{III}$(CN)$_6$]$^{3-}$ also thermodynamisch noch stabiler als Fe$^{3+}$ in saurer
wässriger Lösung, [Fe$^{II}$(CN)$_6$]$^{4-}$ ist weniger stabil (stärker reduzierend) als Fe$^{2+}$ in
saurer wässriger Lösung (siehe unten).

Das rote Blutlaugensalz kann als schwaches Oxidationsmittel verwendet werden.

b) siehe oben: $[Fe^{III}(CN)_6]^{3-}$ $\lg\beta = 44$; $[Fe^{II}(CN)_6]^{4-}$ $\lg\beta = 35$.

freie Standardreaktionsenthalpie:

$\Delta G° = -RT \ln\beta = -2{,}3RT \lg\beta = -2{,}3 \cdot 8{,}314 \cdot 298 \lg\beta$ kJ/mol.

$[Fe^{III}(CN)_6]^{3-}$ $\Delta G° = -250{,}7$ kJ/mol; $[Fe^{II}(CN)_6]^{4-}$ $\Delta G° = -199{,}4$ kJ/mol

c) Lösungsweg 1: Born-Haber-Kreisprozess, Satz von Heß:

$$\overset{+3}{[Fe}(CN)_6]^{3-} + e^- \xrightarrow{\Delta G°(2)} \overset{+2}{[Fe}(CN)_6]^{4-}$$

$$\Delta G°(1) \uparrow \qquad\qquad\qquad\qquad \uparrow \Delta G°(3)$$

$$[\overset{+3}{Fe}(aq)]^{3+} + e^- \xrightarrow{\Delta G°(4)} [\overset{+2}{Fe}(aq)]^{2+}$$

$\Delta G°(1) + \Delta G°(2) = \Delta G°(4) + \Delta G°(3)$

Sei $\beta$ oder $\lg\beta$ für $[Fe^{II}(CN)_6]^{4-}$ und damit $\Delta G°(3)$ gegeben, gesucht ist dann $\beta$ oder $\lg\beta$ für $[Fe^{III}(CN)_6]^{3-}$ und damit $\Delta G°(1)$:

$\Delta G°(1) = \Delta G°(4) + \Delta G°(3) - \Delta G°(2)$

Für Weg (2) und (4) ist E° gegeben: $\Delta G° = -z\,F\,E°$

(z = Zahl der Elektronen des Redoxpaares, F = Faraday-Konstante 96 485 C/mol)

$\Delta G°(2) = -1 \cdot 96\,485$ C/mol $\cdot 0{,}355$ V $= -34{,}3$ kJ/mol

$\Delta G°(4) = -1 \cdot 96\,485$ C/mol $\cdot 0{,}77$ V $= -74{,}3$ kJ/mol

(C = A s, $\qquad$ V A = W, $\qquad$ W s = J)

Für Weg (1) und (3) gilt $\Delta G° = -RT \ln\beta = -2{,}3RT \lg\beta = -2{,}3 \cdot 8{,}314 \cdot 298 \lg\beta$ kJ/mol

$[Fe^{II}(CN)_6]^{4-}$ $\lg\beta = 35$: $\Delta G°(3) = -199{,}4$ kJ/mol (s. o. unter b)

$\Delta G°(1) = (-74{,}3 + (-199{,}4) - (-34{,}3))$ kJ/mol $= -239{,}4$ kJ/mol

für $[Fe^{III}(CN)_6]^{3-}$ $\lg\beta = -\dfrac{\Delta G°(1)}{2{,}3 \cdot RT} = -\dfrac{-239{,}4 \text{ kJ/mol}}{2{,}3 \cdot 8{,}314 \cdot 298 \text{ J/mol}} = 42$, vgl. mit $\lg\beta =$

44 unter b).

Lösungsweg 2: Mit den Redoxpaaren

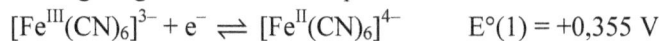

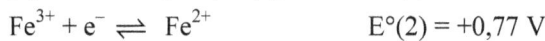

$[Fe^{III}(CN)_6]^{3-} + e^- \rightleftharpoons [Fe^{II}(CN)_6]^{4-}$ $\qquad\qquad$ E°(1) = +0,355 V

$Fe^{3+} + e^- \rightleftharpoons Fe^{2+}$ $\qquad\qquad$ E°(2) = +0,77 V

haben wir das Redoxsystem

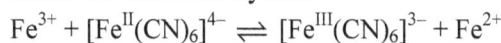

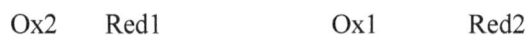

$Fe^{3+} + [Fe^{II}(CN)_6]^{4-} \rightleftharpoons [Fe^{III}(CN)_6]^{3-} + Fe^{2+}$

Ox2 $\qquad$ Red1 $\qquad\qquad\qquad$ Ox1 $\qquad\qquad$ Red2

Je nach den Potentialen und Komplexbildungskonstanten wird sich zwischen den vier beteiligten Spezies in Lösung ein chemisches Gleichgewicht einstellen, wenn die Potentiale der beiden Redoxpaare gleich groß sind.

Im Falle eines chemischen Gleichgewichts gilt $\Delta E = E_2 - E_1 = 0$ oder $E_2 = E_1$

$$E_2 = E_2^o + \frac{0,059\,V}{z}\lg\frac{[Ox2]}{[Red2]} = E_1^o + \frac{0,059\,V}{z}\lg\frac{[Ox1]}{[Red1]} = E_1$$

$$E_2^o - E_1^o = \frac{0,059\,V}{z}\lg\frac{[Ox1]}{[Red1]} - \frac{0,059\,V}{z}\lg\frac{[Ox2]}{[Red2]}, \text{ mit } z = 1 \text{ für beide Redoxpaare:}$$

$$E_2^o - E_1^o = 0,059\,V\lg\frac{[Ox1]}{[Red1]}\frac{[Red2]}{[Ox2]} = 0,059\,V\lg\frac{[[Fe^{III}(CN)_6]^{3-}][Fe^{2+}]}{[[Fe^{II}(CN)_6]^{4-}][Fe^{3+}]}$$

Der Quotient im Argument des Logarithmus wird mit $\dfrac{[CN^-]^6}{[CN^-]^6}$ erweitert:

$$E_2^o - E_1^o = 0,059\,V\lg\frac{[[Fe^{III}(CN)_6]^{3-}][Fe^{2+}]\,[CN^-]^6}{[[Fe^{II}(CN)_6]^{4-}][Fe^{3+}]\,[CN^-]^6}$$

Umgestellt erkennt man den Quotient der beiden Bruttokomplexbildungskonstanten im Argument des Logarithmus:

$$E_2^o - E_1^o = 0,059\,V\lg\frac{[[Fe^{III}(CN)_6]^{3-}]}{[Fe^{3+}][CN^-]^6} \cdot \frac{[Fe^{2+}][CN^-]^6}{[[Fe^{II}(CN)_6]^{4-}]}$$

$$E_2^o - E_1^o = 0,059\,V\lg\frac{\beta([Fe^{III}(CN)_6]^{3-})}{\beta([Fe^{II}(CN)_6]^{4-})}$$

$$E_2^o - E_1^o = 0,059\,V(\lg\beta([Fe^{III}(CN)_6]^{3-}) - \lg\beta([Fe^{II}(CN)_6]^{4-}))$$

$$\lg\beta([Fe^{III}(CN)_6]^{3-}) = \frac{E_2^o - E_1^o}{0,059\,V} + \lg\beta([Fe^{II}(CN)_6]^{3-}) = \frac{0,77-0,355}{0,059} + 35 = 42$$

d) Die für uns scheinbar selbstverständliche höhere Stabilität von $Fe^{3+}$ gegenüber $Fe^{2+}$ gilt nur im System mit (Luft-)Sauerstoff. In Abwesenheit von Luftsauerstoff und in Gegenwart von z. B. Schwefel ist $Fe^{2+}$ die stabilere Oxidationsstufe.

Ein Vergleich der Redoxpaare unter Berücksichtigung der pH-Abhängigkeiten zeigt die Instabilität von $Fe^{2+}$ im System mit $H_2O/O_2$:

|  | $E°$ in V, $a_{H^+} = 1$ saure Lösung | $E°$ in V, $a_{OH^-} = 1$ basische Lösung |
|---|---|---|
| $Fe^{3+} + e^- \rightleftharpoons Fe^{2+}$ | ~+0,77 | –0,56 |
| $O_2 + 4\,H_3O^+ + 4\,e^- \rightleftharpoons 6\,H_2O$ | +1,23 | +0,40 |

$[Fe(H_2O)_6]^{2+}$ hat daher gegenüber $H_2O/O_2$ reduzierende Eigenschaften und wird durch Abgabe eines Elektrons zum stabileren $[Fe(H_2O)_6]^{3+}$ oxidiert.

Wieder führt die höhere Ladung des $Fe^{3+}$-Ions zu einem höheren Coulomb-Energie-beitrag aus der elektrostatischen Wechselwirkung mit den $H_2O$-Dipolen als beim $Fe^{2+}$-Ion.

Eine Erklärung über die günstigere halbbesetzte $d^5$-Konfiguration bei high-spin $Fe^{3+}$ in $[Fe(H_2O)_6]^{3+}$ mit $t_{2g}^3 e_g^2$ geht in die gleiche Richtung. Wasser ist ein schwacher Ligand. $[Fe(H_2O)_6]^{2+}$ ist ein $d^6$-high-spin-Komplex. Vier Elektronen besetzen das $t_{2g}$- und zwei Elektronen das $e_g$-Niveau. Die Konfiguration ist $t_{2g}^4 e_g^2$.

## Bindung, Kristall- und Ligandenfeldtheorie

**5.27**

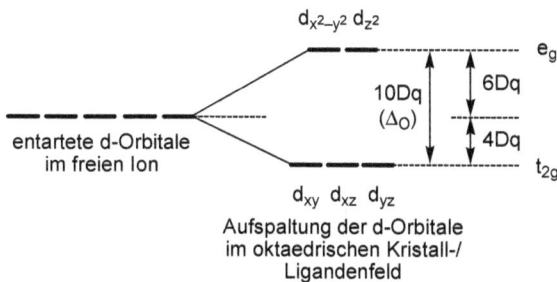

Aufspaltung der d-Orbitale
im oktaedrischen Kristall-/
Ligandenfeld

**5.28**   Nur eine Besetzung bei Elektronenkonfiguration $d^1$, $d^2$, $d^3$, $d^8$, $d^9$, $d^{10}$.

Zwei mögliche Besetzungen als Grundzustand bei Elektronenkonfigurationen $d^4$, $d^5$, $d^6$ und $d^7$ der 3d-Metallionen im oktaedrischen Ligandenfeld.

**5.29**   a)

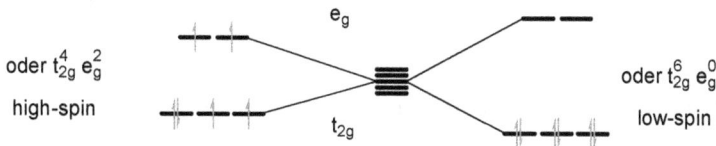

Beachten Sie, dass im Vergleich die Größe der Orbitalaufspaltung (10Dq) für den high-spin-Fall kleiner sein muss als für den low-spin-Fall.

b) Entgegen der Hund'schen Regel ist im low-spin-Zustand die geringstmögliche Zahl ungepaarter Elektronen vorhanden. Spinpaarung erfordert Energie. Nur wenn 10Dq größer ist als die Spinpaarungsenergie, entsteht ein low-spin-Komplex. Die Größe der Ligandenfeldaufspaltung 10Dq ($\Delta_O$) bestimmt, welcher Spinzustand energetisch günstiger ist.

**5.30**   a) Starke Liganden sind z. B. $CN^-$, $CO$, $NO^+$.

b) Schwache Liganden sind z. B. $Cl^-$, $F^-$, $OH^-$.

c) Ein mittleres Ligandenfeld erzeugen $H_2O$, $NH_3$.

**5.31**

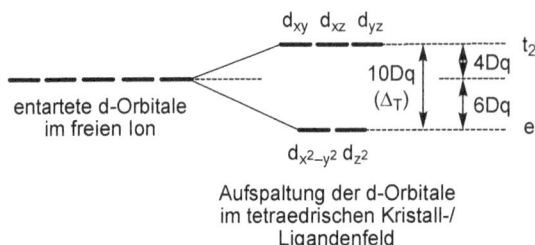

Aufspaltung der d-Orbitale
im tetraedrischen Kristall-/
Ligandenfeld

Bei gleichem Metallion, gleichen Liganden und gleichem Abstand Ligand–

Metallion ist $\Delta_T \approx \dfrac{4}{9}\Delta_O$.

**5.32**  Die spin-only Formel lautet: magnetisches Moment $\mu_{mag} = \sqrt{n(n+2)}\ \mu_B$ mit $n =$ Anzahl ungepaarter Elektronen. Mit $n = 3$ erhält man $3,88\ \mu_B$ was für alle möglichen Werte von $n$ am nächsten an $\mu_{mag} = 4,0$ liegt. Damit hat der Co(II)-Komplex also drei ungepaarte Elektronen.

Die d-Elektronenkonfiguration für Co(II) lautet $[Ar]3d^7$. Mit drei ungepaarten Elektronen liegt für $d^7$ ein high-spin Komplex mit $t_{2g}^5\,e_g^2$ vor.

**5.33**  Die Unterscheidung high/low-spin ist nur für die oktaedrischen Komplexe a) $[Fe(H_2O)_6]^{2+}$ und b) $[Fe(CN)_6]^{3-}$ relevant. Für tetraedrische Komplexe (c, d) gibt es auf Grund der niedrigeren Aufspaltung keine low-spin sondern nur die high-spin Konfiguration.

Wasser, $H_2O$ ist ein mittelstarker, Cyanid, $CN^-$ ein starker Ligand. Sofern die Unterscheidung getroffen werden kann, sind die Aqua-Komplexe der 3d-Metalle in der Regel high-spin Komplexe, die Cyanido-Komplexe haben die low-spin Konfiguration.

Damit ergibt sich für

a) $[Fe(H_2O)_6]^{2+}$ mit Fe(II), $d^6$ die Elektronenkonfiguration $t_{2g}^4\,e_g^2$ mit vier ungepaarten Elektronen und der Kristallfeldstabilisierungsenergie $-4Dq$.

b) $[Fe(CN)_6]^{3-}$ mit Fe(III), $d^5$ die Elektronenkonfiguration $t_{2g}^5\,e_g^0$ mit einem ungepaarten Elektron und der Kristallfeldstabilisierungsenergie $-20Dq$.

c) tetraedrisches $[FeCl_4]^-$ mit Fe(III), $d^5$ die Elektronenkonfiguration $e^2\,t_2^3$ mit fünf ungepaarten Elektronen und der Kristallfeldstabilisierungsenergie Null.

d) $[Ni(CO)_4]$ mit Ni(0), $d^{10}$ die Elektronenkonfiguration $e^4\,t_2^6$ ohne ungepaarte Elektronen und der Kristallfeldstabilisierungsenergie Null.

**5.34**  $d^3$, $d^6$ (low-spin) und $d^8$. Dies erklärt z. B. die bevorzugte oktaedrische Koordination von $Cr^{3+}$ und $Co^{3+}$. Für $d^8$ kann mit der Aufspaltung im quadratisch-planaren Ligandenfeld allerdings ein noch höherer Energiegewinn erreicht werden. Nur für $Ni^{2+}$ mit mittelstarken Liganden ($H_2O$, $NH_3$, Ethylendiamin) findet sich noch eine oktaedrische Anordnung, sonst wird bei $Rh^+$, $Ir^+$, $Pd^{2+}$, $Pt^{2+}$ mit $d^8$-Konfiguration ein quadratischer Komplex ausgebildet (siehe auch Aufg. 5.35 und 5.36).

**5.35**   Am nächsten in Richtung der Liganden befindet sich das $d_{x^2-y^2}$-Orbital. Es wird dadurch relativ zu den anderen d-Orbitalen stark energetisch angehoben und bleibt unbesetzt. Energetisch am günstigsten ist – abhängig vom Metall – bei $Pd^{2+}$ und $Pt^{2+}$ das von den Liganden weit entfernte $d_{z^2}$-Orbital, bei $Ni^{2+}$ die entarteten Orbitale $d_{xy}$ und $d_{xz}$ (siehe auch Aufg. 5.36).

**5.36**   a) Tetraeder und Quadrat

b)

|  | $[NiCl_4]^{2-}$ | $[Ni(CN)_4]^{2-}$ |
|---|---|---|
| sichtbare Komplexfarbe: | blau | gelb |
| absorbierte Komplementärfarbe: | orange | indigo |
| Energie der Absorption: | niedriger $\ll$ | höher |

Nach der Ligandenfeldtheorie führt das tetraedrische Ligandenfeld nur zu einer kleinen Aufspaltung ($\Delta_T$) zwischen den d-Orbitalen. Das quadratisch-planare Ligandenfeld geht mit einer großen Aufspaltung ($\Delta_Q$) zwischen dem $d_{xy}$- und dem $d_{x^2-y^2}$-Orbital einher:

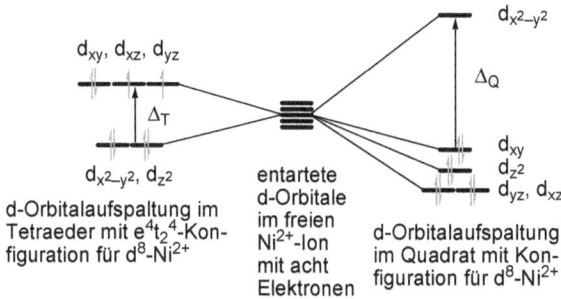

d-Orbitalaufspaltung im Tetraeder mit $e^4t_2^4$-Konfiguration für $d^8$-$Ni^{2+}$

entartete d-Orbitale im freien $Ni^{2+}$-Ion mit acht Elektronen

d-Orbitalaufspaltung im Quadrat mit Konfiguration für $d^8$-$Ni^{2+}$

Unter der Annahme, dass der d→d-Übergang farbbestimmend ist, würde die kleinere Absorptionsenergie des $[NiCl_4]^{2-}$-Komplexes mit einer Tetraedergeometrie und die höhere Absorptionsenergie des $[Ni(CN)_4]^{2-}$-Komplexes mit der quadratisch-planaren Anordnung korrelieren.

c) Eine magnetische Suszeptibilitätsmessung erlaubt ebenfalls die Unterscheidung zwischen der tetraedrischen und paramagnetischen Anordnung (2 ungepaarte Elektronen) und der quadratisch-planaren und diamagnetischen Konfiguration (alle Elektronen gepaart) für ein $d^8$-Ion mit vier Liganden.

**5.37**   a) $Fe^{2+}(Cr_2^{3+})O_4$, $Fe^{3+}(Ni^{2+}Fe^{3+})O_4$, $Fe^{3+}(Fe^{2+}Fe^{3+})O_4$

b) Die Berechnung der „site-preference"-Energie (Ligandenfeldstabilisierungsenergie $E_{Okt} - E_{Tet}$) der Kationen ergibt einen Energiegewinn bei der Besetzung der Oktaederplätze für $Cr^{3+}$ relativ zu $Fe^{2+}$, $Ni^{2+}$ relativ zu $Fe^{3+}$ und $Fe^{2+}$ relativ zu $Fe^{3+}$.

**5.38**  Es erfolgt eine Änderung vom Oktaeder zum Tetraeder als Koordinationspolyeder bei Abgabe der beiden $H_2O$-Liganden beim Erwärmen. Das Tetraeder ist bei Co(II) mit $d^7$ auch eine günstige Koordinationsgeometrie.
Die tetraedrische hat im Vergleich zur oktaedrischen Koordination die kleinere Aufspaltung, d. h. niedrigere Absorptionsenergie. Die sichtbare Farbe blau ist in etwa komplementär zur absorbierten Farbe gelb. Die sichtbare Farbe rosa ist in etwa komplementär zu absorbierten Farbe grün. Eine Absorption im gelben Bereich ist von niedrigerer Energie als eine Absorption im grünen Bereich.
Ein Tetraeder hat kein Inversionszentrum, daher ergeben sich höhere Extinktionskoeffizienten.

## Chemie der Nebengruppenelemente

**5.39**  $4\,Ag_2S + 4\,CN^- + 2\,O_2 \rightarrow 2\,[Ag(CN)_2]^- + SO_4^{2-}$

$2\,[Ag(CN)_2]^- + Zn \rightarrow [Zn(CN)_4]^{2-} + 2\,Ag$

**5.40**  a) $Cu \rightarrow Cu^{2+}$

Unedle Metalle lösen sich ebenfalls, z. B. $Zn \rightarrow Zn^{2+}$.

Edle Metalle (Ag, Au, Pt) lösen sich nicht und setzen sich als „Anodenschlamm" ab.

b) $Cu^{2+} \rightarrow Cu$ (Feinkupfer)

**5.41**  $Ni + 4\,CO \underset{120\,°C}{\overset{80\,°C}{\rightleftharpoons}} Ni(CO)_4$

**5.42**  a) Mit Kohlenstoff entsteht Titancarbid TiC.

b) $TiO_2 + 2\,Cl_2 + 2\,C \rightarrow TiCl_4 + 2\,CO$

$TiCl_4 + 2\,Mg \rightarrow Ti + 2\,MgCl_2$ (Kroll-Verfahren)

oder $TiCl_4 + 4\,Na \rightarrow Ti + 4\,NaCl$ (Hunter-Verfahren)

c) Durch eine chemische Transportreaktion mit Iod nach dem van Arkel-de Boer-

Verfahren: $Ti + 2\,I_2 \underset{1200\,°C}{\overset{600\,°C}{\rightleftharpoons}} TiI_4$

d) Titantetrachlorid, $TiCl_4$ ist kein Salz, denn dann sollte es einen Ionenkristall bilden. Die Ti–Cl-Bindung hat deutlich kovalente Anteile, so dass $TiCl_4$ ein Molekülkomplex ist und unter Normalbedingungen eine farblose Flüssigkeit bildet (Siedepunkt 134 °C).

**5.43**  Es sind harte Kationen, mit hoher Oxidationsstufe, kleinem Radius und hoher Ladungsdichte. Diese vorstehend benannten Sachverhalte bedingen einander gegenseitig.

Fluoridokomplexe (Fluorokomplexe) der 11. Gruppe:

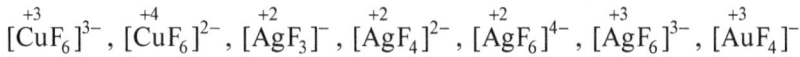

$[\overset{+3}{Cu}F_6]^{3-}$, $[\overset{+4}{Cu}F_6]^{2-}$, $[\overset{+2}{Ag}F_3]^-$, $[\overset{+2}{Ag}F_4]^{2-}$, $[\overset{+2}{Ag}F_6]^{4-}$, $[\overset{+3}{Ag}F_6]^{3-}$, $[\overset{+3}{Au}F_4]^-$

Außerdem gibt es folgende Beispiele von Fluoridokomplexen bei den anderen Gruppen:

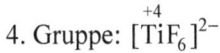

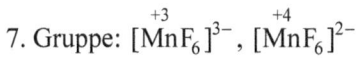

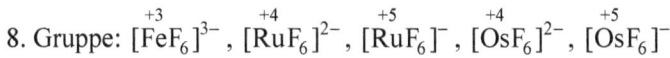

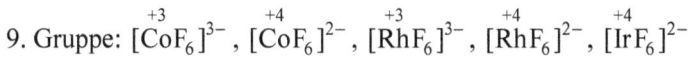

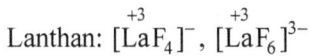

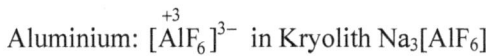

4. Gruppe: $[\overset{+4}{Ti}F_6]^{2-}$

7. Gruppe: $[\overset{+3}{Mn}F_6]^{3-}$, $[\overset{+4}{Mn}F_6]^{2-}$

8. Gruppe: $[\overset{+3}{Fe}F_6]^{3-}$, $[\overset{+4}{Ru}F_6]^{2-}$, $[\overset{+5}{Ru}F_6]^-$, $[\overset{+4}{Os}F_6]^{2-}$, $[\overset{+5}{Os}F_6]^-$

9. Gruppe: $[\overset{+3}{Co}F_6]^{3-}$, $[\overset{+4}{Co}F_6]^{2-}$, $[\overset{+3}{Rh}F_6]^{3-}$, $[\overset{+4}{Rh}F_6]^{2-}$, $[\overset{+4}{Ir}F_6]^{2-}$

10. Gruppe: $[\overset{+3}{Ni}F_6]^{3-}$, $[\overset{+4}{Ni}F_6]^{2-}$, $[\overset{+4}{Pd}F_6]^{2-}$, $[\overset{+5}{Pt}F_6]^-$

Lanthan: $[\overset{+3}{La}F_4]^-$, $[\overset{+3}{La}F_6]^{3-}$

Aluminium: $[\overset{+3}{Al}F_6]^{3-}$ in Kryolith $Na_3[AlF_6]$

**5.44**  Sie reagieren (stark) sauer; es sind Kationensäuren.

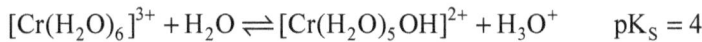

$[Cr(H_2O)_6]^{3+} + H_2O \rightleftharpoons [Cr(H_2O)_5OH]^{2+} + H_3O^+$     $pK_S = 4$

$[Fe(H_2O)_6]^{3+} + H_2O \rightleftharpoons [Fe(H_2O)_5OH]^{2+} + H_3O^+$     $pK_S = 7$

Die Reaktion läuft über die dinuklearen Komplexe

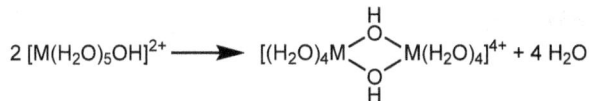

$$2\,[M(H_2O)_5OH]^{2+} \longrightarrow [(H_2O)_4M\overset{\displaystyle\overset{H}{\underset{|}{O}}}{\underset{\displaystyle\underset{H}{\underset{|}{O}}}{\big<\big>}}M(H_2O)_4]^{4+} + 4\,H_2O$$

weiter zu polymeren kondensierten Komplexen (Isopolybasen).

**5.45**  Cu$^I$I ist wegen seiner Schwerlöslichkeit stabil. Durch die geringe Konzentration von Cu$^+$ wird das Potential $E(Cu^{2+}/Cu^+)$ positiver als das Potential $E(Cu^+/Cu)$. Eine Disproportionierung von Cu$^+$ erfolgt aber nur für $E(Cu^{2+}/Cu^+) < E(Cu^+/Cu)$ (vgl. Antwort zu Aufg. 4.35 und 5.20).

**5.46**  Ni(II) kann bei Koordination von vier Amin-Stickstoff-Donoratomen ein Gleichgewicht zwischen quadratischem und oktaedrischem Komplex zeigen. Dieses Gleichgewicht hängt von der Temperatur, der Art der Stickstoff-Donoren, dem Anion und dem Lösungsmittel ab. Die vier N-Donoren sind dabei Teil eines vierzähnigen Chelatringes oder zwei zweizähniger Chelatringe.

$$\left[\begin{array}{c} HN{\cdots}{\text -}Ni{\text -}{\cdots}NH \\ HN{\text -}Ni{\text -}NH \end{array}\right]^{2+} \xrightarrow[\;-2\,L\;]{\;\Delta T\; +\,2\,L\;} \left[\begin{array}{c} L \\ HN{\cdots}{\text -}Ni{\text -}{\cdots}NH \\ HN{\text -}Ni{\text -}NH \\ L \end{array}\right]^{2+}$$

| quadratisch-planar | oktaedrisch |
|---|---|
| ⇒ "low-spin", diamagnetisch | ⇒ "high-spin", paramagnetisch |

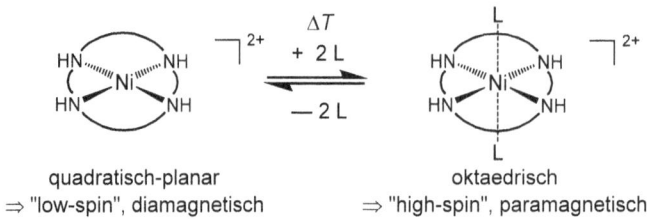

Die diamagnetischen, quadratisch-planaren Komplexe enthalten nur die vier N-Donoren als Liganden. Sie absorbieren auf Grund der hohen Aufspaltung im quadratischen Kristallfeld im kurzwelligen Bereich und erscheinen daher gelb bis rot.

Das Perchlorat, $ClO_4^-$-Anion ist nur schwach koordinierend, so dass damit ein quadratisch-planarer Nickel(II)-Komplex vorliegt.

Mit einem stärker koordinierenden Liganden wie Thiocyanat, $SCN^-$ wird ein oktaedrischer, paramagnetischer Komplex gebildet. Dieser hat in der $t_{2g}^6 e_g^2$-Konfiguration zwei ungepaarte Elektronen: $\mu_{mag} = \sqrt{n(n+2)}\ \mu_B = 2.83$ mit $n = 2$.

Die im Vergleich zum Quadrat kleinere oktaedrische Kristallfeldaufspaltung bedingt eine Absorption im längerwelligen sichtbaren Bereich und die Komplexe erscheinen violett bis blau.

**5.47**   AgF ist wasserlöslich.

AgCl ist löslich in verd. Ammoniak-Lösung.

AgBr ist löslich in konz. Ammoniak-Lösung oder in Thiosulfat-Lösung.

AgI ist „unlöslich" in konz. Ammoniak-Lösung und in Thiosulfat-Lösung und löst sich erst in Cyanid-Lösung.

# Anhang 1
# Einheiten · Konstanten · Umrechnungs-
# faktoren

Gesetzliche Einheiten im Messwesen sind die Einheiten des Internationalen Einheitensystems (SI), sowie die atomphysikalischen Einheiten für Masse (u) und Energie (eV).

https://doi.org/10.1515/9783110701067-011

# 1. Einheiten und Umrechnungsfaktoren

| Größe | SI-Einheiten (mit * gekennzeichnet sind Basiseinheiten) | | Andere zulässige Einheiten | Bis 31. 12. 1977 zugelassene Einheiten |
|---|---|---|---|---|
| | Einheit | Einheitenzeichen | | |
| Länge | *Meter | m | | Ångstrøm $\quad$ 1 Å = $10^{-10}$ m |
| Volumen | Kubikmeter | $m^3$ | Liter $\quad$ 1 $l$ = $10^{-3}$ $m^3$ | |
| Masse | *Kilogramm | kg | atomare Masseneinheit $\quad$ 1 u = 1,660 · $10^{-27}$ kg<br><br>Gramm $\quad$ 1 g = $10^{-3}$ kg<br><br>Tonne $\quad$ 1 t = $10^3$ kg<br><br>Karat $\quad$ 1 Karat = 2 · $10^{-4}$ kg | |

Einheiten und Umrechnungsfaktoren (Fortsetzung)

| Größe | SI-Einheit | Einheitenzeichen | Andere zulässige Einheiten | Bis 31. 12. 1977 zugelassene Einheiten |
|---|---|---|---|---|
| Zeit | *Sekunde | s | Minute $1\ \mathrm{min} = 60\ \mathrm{s}$<br>Stunde $1\ \mathrm{h} = 3600\ \mathrm{s}$<br>Tag $1\ \mathrm{d} = 86400\ \mathrm{s}$ | |
| Kraft | Newton | $N\ (= \mathrm{kg\ m\ s^{-2}})$ | | dyn $1\ \mathrm{dyn} = 10^{-5}\ \mathrm{N}$<br>pond $1\ \mathrm{p} = 9{,}81 \cdot 10^{-3}\ \mathrm{N}$ |
| Druck | Pascal | $Pa\ (= \mathrm{N\ m^{-2}})$ | bar $1\ \mathrm{bar} = 10^{5}\ \mathrm{Pa}$ | Atmosphäre $1\ \mathrm{atm} = 1{,}013 \cdot 10^{5}\ \mathrm{Pa}$<br>$1\ \mathrm{Torr} = 1{,}33 \cdot 10^{2}\ \mathrm{Pa}$ |
| Elektrische Stromstärke | *Ampere | A | | |
| Ladung | Coulomb | $C\ (= \mathrm{A\ s})$ | Amperestunde $1\ \mathrm{A\ h} = 3{,}6 \cdot 10^{3}\ \mathrm{C}$ | |

Einheiten und Umrechnungsfaktoren (Fortsetzung)

| Größe | SI-Einheit | Einheitszeichen | Andere zulässige Einheiten | Bis 31. 12. 1977 zugelassene Einheiten |
|---|---|---|---|---|
| Energie | Joule | $J \ (= N \, m$ $= kg \, m^2 \, s^{-2}$ $= Ws)$ | Elektronenvolt $\quad$ 1 eV $= 1{,}602 \cdot 10^{-19}$ J <br> Kilowattstunde $\quad$ 1 kWh $= 3{,}6 \cdot 10^{6}$ J | erg $\quad$ 1 erg $= 10^{-7}$ J <br> Kalorie $\quad$ 1 cal $= 4{,}187$ J |
| Leistung | Watt | $W \ (= J \, s^{-1} = V \, A)$ | | Pferdestärke $\quad$ 1 PS $=$ $7{,}35 \cdot 10^{2}$ W |
| Spannung | Volt | $V \ (J \, C^{-1})$ | | |
| Widerstand | Ohm | $\Omega \ (= V \, A^{-1})$ | | |
| Temperatur | *Kelvin | K | Grad Celsius $\quad$ °C <br> für $\vartheta = T - T_0$ mit $T_0 = 273{,}15$ K | |
| Stoffmenge | *Mol | mol | | |
| Stoffmengen-konzentration | Mol pro Kubikmeter | $mol \, m^{-3}$ | Mol pro Liter $\quad$ 1 mol $l^{-1}$ $= 10^{3}$ mol m$^{-3}$ | |

## 2. Dezimale Vielfache und Teile von Einheiten

| Zehner-potenz | Vorsatz | Vorsatz-zeichen | Zehner-potenz | Vorsatz | Vorsatz-zeichen |
|---|---|---|---|---|---|
| $10^1$ | Deka | da | $10^{-1}$ | Dezi | d |
| $10^2$ | Hekto | h | $10^{-2}$ | Zenti | c |
| $10^3$ | Kilo | k | $10^{-3}$ | Milli | m |
| $10^6$ | Mega | M | $10^{-6}$ | Mikro | $\mu$ |
| $10^9$ | Giga | G | $10^{-9}$ | Nano | n |
| $10^{12}$ | Tera | T | $10^{-12}$ | Piko | p |

## 3. Konstanten

| Größe | Symbol | Zahlenwert und Einheit |
|---|---|---|
| Lichtgeschwindigkeit | c | $2,99792 \cdot 10^8 \text{ m s}^{-1}$ |
| Elementarladung | e | $1,602 \cdot 10^{-19} \text{ C}$ |
| Ruhemasse des Elektrons | $m_e$ | $9,109 \cdot 10^{-31} \text{ kg}$ |
| Planck'sches Wirkungsquantum | h | $6,626 \cdot 10^{-34} \text{ J s}$ |
| Elektrische Feldkonstante | $\varepsilon_o$ | $8,854 \cdot 10^{-12} \text{ C V}^{-1} \text{ m}^{-1}$ |
| Avogadro-Konstante | $N_A$ | $6,022 \cdot 10^{23} \text{ mol}^{-1}$ |
| Gaskonstante | R | $8,314 \text{ J K}^{-1} \text{ mol}^{-1}$ |
| Faraday-Konstante | F | $9,649 \cdot 10^4 \text{ C mol}^{-1}$ |
| Normaldruck | $p_0$ | $1,013 \cdot 10^5 \text{ N m}^{-2}$, 1,013 bar |
| Standarddruck | $p^\circ$ | $1 \cdot 10^5 \text{ N m}^{-2}$, 1 bar |
| Gefrierpunkt des Wassers bei Normaldruck | $T_0$ | 273,15 K |

# Anhang 2
# Tabellen

Tab. 1 Atommassen der Elemente
(Quelle: Angaben der Internationalen Union für Reine und Angewandte Chemie
(IUPAC) nach nach dem Stand von 2016, mit Ergänzungen 2018.)

| Element | Symbol | Protonen-zahl Z | Relative Atommasse $A_r$ |
|---|---|---|---|
| Actinium* | Ac | 89 | (227) |
| Aluminium | Al + | 13 | 26,981539 |
| Americium* | Am | 95 | (243) |
| Antimon | Sb | 51 | 121,776 |
| Argon | Ar | 18 | 39,95 a |
| Arsen | As + | 33 | 74,92159 |
| Astat* | At | 85 | (210) |
| Barium | Ba | 56 | 137,327 |
| Berkelium* | Bk | 97 | (247) |
| Beryllium | Be + | 4 | 9,012183 |
| Bismut | Bi + | 83 | 208,98040 |
| Blei | Pb | 82 | 207,2 a |
| Bohrium* | Bh | 107 | (267) |
| Bor | B | 5 | 10,81 a |

* Elemente, von denen keine stabilen Nuklide existieren. Eingeklammerte
Werte: Nukleonenzahlen des radioaktiven Isotops mit der längsten Halbwertszeit.

+ Die so gekennzeichneten Elemente sind Reinelemente.

a Die Atommassen haben infolge der natürlichen Schwankungen der Isotopen-
zusammensetzungen schwankende Werte. Für Elemente mit gut dokumentierten
Abweichungen der Isotopenhäufigkeiten in normalen irdischen Materialien
wird die relative Atommasse inzwischen als Bereich angegeben, der diese Vari-
ationen widerspiegelt. Das sind die Elemente H, Li, B, C, N, O, Mg, Si, S, Cl,
Br, Tl. Hier sind nur die konventionellen Atommassen für eine nicht spezifizier-
te Probe, ohne Rücksicht auf die Unsicherheit, mit maximal drei Dezimalstellen
gegeben.

https://doi.org/10.1515/9783110701067-012

| Element | Symbol | Protonen-zahl Z | Relative Atommasse $A_r$ |
|---|---|---|---|
| Brom | Br | 35 | 79,904 a |
| Cadmium | Cd | 48 | 112,41 |
| Caesium | Cs + | 55 | 132,90545 |
| Calcium | Ca | 20 | 40,078 |
| Californium* | Cf | 98 | (251) |
| Cer | Ce | 58 | 140,116 |
| Chlor | Cl | 17 | 35,45 a |
| Chrom | Cr | 24 | 51,9961 |
| Cobalt | Co + | 27 | 58,93319 |
| Copernicium* | Cn | 112 | (285) |
| Curium* | Cm | 96 | (247) |
| Darmstadtium* | Ds | 110 | (282) |
| Dubnium* | Db | 105 | (268) |
| Dysprosium | Dy | 66 | 162,50 |
| Einsteinium* | Es | 99 | (252) |
| Eisen | Fe | 26 | 55,845 |
| Erbium | Er | 68 | 167,26 |
| Europium | Eu | 63 | 151,96 |
| Fermium | Fm | 100 | (257) |
| Flerovium* | Fl | 114 | (285) |
| Fluor | F + | 9 | 18,998403 |
| Francium* | Fr | 87 | (223) |
| Gadolinium | Gd | 64 | 157,25 |
| Gallium | Ga | 31 | 69,723 |
| Germanium | Ge | 32 | 72,64 |
| Gold | Au + | 79 | 196,96657 |
| Hafnium | Hf | 72 | 178,49 |
| Hassium* | Hs | 108 | (278) |
| Helium | He | 2 | 4,003 a |
| Holmium | Ho + | 67 | 164,93033 |
| Indium | In | 49 | 114,818 |
| Iod | I + | 53 | 126,90447 |
| Iridium | Ir | 77 | 192,217 |
| Kalium | K | 19 | 39,0983 |
| Kohlenstoff | C | 6 | 12,011 a |
| Krypton | Kr | 36 | 83,798 |
| Kupfer | Cu | 29 | 63,546 a |

| Element | Symbol | Protonen-zahl Z | Relative Atommasse $A_r$ |
|---|---|---|---|
| Lanthan | La | 57 | 138,9055 |
| Lawrencium* | Lr | 103 | (262) |
| Lithium | Li | 3 | 6,94 a |
| Livermorium* | Lv | 116 | (293) |
| Lutetium | Lu | 71 | 174,967 |
| Magnesium | Mg | 12 | 24,305 a |
| Mangan | Mn + | 25 | 54,9380 |
| Meitnerium* | Mt | 109 | (278) |
| Mendelevium* | Md | 101 | (258) |
| Molybdän | Mo | 42 | 95,95 |
| Natrium | Na+ | 11 | 22,989769 |
| Neodym | Nd | 60 | 144,24 |
| Neon | Ne | 10 | 20,1797 |
| Neptunium* | Np | 93 | (237) |
| Nickel | Ni | 28 | 58,693 |
| Nihonium* | Nh | 113 | (287) |
| Niob | Nb + | 41 | 92,90637 |
| Nobelium | No | 102 | (259) |
| Oganesson* | Og | 118 | (294) |
| Osmium | Os | 76 | 190,23 |
| Palladium | Pd | 46 | 106,42 |
| Phosphor | P + | 15 | 30,973762 |
| Platin | Pt | 78 | 195,08 |
| Plutonium* | Pu | 94 | (244) |
| Polonium* | Po | 84 | (209) |
| Praseodym | Pr + | 59 | 140,90766 |
| Promethium* | Pm | 61 | (145) |
| Protactinium* | Pa | 91 | 231,03588 |
| Quecksilber | Hg | 80 | 200,59 |
| Radium* | Ra | 88 | (226) |
| Radon* | Rn | 86 | (222) |
| Rhenium | Re | 75 | 186,21 |
| Rhodium | Rh + | 45 | 102,90550 |
| Röntgenium* | Rg | 111 | (282) |
| Rubidium | Rb | 37 | 85,4678 |
| Ruthenium | Ru | 44 | 101,07 |
| Rutherfordium* | Rf | 104 | (267) |

| Element | Symbol | Protonen-zahl Z | Relative Atommasse $A_r$ |
|---|---|---|---|
| Samarium | Sm | 62 | 150,36 |
| Sauerstoff | O | 8 | 15,999 a |
| Scandium | Sc + | 21 | 44,95591 |
| Schwefel | S | 16 | 32,06 a |
| Seaborgium* | Sg | 106 | (271) |
| Selen | Se | 34 | 78,971 |
| Silber | Ag | 47 | 107,8682 |
| Silicium | Si | 14 | 28,085 a |
| Stickstoff | N | 7 | 14,007 a |
| Strontium | Sr | 38 | 87,62 |
| Tantal | Ta | 73 | 180,9479 |
| Technetium* | Tc | 43 | (98) |
| Tellur | Te | 52 | 127,60 |
| Tenness* | Ts | 117 | (294) |
| Terbium | Tb + | 65 | 158,92535 |
| Thallium | Tl | 81 | 204,38 a |
| Thorium* | Th | 90 | 232,0377 |
| Thulium | Tm + | 69 | 168,9342 |
| Titan | Ti | 22 | 47,867 |
| Uran* | U | 92 | 238,0289 |
| Vanadium | V | 23 | 50,9415 |
| Wasserstoff | H | 1 | 1,008 a |
| Wolfram | W | 74 | 183,84 |
| Xenon | Xe | 54 | 131,293 |
| Ytterbium | Yb | 70 | 173,04 |
| Yttrium | Y + | 39 | 88,90585 |
| Zink | Zn | 30 | 65,38 |
| Zinn | Sn | 50 | 118,710 |
| Zirkonium | Zr | 40 | 91,224 |

Tab. 2   Periodensystem der Elemente (PSE)

| Hauptgruppen | | Nebengruppen | | | | | | | | | | | Hauptgruppen | | | | | |
|---|---|---|---|---|---|---|---|---|---|---|---|---|---|---|---|---|---|---|
| 1 | 2 | 3 | 4 | 5 | 6 | 7 | 8 | 9 | 10 | 11 | 12 | 13 | 14 | 15 | 16 | 17 | 18 |
| Ia | IIa | IIIb | IVb | Vb | VIb | VIIb | VIIIb | | | Ib | IIb | IIIa | IVa | Va | VIa | VIIa | VIIIa |
| $s^1$ | $s^2$ | $d^1$ | $d^2$ | $d^3$ | $d^4$ | $d^5$ | $d^6$ | $d^7$ | $d^8$ | $d^9$ | $d^{10}$ | $p^1$ | $p^2$ | $p^3$ | $p^4$ | $p^5$ | $p^6$ |
| **1** (1s) 1 H | | | | | | | | | | | | | | | | | 2 He |
| **2** (2s 2p) 3 Li | 4 Be | | | | | | | | | | | 5 B | 6 C | 7 N | 8 O | 9 F | 10 Ne |
| **3** (3s 3p) 11 Na | 12 Mg | | | | | | | | | | | 13 Al | 14 Si | 15 P | 16 S | 17 Cl | 18 Ar |
| **4** (4s 3d 4p) 19 K | 20 Ca | 21 Sc | 22 Ti | 23 V | 24 *Cr | 25 Mn | 26 Fe | 27 Co | 28 Ni | 29 *Cu | 30 Zn | 31 Ga | 32 Ge | 33 As | 34 Se | 35 Br | 36 Kr |
| **5** (5s 4d 5p) 37 Rb | 38 Sr | 39 Y | 40 Zr | 41 *Nb | 42 *Mo | 43 Tc | 44 *Ru | 45 *Rh | 46 *Pd | 47 *Ag | 48 Cd | 49 In | 50 Sn | 51 Sb | 52 Te | 53 I | 54 Xe |
| **6** (6s 4f 5d 6p) 55 Cs | 56 Ba | 57–71 | 72 Hf | 73 Ta | 74 W | 75 Re | 76 Os | 77 Ir | 78 *Pt | 79 *Au | 80 Hg | 81 Tl | 82 Pb | 83 Bi | 84 Po | 85 At | 86 Rn |
| **7** (7s 5f 6d 7p) 87 Fr | 88 Ra | 89–103 | 104 Rf | 105 Db | 106 Sg | 107 Bh | 108 Hs | 109 Mt | 110 Ds | 111 Rg | 112 Cn | 113 Nh | 114 Fl | 115 Mc | 116 Lv | 117 Ts | 118 Og |

| Lanthanoide (4f-Elemente) | 57 *La | 58 Ce | 59 Pr | 60 Nd | 61 Pm | 62 Sm | 63 Eu | 64 *Gd | 65 Tb | 66 Dy | 67 Ho | 68 Er | 69 Tm | 70 Yb | 71 Lu |
|---|---|---|---|---|---|---|---|---|---|---|---|---|---|---|---|
| Actinoide (5f-Elemente) | 89 *Ac | 90 *Th | 91 *Pa | 92 *U | 93 *Np | 94 Pu | 95 Am | 96 *Cm | 97 Bk | 98 Cf | 99 Es | 100 Fm | 101 Md | 102 No | 103 Lr |

Bei jeder Periode ist angegeben, welche Orbitale aufgefüllt werden. Bei jeder Gruppe ist die Bezeichnung für das jeweils letzte Elektron, das beim Aufbau der Elektronenschale hinzukommt, angegeben. Unregelmäßige Elektronenkonfigurationen, die von dem Aufbauprinzip abweichen, sind mit einem * markiert. Ihre Elektronenkonfigurationen sind in der Tabelle 3 angegeben.

Nichtmetalle sind durch dunkelgraue Kästchen gekennzeichnet, Metalle durch weiße Kästchen. Hellgraue Kästchen kennzeichnen Elemente, deren Eigenschaften zwischen Metallen und Nichtmetallen liegen.

Wasserstoff gehört nur hinsichtlich der Konfiguration $s^1$ zur Gruppe 1, den chemischen Eigenschaften nach gehört er keiner Gruppe an und hat eine Sonderstellung. Helium gehört zur Gruppe der Edelgase, da es als einziges $s^2$-Element eine abgeschlossene Schale besitzt.

Die Frage, ob die Gruppe 3 aus Sc, Y, Lu und Lr besteht (wird favorisiert) oder aus Sc, Y, La und Ac ist Gegenstand von Diskussionen und von der IUPAC noch nicht abschließend entschieden.

Tab. 3   Elektronenkonfigurationen der Elemente

| Z | Ele-ment | K | L | | M | | | N | | | | O | | | |
|---|---|---|---|---|---|---|---|---|---|---|---|---|---|---|---|
| | | 1s | 2s | 2p | 3s | 3p | 3d | 4s | 4p | 4d | 4f | 5s | 5p | 5d | 5f |
| 1 | H | 1 | | | | | | | | | | | | | |
| 2 | He | 2 | | | | | | | | | | | | | |
| 3 | Li | 2 | 1 | | | | | | | | | | | | |
| 4 | Be | 2 | 2 | | | | | | | | | | | | |
| 5 | B | 2 | 2 | 1 | | | | | | | | | | | |
| 6 | C | 2 | 2 | 2 | | | | | | | | | | | |
| 7 | N | 2 | 2 | 3 | | | | | | | | | | | |
| 8 | O | 2 | 2 | 4 | | | | | | | | | | | |
| 9 | F | 2 | 2 | 5 | | | | | | | | | | | |
| 10 | Ne | 2 | 2 | 6 | | | | | | | | | | | |
| 11 | Na | 2 | 2 | 6 | 1 | | | | | | | | | | |
| 12 | Mg | 2 | 2 | 6 | 2 | | | | | | | | | | |
| 13 | Al | 2 | 2 | 6 | 2 | 1 | | | | | | | | | |
| 14 | Si | 2 | 2 | 6 | 2 | 2 | | | | | | | | | |
| 15 | P | 2 | 2 | 6 | 2 | 3 | | | | | | | | | |
| 16 | S | 2 | 2 | 6 | 2 | 4 | | | | | | | | | |
| 17 | Cl | 2 | 2 | 6 | 2 | 5 | | | | | | | | | |
| 18 | Ar | 2 | 2 | 6 | 2 | 6 | | | | | | | | | |
| 19 | K | 2 | 2 | 6 | 2 | 6 | | 1 | | | | | | | |
| 20 | Ca | 2 | 2 | 6 | 2 | 6 | | 2 | | | | | | | |
| 21 | Sc | 2 | 2 | 6 | 2 | 6 | 1 | 2 | | | | | | | |
| 22 | Ti | 2 | 2 | 6 | 2 | 6 | 2 | 2 | | | | | | | |
| 23 | V | 2 | 2 | 6 | 2 | 6 | 3 | 2 | | | | | | | |
| 24 | * Cr | 2 | 2 | 6 | 2 | 6 | 5 | 1 | | | | | | | |
| 25 | Mn | 2 | 2 | 6 | 2 | 6 | 5 | 2 | | | | | | | |

Tabelle 3 (Fortsetzung)

| Z | Element | K | L | | M | | | N | | | | O | | | |
|---|---|---|---|---|---|---|---|---|---|---|---|---|---|---|---|
| | | 1s | 2s | 2p | 3s | 3p | 3d | 4s | 4p | 4d | 4f | 5s | 5p | 5d | 5f |
| 26 | Fe | 2 | 2 | 6 | 2 | 6 | 6 | 2 | | | | | | | |
| 27 | Co | 2 | 2 | 6 | 2 | 6 | 7 | 2 | | | | | | | |
| 28 | Ni | 2 | 2 | 6 | 2 | 6 | 8 | 2 | | | | | | | |
| 29 | * Cu | 2 | 2 | 6 | 2 | 6 | 10 | 1 | | | | | | | |
| 30 | Zn | 2 | 2 | 6 | 2 | 6 | 10 | 2 | | | | | | | |
| 31 | Ga | 2 | 2 | 6 | 2 | 6 | 10 | 2 | 1 | | | | | | |
| 32 | Ge | 2 | 2 | 6 | 2 | 6 | 10 | 2 | 2 | | | | | | |
| 33 | As | 2 | 2 | 6 | 2 | 6 | 10 | 2 | 3 | | | | | | |
| 34 | Se | 2 | 2 | 6 | 2 | 6 | 10 | 2 | 4 | | | | | | |
| 35 | Br | 2 | 2 | 6 | 2 | 6 | 10 | 2 | 5 | | | | | | |
| 36 | Kr | 2 | 2 | 6 | 2 | 6 | 10 | 2 | 6 | | | | | | |

| Z | Element | K | L | M | N | | | | O | | | | | P | | | | | | Q |
|---|---|---|---|---|---|---|---|---|---|---|---|---|---|---|---|---|---|---|---|---|
| | | | | | 4s | 4p | 4d | 4f | 5s | 5p | 5d | 5f | 5g | 6s | 6p | 6d | 6f | 6g | 6h | 7s |
| 37 | Rb | 2 | 8 | 18 | 2 | 6 | | | 1 | | | | | | | | | | | |
| 38 | Sr | 2 | 8 | 18 | 2 | 6 | | | 2 | | | | | | | | | | | |
| 39 | Y | 2 | 8 | 18 | 2 | 6 | 1 | | 2 | | | | | | | | | | | |
| 40 | Zr | 2 | 8 | 18 | 2 | 6 | 2 | | 2 | | | | | | | | | | | |
| 41 | * Nb | 2 | 8 | 18 | 2 | 6 | 4 | | 1 | | | | | | | | | | | |
| 42 | * Mo | 2 | 8 | 18 | 2 | 6 | 5 | | 1 | | | | | | | | | | | |
| 43 | Tc | 2 | 8 | 18 | 2 | 6 | 5 | | 2 | | | | | | | | | | | |
| 44 | * Ru | 2 | 8 | 18 | 2 | 6 | 7 | | 1 | | | | | | | | | | | |
| 45 | * Rh | 2 | 8 | 18 | 2 | 6 | 8 | | 1 | | | | | | | | | | | |
| 46 | * Pd | 2 | 8 | 18 | 2 | 6 | 10 | | | | | | | | | | | | | |
| 47 | * Ag | 2 | 8 | 18 | 2 | 6 | 10 | | 1 | | | | | | | | | | | |
| 48 | Cd | 2 | 8 | 18 | 2 | 6 | 10 | | 2 | | | | | | | | | | | |
| 49 | In | 2 | 8 | 18 | 2 | 6 | 10 | | 2 | 1 | | | | | | | | | | |

Tabelle 3 (Fortsetzung)

| Z | Element | K | L | M | N | | | | O | | | | | P | | | | | | Q |
|---|---------|---|---|---|-----|-----|-----|-----|-----|-----|-----|-----|-----|-----|-----|-----|-----|-----|-----|-----|
| | | | | | 4s | 4p | 4d | 4f | 5s | 5p | 5d | 5f | 5g | 6s | 6p | 6d | 6f | 6g | 6h | 7s |
| 50 | Sn | 2 | 8 | 18 | 2 | 6 | 10 | | 2 | 2 | | | | | | | | | | |
| 51 | Sb | 2 | 8 | 18 | 2 | 6 | 10 | | 2 | 3 | | | | | | | | | | |
| 52 | Te | 2 | 8 | 18 | 2 | 6 | 10 | | 2 | 4 | | | | | | | | | | |
| 53 | I | 2 | 8 | 18 | 2 | 6 | 10 | | 2 | 5 | | | | | | | | | | |
| 54 | Xe | 2 | 8 | 18 | 2 | 6 | 10 | | 2 | 6 | | | | | | | | | | |
| 55 | Cs | 2 | 8 | 18 | 2 | 6 | 10 | | 2 | 6 | | | | 1 | | | | | | |
| 56 | Ba | 2 | 8 | 18 | 2 | 6 | 10 | | 2 | 6 | | | | 2 | | | | | | |
| 57 | * La | 2 | 8 | 18 | 2 | 6 | 10 | | 2 | 6 | 1 | | | 2 | | | | | | |
| 58 | Ce | 2 | 8 | 18 | 2 | 6 | 10 | 2 | 2 | 6 | | | | 2 | | | | | | |
| 59 | Pr | 2 | 8 | 18 | 2 | 6 | 10 | 3 | 2 | 6 | | | | 2 | | | | | | |
| 60 | Nd | 2 | 8 | 18 | 2 | 6 | 10 | 4 | 2 | 6 | | | | 2 | | | | | | |
| 61 | Pm | 2 | 8 | 18 | 2 | 6 | 10 | 5 | 2 | 6 | | | | 2 | | | | | | |
| 62 | Sm | 2 | 8 | 18 | 2 | 6 | 10 | 6 | 2 | 6 | | | | 2 | | | | | | |
| 63 | Eu | 2 | 8 | 18 | 2 | 6 | 10 | 7 | 2 | 6 | | | | 2 | | | | | | |
| 64 | * Gd | 2 | 8 | 18 | 2 | 6 | 10 | 7 | 2 | 6 | 1 | | | 2 | | | | | | |
| 65 | Tb | 2 | 8 | 18 | 2 | 6 | 10 | 9 | 2 | 6 | | | | 2 | | | | | | |
| 66 | Dy | 2 | 8 | 18 | 2 | 6 | 10 | 10 | 2 | 6 | | | | 2 | | | | | | |
| 67 | Ho | 2 | 8 | 18 | 2 | 6 | 10 | 11 | 2 | 6 | | | | 2 | | | | | | |
| 68 | Er | 2 | 8 | 18 | 2 | 6 | 10 | 12 | 2 | 6 | | | | 2 | | | | | | |
| 69 | Tm | 2 | 8 | 18 | 2 | 6 | 10 | 13 | 2 | 6 | | | | 2 | | | | | | |
| 70 | Yb | 2 | 8 | 18 | 2 | 6 | 10 | 14 | 2 | 6 | | | | 2 | | | | | | |
| 71 | Lu | 2 | 8 | 18 | 2 | 6 | 10 | 14 | 2 | 6 | 1 | | | 2 | | | | | | |
| 72 | Hf | 2 | 8 | 18 | 2 | 6 | 10 | 14 | 2 | 6 | 2 | | | 2 | | | | | | |
| 73 | Ta | 2 | 8 | 18 | 2 | 6 | 10 | 14 | 2 | 6 | 3 | | | 2 | | | | | | |
| 74 | W | 2 | 8 | 18 | 2 | 6 | 10 | 14 | 2 | 6 | 4 | | | 2 | | | | | | |
| 75 | Re | 2 | 8 | 18 | 2 | 6 | 10 | 14 | 2 | 6 | 5 | | | 2 | | | | | | |
| 76 | Os | 2 | 8 | 18 | 2 | 6 | 10 | 14 | 2 | 6 | 6 | | | 2 | | | | | | |
| 77 | Ir | 2 | 8 | 18 | 2 | 6 | 10 | 14 | 2 | 6 | 7 | | | 2 | | | | | | |

Tabelle 3 (Fortsetzung)

| Z | Element | K | L | M | 4s | 4p | 4d | 4f | 5s | 5p | 5d | 5f | 5g | 6s | 6p | 6d | 6f | 6g | 6h | 7s |
|---|---------|---|---|---|----|----|----|----|----|----|----|----|----|----|----|----|----|----|----|----|
| | | | | | | | N | | | | O | | | | | P | | | | Q |
| 78 | * Pt | 2 | 8 | 18 | 2 | 6 | 10 | 14 | 2 | 6 | 9 | | | 1 | | | | | | |
| 79 | * Au | 2 | 8 | 18 | 2 | 6 | 10 | 14 | 2 | 6 | 10 | | | 1 | | | | | | |
| 80 | Hg | 2 | 8 | 18 | 2 | 6 | 10 | 14 | 2 | 6 | 10 | | | 2 | | | | | | |
| 81 | Tl | 2 | 8 | 18 | 2 | 6 | 10 | 14 | 2 | 6 | 10 | | | 2 | 1 | | | | | |
| 82 | Pb | 2 | 8 | 18 | 2 | 6 | 10 | 14 | 2 | 6 | 10 | | | 2 | 2 | | | | | |
| 83 | Bi | 2 | 8 | 18 | 2 | 6 | 10 | 14 | 2 | 6 | 10 | | | 2 | 3 | | | | | |
| 84 | Po | 2 | 8 | 18 | 2 | 6 | 10 | 14 | 2 | 6 | 10 | | | 2 | 4 | | | | | |
| 85 | At | 2 | 8 | 18 | 2 | 6 | 10 | 14 | 2 | 6 | 10 | | | 2 | 5 | | | | | |
| 86 | Rn | 2 | 8 | 18 | 2 | 6 | 10 | 14 | 2 | 6 | 10 | | | 2 | 6 | | | | | |
| 87 | Fr | 2 | 8 | 18 | 2 | 6 | 10 | 14 | 2 | 6 | 10 | | | 2 | 6 | | | | | 1 |
| 88 | Ra | 2 | 8 | 18 | 2 | 6 | 10 | 14 | 2 | 6 | 10 | | | 2 | 6 | | | | | 2 |
| 89 | * Ac | 2 | 8 | 18 | 2 | 6 | 10 | 14 | 2 | 6 | 10 | | | 2 | 6 | 1 | | | | 2 |
| 90 | * Th | 2 | 8 | 18 | 2 | 6 | 10 | 14 | 2 | 6 | 10 | | | 2 | 6 | 2 | | | | 2 |
| 91 | * Pa | 2 | 8 | 18 | 2 | 6 | 10 | 14 | 2 | 6 | 10 | 2 | | 2 | 6 | 1 | | | | 2 |
| 92 | * U | 2 | 8 | 18 | 2 | 6 | 10 | 14 | 2 | 6 | 10 | 3 | | 2 | 6 | 1 | | | | 2 |
| 93 | * Np | 2 | 8 | 18 | 2 | 6 | 10 | 14 | 2 | 6 | 10 | 4 | | 2 | 6 | 1 | | | | 2 |
| 94 | Pu | 2 | 8 | 18 | 2 | 6 | 10 | 14 | 2 | 6 | 10 | 6 | | 2 | 6 | | | | | 2 |
| 95 | Am | 2 | 8 | 18 | 2 | 6 | 10 | 14 | 2 | 6 | 10 | 7 | | 2 | 6 | | | | | 2 |
| 96 | * Cm | 2 | 8 | 18 | 2 | 6 | 10 | 14 | 2 | 6 | 10 | 7 | | 2 | 6 | 1 | | | | 2 |
| 97 | Bk | 2 | 8 | 18 | 2 | 6 | 10 | 14 | 2 | 6 | 10 | 9 | | 2 | 6 | | | | | 2 |
| 98 | Cf | 2 | 8 | 18 | 2 | 6 | 10 | 14 | 2 | 6 | 10 | 10 | | 2 | 6 | | | | | 2 |
| 99 | Es | 2 | 8 | 18 | 2 | 6 | 10 | 14 | 2 | 6 | 10 | 11 | | 2 | 6 | | | | | 2 |
| 100 | Fm | 2 | 8 | 18 | 2 | 6 | 10 | 14 | 2 | 6 | 10 | 12 | | 2 | 6 | | | | | 2 |
| 101 | Md | 2 | 8 | 18 | 2 | 6 | 10 | 14 | 2 | 6 | 10 | 13 | | 2 | 6 | | | | | 2 |
| 102 | No | 2 | 8 | 18 | 2 | 6 | 10 | 14 | 2 | 6 | 10 | 14 | | 2 | 6 | | | | | 2 |
| 103 | Lr | 2 | 8 | 18 | 2 | 6 | 10 | 14 | 2 | 6 | 10 | 14 | | 2 | 6 | 1 | | | | 2 |
| 104 | Rf | 2 | 8 | 18 | 2 | 6 | 10 | 14 | 2 | 6 | 10 | 14 | | 2 | 6 | 2 | | | | 2 |

* Unregelmäßige Elektronenkonfigurationen

Tab. 4   Elektronegativitäten der Elemente (nach Pauling)

| H |
|---|
| 2,1 |

| Li | Be | B | C | N | O | F |
|----|----|----|----|----|----|----|
| 1,0 | 1,5 | 2,0 | 2,5 | 3,0 | 3,5 | 4,0 |
| Na | Mg | Al | Si | P | S | Cl |
| 0,9 | 1,2 | 1,5 | 1,8 | 2,1 | 2,5 | 3,0 |
| K | Ca | Ga | Ge | As | Se | Br |
| 0,8 | 1,0 | 1,6 | 1,8 | 2,0 | 2,4 | 2,8 |
| Rb | Sr | In | Sn | Sb | Te | I |
| 0,8 | 1,0 | 1,7 | 1,8 | 1,9 | 2,1 | 2,5 |
| Cs | Ba | Tl | Pb | Bi | | |
| 0,7 | 0,9 | 1,8 | 1,9 | 1,9 | | |

Nebengruppen

| Sc | Ti | V | Cr | Mn | Fe | Co | Ni | Cu | Zn |
|----|----|----|----|----|----|----|----|----|----|
| 1,3 | 1,5 | 1,6 | 1,6 | 1,5 | 1,8 | 1,9 | 1,9 | 1,9 | 1,6 |
| Y | Zr | Nb | Mo | Tc | Ru | Rh | Pd | Ag | Cd |
| 1,2 | 1,4 | 1,6 | 1,8 | 1,9 | 2,2 | 2,2 | 2,2 | 1,9 | 1,9 |
| La | Hf | Ta | W | Re | Os | Ir | Pt | Au | Hg |
| 1,0 | 1,3 | 1,5 | 1,7 | 1,9 | 2,2 | 2,2 | 2,2 | 2,4 | 1,9 |

Tab. 5  Ionenradien (in $10^{-10}$ m = Å, 1 Å = 100 pm)

| Ion | Radius | Ion | Radius | Ion | Radius |
|-----|--------|-----|--------|-----|--------|
| $F^-$ | 1,33 | $Be^{2+}$ | 0,45 | $Al^{3+}$ | 0,54 |
| $Cl^-$ | 1,81 | $Mg^{2+}$ | 0,72 | $La^{3+}$ | 1,03 |
| $Br^-$ | 1,96 | $Ca^{2+}$ | 1,00 | $V^{3+}$ | 0,64 |
| $I^-$ | 2,20 | $Sr^{2+}$ | 1,18 | $Cr^{3+}$ | 0,62 |
| $O^{2-}$ | 1,40 | $Ba^{2+}$ | 1,35 | $Fe^{3+}$ | 0,65 |
| $S^{2-}$ | 1,84 | $Pb^{2+}$ | 1,19 | $Co^{3+}$ | 0,61 |
| $Li^+$ | 0,76 | $Zn^{2+}$ | 0,74 | $Ni^{3+}$ | 0,60 |
| $Na^+$ | 1,02 | $Cd^{2+}$ | 0,95 | $Si^{4+}$ | 0,40 |
| $K^+$ | 1,38 | $Mn^{2+}$ | 0,83 | $Ti^+$ | 0,61 |
| $Rb^+$ | 1,52 | $Fe^{2+}$ | 0,87 | $Sn^{4+}$ | 0,69 |
| $Cs^+$ | 1,67 | $Co^{2+}$ | 0,75 | $Pb^{4+}$ | 0,78 |
| $NH_4^+$ | 1,43 | $Ni^{2+}$ | 0,69 | $U^{4+}$ | 0,89 |

Die Radien gelten für die Koordinationszahl 6. Die Radien der Kationen sind empirische Radien, die aus Oxiden und Fluoriden bestimmt wurden.

Tab. 6   Standardbildungsenthalpien ($\Delta H_B^o$ in kJ/mol)

| | | | |
|---|---|---|---|
| $H_2O$ (g) | − 241,8 | MgO (s) | − 601,6 |
| $H_2O$ (l) | − 285,8 | CaO (s) | − 634,9 |
| $O_3$ | + 142,7 | FeO (s) | − 272,0 |
| HF | − 273,3 | $Fe_3O_4$ (s) | −1118,4 |
| HCl | − 92,3 | α-$Al_2O_3$ (s) | −1675,7 |
| HBr | − 36,3 | α-$Fe_2O_3$ (s) | − 824,2 |
| HI | + 26,5 | $SiO_2$ (s) | − 910,7 |
| $SO_2$ | − 296,8 | CuO (s) | − 157,3 |
| $SO_3$ (g) | − 395,7 | NaF (s) | − 576,6 |
| $H_2S$ | − 20,6 | NaCl (s) | − 411,2 |
| NO | + 91,3 | H | + 218,0 |
| $NO_2$ | + 33,2 | N | + 472,7 |
| $NH_3$ | − 45,9 | O | + 249,2 |
| CO | − 110,5 | F | + 79,4 |
| $CO_2$ | − 393,5 | Cl | + 121,3 |
| $CaCO_3$ (s) | −1207,7 | Br | + 111,9 |
| $MgCO_3$ (s) | −1095,8 | I | + 106,8 |

(Werte aus Handbook, 90. Aufl., 5-1ff bis 5-19 für CaCO3, 5-20 für MgCO3,)
(g) = gasförmig, (l) = flüssig, „liquid", (s) = fest, „solid"

Tab. 7   pK$_S$-Werte einiger Säure-Base-Paare bei 25 °C
         pK$_S$ = – lg K$_S$

| Säure | Base | pK$_S$ |
|---|---|---|
| $HClO_4$ | $ClO_4^-$ | −10 |
| $HCl$ | $Cl^-$ | − 7 |
| $H_2SO_4$ | $HSO_4^-$ | − 3,0 |
| $H_3O^+$ | $H_2O$ | − 1,74 |
| $HNO_3$ | $NO_3^-$ | − 1,37 |
| $HSO_4^-$ | $SO_4^{2-}$ | + 1,96 |
| $H_2SO_3$ | $HSO_3^-$ | + 1,90 |
| $H_3PO_4$ | $H_2PO_4^-$ | + 2,16 |
| $[Fe(H_2O)_6]^{3+}$ | $[Fe(OH)(H_2O)_5]^{2+}$ | + 2,46 |
| $HF$ | $F^-$ | + 3,18 |
| $CH_3COOH$ | $CH_3COO^-$ | + 4,75 |
| $[Al(H_2O)_6]^{3+}$ | $[Al(OH)(H_2O)_5]^{2+}$ | + 4,97 |
| $CO_2 + H_2O$ | $HCO_3^-$ | + 6,35 |
| $H_2S$ | $HS^-$ | + 6,99 |
| $HSO_3^-$ | $SO_3^{2-}$ | + 7,20 |
| $H_2PO_4^-$ | $HPO_4^{2-}$ | + 7,21 |
| $HCN$ | $CN^-$ | + 9,21 |
| $NH_4^+$ | $NH_3$ | + 9,25 |
| $HCO_3^-$ | $CO_3^{2-}$ | +10,33 |
| $H_2O_2$ | $HO_2^-$ | +11,65 |
| $HPO_4^{2-}$ | $PO_4^{3-}$ | +12,32 |
| $HS^-$ | $S^{2-}$ | +12,89 |
| $H_2O$ | $OH^-$ | +15,74 |
| $OH^-$ | $O^{2-}$ | +29 |

Tab. 8    Löslichkeitsprodukte einiger schwerlöslicher Verbindungen in Wasser
bei 25 °C

| Verbindung | $K_L$ | Verbindung | $K_L$ |
|---|---|---|---|
| Halogenide | | Sulfate | |
| AgCl | $2 \cdot 10^{-10}$ mol$^2$/l$^2$ | CaSO$_4$ | $2 \cdot 10^{-5}$ mol$^2$/l$^2$ |
| AgBr | $5 \cdot 10^{-13}$ mol$^2$/l$^2$ | BaSO$_4$ | $10^{-9}$ mol$^2$/l$^2$ |
| AgI | $8 \cdot 10^{-17}$ mol$^2$/l$^2$ | PbSO$_4$ | $10^{-8}$ mol$^2$/l$^2$ |
| PbCl$_2$ | $2 \cdot 10^{-5}$ mol$^3$/l$^3$ | | |
| CaF$_2$ | $2 \cdot 10^{-10}$ mol$^3$/l$^3$ | Chromate | |
| BaF$_2$ | $2 \cdot 10^{-6}$ mol$^3$/l$^3$ | BaCrO$_4$ | $10^{-10}$ mol$^2$/l$^2$ |
| | | PbCrO$_4$ | $2 \cdot 10^{-14}$ mol$^2$/l$^2$ |
| | | Ag$_2$CrO$_4$ | $4 \cdot 10^{-12}$ mol$^3$/l$^3$ |
| | | | |
| Carbonate | | Sulfide | |
| CaCO$_3$ | $5 \cdot 10^{-9}$ mol$^2$/l$^2$ | HgS | $10^{-54}$ mol$^2$/l$^2$ |
| BaCO$_3$ | $2 \cdot 10^{-9}$ mol$^2$/l$^2$ | CuS | $10^{-44}$ mol$^2$/l$^2$ |
| | | CdS | $10^{-28}$ mol$^2$/l$^2$ |
| Hydroxide | | PbS | $10^{-28}$ mol$^2$/l$^2$ |
| Mg(OH)$_2$ | $10^{-12}$ mol$^3$/l$^3$ | ZnS | $10^{-24}$ mol$^2$/l$^2$ |
| Al(OH)$_3$ | $10^{-33}$ mol$^4$/l$^4$ | FeS | $10^{-19}$ mol$^2$/l$^2$ |
| Fe(OH)$_2$ | $10^{-15}$ mol$^3$/l$^3$ | NiS | $10^{-21}$ mol$^2$/l$^2$ |
| Fe(OH)$_3$ | $10^{-38}$ mol$^4$/l$^4$ | MnS | $10^{-15}$ mol$^2$/l$^2$ |
| Cr(OH)$_3$ | $10^{-30}$ mol$^4$/l$^4$ | Ag$_2$S | $10^{-50}$ mol$^3$/l$^3$ |

Tab. 9    Spannungsreihe

| Oxidierte Form | +z e⁻ | ⇌ | Reduzierte Form | Standard-potential E° (V) |
|---|---|---|---|---|
| $Li^+$ | + e⁻ | ⇌ | Li | −3,04 |
| $K^+$ | + e⁻ | ⇌ | K | −2,92 |
| $Ca^{2+}$ | +2 e⁻ | ⇌ | Ca | −2,87 |
| $Na^+$ | + e⁻ | ⇌ | Na | −2,71 |
| $Al^{3+}$ | +3 e⁻ | ⇌ | Al | −1,66 |
| $Mn^{2+}$ | +2 e⁻ | ⇌ | Mn | −1,18 |
| $Zn^{2+}$ | +2 e⁻ | ⇌ | Zn | −0,76 |
| S | +2 e⁻ | ⇌ | $S^{2-}$ | −0,48 |
| $Fe^{2+}$ | +2 e⁻ | ⇌ | Fe | −0,41 |
| $Cd^{2+}$ | +2 e⁻ | ⇌ | Cd | −0,40 |
| $Sn^{2+}$ | +2 e⁻ | ⇌ | Sn | −0,14 |
| $Pb^{2+}$ | +2 e⁻ | ⇌ | Pb | −0,31 |
| $2 H_3O^+$ | +2 e⁻ | ⇌ | $H_2 + 2 H_2O$ | 0 |
| $Sn^{4+}$ | +2 e⁻ | ⇌ | $Sn^{2+}$ | +0,15 |
| $Cu^{2+}$ | +2 e⁻ | ⇌ | Cu | +0,34 |
| $I_2$ | +2 e⁻ | ⇌ | $2 I^-$ | +0,54 |
| $Fe^{3+}$ | + e⁻ | ⇌ | $Fe^{2+}$ | +0,77 |
| $Ag^+$ | + e⁻ | ⇌ | Ag | +0,80 |
| $NO_3^- + 4 H_3O^+$ | +3 e⁻ | ⇌ | $NO + 6 H_2O$ | +0,96 |
| $Br_2$ | +2 e⁻ | ⇌ | $2 Br^-$ | +1,07 |
| $O_2 + 4 H_3O^+$ | +4 e⁻ | ⇌ | $6 H_2O$ | +1,23 |
| $Cr_2O_7^{2-} + 14 H_3O^+$ | +6 e⁻ | ⇌ | $2 Cr^{3+} + 21 H_2O$ | +1,33 |
| $Cl_2$ | +2 e⁻ | ⇌ | $2 Cl^-$ | +1,36 |
| $PbO_2 + 4 H_3O^+$ | +2 e⁻ | ⇌ | $Pb^{2+} + 6 H_2O$ | +1,46 |
| $Au^{3+}$ | +3 e⁻ | ⇌ | Au | +1,50 |
| $MnO_4^- + 8 H_3O^+$ | +5 e⁻ | ⇌ | $Mn^{2+} + 12 H_2O$ | +1,51 |
| $F_2$ | +2 e⁻ | ⇌ | $2 F^-$ | +2,87 |

# Periodensystem der Elemente

Nebengruppen

**Legende (Beispiel Mangan):**

| Protonenzahl (Ordnungszahl) | 25 |
| Elektronegativität (nach Allred u. Rochow) | 1,6 |
| Siedetemperatur in °C | 2032 |
| Schmelztemperatur in °C | 1244 |
| Symbol[2] | **Mn** |
| Relative Atommasse[1] | 54,94 |
| Name | Mangan |
| Elektronenkonfiguration | [Ar]3d⁵4s² |

$[Ar]3d^54s^2$

[1] Der eingeklammerte Wert bei radioaktiven Elementen ist die Nukleonenzahl (Massenzahl) des Isotops mit der längsten Halbwertszeit.

[2] rot : gasförmig ⎫ bei STP
grün : flüssig ⎬ ($\cong$ 0 °C und
schwarz : fest ⎭ 1,0 bar)
licht : alle Isotope radioaktiv

Für die ab 1996 synthetisierten Elemente 113, 115 und 118 gibt es noch keine Namen und Symbole.

Gruppennummern: 1, 2, 3, 4, 5, 6, 7, 8, 9, 10, 11, 12, 13, 14, 15, 16, 17, 18

Periodensystem der Elemente – Hauptelemente (Auswahl):

H, Li, Be, Na, Mg, K, Ca, Sc, Ti, V, Cr, Mn, Fe, Co, Ni, Cu, Zn, Ga, Ge, As, Se, Br, Kr

Lanthanoide: La, Ce, Pr, Nd, Pm, Sm, Eu, Gd, Tb, Dy, Ho, Er, Tm, Yb, Lu

Actinoide: Ac, Th, Pa, U, Np, Pu, Am, Cm, Bk, Cf, Es, Fm, Md, No, Lr

Walter de Gruyter GmbH, Genthiner Straße 13, 10785 Berlin, Tel.: 030 / 2 60 05 - 0, Fax: 030 / 2 60 05 - 251, E-Mail: info@degruyter.com, Internet: www.degruyter.com

(Nach Prof. Ralf Steudel 03/2014)

# Periodensystem der Elemente

**Hauptgruppen**

**1**

**2**

**Hauptgruppen**

**18**

**13  14  15  16  17**

**Nebengruppen**

**3  4  5  6  7  8  9  10  11  12**

[1] Der eingeklammerte Wert bei radioaktiven Elementen ist die Nukleonenzahl (Massenzahl) des Isotops mit der längsten Halbwertszeit

[2] rot : gasförmig
grün : flüssig  } bei STP (≙ 0 °C und 1,0 bar)
schwarz : fest
licht : alle Isotope radioaktiv

## Legendenfeld (Beispiel Mangan)

| | |
|---|---|
| Protonenzahl (Ordnungszahl) | 25 |
| Relative Atommasse[1] | 54,94 |
| | Mn |
| Elektronegativität (nach Allred u. Rochow) | 1,6 |
| Siedetemperatur in °C | 2032 |
| Schmelztemperatur in °C | 1244 |
| Symbol[2] | |
| Name | Mangan |
| Elektronenkonfiguration | [Ar]3d⁵4s² |

**Lanthanoide** *

**Actinoide** **

Für die ab 1996 synthetisierten Elemente 113, 115 und 118 gibt es noch keine Namen und Symbole.

(Nach Prof. Ralf Steudel 03/2014)

www.degruyter.com

Walter de Gruyter GmbH, Genthiner Straße 13, 10785 Berlin, Tel.: 030 / 2 60 05 - 0, Fax: 030 / 2 60 05 - 251, E-Mail: info@degruyter.com, Internet: www.degruyter.com

## Protonenzahlen und relative Atommassen der Elemente

| Element-name | Element-symbol | Protonen-zahl Z | Relative Atommasse $A_r$ |
|---|---|---|---|
| Actinium* | Ac | 89 | (227) |
| Aluminium | Al | 13 | 26,981539 |
| Americium* | Am | 95 | (243) |
| Antimon | Sb | 51 | 121,760 |
| Argon | Ar | 18 | 39,948 |
| Arsen | As | 33 | 74,92160 |
| Astat* | At | 85 | (210) |
| Barium | Ba | 56 | 137,327 |
| Berkelium* | Bk | 97 | (247) |
| Beryllium | Be | 4 | 9,012182 |
| Bismut | Bi | 83 | 208,98040 |
| Blei | Pb | 82 | 207,2 |
| Bohrium* | Bh | 107 | (270) |
| Bor | B | 5 | 10,811 |
| Brom | Br | 35 | 79,904 |
| Cadmium | Cd | 48 | 112,411 |
| Caesium | Cs | 55 | 132,90519 |
| Calcium | Ca | 20 | 40,078 |
| Californium* | Cf | 98 | (251) |
| Cer | Ce | 58 | 140,116 |
| Chlor | Cl | 17 | 35,453 |
| Chrom | Cr | 24 | 51,9961 |
| Cobalt | Co | 27 | 58,93320 |
| Copernicium* | Cn | 112 | (283) |
| Curium* | Cm | 96 | (247) |
| Darmstadtium* | Ds | 110 | (281) |
| Dubnium* | Db | 105 | (268) |
| Dysprosium | Dy | 66 | 162,50 |
| Einsteinium* | Es | 99 | (252) |
| Eisen | Fe | 26 | 55,845 |
| Erbium | Er | 68 | 167,26 |
| Europium | Eu | 63 | 151,96 |
| Fermium* | Fm | 100 | (257) |
| Flerovium* | Fl | 114 | (289) |
| Fluor | F | 9 | 18,998403 |
| Francium* | Fr | 87 | (223) |
| Gadolinium | Gd | 64 | 157,25 |
| Gallium | Ga | 31 | 69,723 |
| Germanium | Ge | 32 | 72,64 |
| Gold | Au | 79 | 196,96657 |
| Hafnium | Hf | 72 | 178,49 |
| Hassium* | Hs | 108 | (270) |
| Helium | He | 2 | 4,002602 |
| Holmium | Ho | 67 | 164,93032 |
| Indium | In | 49 | 114,818 |
| Iod | I | 53 | 126,90447 |
| Iridium | Ir | 77 | 192,22 |
| Kalium | K | 19 | 39,0983 |
| Kohlenstoff | C | 6 | 12,011 |
| Krypton | Kr | 36 | 83,80 |
| Kupfer | Cu | 29 | 63,546 |
| Lanthan | La | 57 | 138,9055 |
| Lawrencium* | Lr | 103 | (262) |
| Lithium | Li | 3 | 6,94 |
| Livermorium* | Lv | 116 | (293) |
| Lutetium | Lu | 71 | 174,967 |
| Magnesium | Mg | 12 | 24,3050 |
| Mangan | Mn | 25 | 54,93805 |
| Meitnerium* | Mt | 109 | (276) |
| Mendelevium* | Md | 101 | (258) |
| Molybdän | Mo | 42 | 95,96 |
| Natrium | Na | 11 | 22,989769 |
| Neodym | Nd | 60 | 144,24 |
| Neon | Ne | 10 | 20,1797 |
| Neptunium* | Np | 93 | (237) |
| Nickel | Ni | 28 | 58,69 |
| Niob | Nb | 41 | 92,90638 |
| Nobelium* | No | 102 | (259) |
| Osmium | Os | 76 | 190,23 |
| Palladium | Pd | 46 | 106,42 |
| Phosphor | P | 15 | 30,973762 |
| Platin | Pt | 78 | 195,08 |
| Plutonium* | Pu | 94 | (244) |
| Polonium* | Po | 84 | (209) |
| Praseodym | Pr | 59 | 140,90765 |
| Promethium* | Pm | 61 | (145) |
| Protactinium* | Pa | 91 | 231,03588 |
| Quecksilber | Hg | 80 | 200,59 |
| Radium* | Ra | 88 | (226) |
| Radon* | Rn | 86 | (222) |
| Rhenium | Re | 75 | 186,21 |
| Rhodium | Rh | 45 | 102,90550 |
| Roentgenium* | Rg | 111 | (281) |
| Rubidium | Rb | 37 | 85,4678 |
| Ruthenium | Ru | 44 | 101,07 |
| Rutherfordium* | Rf | 104 | (265) |
| Samarium | Sm | 62 | 150,36 |
| Sauerstoff | O | 8 | 15,999 |
| Scandium | Sc | 21 | 44,955912 |
| Schwefel | S | 16 | 32,06 |
| Seaborgium* | Sg | 106 | (271) |
| Selen | Se | 34 | 78,96 |
| Silber | Ag | 47 | 107,8682 |
| Silicium | Si | 14 | 28,085 |
| Stickstoff | N | 7 | 14,007 |
| Strontium | Sr | 38 | 87,62 |
| Tantal | Ta | 73 | 180,9479 |
| Technetium* | Tc | 43 | (98) |
| Tellur | Te | 52 | 127,60 |
| Terbium | Tb | 65 | 158,92535 |
| Thallium | Tl | 81 | 204,38 |
| Thorium* | Th | 90 | 232,0381 |
| Thulium | Tm | 69 | 168,93421 |
| Titan | Ti | 22 | 47,87 |
| Uran* | U | 92 | 238,0289 |
| Vanadium | V | 23 | 50,9415 |
| Wasserstoff | H | 1 | 1,008 |
| Wolfram | W | 74 | 183,84 |
| Xenon | Xe | 54 | 131,29 |
| Ytterbium | Yb | 70 | 173,05 |
| Yttrium | Y | 39 | 88,90585 |
| Zink | Zn | 30 | 65,38 |
| Zinn | Sn | 50 | 118,710 |
| Zirconium | Zr | 40 | 91,224 |

*Elemente, von denen keine stabilen Nuklide existieren. Eingeklammerte Werte: Nukleonenzahl der Isotope mit der längsten Halbwertszeit.

Protonenzahlen und relative Atommassen der Elemente: Nach IUPAC Commission on Atomic Weights and Isotopic Abundances, zitiert nach *Pure. Appl. Chem.* **2013**, *85*, 1047.

## SI-Basiseinheiten

| Basisgröße | Zeichen | Name | Basiseinheit | Zeichen |
|---|---|---|---|---|
| Länge | $l$ | Meter | m | |
| Zeit | $t$ | Sekunde | s | |
| Masse | $m$ | Kilogramm | kg | |
| Stoffmenge | $n$ | Mol | mol | |
| elektrische Stromstärke | $I$ | Ampere | A | |
| thermodynamische Temperatur | $T$ | Kelvin | K | |
| Lichtstärke | $I_v$ | Candela | cd | |

## SI-Vorsätze

| Multipli-kator | Vorsatz | Vorsatz-zeichen | Multipli-kator | Vorsatz | Vorsatz-zeichen |
|---|---|---|---|---|---|
| $10^{18}$ | Exa | E | $10^{-1}$ | Dezi | d |
| $10^{15}$ | Peta | P | $10^{-2}$ | Zenti | c |
| $10^{12}$ | Tera | T | $10^{-3}$ | Milli | m |
| $10^{9}$ | Giga | G | $10^{-6}$ | Mikro | μ |
| $10^{6}$ | Mega | M | $10^{-9}$ | Nano | n |
| $10^{3}$ | Kilo | k | $10^{-12}$ | Piko | p |
| $10^{2}$ | Hekto | h | $10^{-15}$ | Femto | f |
| $10^{1}$ | Deka | da | $10^{-18}$ | Atto | a |

## Wichtige Umrechnungsfaktoren

| Größe | SI-Einheit | | Umrechnung (gerundet) |
|---|---|---|---|
| Länge | Meter | m | 1 inch = 25,40 mm; 1 foot = 30,478 cm |
| | | | 1 yard = 0,9144 m; 1 mile = 1,6093 km |
| | | | 1 Ångström = $10^{-10}$ m |
| Masse | Kilogramm | kg | 1 ounce = 28,35 g; 1 pound = 0,4536 kg |
| | | | 1 atomare Masseneinheit = 1,66057 · $10^{-27}$ kg |
| Temperatur | Kelvin | K | $t = T - 273{,}15$ K |
| | | | (Celsius-Temperatur $t$ in °C, thermodynamische Temperatur $T$ in K) |
| Kraft | Newton | N | 1 N = $10^5$ dyn = 0,10197 kp |
| Druck | Pascal | Pa | 1 Pa = $10^{-5}$ bar = 0,987 · $10^{-5}$ atm |
| | | | = 0,0075 Torr; 1 atm = 1,01325 bar |
| Arbeit (Energie) | Joule | J | 1 J = 0,2390 cal = 6,242 · $10^{18}$ eV |
| | | | = 2,778 · $10^{-7}$ kWh; 1 cal = 4,187 J |
| Leistung | Watt | W | 1 W = 859,8 cal h$^{-1}$ |
| | | | = 1,35962 · $10^{-3}$ PS |
| Aktivität einer radioaktiven Substanz | Bequerel | Bq | 1 Curie (Ci) = 3,700 · $10^{10}$ Bq |
| Energiedosis | Gray | Gy | 1 Rad (rd) = 0,01 Gy |

## Wichtige physikalische und mathematische Konstanten

| Größe | Symbol | Zahlenwert | Einheit |
|---|---|---|---|
| Bohr-Radius des Elektrons | $a_0$ | 0,52917706 · $10^{-10}$ | m |
| Elektronenradius | $r_e$ | 2,817938 · $10^{-15}$ | m |
| Ruhemasse des Elektrons | $m_e$ | 0,9109534 · $10^{-30}$ | kg |
| Ruhemasse des Myons | $m_\mu$ | 1,883566 · $10^{-28}$ | kg |
| Ruhemasse des Neutrons | $m_n$ | 1,674943 · $10^{-27}$ | kg |
| Ruhemasse des Protons | $m_p$ | 1,6726485 · $10^{-27}$ | kg |
| Massenverhältnis Proton/Elektron | $m_p/m_e$ | 1,836152 · $10^3$ | |
| Atommassenkonstante | $u$ | 1,6605655 · $10^{-27}$ | kg |
| Elementarladung | $e$ | 1,6021892 · $10^{-19}$ | C |
| Planck-Konstante | $h$ | 6,626176 · $10^{-34}$ | J s |
| Boltzmann-Konstante | $k$ | 1,380662 · $10^{-23}$ | J K$^{-1}$ |
| Magnetisches Moment des Elektrons | $\mu_e$ | 9,284832 · $10^{-24}$ | J T$^{-1}$ |
| Magnetisches Moment des Protons | $\mu_p$ | 1,41049 · $10^{-26}$ | J T$^{-1}$ |
| Bohr-Magneton | $\mu_B$ | 9,274078 · $10^{-24}$ | J T$^{-1}$ |
| Kern-Magneton | $\mu_N$ | 5,050824 · $10^{-27}$ | J T$^{-1}$ |
| Feinstrukturkonstante | $a$ | 7,29735506 · $10^{-3}$ | — |
| Rydberg-Konstante | $R_\infty$ | 1,09737177 · $10^7$ | m$^{-1}$ |
| Avogadro-Konstante | $N_A$ | 6,022045 · $10^{23}$ | mol$^{-1}$ |
| Lichtgeschwindigkeit im leeren Raum | $c_0$ | 2,99792458 · $10^8$ | ms$^{-1}$ |
| Normfallbeschleunigung | $g_n$ | 9,80665 | ms$^{-2}$ |
| Gravitationskonstante | $G$ | 6,6720 · $10^{-11}$ | Nm$^2$ kg$^{-2}$ |
| Energieäquivalent der Masse | — | 8,987555 · $10^{16}$ | J kg$^{-1}$ |
| Elektrische Feldkonstante | $\varepsilon_0$ | 8,854185 · $10^{-12}$ | F m$^{-1}$ |
| Magnetische Feldkonstante | $\mu_0$ | 1,256637 · $10^{-6}$ | H m$^{-1}$ |
| erste Planck-Strahlungskonstante | $c_1$ | 3,741832 · $10^{-16}$ | W m$^2$ |
| zweite Planck-Strahlungskonstante | $c_2$ | 1,438786 · $10^{-2}$ | K m |
| Stefan-Boltzmann-Konstante | $\sigma$ | 5,67032 · $10^{-8}$ | Wm$^{-2}$ K$^{-4}$ |
| Faraday-Konstante | $F$ | 9,648456 · $10^4$ | C mol$^{-1}$ |
| molare Gaskonstante | $R$ | 8,31441 | J mol$^{-1}$ K$^{-1}$ |
| Normdruck | $P_n$ | 1,013250 · $10^5$ | Pa |
| Normtemperatur | $T_n$ | 273,15 | K |
| Tripelpunkt von Wasser | | 273,16 | K |
| molares Normvolumen des idealen Gases | $V_0$ | 2,241383 · $10^{-2}$ | m$^3$ mol$^{-1}$ |
| Pi | $\pi$ | 3,14159265 | |
| Umrechnung natürlicher in dekadische Logarithmen | $e$ | 2,7182818 | |
| | | $\ln a = 2{,}3026\, \lg a$ | |
| | | $\lg a = 0{,}4343\, \ln a$ | |

## Protonenzahlen und relative Atommassen der Elemente

| Element-name | Element-symbol | Protonen-zahl Z | Relative Atommasse $A_r$ |
|---|---|---|---|
| Actinium* | Ac | 89 | (227) |
| Aluminium* | Al | 13 | 26,981539 |
| Americium* | Am | 95 | (243) |
| Antimon | Sb | 51 | 121,760 |
| Argon | Ar | 18 | 39,948 |
| Arsen | As | 33 | 74,92160 |
| Astat* | At | 85 | (210) |
| Barium | Ba | 56 | 137,327 |
| Berkelium* | Bk | 97 | (247) |
| Beryllium | Be | 4 | 9,012182 |
| Bismut | Bi | 83 | 208,98040 |
| Blei | Pb | 82 | 207,2 |
| Bohrium* | Bh | 107 | (270) |
| Bor | B | 5 | 10,811 |
| Brom | Br | 35 | 79,904 |
| Cadmium | Cd | 48 | 112,411 |
| Caesium | Cs | 55 | 132,90519 |
| Calcium | Ca | 20 | 40,078 |
| Californium* | Cf | 98 | (251) |
| Cer | Ce | 58 | 140,116 |
| Chlor | Cl | 17 | 35,453 |
| Chrom | Cr | 24 | 51,9961 |
| Cobalt | Co | 27 | 58,93320 |
| Copernicium* | Cn | 112 | (283) |
| Curium* | Cm | 96 | (247) |
| Darmstadtium* | Ds | 110 | (281) |
| Dubnium* | Db | 105 | (268) |
| Dysprosium | Dy | 66 | 162,50 |
| Einsteinium* | Es | 99 | (252) |
| Eisen | Fe | 26 | 55,845 |
| Erbium | Er | 68 | 167,26 |
| Europium | Eu | 63 | 151,96 |
| Fermium* | Fm | 100 | (257) |
| Flerovium* | Fl | 114 | (289) |
| Fluor | F | 9 | 18,998403 |
| Francium* | Fr | 87 | (223) |
| Gadolinium* | Gd | 64 | 157,25 |
| Gallium | Ga | 31 | 69,723 |
| Germanium | Ge | 32 | 72,64 |
| Gold | Au | 79 | 196,96657 |
| Hafnium | Hf | 72 | 178,49 |
| Hassium* | Hs | 108 | (270) |
| Helium | He | 2 | 4,002602 |
| Holmium | Ho | 67 | 164,93032 |
| Indium | In | 49 | 114,818 |
| Iod | I | 53 | 126,90447 |
| Iridium | Ir | 77 | 192,22 |
| Kalium | K | 19 | 39,0983 |
| Kohlenstoff | C | 6 | 12,011 |
| Krypton | Kr | 36 | 83,80 |
| Kupfer | Cu | 29 | 63,546 |
| Lanthan | La | 57 | 138,9055 |
| Lawrencium* | Lr | 103 | (262) |
| Lithium | Li | 3 | 6,94 |
| Livermorium* | Lv | 116 | (293) |
| Lutetium | Lu | 71 | 174,967 |
| Magnesium | Mg | 12 | 24,3050 |
| Mangan | Mn | 25 | 54,93805 |
| Meitnerium* | Mt | 109 | (276) |
| Mendelevium* | Md | 101 | (258) |
| Molybdän | Mo | 42 | 95,96 |
| Natrium | Na | 11 | 22,989769 |
| Neodym | Nd | 60 | 144,24 |
| Neon | Ne | 10 | 20,1797 |
| Neptunium* | Np | 93 | (237) |
| Nickel | Ni | 28 | 58,69 |
| Niob | Nb | 41 | 92,90638 |
| Nobelium* | No | 102 | (259) |
| Osmium | Os | 76 | 190,23 |
| Palladium | Pd | 46 | 106,42 |
| Phosphor | P | 15 | 30,973762 |
| Platin | Pt | 78 | 195,08 |
| Plutonium* | Pu | 94 | (244) |
| Polonium* | Po | 84 | (209) |
| Praseodym | Pr | 59 | 140,90765 |
| Promethium* | Pm | 61 | (145) |
| Protactinium* | Pa | 91 | 231,03588 |
| Quecksilber | Hg | 80 | 200,59 |
| Radium* | Ra | 88 | (226) |
| Radon* | Rn | 86 | (222) |
| Rhenium | Re | 75 | 186,21 |
| Rhodium | Rh | 45 | 102,90550 |
| Roentgenium* | Rg | 111 | (281) |
| Rubidium | Rb | 37 | 85,4678 |
| Ruthenium | Ru | 44 | 101,07 |
| Rutherfordium* | Rf | 104 | (265) |
| Samarium | Sm | 62 | 150,36 |
| Sauerstoff | O | 8 | 15,999 |
| Scandium | Sc | 21 | 44,955912 |
| Schwefel | S | 16 | 32,06 |
| Seaborgium* | Sg | 106 | (271) |
| Selen | Se | 34 | 78,96 |
| Silber | Ag | 47 | 107,8682 |
| Silicium | Si | 14 | 28,085 |
| Stickstoff | N | 7 | 14,007 |
| Strontium | Sr | 38 | 87,62 |
| Tantal | Ta | 73 | 180,9479 |
| Technetium* | Tc | 43 | (98) |
| Tellur | Te | 52 | 127,60 |
| Terbium | Tb | 65 | 158,92535 |
| Thallium | Tl | 81 | 204,38 |
| Thorium* | Th | 90 | 232,0381 |
| Thulium | Tm | 69 | 168,93421 |
| Titan | Ti | 22 | 47,87 |
| Uran* | U | 92 | 238,0289 |
| Vanadium | V | 23 | 50,9415 |
| Wasserstoff | H | 1 | 1,008 |
| Wolfram | W | 74 | 183,84 |
| Xenon | Xe | 54 | 131,29 |
| Ytterbium* | Yb | 70 | 173,05 |
| Yttrium | Y | 39 | 88,90585 |
| Zink | Zn | 30 | 65,38 |
| Zinn | Sn | 50 | 118,710 |
| Zirconium | Zr | 40 | 91,224 |

*Elemente, von denen keine stabilen Nuklide existieren. Eingeklammerte Werte: Nukleonenzahl der Isotope mit der längsten Halbwertszeit.

Protonenzahlen und relative Atommassen der Elemente: Nach IUPAC Commission on Atomic Weights and Isotopic Abundances, zitiert nach *Pure Appl. Chem.* **2013**, 85, 1047.

## SI-Basiseinheiten

| Basisgröße | Zeichen | Name | Basiseinheit | Zeichen |
|---|---|---|---|---|
| Länge | $l$ | Meter | | m |
| Zeit | $t$ | Sekunde | | s |
| Masse | $m$ | Kilogramm | | kg |
| Stoffmenge | $n$ | Mol | | mol |
| elektrische Stromstärke | $I$ | Ampere | | A |
| thermodynamische Temperatur | $T$ | Kelvin | | K |
| Lichtstärke | $I_v$ | Candela | | cd |

### SI-Vorsätze

| Multiplikator | Vorsatz | Vorsatzzeichen | Multiplikator | Vorsatz | Vorsatzzeichen |
|---|---|---|---|---|---|
| $10^{18}$ | Exa | E | $10^{-1}$ | Dezi | d |
| $10^{15}$ | Peta | P | $10^{-2}$ | Zenti | c |
| $10^{12}$ | Tera | T | $10^{-3}$ | Milli | m |
| $10^9$ | Giga | G | $10^{-6}$ | Mikro | μ |
| $10^6$ | Mega | M | $10^{-9}$ | Nano | n |
| $10^3$ | Kilo | k | $10^{-12}$ | Piko | p |
| $10^2$ | Hekto | h | $10^{-15}$ | Femto | f |
| $10^1$ | Deka | da | $10^{-18}$ | Atto | a |

### Wichtige Umrechnungsfaktoren

| Größe | SI-Einheit | Umrechnung (gerundet) |
|---|---|---|
| Länge | Meter m | 1 inch = 25,40 mm; 1 foot = 30,478 cm; 1 yard = 0,9144 m; 1 mile = 1,6093 km; 1 Ångström = $10^{-10}$ m |
| Masse | Kilogramm kg | 1 ounce = 28,35 g; 1 pound = 0,4536 kg; 1 atomare Masseneinheit = 1,66057 · $10^{-27}$ kg |
| Temperatur | Kelvin K | $t$ = $T$ − 273,15 K (Celsius-Temperatur $t$ in °C, thermodynamische Temperatur $T$ in K) |
| Kraft | Newton N | 1 N = $10^5$ dyn = 0,10197 kp |
| Druck | Pascal Pa | 1 Pa = $10^{-5}$ bar = 0,987 · $10^{-5}$ atm = 0,0075 Torr; 1 atm = 1,01325 bar |
| Arbeit (Energie) | Joule J | 1 J = 0,2390 cal = 6,242 · $10^{18}$ eV = 2,778 · $10^{-7}$ kWh; 1 cal = 4,187 J |
| Leistung | Watt W | 1 W = 859,8 cal h$^{-1}$ = 1,35962 · $10^{-3}$ PS |
| Aktivität einer radioaktiven Substanz | Becquerel Bq | 1 Curie (Ci) = 3,700 · $10^{10}$ Bq |
| Energiedosis | Gray Gy | 1 Rad (rd) = 0,01 Gy |

## Wichtige physikalische und mathematische Konstanten

| Größe | Symbol | Zahlenwert | Einheit |
|---|---|---|---|
| Bohr-Radius | $a_0$ | 0,52917706 · $10^{-10}$ | m |
| Elektronenradius | $r_e$ | 2,817938 · $10^{-15}$ | m |
| Ruhemasse des Elektrons | $m_e$ | 0,9109534 · $10^{-30}$ | kg |
| Ruhemasse des Myons | $m_\mu$ | 1,883566 · $10^{-28}$ | kg |
| Ruhemasse des Neutrons | $m_n$ | 1,6749543 · $10^{-27}$ | kg |
| Ruhemasse des Protons | $m_p$ | 1,6726485 · $10^{-27}$ | kg |
| Massenverhältnis Proton/Elektron | $m_p/m_e$ | 1,836152 · $10^3$ | |
| Atommassenkonstante | $u$ | 1,6605655 · $10^{-27}$ | kg |
| Elementarladung | $e$ | 1,6021892 · $10^{-19}$ | C |
| Boltzmann-Konstante | $k$ | 1,380662 · $10^{-23}$ | J K$^{-1}$ |
| Magnetisches Moment des Elektrons | $\mu_e$ | 9,284832 · $10^{-24}$ | J T$^{-1}$ |
| Magnetisches Moment des Protons | $\mu_p$ | 1,41049 · $10^{-26}$ | J T$^{-1}$ |
| Bohr-Magneton | $\mu_B$ | 9,274078 · $10^{-24}$ | J T$^{-1}$ |
| Kern-Magneton | $\mu_N$ | 5,050824 · $10^{-27}$ | J T$^{-1}$ |
| Feinstrukturkonstante | $a$ | 7,2973506 · $10^{-3}$ | – |
| Rydberg-Konstante | $R_\infty$ | 1,097373177 · $10^7$ | m$^{-1}$ |
| Avogadro-Konstante | $N_A$ | 6,022045 · $10^{23}$ | mol$^{-1}$ |
| Lichtgeschwindigkeit im leeren Raum | $c_0$ | 2,99792458 · $10^8$ | ms$^{-1}$ |
| Normfallbeschleunigung | $g_m$ | 9,80665 | ms$^{-2}$ |
| Gravitationskonstante | $G$ | 6,6720 · $10^{-11}$ | Nm²·kg$^{-2}$ |
| Energieäquivalent der Masse | – | 8,987555 · $10^{16}$ | J kg$^{-1}$ |
| Elektrische Feldkonstante | $\varepsilon_0$ | 8,854185 · $10^{-12}$ | F m$^{-1}$ |
| Magnetische Feldkonstante erste Planck-konstante | $\mu_0$ | 1,256637 · $10^{-6}$ | H m$^{-1}$ |
| Strahlungskonstante zweite Planck-Strahlungskonstante | $c_1$ | 3,741832 · $10^{-16}$ | W m² |
| | $c_2$ | 1,438786 · $10^{-2}$ | K m |
| Stefan-Boltzmann-Konstante | $\sigma$ | 5,67032 · $10^{-8}$ | Wm$^{-2}$K$^{-4}$ |
| Faraday-Konstante | $F$ | 9,648456 · $10^4$ | C mol$^{-1}$ |
| molare Gaskonstante | $R$ | 8,31441 | J mol$^{-1}$ K$^{-1}$ |
| Normdruck | $p_n$ | 1,013250 · $10^5$ | Pa |
| Normtemperatur | $T_n$ | 273,15 | K |
| Tripelpunkt von Wasser | | 273,16 | K |
| molares Normvolumen des idealen Gases | $V_0$ | 2,241383 · $10^{-2}$ | m³·mol$^{-1}$ |
| Pi | $\pi$ | 3,14159265 | |
| e | $e$ | 2,7182818 | |
| Umrechnung natürlicher in dekadische Logarithmen | | ln $a$ = 2,3026 lg$a$, lg $a$ = 0,4343 ln$a$ | |

www.ingramcontent.com/pod-product-compliance
Lightning Source LLC
Chambersburg PA
CBHW082106220326
41598CB00066BA/5636